磁性学入門

元九州大学教授　　早稲田大学名誉教授
　理学博士　　　　　理学博士

白鳥紀一　　近桂一郎

共著

裳華房

INTRODUCTION TO PHYSICS OF MAGNETISM

by

Kiiti SIRATORI, DR. SC.

Kay KOHN, DR. SC.

SHOKABO

TOKYO

はしがき

　本書は，古典的な磁性学の教科書である．読者としては大学院の初年級を中心に，電磁気学，量子力学，統計力学の初歩を学んだ人を想定している．しかし，それらを全てマスターしていることは期待していない．必要に応じて，各自が使い慣れた参考書を参照して欲しい．本書では参考書の一例を示した上で，必要と思われる項目についてはどこに述べてあるかを脚注に示しておいた．

　記述では，出来上がった結果の羅列ではなく，基礎から出発して調べて行く過程に重点を置き，はっきりした物理的なイメージの形成を目標とした．その場合，スピンを古典的なベクトルとして扱うのは有用だと考えるので，そのような考察を多用した．また系の対称性は見通しをつけるのにかなり細かいところまで役に立つので，場合に即して利用の方法を詳しく述べた．そして，研究の起点であり，かつ得られた結論を吟味するよりどころである実験を，できるだけきちんと述べることを心がけた．当然ながら，実験は最新のものではなく，むしろ古い，基礎的な概念を確立する段階のデータを引用することになった．

　熱統計力学の参考書としては，1961年に出版されて著者両名も勉強した「大学演習 熱学・統計力学」(裳華房)の1998年 修訂版を引用した．この本の序文で久保亮五先生は，長岡半太郎先生が黒板で計算したあげく，「物理的にはむしろプラスだ」といって最後の答の符号を変えた，という逸話を紹介して，物理的なセンスの重要性を強調しておられる．物理的なセンスの重要性については，全くその通りだと思う．計算の結果が自分の物理的なイメージと一致するかどうかを吟味することは，学習の上でも研究の上でも非常に重要である．

しかしそれが一致しなかったときに，計算結果の符号をそのまま変えるといったことは，長岡先生や久保先生のような達人にして初めてできることのように思われる．計算結果と物理のイメージが一致しなかったとき，著者両名はもちろん，本書を読む多くの，これから学習をする人たちのすべき事は，まず検算である．計算に誤りがなかったかどうかを，きちんと調べるべきである．そこに誤りがなければ次に，自分のもっていた物理的なイメージを吟味して，それが本来の物理(物の理)や，計算を始めた出発点の式の想定とつじつまが合っているかどうかを考えるべきである．そしてそこにもくい違いがなかったら，問題をしばらく棚に上げて，置いておくしかない．学習を進めるうちにいつかそのくい違いの原因が明らかになれば，それは物理の理解が一段進んだわけで，非常に嬉しいことだ．我々の物理のセンスというものは，ただ現象を見ていても向上するわけではない．一度問題を抽象化して数式に載せ，その結果を実際の物理現象と見比べて吟味し，それが一致しなかったときには不一致の原因をきちんと確認していくことで，初めて磨かれるものであろう．

このような考えに基づいて，本書では式の運算をかなり丁寧に書いた．ただし紙幅の制限もあるし，身に合ったステップは読者それぞれで違うから，詳しすぎる，あるいは簡略に過ぎるという印象は人によって違うだろう．その点はお許しを頂きたい．ただ，紙と鉛筆をもって計算を跡づける，コンピュータを使っていろいろな場合のグラフをつくる，など自分の手と頭による検討を強く勧める．検討を自分ですることで，物理のセンスが向上するだろう．

本書を書くに当たっては，尊敬する多くの先輩友人諸氏に大変お世話になった．全ての方々のお名前を挙げるわけにはいかないが，特に長岡洋介氏は1次稿全体に目を通して下さった上で，全般的な構成・叙述の吟味，さらには遍歴電子スピン整列系の励起状態について，懇切なご教示を下さった．また喜多英治氏には，物理についての教示の他，発表されていない実験データの

提供，著者たちが大学を退職した後の文献の検索，さらにはコンピュータソフトの調整に至るまで懇切に面倒を見て頂き，第0章の図面の下絵も描いて頂いた．三輪 浩氏，目片 守氏，山田耕作氏も貴重なご教示を下さった．出版作業の面では，裳華房の方々，すでに退職なさった真喜屋実孜，その後を引き継いだ小野達也の両氏が，仕事の遅い著者両名の世話を粘り強くして下さった．これらの方々のご助力を抜きにしては，本書は完成しなかった．記して厚くお礼を述べたい．

著者両名は，それぞれ 1958, 59 年に東京大学理学部を卒業して，大学院で磁性学の勉強を始めた．茅 誠司先生が研究室を去られた直後で，(故) 伴野雄三，飯田修一 両先生がそれぞれ研究室をもち，しかしコロキウムを始め全体としては協同して，仕事をしておられる時期だった．両名は飯田研究室に所属したが，両先生はもちろん，中川康昭，(故) 関澤 尚，(故) 相山義道，鈴木哲郎といった茅研の多くの先輩たちに指導をして頂いた．特に，近藤 淳氏や (故) 石川義和氏も時に参加されたコロキウムでの議論では，知的な格闘と，それによる参加者全体の認識の進歩というものを目の当たりに見せて頂いた．学恩に感謝する次第である．

2012 年 3 月

白鳥 紀一
近 桂一郎

目　次

第0章　磁性学の勉強を始める前に
- 0.1　物質の構成 … 1
- 0.2　電磁気学の復習 … 7
- 0.3　対称性の効用 … 15
- 0.4　結晶の並進対称性と電子の遍歴性・局在性 … 20
- 文　献 … 27

第1章　序章 ― 自立した磁気モーメント ―
- 1.1　キュリーの法則 … 29
- 1.2　遍歴電子の常磁性 … 39
- 1.3　反　磁　性 … 48
- 文　献 … 58

第2章　結晶中の局在電子状態
- 2.1　原子核のクーロン場の中の電子 … 60
- 2.2　同じ原子内の電子間相互作用 I ―内殻の電子の効果― … 63
- 2.3　同じ原子内の電子間相互作用 II ―フントの規則― … 65
- 2.4　周囲の原子核・電子との相互作用 ―結晶電場― … 71
- 2.5　スピン軌道相互作用 … 80
- 2.6　スピンハミルトニアン … 86
- 文　献 … 93

第3章 格子の歪みと磁気異方性・磁歪

- 3.1 格子の歪みによって誘起される結晶電場 ・・・・・・・・・ 95
- 3.2 歪みによる基底状態の分裂と安定化 ・・・・・・・・・・・ 99
- 3.3 $d\varepsilon$ 軌道のスピン軌道相互作用と基底状態 ・・・・・・・・ 109
- 3.4 磁気異方性と磁歪 ・・・・・・・・・・・・・・・・・・・ 114
- 3.5 誘導磁気異方性 ・・・・・・・・・・・・・・・・・・・・ 121
- 文献 ・・・・・・・・・・・・・・・・・・・・・・・・・・・ 126

第4章 孤立した磁気モーメントの固有振動

- 4.1 角運動量の運動方程式 ・・・・・・・・・・・・・・・・・ 127
- 4.2 共鳴の検出と磁気緩和 ・・・・・・・・・・・・・・・・・ 134
- 4.3 核スピンの効果と核磁気共鳴 ・・・・・・・・・・・・・・ 143
- 4.4 メスバウアー効果 ・・・・・・・・・・・・・・・・・・・ 152
- 文献 ・・・・・・・・・・・・・・・・・・・・・・・・・・・ 160

第5章 スピン間相互作用と磁気秩序

- 5.1 磁気的な秩序状態 ・・・・・・・・・・・・・・・・・・・ 162
- 5.2 スピン間相互作用 I —ポテンシャル交換— ・・・・・・・ 168
- 5.3 スピン間相互作用 II —超交換・運動交換— ・・・・・・・ 175
- 5.4 スピン間相互作用 III —伝導電子が媒介する相互作用— ・・ 180
- 5.5 局在古典スピン系の磁気秩序 —ブラヴェ格子の場合— ・・ 186
- 5.6 一般のスピン系の磁気秩序 ・・・・・・・・・・・・・・・ 191
- 5.7 等方的でない相互作用の効果 ・・・・・・・・・・・・・・ 201
- 文献 ・・・・・・・・・・・・・・・・・・・・・・・・・・・ 204

第6章 整列したスピン系の励起状態

- 6.1 局在電子強磁性体のスピン波 ・・・・・・・・・・・・・・ 206
- 6.2 遍歴電子強磁性体のスピン波 ・・・・・・・・・・・・・・ 214

6.3 強磁性共鳴 ·············· 221
6.4 反強磁性体のスピン波 ·········· 228
6.5 磁場と磁気異方性の効果　反強磁性共鳴 ······ 237
6.6 フェリ磁性体の磁気共鳴 ········· 244
文　献 ················ 249

第7章　スピン系の統計力学

7.1 局在スピン系の分子場近似 I — 常磁性状態 — ···· 251
7.2 局在スピン系の分子場近似 II — 整列状態 — ···· 266
7.3 スピン波の平均場近似 ·········· 274
7.4 ストーナーの金属強磁性理論とスレーター-ポーリング曲線· 280
文　献 ················ 286

第8章　応用磁気学(マグネティクス)の基礎

8.1 磁区の発生と技術磁化過程 ········· 288
8.2 磁気ヒステリシス曲線 ·········· 298
8.3 磁壁の構造 ·············· 305
8.4 磁化の時間変化にともなう損失 ······ 310
8.5 磁気スペクトル ············ 314
文　献 ················ 322

付録　フーリエ解析 ············ 324
問題略解 ················ 328
事項索引 ················ 338
物質索引 ················ 345

第0章

磁性学の勉強を始める前に

　磁石や磁石に付く物質は身近なものである．子供のときに磁石で砂鉄を集めて遊んだ覚えのある人は多いだろう．切符を使って自動改札を通り電車に乗るときには，裏に塗ってある磁気記録材料を利用している．その一方，どうしてある種の物質だけが磁石になるのかという問題は，大筋ではほぼ理解できているけれども，その道のりは決して短くはない．

　この章では，磁性学の勉強を始めるときの前提となる点をいくつか確認しておく．ここに出てくることを全てマスターしている必要はないが，必要に応じて教科書や参考書を参照できる程度には親しんでいることが望ましい．

0.1 物質の構成

出発点の確認

　物質が原子から構成されていることは，すでに中学校で学んでいるはずである．原子は中心に**原子核**があり，その周りに**電子**がある．さらに原子核は，電気的に＋の素電荷をもった陽子と，電気的には中性だが磁気モーメントをもつ中性子とから成る．しかし原子核の構造は，磁性を学ぶ上で問題とはならない．我々は原子核を，ある大きさの電荷 (陽子の数) と質量 (陽子＋中性子の数)，さらにはある大きさの磁気モーメント (スピン) と電気4重極モー

表 0-1 元素の室温の磁化率

1 H −1.98								
3 Li +4.9	4 Be −1.00							
11 Na +0.66	12 Mg +0.25							
19 K +0.53	20 Ca +1.1	21 Sc +6.6	22 Ti +3.2	23 V +5.9	24 Cr +3.5	25 Mn +9.2	26 Fe 強	27 Co 磁
37 Rb +0.23	38 Sr +1.05	39 Y +2.15	40 Zr +1.34	41 Nb +2.2	42 Mo +0.93	43 Tc +2.7	44 Ru +0.43	45 Rh +1.08
55 Cs +0.22	56 Ba +0.147	57–71 ランタノイド	72 Hf +0.42	73 Ta +0.84	74 W +0.32	75 Re +0.37	76 Os +0.052	77 Ir +1.33
87 Fr −	88 Ra −	89–103 アクチノイド						

	57 La +0.81	58 Ce +17.5	59 Pr +35.6	60 Nd +39.0	61 Pm −	62 Sm +12.4	63 Eu +224
ランタノイド							
アクチノイド	89 Ac −	90 Th +0.57	91 Pa +2.6	92 U +1.7	93 Np −	94 Pu +2.51	95 Am −

(飯田修一，他 編:「新版物理定数表」(朝倉書店，1978 年)．磁化率は，「改訂 4 版化学便覧

メントをもった，ごく小さな粒子と考えておけばよい．大抵の場合はそれも，電荷量 (陽子の数) だけで十分である．それが**原子番号**であって，原子は原子番号によって各元素に分けられる．

天然には 1 番の水素から 92 番のウランまで 89 種類の元素があること，原子番号の順に元素を並べると化学的な性質が周期的に変化してきれいに整理できることは，既知のはずである．表 0-1 に，長周期で書いた**周期表**を示す．この表はこれから物質の名前が出てくる度に参照して頂きたい．各欄の上段の数字は原子番号，下段に記された数値は，室温での磁化率である．後者については次章で述べる．中央部の Fe, Co, Ni と下段の Gd を灰色にしたのは，これらが室温で強磁性を示すことを強調したのである．前者は **3d 遷移金属**，後者は**希土類金属** (ランタノイド) に属すが，この 2 種類の元素群がこれからの議論の中心である．

物質の性質を決めるのは，原子核をとりまく電子である．電子のような小さな粒子の挙動を調べるには，量子力学が必要になる．実際，量子力学は主

0.1 物質の構成

(単位は 10^{-2} J/T^2/kg)

								2 He − 0.48
			5 B − 0.62	6 C − 0.49	7 N − 0.43	8 O + 108	9 F −	10 Ne − 0.33
			13 Al + 0.60	14 Si − 0.111	15 P − 0.86	16 S − 0.49	17 Cl − 0.57	18 Ar − 0.48
28 Ni 性	29 Cu − 0.086	30 Zn − 0.17	31 Ga − 0.31	32 Ge − 0.106	33 As − 0.07	34 Se − 0.28	35 Br − 0.35	36 Kr − 0.35
46 Pd + 5.23	47 Ag − 0.192	48 Cd − 0.175	49 In − 0.11	50 Sn − 0.25	51 Sb − 0.81	52 Te − 0.31	53 I − 0.35	54 Xe − 0.34
78 Pt + 0.971	79 Au − 0.142	80 Hg − 0.167	81 Tl − 0.24	82 Pb − 0.111	83 Bi − 1.32	84 Po −	85 At −	86 Rn −

64 Gd 強磁性	65 Tb + 917	66 Dy + 690	67 Ho + 431	68 Er + 266	69 Tm + 151	70 Yb + 0.1	71 Lu + 1.0
96 Cm	97 Bk	98 Cf	99 Es	100 Fm	101 Md	102 No	103 Lr

基礎編II」(丸善, 1993 年), Landolt‐Börnstein：Neue Serie, III–19a (1986 年) にもよる)

として原子の性質を説明するために建設されたのであって，例えば原子核のつくる球対称の電場の中の電子の状態は，量子力学の教科書に書かれている(それは第 2 章で復習する)．これから先では，ハミルトニアン・固有状態・縮退・交換関係などといった量子力学の用語をよく用いるので，必要に応じて教科書を参照されたい．教科書はたくさんあるが，以下では文献 [1] をよく引用する．

しかし量子力学は，物性を調べるのに必要ではあるが，十分ではない．通常我々が扱う大きさの物質を構成している原子の数は 10^{20} 以上のオーダーであり，電子の数はそれより 1 桁以上多い．それらは温度とか磁場とかいった条件を外から与えられた上で，熱的な平衡状態にあるとするのが普通である．実は，磁性の応用面では熱平衡でない場合が重要だが，それを論ずるのにも熱平衡状態の性質が基本になる．これは熱統計力学の領域であるから，我々は常に統計力学の手法に頼らなければならない．文献 [2] をしばしば引用する．

結晶状態　並進対称性

　これから我々が扱うのは，ほぼ固体に限られる．その中でも，原子が規則正しく配列し，すぐ後で述べる並進対称性をもった結晶が考察の対象である．原子がランダムに位置するガラス状態(アモルファス状態)は取り上げない．乱れていることが基本的に重要な系には，そこに由来する特有な問題がある．それは本書の範囲を超える．

　結晶は，ある単位(これを**単位胞**という)がきちんと整列して空間を埋め尽くしている．空間は3次元だから，単位胞は3つの独立なベクトル a_1, a_2, a_3 を辺としてつくられる平行六面体である．その形はそれぞれの長さ a_1, a_2, a_3 とその間の角度で決まる．これらを**格子定数**という．

　基本的なことは，単位胞の辺に沿ってその整数倍だけ平行に結晶をずらしても，ある原子があった位置には同種の原子が来て，全体として変化がないことである．これを**並進対称性**という．それ以外にも，ある面についての鏡映やある軸の周りの決まった角度の回転に対しても，原子の配列が元に戻ることがある．ある操作を施しても系が全体として変化しないとき，その操作を**対称操作**という．例えば，単位胞が立方体で同種の原子がその頂点にある(これを**単純立方格子**という)だけならば，その立方体の辺の周りの90°の回転は結晶を変化させないから，これは対称操作である．この場合は3つの辺の長さが等しく，辺の間の角度は90°だから，格子定数は1つしかない．

　原子はおおむね球形と見なすことができ，その半径は $0.1\,\mathrm{nm} = 10^{-10}\,\mathrm{m}$ のオーダーである．格子定数はその数倍から，大きいものでは数十倍以上になる．単位胞内の原子の数には制限はない．特に，原子が1つである場合を**ブラヴェ格子**という．想像できるように，ブラヴェ格子はいろいろな意味で簡単で，取り扱いがやさしい．しかし単位を大きくとって，その代わりに対称性を高くする方が考えやすいこともある．このときの単位は，単位胞と区別して，**単位格子**とよぶことにしよう．

　図0-1(a)に示した**面心立方格子**は，その一例である．単位格子は立方体

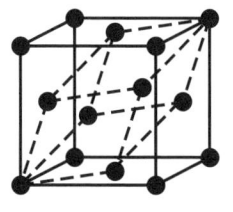 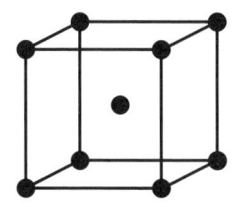 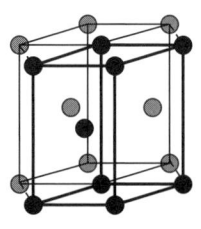

(a) 面心立方格子 (fcc)　　(b) 体心立方格子 (bcc)　　(c) 六方最密格子 (hcp)

図 0-1　結晶格子の例

で, 頂点と各面の中央に同じ種類の原子が位置する. 単位格子内には, 等価な原子が4つある. その結果, 1つの頂点から一番近い面心に引いたベクトルだけすべての原子を平行移動すると, 頂点と面心は入れ替わるが, 原子の位置は変わらない. したがって, 図に破線で示したような3つのベクトルでできる平行六面体が単位胞で, これはブラヴェ格子である. 図 0-1 には, しばしば現れる他の簡単な格子も例示してある. **体心立方格子**もブラヴェ格子をとることができるが, **六方最密格子**はそうではない. 結晶の対称性はこれからいろいろなところで利用するが, 詳しくは結晶学の教科書[3, 4]を参照されたい.

問題 0.1　図 0-1 の3つの結晶には, 120°の回転で原子の配列が元に戻る軸 (3 回軸という) がある. その位置はどこか.

問題 0.2　体心立方格子のブラヴェ格子を描け (図の立方体には入りきらない).

結晶中の波　回折と散乱

並進対称性をもつ系では, 各粒子の励起状態はその粒子に局在せず, 相互作用を通じて波をつくって系全体に拡がる, という一般的な性質がある. 例えば平衡位置からの変位は, 1原子にとどまらないで全原子の参加する振動となる. その場合, 波長の異なる波の重ね合わせで状態を表すのが便利であり,

フーリエ解析が役に立つ．これも以下でたびたび利用する．巻末に最小限の説明を付けるが，必要に応じて教科書[5]を見て頂きたい．

並進対称性をもっている系が浸っている媒質を走る波 (電磁波や粒子線) では，各原子に散乱された波が互いに干渉し合うために，**回折**が起こる．それを利用して，格子定数を始め，結晶の特性を知ることができる．磁性に関する実験手段として特に重要なのは，**中性子の散乱**，回折である．それは，中性子が電荷はもたないで磁気モーメントをもっているからである．その磁気モーメントが原子の磁気モーメントと磁気的に相互作用するので，結晶の磁気的性質についての情報が得られる．それに対してX線は磁気的な相互作用が弱すぎるし[1])，電子線は電気的な相互作用が強すぎて，磁気的な相互作用が隠されてしまう．

運動エネルギー ε をもった質量 m の粒子のド・ブロイ波長は

$$\lambda = \frac{h}{\sqrt{2m\varepsilon}} \tag{0.1}$$

である[2])から，$300 \text{ K} = 300 \times 1.38 \times 10^{-23}$ J のエネルギーをもった中性子 (質量 1.675×10^{-27} kg) では 0.178 nm となる．これは結晶の格子定数のオーダーである．物性研究への中性子の利用は，原子炉によって室温程度の熱エネルギーをもった強い中性子束が得られるようになって，実現した[3])．室温程度のエネルギーはまた，物質中の様々な励起状態のエネルギーでもある．したがって，入射した中性子が固体内で (準) 粒子を励起したり消滅させたりして散乱されるときのエネルギー・運動量の変化は，良い精度で測定することができる．そのために中性子散乱は，固体物理学の実験的研究で極めて重要な位置を占めている[6]．

さて，物質の磁気的性質を勉強しようというのだから，電磁気学の基本を

---

1) 近年，放射光による物質の磁気構造の観測が可能になった．しかし，中性子ほど便利ではない．

2) 小出昭一郎：「量子力学 (I) (改訂版)」11 頁 (文献 [1])

3) 最近では，加速器によって生成される中性子も用いられる．

復習しておかなければならない．

0.2　電磁気学の復習

人間が磁気の存在を知ったのは，随分と古い．magnetism という言葉は，永久磁石が発見された小アジアの地名に由来するといわれている．また，磁石という漢字の名前は慈石から来ており，それは磁石に鉄片が集まってぶら下がっているのを母犬の乳房に子犬が群がるのにたとえたのだという[7, 8]．いずれにしても，磁鉄鉱 (Fe_3O_4, マグネタイト (第 5 章を参照)) が永久磁石になって天然に存在することがあるおかげで，その強磁性によって磁気が知られたのである．その後の研究は，当然ながら，物質の磁気的性質よりまずは磁気自体に向かい，電流のつくる磁場の発見によって電気学と合流し，ファラデーの電磁誘導の発見を経て，マックスウェルによって体系化された．電磁気学の教科書，参考書もたくさんあるが，本書では文献 [9] を引用する．

　単 位 系

電磁気学では，磁気に関係する物理量として**磁束密度 B**, **磁場 H**, **磁化 M** の 3 つのベクトル量が現れ，それらの間には線形の関係式がある．しかしその関係式の係数は単位系によるので，まず単位系を決めなければならない．一般に用いられるのでここでも SI 系を用いるが，この単位系は磁気的諸量については便利ではない．物質の磁性についての膨大なデータは cgs Gauss 系で積み上げられており，SI 系では，その数値を換算しなければならない．

cgs 系となるべくスムースに接続するために，われわれはクラングル[10]の方式を採用する．要点は，cgs 系との数値の換算のときに因子 4π があらわに顔を出さないようにすることである．また磁場の単位も，一般の SI 系の値とは違う大きさを用いる．式 (0.12) に続く議論を参照されたい．

まず，磁気的諸量の間の関係式として，

$$B = \mu_0(H + M) = \mu_0 H + \mu_0 M \tag{0.2}$$

を採用する．μ_0 は真空の透磁率で，SI 系で $4\pi \times 10^{-7}$ H/m（H：ヘンリー，m：メートル）である．

磁束密度の定義

現在多く用いられている電磁気学の構成では，電荷 q をもった粒子が点 r を速度 v で通過するときに，その荷電粒子に

$$F = q\,v \times B(r) \tag{0.3}$$

だけの力がはたらくことを用いて，その点の磁束密度 $B(r)$ を定義する．SI 系の B の単位は T（テスラ）だが，1 T は cgs 系では 10^4 G（ガウス）である．

磁束密度をつくる原因も荷電粒子の移動，すなわち電流である．位置 r' にある電流素片 $di(r')$ がつくる磁束密度を $di(r')$ について積分して，点 r の磁束密度は，

$$B(r) = \frac{\mu_0}{4\pi} \int_{全空間} \frac{di(r') \times (r - r')}{|r - r'|^3} \tag{0.4}$$

と与えられる．これをビオ–サバールの法則という．微分形では，

$$\mathrm{rot}\,B = \mu_0 i \tag{0.5}$$

となる．

平面上の小さなループ電流のつくる磁束密度が，電流の近傍を除いて，その平面に垂直な 2 重極のつくる場と全く一致すること，その強さが ループの面積 × 電流 に比例することは学んだはずである[4]．このために，実体的には**磁極**というものはないにもかかわらず，N 極と S 極から成るミクロな 2 重極の集合として磁性体を考えることが可能となる．実際それは，磁性学で非常に有効である．

電流が平面上に小さなループを描き，そのループの面積と電流の積が決まっている[5]とき，これを**磁気モーメント**という．μ と書こう．原点に磁気モー

---

[4] 中山正敏：「物質の電磁気学」§1.5（文献 [9]）
[5] 第 1 章で述べるように，電子についてこの積の大きさが一定であるのは量子性による．

メント μ があるとき，それをつくっている電流の広がりからずっと離れた点 r の磁束密度は，

$$B(r) = \frac{\mu_0}{4\pi r^5}\{(3\mu \cdot r)r - (r \cdot r)\mu\} \tag{0.6}$$

で与えられる[6]．

磁気モーメントの大きさの定義

磁気モーメントはその外側に磁束密度をつくるが，逆に磁束密度 B が存在すると式 (0.3) に従ってループ電流の各部分に力がはたらき，全体として μ を B に平行にしようとするトルクがはたらく．こ

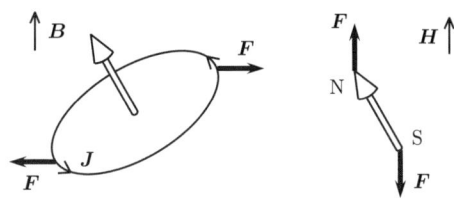

図 **0-2** 磁束密度の中のループ電流と磁場の中の磁気 2 重極にはたらくトルク

れは，個々の力の方向は違うけれども，磁場中の N-S 2 重極を考えても同様である．図 0-2 を参照．

トルクの大きさは，B と μ の角度を θ として，$\sin\theta$ に比例する．そこで，これが $B\mu\sin\theta$ であると定義すれば，電流の内部構造 (形や大きさ) によらず，磁気モーメントの大きさを実験的に決定できることになる．このトルクを角度 θ について積分すると，磁気的エネルギーが

$$E_\mathrm{M} = \int^\theta B\mu\sin\theta\, d\theta = -B\mu\cos\theta + C = -\mu \cdot B + C \tag{0.7}$$

と与えられる．ただし，後の式 (0.12) とその前後の議論を参照されたい．ポテンシャルエネルギーについていつも現れる積分定数 C は，ここでは 0 とすべきである．磁気的エネルギーを考えるだけで B によらずエネルギーがずれるのはおかしい．

式 (0.7) によれば，磁気モーメントの自然な単位は J/T (J：ジュール) で

---

[6] 中山正敏：「物質の電磁気学」§4.3, 式 (4.3.1) (文献 [9])

ある.強さ 1 T の一様な磁束密度があるとき,一辺 1 m の正方形に 1 A の電流を流して,その 1 つの辺が磁束密度に平行になるようにすれば,磁束密度に垂直な辺には 1 N の力がかかる.ループ電流に対するトルクは 1 N·m になる.この場合磁気モーメントと磁束密度は垂直で,それが平行になるまでに解放されるエネルギーは 1 J である.磁気モーメントの大きさは電流の形によらないから,一般則として 1 J/T = 1 A·m^2 である.

磁化 M

我々が固体の中で場を考えるときには原子 1 つ 1 つを見るのではなく,それよりはずっと大きく,しかし人間のスケールと比べれば極めて小さい範囲の平均値を考えるのである.そこで,原子的な大きさの磁気モーメントを平均して単位体積当たりの量を考え,それを**磁化**と名付けて M と書く.ある条件の下に多くの磁気モーメントについて平均をとるところで,統計力学が登場するわけである.単位は $(J/T)/m^3 = A/m$ となる.1 $(J/T)/m^3$ は,cgs 系で 10^{-3} G である.ただし体積は測りにくい量なので,物質の性質を示す量としてはこれは不便である.そこで,単位質量当たり,またはモル当たりで考えるのが普通である.cgs 系では 1 g 当たりの磁化の単位をしばしば cgs/g と書く (正確には G·cm^3/g と書くべきである) が,これは 1 $(J/T)/kg$ に等しい.この M を実体的に理解するのが本書の目的の主要部分だが,その前に磁場 H を定義しなければならない.

磁場 H

式 (0.4) で磁束密度を計算するときには,原子スケールのミクロな,人間が直接制御することのできない電荷の運動も,マクロな,人間が外から制御できる電流も,両方考えなければならない.この両者は区別する必要がある.前者が磁化 M の原因だが,原子 (固体) 内に閉じ込められているという意味で束縛電流 i_{bound} と書こう.それに対して,後者を自由電流 i_{free} と書けば,式 (0.5) は

$$\text{rot}\,\bm{B} = \mu_0(\bm{i}_{\text{free}} + \bm{i}_{\text{bound}}) = \mu_0(\bm{i}_{\text{free}} + \text{rot}\,\bm{M}) \tag{0.8}$$

となる．第 1 項が磁場 H の寄与である[7]．式 (0.2) から，

$$\mathrm{rot}\, \boldsymbol{H} = \boldsymbol{i}_{\mathrm{free}} \tag{0.9}$$

である．H の単位は SI 系では A/m, cgs 系では Oe (エルステッド) で，$1\,\mathrm{A/m} = 4\pi \times 10^{-3}$ Oe という関係がある．cgs 系では真空の透磁率を 1 とするので，磁化 M が 0 のとき $B = H$ となる．すなわち，磁場と磁束密度の単位をそれぞれ Oe, G ととれば，それらの値は一致する．

次の頁で述べるように，磁場と磁束密度の単位の大きさが等しいことには重要な意味がある．そこで，磁場を測る単位を $(4\pi)^{-1} \times 10^7$ A/m とし，これもテスラ (T) とよぶことにする．クラングル[10] に従って $\boldsymbol{B}_0 = \mu_0 \boldsymbol{H}$ という量を定義して，これを「磁場」とよぶことにしてもよいが，磁束密度と磁場との概念的な違いを明確にするために，本書では磁場を $\boldsymbol{H}$ と書こう．すると式 (0.9) から，

$$\frac{1}{\mu_0}\mathrm{rot}\, \boldsymbol{H} = \boldsymbol{i}_{\mathrm{free}} \tag{0.10}$$

$$\boldsymbol{B} = \boldsymbol{H} + \mu_0 \boldsymbol{M} \tag{0.11}$$

である．今後は，式 (0.2) ではなく，式 (0.11) を用いる．こうすると，強磁性体の外の静磁場のエネルギーは単位体積当たり $(10^7/8\pi)BH$ J/m^3 となる．また，1 kg 当たりの磁化率の単位は J/T^{2}kg で，これは cgs 系の 1 g 当たり磁化率の 10^4 倍である．

透 磁 率

電磁気学で学んだように，磁束密度の磁場に対する比 μ を**透磁率**とよぶ．本書のやり方では μ は cgs ガウス系と値が等しく，SI 系での比透磁率に等しい．後で述べるように，強磁性体では磁束密度は磁場に比例しないし，またヒステリシス現象があって一意ではないから，両者の比ははっきりした意味をもたない．しかし，ある状態 (H_0, B_0) から微小変化したときの値 $\Delta B/\Delta H$

---

[7] 上記の意味で，我々が直接制御できるのは H である．B は H を通じて間接的にしか制御できない．

は確定した値をとる．強磁性体の応用を考えるときは，この比が材料の特性値として重要な役割を果たす．そこで，意味を拡張して，この比をも透磁率 (微分透磁率) という．8.2 節を参照．

ゼーマンエネルギー

このように考えてくると，基本的な物理量は磁束密度 B であって，磁場 H は付随的な量のように見える．しかし磁性体を論じるときには，またしたがって様々な磁性体があふれている我々の世界を考えるときには，そうではない．それは，電子の磁気モーメントしたがって磁化 M のエネルギーが，その場所の磁束密度との内積 (式 (0.7)) ではなく磁場との内積

$$E_Z = -M \cdot H \tag{0.12}$$

で与えられるからである．これを**ゼーマンエネルギー**という．

式 (0.12) が式 (0.7) と違うのは，式 (0.11) の M と式 (0.12) の M が同じく電子によるからであろう[8],[9]．両者を担う粒子が違うときには，式 (0.7) がエネルギーを正しく与える．例えば，強磁性体 (その中の磁場・磁束密度を電子がつくっている) 中の中性子の磁気的エネルギーは，その磁気モーメントと磁束密度との内積 (式 (0.7)) で与えられる．これは強磁性体に打ち込まれた低速中性子の運動エネルギーの測定によって，実験的に確認されている[11]．それに対して，電子の磁気モーメントを扱う磁性学では，式 (0.12) が基礎である．粒子が異なると磁気的エネルギーの表式が異なるのだから，現象論である電磁気学としては磁束密度と磁場の単位の大きさが等しい方が便利なのである．

量子力学[9]で学んだように，電子の磁気モーメントの自然な単位はボーア磁子 $\mu_B \equiv e\hbar/2m_e = 9.27 \times 10^{-24}$ J/T であるが，これをボルツマン定数 $k_B = 1.38 \times 10^{-23}$ J/K と比べてみれば，$1\mu_B$ の磁気モーメントが 1 T の磁

---

[8] B と H の違いは，その場所の M(束縛電流) に関わっている．磁性体の外部では，場をつくるのが i_{free} であろうと i_{bound} であろうと区別はなくて，両者は等しい．

[9] 小出昭一郎：「量子力学 (I) (改訂版)」231 頁 (文献 [1])

場中でもつゼーマンエネルギーは,ほぼ1Kに相当する.したがって,電子当たりのゼーマンエネルギーは通常,ヘリウム温度領域を除いて,熱エネルギー $k_B T$ に比べてずっと小さい.

磁極の定義

電磁気学によれば,いたるところ
$$\mathrm{div}\boldsymbol{B} = 0 \tag{0.13}$$
である.したがって,式 (0.11) から,
$$\mathrm{div}\boldsymbol{H} = -\mu_0 \,\mathrm{div}\boldsymbol{M} \tag{0.14}$$
つまり,磁束密度と違って磁場 $\boldsymbol{H}$ は,磁化の発散に応じて湧き出し,吸い込まれる.電場が正電荷から湧き出して負電荷に吸い込まれること,電気分極密度の発散が電荷密度と等価であること[10]を考えれば,これは磁極を想定する根拠をもう一度与えている.すなわち,磁化 $\boldsymbol{M}$ が位置 $\boldsymbol{r}$ の関数として与えられれば,磁極密度 ρ_M は,
$$\rho_\mathrm{M} = -\mu_0 \,\mathrm{div}\boldsymbol{M} \tag{0.15}$$
で与えられる.したがって,試料内で磁化が一様なら,磁極は界面にだけ現れる.

反磁場

図0-3のように,大きな薄板が板に垂直に一様に磁化しているときには,磁場をかけなければ内部にも外部にも磁束密度は生じない.これは板の外側については,平行平板コンデンサを帯電しても両側の電荷による電場が打ち消し合って外部には電場を生じないことから類推できよう.磁化を等価な電流で

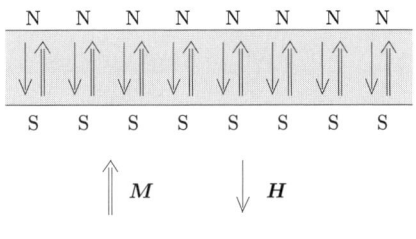

図0-3 垂直に磁化した薄板

---

[10] 中山正敏:「物質の電磁気学」103頁,式 (4.4.4) (文献 [9])

おき換えて考えれば，その電流は縁に集中するので，板が大きければ中央部分の場は無視できる．外側で0であれば，B の連続性 (式 (0.13)) から内部についても $B=0$ が保証される．

一方，磁化 M は磁性体内部にしかないから表面で div$M$ が 0 でなくなり，それに応じて両面に N 極と S 極が現れて，磁性体内に磁場をつくる．これも平行平板コンデンサと同様である．この磁場は磁化と逆を向いているので，**反磁場**とよばれる[11]．H_demag と書こう．図 0-3 の場合は $B=0$ だから，式 (0.11) から $H_\mathrm{demag}=-\mu_0 M$ であり，磁化が 1 (J/T)/m^3 のとき，反磁場の強さは $4\pi\times 10^{-7}$ T である．

問題 0.3 鉄の自発磁化は，室温で 1.714×10^6 (J/T)/m^3 である．鉄の薄板が面に垂直に磁化されているとき，内部に生じる反磁場を計算して地球磁場 (約 4×10^{-5}T) と比較せよ．

反磁場は試料の形に依存し，磁化が一様であっても，一般に試料内部で一様ではない．しかし，試料が楕円体のときは，場所によらず内部で一定であることがわかっている．したがってそのときは，式 (0.14) から，

$$H_\mathrm{demag}=-\underline{N}\mu_0 M \tag{0.16}$$

と書くことができる．$\underline{N}$ は 2 階のテンソルである．楕円体の主軸を x, y, z 軸とすると，$\underline{N}$ は対角行列で表される．その対角成分 N_x, N_y, N_z を**反磁場係数**とよぶ．これは楕円体の軸比の関数として計算されている (例えば，文献 [12] を参照)．図 0-3 の場合は，板の面に垂直に z 軸をとれば $N_z=1, N_x=N_y=0$ である．3 つの主軸方向の反磁場係数の和は 1 になる．

反磁場によるゼーマンエネルギーは必ず正なので，強磁性体はマクロないしセミミクロになるべく反磁場を小さくするような構造をとろうとする．

---

11) 中山正敏:「物質の電磁気学」152 頁 (文献 [9])

これは実用材料の特性に関係して，また磁気的な量を測定するときにも，最も重要な性質である．

磁性体の現象的分類

電磁気学では普通，M と H の間に

$$M = \chi H \tag{0.17}$$

という比例関係を仮定して，**磁化率** χ が正の場合を**常磁性**，負の場合を**反磁性**という．さらに，式 (0.17) が成り立たず，H が 0 でも磁化 M が存在する場合を**強磁性**という．

このような分類がどのような理由で成り立つかを電子状態から理解するのは，本書の目標の主要な部分である．また逆に，磁性を通じてその物質の電子状態について知見を得る方法を学ぶのも，本書の目的である．さらに最後の第 8 章では，強磁性体の応用 (磁気工学) の基礎であるセミミクロな構造 (磁区構造) と動特性について述べる．

0.3 対称性の効用

系の対称性と固有状態

力学や電磁気学で学んだように，系の対称性を考えることによって重要な結果を得ることができる．それは磁性学でも同様である．

量子力学では系の対称性はハミルトニアン $\mathcal{H}$ の対称性として表現され，固有状態に反映する．系が操作 S に対して対称なら

$$S\mathcal{H} = \mathcal{H} \tag{0.18}$$

である．定常状態のシュレーディンガー方程式

$$\mathcal{H}\psi = \varepsilon\psi \tag{0.19}$$

の両辺に**対称操作** S を作用させれば，左辺は $S(\mathcal{H}\psi) = (S\mathcal{H})(S\psi) = \mathcal{H}(S\psi)$ であり，右辺は $S\varepsilon\psi = \varepsilon(S\psi)$ であるから，ψ がエネルギー ε の固有状態であれば $S\psi$ も同じエネルギーをもつ固有状態である．したがって $S\psi$ は，

1. (定数因子を除いて) ψ と同じ関数であるか,
2. ψ と縮退した別の (独立な) 状態である.

軌道角運動量

典型的な例に,**中心力場**での任意の回転がある.原子核のまわりの電子の運動のように力 F が常に中心を向いているときは,中心のまわりでどう回転してもハミルトニアンは変化しないから,これは対称操作である.このとき $r \times F$ で与えられるトルクは常に 0 であり,プランクの定数 $\hbar = 1.05 \times 10^{-34}$ J·s を用いて定義した**軌道角運動量** $\hbar l = r \times p$ は一定である.それに対応して,量子力学的には固有状態ごとに**方位量子数** l が決まる[12].量子化軸方向の成分も量子化されて**磁気量子数** m を与えるが,空間が等方的であれば当然エネルギーは m に依存しない.$|m| \le l$ だから,状態は $(2l+1)$ 重に縮退している.軌道角運動量の大きさは $\sqrt{l(l+1)}\,\hbar$,量子化軸方向の成分は $m\hbar$ である.さらに,電子は**スピン角運動量**をもっていて,その量子化軸方向の成分が $\pm \hbar/2$,対応する磁気モーメントの成分が $\pm 1\,\mu_\mathrm{B}$ である[13].

一般に,角運動量 j の x, y 成分から**昇降演算子**[14] $j_\pm = j_x \pm \mathrm{i} j_y$ を定義すると,

$$\left. \begin{aligned} j_+ \,|m-1\rangle &= \sqrt{(j+m)(j-m+1)}\,|m\rangle \\ j_- \,|m\rangle &= \sqrt{(j+m)(j-m+1)}\,|m-1\rangle \end{aligned} \right\} \quad (0.20)$$

であることも,それらの間の**交換関係**[15]

$$\left. \begin{aligned} [j_x, j_y] &= \mathrm{i} j_z, & [j_y, j_z] &= \mathrm{i} j_x, & [j_z, j_x] &= \mathrm{i} j_y \\ [j_+, j_z] &= -j_+, & [j_-, j_z] &= j_-, & [j_+, j_-] &= 2 j_z \end{aligned} \right\} \quad (0.21)$$

も,以後用いる.ここで i は虚数単位である.

原子内に電子が複数あると,その間のクーロン相互作用 $e^2/4\pi\varepsilon_0 r_{ij}$ (r_{ij} は

---

[12] 小出昭一郎:「量子力学 (I) (改訂版)」95 頁 (文献 [1])
[13] 同書,第 8 章
[14] 同書,§4.2, 96 頁
[15] 同書,§6.6

電子 i と j の距離) を考えれば，個々の電子については球対称性がない．したがって，個々の電子の軌道角運動量は保存せず，l は良い量子数ではなくなる．しかし，すべての電子を同じだけ一斉に回転したときには系のハミルトニアンは変化しないから，**全軌道角運動量**

$$\hbar \boldsymbol{L} = \hbar \sum_i \boldsymbol{l}_i \tag{0.22}$$

は保存し，それに対応して全軌道角運動量の量子数 L とその量子化軸成分 M が現れる．これらの性質は，特に第 2 章の議論で利用する．

時間反転

磁性を論じるときに最も重要な対称操作の 1 つに，**時間反転** $R: t \to -t$ がある．定常状態の電子系のハミルトニアンは，運動エネルギー部分は時間を 2 次で含み，ポテンシャルエネルギーは時間によらないので時間反転に対して変化しない．R は系の対称操作である．電気分極のように位置を表すベクトルも同様で，R によって変化しない．しかし，時間の流れが逆になれば速度や電流は向きが逆になるので，角運動量や磁気モーメントの向きは操作 R によって逆転する．

$$R\boldsymbol{\mu} = -\boldsymbol{\mu} \tag{0.23}$$

この様子を図 0-4 の一番左に示した．バースは，時間反転によって逆転するベクトルを c-ベクトル，逆転しないベクトルを i-ベクトルと名付けている[13]．

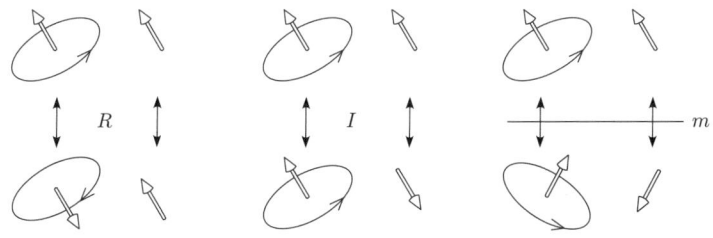

図 0-4 磁気モーメントと電気分極の対称操作に対する挙動の違い

この時間反転対称性により，ある固有状態が磁気モーメント μ をともなっていれば，磁気モーメント $-\mu$ をもつ別の固有状態があって，そのエネルギーは磁気モーメント μ をもつ状態と等しい．磁化 M についても当然同様である．

　ここで少し注釈を付けておかなければならない．まず第一に，磁気モーメントがなければ操作 R に対応する縮退はない．$-0 = 0$ だからである．逆に，縮退していない状態は磁気モーメントをもたない．第二点は，式 (0.12) のゼーマンエネルギーである．この式全体に操作 R を加えると，磁化 M と共に磁場 H も逆転する．エネルギーは変化しない．しかし磁場は外から印加するので，系の中には含めない．こう考えれば対称操作は磁化 M にだけ加えられ，操作 R によって式 (0.12) は符号を変える．したがって，外部磁場をかければ上記の縮退は解け，M と $-M$ とでエネルギーが異なることになる．

　第三に，H が 0 でも有限の自発磁化 M が存在する強磁性体の特異性である．上の議論に従えば，$H = 0$ ならば磁化が M であるミクロな状態と $-M$ であるミクロな状態とはエネルギーが等しいから，その存在確率は等しく，結果として，熱平衡状態では磁化 M は 0 となるはずである．実在の強磁性体が磁場のないときにも有限の磁化を示すのは，その意味では熱平衡状態にないためである．それは，位相空間 (phase space) で磁化 M の状態と $-M$ の状態とが熱エネルギーに比べてずっとエネルギーの高い状態[16]で分離されていて，その間の遷移を考える必要がないことで保証されている．**エルゴードの定理**[17] に従って，ミクロな状態が系内の相互作用によって動く範囲で平均すれば自発磁化が存在し，その状態では R は系の対称操作では

---

[16] これは第 2 章で説明する磁気異方性に由来し，マクロな数のスピンが整列しているために，磁気異方性エネルギーがマクロな大きさになるからである．したがって，サイズの非常に小さい強磁性微粒子ではこの議論は成り立たず，見かけ上強磁性は消えて，常磁性的に振る舞う．これを超常磁性という．次章 34 頁の脚注 5) を参照．

[17] 久保亮五 編：「大学演習 熱学・統計力学 (修訂版)」第 5 章 (文献 [2])

ない．これは強磁性に限らず，整列したスピン系についていつも成立するが，それは第5章以降で議論する．

時間反転と同様に，空間的な対称操作に対する応答もベクトルによって異なり得る．磁気モーメントや磁場のように回転によって定義されるベクトルを**軸性ベクトル**といい，これに対して電気分極や位置のように変位によって定義されるベクトルを**極性ベクトル**という．この両者は空間の**回転**に対する応答は等しいが，**鏡映**を含む操作に対する反応が異なっている．特に**反転** (inversion：I) の効果が 反対で，極性ベクトルは I で逆転するが軸性ベクトルは変化しない．これらも図 0-4 に示した．N-S 2 重極モデルがいかに便利でも，磁気モーメントは電気分極とは違う．

ランダウの理論と磁気対称性

系の対称性に基づく議論は，ランダウと彼の弟子たちによってマクロな系の自由エネルギーの表現に拡張され[14]，大きな成果を収めた．一般に系の自由エネルギー F は電場や磁場に依存し，磁化 M や電気分極 P は

$$M = -\frac{\partial F}{\partial H}, \qquad P = -\frac{\partial F}{\partial E} \tag{0.24}$$

と表現される．ただし $\partial F/\partial H$ などは，各成分が $\partial F/\partial H_x$ などで与えられるベクトルである．当然，F は系の対称性を反映していなければならない．スピンが整列しているときには，この対称性は原子の位置だけではなく，そのスピンの整列状態を反映する．これを**磁気対称性**という[13]．

原子がどう整列しているかが固体物理の研究の出発点であるように，スピンがどう整列しているかは磁性を調べるときの出発点である．例えば，時間反転 R が系の対称操作であれば，F には H の奇数次の項は現れない．したがって，式 (0.24) によれば，$H = 0$ のときには $M = 0$ で，磁化はない．

問題 0.4 自由エネルギー F を H と E のベキ級数で展開したとき，

$$\boldsymbol{E}\,\underline{\alpha}\,\boldsymbol{H} = -\sum_{i,j=1}^{3} \alpha_{ij} E_i H_j$$

という項があれば，電場 $\boldsymbol{E}$ に比例して磁化が現れ，また磁場 $\boldsymbol{H}$ に比例して電気分極が現れることを示せ．これを**電気磁気効果**または ME 効果という[15]．

テンソル $\underline{\alpha}$ は磁気対称性を反映するので，$\underline{\alpha}$ を実際に測定することによって，スピン構造を反映するその結晶の対称性について，知見を得ることができる．

0.4　結晶の並進対称性と電子の遍歴性・局在性

ブロッホの定理

結晶を $\boldsymbol{R}$ だけ平行移動する操作を $T(\boldsymbol{R})$ と書こう．
$$T(\boldsymbol{R}) \equiv \boldsymbol{r} \to \boldsymbol{r} + \boldsymbol{R} \tag{0.25}$$
単位胞を構成する 3 つのベクトルを $\boldsymbol{a}_1, \boldsymbol{a}_2, \boldsymbol{a}_3$ とし，n_1, n_2, n_3 を任意の整数として
$$\boldsymbol{R} = \sum_{i=1}^{3} n_i\, \boldsymbol{a}_i \tag{0.26}$$
と書けるならば，$T(\boldsymbol{R})$ はこの結晶の対称操作である．ただしこういったときは，結晶が十分大きくて表面の影響を無視できる，と仮定していることになる．この仮定は満たされているものとして，以下 $\boldsymbol{R}$ と書いたときは式 (0.26) を意味することにする．

このとき，それぞれの電子の感ずる**静電ポテンシャル** V も $T(\boldsymbol{R})$ に対して不変だ，と考えるのはもっともらしい．これがどういう意味でもっともらしいかは式 (0.39) 以降で論じるとして，そうであれば結晶中の 1 つの電子のシュレーディンガー方程式
$$\left(-\frac{\hbar^2}{2m_{\mathrm{e}}}\nabla^2 + V(\boldsymbol{r})\right)\psi(\boldsymbol{r}) = \varepsilon\,\psi(\boldsymbol{r}) \tag{0.27}$$
の解 $\psi(\boldsymbol{r})$ は

0.4 結晶の並進対称性と電子の遍歴性・局在性

$$\psi(r+R) = e^{i\mathbf{k}\cdot\mathbf{R}} \cdot \psi(r) \tag{0.28}$$

であり，したがって，単位胞内の位置を ρ として $r = R + \rho$ と書けば，

$$\psi_{\mathbf{k}}(r) = e^{i\mathbf{k}\cdot\mathbf{R}} \phi_{\mathbf{k}}(\rho) \tag{0.29}$$

という形に書ける．これがブロッホの定理であって，固体電子論の基礎である[16, 17]．運動の定数 (良い量子数) は波数ベクトル $\mathbf{k}$ で，電子の固有状態はどこにも局在せず，波として結晶全体を走っている．これを電子の**遍歴性**(**遍歴状態**) という．$\mathbf{k}$ が $\{\mathbf{a}_1, \mathbf{a}_2, \mathbf{a}_3\}$ に対する逆格子ベクトル

$$\mathbf{b}_i = \frac{2\pi(\mathbf{a}_j \times \mathbf{a}_k)}{\mathbf{a}_i \cdot (\mathbf{a}_j \times \mathbf{a}_k)} \quad (i,j,k \text{ は } 1,2,3 \text{ をサイクリックに置換}) \tag{0.30}$$

を基底として

$$\mathbf{k} = \sum_{i=1}^{3} k_i \mathbf{b}_i \tag{0.31}$$

の形に表現されること，k_i は結晶の大きさの逆数を単位としてとびとびの値をとるが，マクロな大きさの結晶では連続的な変数と見なしてよいこと[16, 17]，逆格子空間の自然な単位胞であるブリルアン・ゾーン等は既知とする[18]．

ワニエ関数

式 (0.29) のように書くと，局在している関数 ϕ は存在領域が単位胞内に限られて不便なので，$\psi_{\mathbf{k}}$ をフーリエ変換した関数群 $W_{\mathbf{R}}(r)$：

$$W_{\mathbf{R}}(r) = \frac{1}{\sqrt{N}} \sum_{\mathbf{k}} \psi_{\mathbf{k}}(r) e^{i\mathbf{k}\cdot\mathbf{R}} \quad \left(\psi_{\mathbf{k}}(r) = \frac{1}{\sqrt{N}} \sum_{\mathbf{R}} W_{\mathbf{R}}(r) e^{-i\mathbf{k}\cdot\mathbf{R}} \right) \tag{0.32}$$

を用いて電子の局在状態を表す．これを**ワニエ関数**という．ブロッホの定理を考えれば，ワニエ関数は 1 つの関数 W を用いて

$$W_{\mathbf{R}}(r) = W(r - \mathbf{R}) \tag{0.33}$$

と書ける．$W(r)$ は原点の付近で振幅が大きいが 1 原子に局在した関数ではなく，一般に他の原子位置でも有限である．

ワニエ関数はシュレーディンガー方程式 (0.27) の固有関数ではないので，そのハミルトニアンを挟んで行列をつくると，R によらない対角項の他に非対角項 $t(R)$ が現れる．スピン変数を σ と書けば

$$t(\boldsymbol{R}) = \sum_{\boldsymbol{\sigma}} \int_{全空間} W^*(\boldsymbol{r}-\boldsymbol{R}_i)\,\mathcal{H}\,W(\boldsymbol{r}-\boldsymbol{R}_j)dv \equiv \langle \boldsymbol{R}_i|\mathcal{H}|\boldsymbol{R}_j\rangle, \quad \boldsymbol{R} \equiv \boldsymbol{R}_i - \boldsymbol{R}_j \tag{0.34}$$

移動積分

式 (0.34) は R だけ離れた 2 つのワニエ関数を結び付けているので，**移動積分** (transfer integral) とよばれる．第 2 量子化の記法[18] を用いれば，スピン状態 σ のブロッホ状態の生成・消滅演算子をそれぞれ $c^{\dagger}(\boldsymbol{k},\boldsymbol{\sigma})$, $c(\boldsymbol{k},\boldsymbol{\sigma})$，ワニエ状態のそれを $c^{\dagger}(\boldsymbol{R},\boldsymbol{\sigma})$, $c(\boldsymbol{R},\boldsymbol{\sigma})$ と書くことにして，1 電子のハミルトニアン (式 (0.27)) は

$$\mathcal{H} = \sum_{\boldsymbol{k},\boldsymbol{\sigma}} \varepsilon(\boldsymbol{k}) c^{\dagger}(\boldsymbol{k},\boldsymbol{\sigma}) c(\boldsymbol{k},\boldsymbol{\sigma}) = \varepsilon_0 + \sum_{i,j,\boldsymbol{\sigma}} t(\boldsymbol{R}_i - \boldsymbol{R}_j) c^{\dagger}(\boldsymbol{R}_i,\boldsymbol{\sigma}) c(\boldsymbol{R}_j,\boldsymbol{\sigma}) \tag{0.35}$$

であり，軌道部分だけを考えれば $\varepsilon(\boldsymbol{k})$ と $t(\boldsymbol{R})$ とには次の関係がある．

$$\varepsilon(\boldsymbol{k}) = \varepsilon_0 + \sum_{\boldsymbol{R}} t(\boldsymbol{R}) e^{i\boldsymbol{k}\cdot\boldsymbol{R}}, \qquad t(\boldsymbol{R}) = \frac{1}{N} \sum_{\boldsymbol{k}} \varepsilon(\boldsymbol{k}) e^{-i\boldsymbol{k}\cdot\boldsymbol{R}} \tag{0.36}$$

式 (0.27) にはスピンに依存する項はないから，固有関数であるブロッホ状態のエネルギー $\varepsilon(\boldsymbol{k})$ はスピンに依存しない．したがって，式 (0.34) の移動積分は 2 つのワニエ関数のスピン状態に依存し，平行のときに最大，反平行なら 0 になる．これは磁気的な状態と電気伝導との関係を示唆するが，それについては第 5 章で述べる．

結晶内のポテンシャル $V(\boldsymbol{r})$ の位置 $\boldsymbol{r}$ による変化が無視できるときには，電子は単純な平面波

---

[18] 小出昭一郎：「量子力学 (II) (改訂版)」§11.8 (文献 [1])

$$\psi = \frac{1}{\sqrt{V}} e^{i\boldsymbol{k}\cdot\boldsymbol{R}} \tag{0.37}$$

で表される．ここで V は結晶の体積である．この状態の運動量は $\hbar\boldsymbol{k}$ で，エネルギー $\varepsilon(\boldsymbol{k})$ は

$$\varepsilon(\boldsymbol{k}) = \frac{\hbar^2 \boldsymbol{k}^2}{2m_{\mathrm{e}}} \tag{0.38}$$

である．エネルギーは $\boldsymbol{k}$ によって連続的に変化する．これが (結晶内に閉じ込められている) **自由電子モデル**である．

しかし，原子間距離が大きくなって $V(\boldsymbol{r})$ の $\boldsymbol{r}$ 依存性が無視できなくなれば，ブリルアンゾーンの境界付近では式 (0.37) の平面波は固有状態ではなくなって，$\varepsilon(\boldsymbol{k})$ が値をとりえない「禁止帯」が現れる．電子の**バンド構造**である．原子間距離の大きい極限では移動積分 t は 0 になり，$\varepsilon(\boldsymbol{k})$ の $\boldsymbol{k}$ 依存性はなくなって原子のエネルギーレベルと一致する．このときワニエ関数は孤立原子の固有関数となるので，狭いバンドは原子の軌道[19]によって 3d バンドとか 4f バンドなどとよばれる．

電子間反発力

ブロッホの定理は，一様な媒質中の運動では運動量が保存する，というごく一般的な事実の表現である．ただし，結晶内の電子では電子間にクーロン反発力がはたらくために，これで話が済むわけではない．出発点の式 (0.27) に戻ってもう一度検討する必要がある．

1 つの電子の感じるポテンシャルは，原子番号を Z として，

$$V(\boldsymbol{r}) = -\frac{1}{4\pi\varepsilon_0}\sum_i \frac{Ze^2}{|\boldsymbol{r}-\boldsymbol{R}_i|} + \frac{1}{4\pi\varepsilon_0}\sum_j \frac{e^2}{|\boldsymbol{r}-\boldsymbol{r}_j|} \tag{0.39}$$

と書くことができる．$\boldsymbol{R}_i$ は原子核の，$\boldsymbol{r}_j$ は他の電子の位置で，第 1 項は原子核の引力，第 2 項は電子間の反発力を表している．第 1 項は $\{\boldsymbol{a}_i\}$ で表される並進対称性をもっているが，第 2 項はそうではない．それぞれの電子は

---

[19] 小出昭一郎：「量子力学 (I) (改訂版)」第 4 章 (文献 [1])

結晶の中を動き回っているから，r_j は時々刻々変わるだろう．しかし，結晶は全体として並進対称性をもっているのだから，長時間平均をとれば r_j によるポテンシャルも並進対称性をもっていると考えることができよう．そこで V を，他の電子の存在確率で加重平均したポテンシャル，いいかえれば静的な電子雲と見なして計算される部分 ($\overline{V}$) と，そこからのずれ (揺らぎ) とに分けて考えよう．

$$V = \overline{V} + (V - \overline{V}) \tag{0.40}$$

ブロッホ状態の電子がつくるポテンシャルについては，$\overline{V}$ は並進対称性をもっていると考えられる．だから，$V - \overline{V}$ が小さくて無視できれば，式 (0.27) のシュレーディンガー方程式を解いて出てくる固有状態はブロッホ状態である．それらの 1 電子ブロッホ状態からスレーター行列式[20]をつくったとき，その多体状態が全体としてつくる平均ポテンシャル $\overline{V}$ が出発点のポテンシャルと一致するならば，論理は閉じて，つじつまが合っていることになる．これが**ハートリー - フォックの近似**[21]であって，電子のバンド構造の計算はこのような 1 電子近似の上に成り立っている．しかし，この近似で捨てられた揺らぎの部分 $V - \overline{V}$ は，磁性に関して重要である．

相関エネルギー

仮想的に，図 0 - 5 のような水素原子の 1 次元的な規則正しい列を考えてみよう．この系は並進対称性をもっているから，原子間隔 a が十分小さければ上の議論が成り立ち，電子はブロッホ状態で系は金属になるだろう (図 0 - 5(b))．

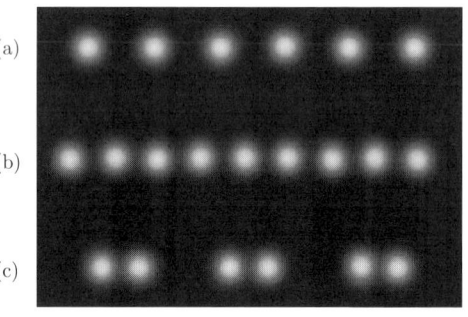

図 0 - 5 整列した水素原子と金属水素，水素分子 (模式図)
(a) 水素原子列，(b) 金属水素，(c) 水素分子列

---

20) 小出昭一郎：「量子力学 (II) (改訂版)」§9.2 (文献 [1])
21) 同書，§9.4

しかし a が大きくなれば，式 (0.34) の移動積分が小さくなって電子は原子間を動き回ることができなくなり，各原子に 1 つずつ電子がある (ワニエ状態の) 中性水素原子の列ができる，と考えるのが自然である (図 0-5(a))．

このような，各ワニエ状態に 1 つずつ電子がいる状態を $|g\rangle \equiv |1,1,1,1,\cdots\rangle$ と書こう．この状態自体は並進対称性をもっているが，1 つの電子の感じるポテンシャルは並進対称性をもっていない．実際，ある電子が他の原子に移った $|e\rangle \equiv |1,\cdots,1,0,1,\cdots,1,2,1,\cdots\rangle$ という状態は，1 つの原子にいる 2 つの電子の間のクーロン反発力によって $|g\rangle$ よりエネルギーが高い．

状態 $|e\rangle$ と状態 $|g\rangle$ のエネルギー差を**相関エネルギー**といって，U と書く．U が t に比べて大きければ，ワニエ状態の方がブロッホ状態よりも良い近似である．これを**局在状態** (局在電子) という．これは固有状態ではなくて，ハミルトニアンの行列要素を計算すると移動積分 t で表される非対角項が現れる．逆に t が U に比べて大きければ遍歴状態 (遍歴電子) が良い近似になるが，それを表現するブロッホ関数も完全な固有状態ではない．式 (0.40) の第 2 項による相関エネルギー U に対応する非対角項が存在する．

相関効果を表現するために，$\boldsymbol{R}$ の違うワニエ状態の間の効果は省略するという近似の上で，

$$\begin{aligned}\mathcal{H}_{\mathrm{cr}} &= U \sum_i c^\dagger(\boldsymbol{R}_i,\uparrow)\, c(\boldsymbol{R}_i,\uparrow)\, c^\dagger(\boldsymbol{R}_i,\downarrow)\, c(\boldsymbol{R}_i,\downarrow) \\ &= U \sum_i n(\boldsymbol{R}_i,\uparrow)\, n(\boldsymbol{R}_i,\downarrow)\end{aligned} \quad (0.41)$$

という式が提案されている[22]．最後の式の n は，位置 $\boldsymbol{R}_i$ に存在する (スピン状態を指定した) 電子の数である．異なるスピン状態の電子が同じ場所に入って打ち消し合う状態は，相関エネルギー U だけエネルギーが高い．式 (0.41) (あるいは，これに元のハミルトニアンの式 (0.35) を加えて) は提案者

---

22) 式 (0.41) に同じスピン状態の電子間の相互作用が現れないのは，ワニエ関数に軌道縮退がないことを仮定しているからである．同じスピン状態の電子は，パウリの原理によって排除されている．この仮定のない場合への拡張も行なわれている．

の名前をとってハバード ハミルトニアンとよばれ，広く用いられている．

磁性の起源

図 0 - 5(a) に示したように金属でなく水素原子の列ができると，その 1 つの局在電子がスピンに由来する磁気モーメントをもっていることに注意しよう．ある場所に電子が 1 つだけあれば，電子本来の性質として磁気モーメントが現れるのである．これが磁性の発現にとって基本的に重要である．

移動積分 t に比べて相関エネルギー U が小さい極限では，1 つの k で指定される軌道状態をスピンの異なる 2 つの電子が占めて，結晶中のあらゆる場所で磁気モーメントが相殺する．磁場がなければ磁化は現れないし，磁場をかけても温度によらない弱い常磁性あるいは反磁性を示すに過ぎない (これは次章で述べる)．U が無視できなくなれば，電子は互いに避け合って，磁気モーメントが現れる．互いに避け合っていれば動き回っていてもいいので，長時間平均で局在している必要は必ずしもない．このような，時間的に定常的でない磁気モーメントは**スピンの揺らぎ**とよばれる．

このような意味で，次章から議論する物質の磁気的な性質は，基本的に**電子の局在性**に基づく性質である．U が t より大きい極限では，この電子，したがってその磁気モーメントは完全に局在して，その示す磁性を原子 (イオン) の電子的性質として議論することができる．当然このような系は磁性学の基本として有用であり，本書で局在スピン系を扱うことが多いのは，そのためである．しかし実際には，完全に局在した電子ではスピン間の相互作用が弱くなって，我々が見，利用しているような様々な磁気現象は現れない (第 5 章を参照)．現実の結晶では，電子は局在・遍歴の両極端からはずれた中間的な (その程度がその結晶の特性である) 状態にあって，それによって多彩な磁性が現れるのである．

この間の状況をきちんと述べるのは，実は磁性学の入門書である本書の目的ではない．それはすでにある別の本[19, 20, 21]に譲って，発生した磁気モーメントの挙動をどう調べ，それがその物質の電子状態からどう理解できるの

か，また逆にそれによって我々はその物質についてどのような情報を得ることができるのか，といったことを述べるのが本書の主題である．

モット転移とパイエルス転移

図0-5の(a)と(b)との間では，相転移が起きる場合がある．これを**モット転移**，あるいは**モット-ハバード転移**という．少量のCrを含むV_2O_3が古典的な例[22]である．この場合，(a)の局在電子相ではスピンによる磁気的な自由度があるために，こちらが高温側で安定な相になる．図からわかるように，結晶の対称性は変化しない．

水素原子の列と金属水素だけでは，議論はまだ終わらない．並んでいるのが水素原子ならば，金属にならないときには2つずつ近づいて水素分子の列ができる方が，明らかにエネルギーが低い．その様子を図0-5(c)に示した．これは水素だけではなく，また1次元の原子配列だけのことでもない．条件によっては3次元結晶でも起こりうる．フォノン(原子位置の移動)を考えると原子列の方が分子列よりエントロピーが大きいので，低温ではいくつかの原子が近くなって単位胞が大きくなり，高温では単位胞の小さい対称性の高い原子列が安定になって，ある温度で相転移が起きる．このような相転移を**パイエルス転移**という．

文　献

[1] 小出昭一郎：「量子力学(Ⅰ),(Ⅱ)(改訂版)」(基礎物理学選書，裳華房，1990年)

[2] 久保亮五 編：「大学演習 熱学・統計力学(修訂版)」(裳華房，1998年)

[3] 庄野安彦・床次正安：「入門結晶化学」(内田老鶴圃，2002年)

[4] W. L. Bragg著，永宮健夫・細谷資明 訳：「結晶学概論」(岩波書店，1978年)

[5] 例えば，
江沢 洋：「フーリエ解析」(講談社，1987年)

[6] 角田頼彦：「中性子磁気散乱」(近 桂一郎・安岡弘志 編：「磁気測定 I」第 4 章 (実験物理学講座 6，丸善，2000 年))
[7] 太田恵造：「磁気工学の基礎」(共立全書，共立出版，1973 年)
[8] 板倉聖宣：「磁石の魅力」(仮説社，1980 年)
[9] 中山正敏：「物質の電磁気学」(岩波書店，1996 年)
[10] J. C. Crangle 著，白鳥紀一・溝口 正 訳：「物質の磁性」(丸善，1979 年)
[11] M. Hino, N. Achiwa, *et al.*：Phys. Rev. **A59** (1999) 2261.
[12] 飯田修一，他 編：「新版物理定数表」(朝倉書店，1978 年)
[13] R. R. Birss：*Symmetry and Magnetism* (North Holland Publishing Co., Amsterdam, 1964)
[14] L. Landau and E. Lifsitz 著，小林秋男，他 訳：「統計物理学　第 3 版」(岩波書店，1980 年)
[15] K. Siratori, K. Kohn and E. Kita：Acta Physica Polonica **A81** (1992) 431.
[16] 近藤 淳：「金属電子論」(物理学選書，裳華房，1983 年)
[17] C. Kittel 著，宇野良清，他 訳：「固体物理学入門　第 8 版」(丸善，2005 年)
[18] 柳瀬 章：「ブリルアンゾーンとは」(パリティ物理学コース，丸善，1997 年)
[19] 永宮健夫：「磁性の理論」(吉岡書店，1987 年)
[20] 草部浩一・青木秀夫：「強磁性」(東京大学出版会，1998 年)
[21] 守谷 亨：「磁性物理学」(朝倉書店，2006 年)
[22] D. B. McWhan & J. P. Remeika：Phys. Rev. **B2** (1970) 3734.

第1章

序章 ― 自立した磁気モーメント ―

　我々がこれから勉強する物質の磁性は，電子の磁気モーメントに由来する．それを最初に確認したのは，19世紀末のピエール・キュリーの実験だった．1895年，彼はいろいろな元素や化合物の磁化を温度を変えて測定した結果を発表した[1]．磁場は高々0.15 T程度だったが，室温から約1400°Cに及ぶ温度範囲も，％オーダーの測定精度も，さらには取り上げた物質の範囲と結果の物理的な吟味・考察も，物性物理学としての磁性研究の始まりを示すものであった．その中で，気体酸素の磁化率が温度に反比例すること(キュリーの法則)と，強磁性体が強磁性でなくなる相転移温度(キュリー点)の両方に彼の名前が付けられている．
　キュリーの法則は，一定の大きさの磁気モーメントが磁場や温度によらず存在することを示した．それはしばらく後に彼の弟子たちによって統計力学で説明され，量子力学によって跡づけられた．

1.1　キュリーの法則

酸素の磁化率

　キュリーの論文から，気体酸素の磁化率の温度変化を次頁の図1-1に引用する．大変顕著なことに，室温付近でこれは絶対温度に逆比例する．

$$\chi = \frac{M}{H} = \frac{C}{T} \tag{1.1}$$

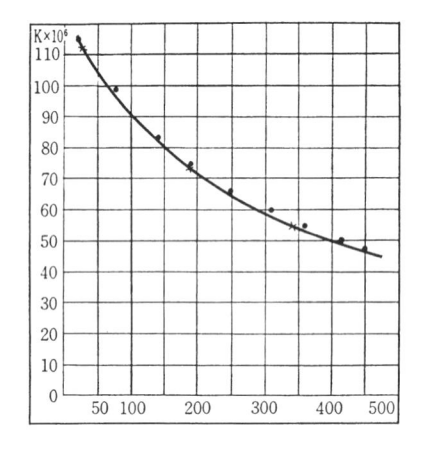

図 1-1 気体酸素の磁化率[1]
　この図は，囲み線を含めてキュリーの原論文 (Ann. Chim. *et* Phys. 7e série **5** (1895) 289) からの転載である．横軸は °C，縦軸は cgs 単位の 1 g 当たり磁化率（キュリーは K という記号を用いている）である．

この関係を**キュリーの法則**という．C は試料の量に比例する定数で，いまでは一般に**キュリー定数**とよばれる．キュリーの結果は，337 K·(J/T^2)/kg であった．

式 (1.1) を理想気体の状態方程式

$$pV = nRT \qquad (1.2)$$

と比較しやすい形にすれば，

$$\frac{H}{M} = \frac{T}{C} \qquad (1.3)$$

となる．気体の状態を示す体積 V に対応して，ここでは磁化 M の逆数が現れる．外部から

ピエールとマリー・キュリー
（結婚の年，1895 年）

かける磁場 H が 0 のとき気体酸素の磁化が 0 であるのに対し，気体の体積 V は圧力 p が 0 のときに無限大になるから，この対応は妥当である．ただし，気体の体積変化を引き起こすための仕事量が $p\,dV$ で与えられるのに対し，磁性体を磁化するときの仕事量は式 (0.12) によって $H\,dM$ で与えられる．$H\,d(1/M)$ ではない．

ランジュバンの理論

　状態方程式 (1.1) または (1.3) は，10 年後にランジュバンによって次のように説明された[2]．酸素分子がそれぞれ一定の大きさの磁気モーメント $\boldsymbol{\mu}$ をもっているとしよう．気体酸素は室温付近でほとんど理想気体のように振舞うし，理想気体の状態方程式は分子間相互作用の弱い極限で成り立つのだから，ここでも $\boldsymbol{\mu}$ の間の相互作用は無視してよかろう．そうであれば，外部から磁場 $\boldsymbol{H}$ をかけたときのエネルギーとしては式 (0.12) のゼーマンエネルギー

$$E_{\mathrm{Z}} = -\boldsymbol{\mu} \cdot \boldsymbol{H} = -\mu H \cos\theta \tag{1.4}$$

だけを考えればよい．θ は磁場と磁気モーメントの間の角度である．

　通常の統計力学の手続き[1]に従えば，1 つの分子 (磁気モーメント) についての状態和 Z は

$$\begin{aligned}
Z &= \int_0^\pi \exp\!\left(\frac{\mu H \cos\theta}{k_{\mathrm{B}} T}\right) \sin\theta \, d\theta = \frac{k_{\mathrm{B}} T}{\mu H}\left(\exp\!\left(\frac{\mu H}{k_{\mathrm{B}} T}\right) - \exp\!\left(-\frac{\mu H}{k_{\mathrm{B}} T}\right)\right) \\
&= 2\frac{k_{\mathrm{B}} T}{\mu H} \sinh\!\left(\frac{\mu H}{k_{\mathrm{B}} T}\right)
\end{aligned} \tag{1.5}$$

だから，N 個の分子から成る系の自由エネルギー F と磁化 M は，

$$\begin{aligned}
F &= -N k_{\mathrm{B}} T \log Z \\
&= -N k_{\mathrm{B}} T \left(\log\!\left(\sinh\!\left(\frac{\mu H}{k_{\mathrm{B}} T}\right)\right) - \log H\right) - N k_{\mathrm{B}} T \log\!\left(\frac{2 k_{\mathrm{B}} T}{\mu}\right) \\
M &= -\frac{\partial F}{\partial H} = \mu N \left(\coth\!\left(\frac{\mu H}{k_{\mathrm{B}} T}\right) - \frac{k_{\mathrm{B}} T}{\mu H}\right)
\end{aligned} \tag{1.6}$$

となる．k_{B} はボルツマン定数である．

　ここで最後に現れる

$$\coth X - \frac{1}{X} \equiv L(X) \tag{1.7}$$

はランジュバン関数とよばれ，次頁の図 1-2 に示したような形をしていて，

---

1) 久保亮五 編：「大学演習 熱学・統計力学 (修訂版)」第 5 章 (第 0 章の文献 [2])

X が大きくなると $1/X$ で 1 に収束する. X が小さいときにはベキ級数に展開して,

$$L(X) = \frac{X}{3} - \frac{X^3}{45} + \cdots \tag{1.8}$$

と書けるので, $\mu H / k_{\mathrm{B}} T$ が小さい (ゼーマンエネルギーが熱エネルギーに比べて小さい) ときには, 磁化は磁場に比例する[2]. N 分子の系の磁化率は

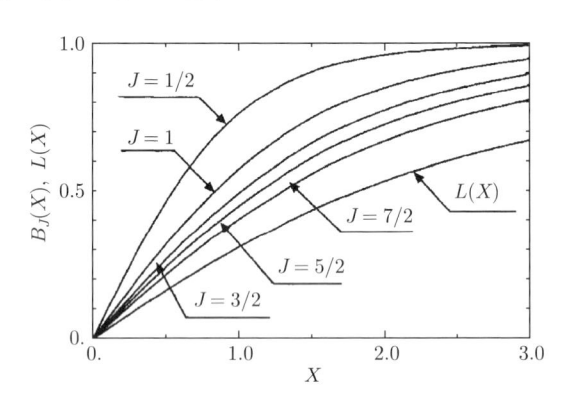

図 1-2 ランジュバン関数とブリルアン関数

$$\chi = \frac{M}{H} = \frac{\mu H}{3 k_{\mathrm{B}} T} \cdot \frac{N \mu}{H} = \frac{\mu^2}{3 k_{\mathrm{B}} T} N \tag{1.9}$$

となる. 式 (1.1) と比較すれば,

$$C = \frac{\mu^2}{3 k_{\mathrm{B}}} N \tag{1.10}$$

である. すなわち, 分子数 N がわかれば, キュリー定数によって分子の磁気モーメントの大きさを知ることができる.

$$\mu = \sqrt{\frac{3 k_{\mathrm{B}} C}{N}} \tag{1.11}$$

キュリーのデータから計算すると, 酸素 1 分子の磁気モーメントは大体 2.72×10^{-23} J/T $= 2.94$ μ_{B} になる. これは, 電子に起因する値として, もっともらしいオーダーである. またキュリーの実験では温度は 300 K 以上, 磁場は

---

[2] キュリーの法則を導出するだけならば, 状態和をきちんと計算する必要はない. ボルツマン因子 $\exp(-\varepsilon / k_{\mathrm{B}} T)$ を展開して 1 次までとる近似で十分である. その意味でキュリーの法則は, 熱エネルギーに比べて小さい外力に対する応答の表現式として一般的なものである.

0.1 T の程度だから，$X = \mu H/k_\mathrm{B}T$ は 0.001 以下で，上で用いた近似は良く成り立っている．

ここで重要なことは，酸素分子が温度・磁場によらない一定の大きさ μ の磁気モーメントをもっている，という仮定である．実験的に求められた磁気モーメントの大きさが示唆するようにこれが電子によるものであれば，次の段階の問題はこの磁気モーメントを発生させる電子の状態の解明である．ところが，古典力学で電子の運動を表現して統計力学で扱うと，熱平衡状態では磁化が常に 0 になることが証明されてしまう[3]．電子の状態が量子化されてとびとびになっていると考えないと，磁性は説明できないのである．その意味で，磁性は本質的に量子力学的な現象である．

ブリルアンの理論

そうであるならば，磁気モーメントと磁場の角度が連続的に変化するとしたランジュバンの理論は，中途半端である．量子力学では角運動量は**方向量子化**され，量子化軸方向の成分 $m\hbar$ は $\hbar$ ごとのとびとびの値をとる[4]．磁気モーメントの大きさは角運動量に比例するから，これにともなう磁気モーメントの量子化軸成分を (電子の電荷が負であることを考えて) $-g\mu_\mathrm{B}m$ と書けば，ゼーマンエネルギーは

$$E_\mathrm{Z} = g\mu_\mathrm{B} m H \tag{1.12}$$

となる．準位の分裂を示す定数 g は通常単に g 因子とよばれる．自由電子では 2 になるが，結晶中のイオンについては次章で議論する．

角運動量の大きさも量子化されているので，それを $J\hbar$ (J は整数または半整数で，$|m| \leq J$) としてもう一度統計力学の手法を用いれば，式 (1.5) の状態和 Z の積分は有限項の級数でおき換えられ，

---

[3] これを ボーア‐ファン・リューエンの定理 という．0.2 節 で述べたように，電子の磁気モーメントはその速度に比例する．古典物理学では電子の状態は連続的に変化し得るので，そのそれぞれにボルツマン因子を掛けて積分して速度の熱平均を計算すると，0 になることが示される (文献 [3] の第 4 章，102 頁を参照)．

[4] 小出昭一郎：「量子力学 (I) (改訂版)」第 4 章 (第 0 章の文献 [1])

$$Z = \sum_{m=-J}^{J} \exp\left(-\frac{g\mu_{\mathrm{B}} m H}{kT}\right)$$

$$= \frac{\exp\left(\dfrac{g\mu_{\mathrm{B}} J H}{k_{\mathrm{B}} T}\right) - \exp\left(-\dfrac{g\mu_{\mathrm{B}}(J+1)H}{k_{\mathrm{B}} T}\right)}{1 - \exp\left(-\dfrac{g\mu_{\mathrm{B}} H}{k_{\mathrm{B}} T}\right)}$$

$$= \frac{\sinh\left(\dfrac{g\mu_{\mathrm{B}}(2J+1)H}{2k_{\mathrm{B}} T}\right)}{\sinh\left(\dfrac{g\mu_{\mathrm{B}} H}{2k_{\mathrm{B}} T}\right)}$$

$$M = N \cdot \frac{\partial}{\partial H}(k_{\mathrm{B}} T \, \log Z)$$

$$= g\mu_{\mathrm{B}} J N \left\{ \frac{2J+1}{2J} \coth\left(\frac{2J+1}{2J} \frac{g\mu_{\mathrm{B}} J H}{k_{\mathrm{B}} T}\right) - \frac{1}{2J} \coth\left(\frac{1}{2J} \frac{g\mu_{\mathrm{B}} J H}{k_{\mathrm{B}} T}\right) \right\} \tag{1.13}$$

となる．ここで最後に出てきた

$$\frac{2J+1}{2J} \coth\left(\frac{2J+1}{2J} X\right) - \frac{1}{2J} \coth\left(\frac{1}{2J} X\right) \equiv B_J(X) \tag{1.14}$$

はブリルアン関数とよばれる．

図 1-2 に，小さい J に対するブリルアン関数をいくつか示した．$g\mu_{\mathrm{B}} J = \mu$ を一定にしておいて $J \to \infty$ の極限を考えると，ブリルアン関数はランジュバン関数になる．その意味で，ランジュバンの古典論は量子論に含まれる．実際，J が非常に大きいことに相当する強磁性微粒子の磁気的挙動は，ランジュバン関数で表現される[5]．

X が小さいときには，ここでもベキ級数に展開すると

---

[5] 18 頁の脚注で触れたように，強磁性粒子が十分小さくなると，スピンが揃ったまま粒子の磁気モーメントが全体として熱運動で反転するようになり，現象的に常磁性を示す．実験的には，粒子の大きさが分布するので式 (1.4) の μ，したがって式 (1.7) の X が分布し，関数形としてはランジュバン関数からずれる．しかし，温度と磁場を変えて測定した磁化が H/T の関数として 1 つの曲線で表される．また，低温で $1/H$ に比例する磁化の磁場依存性 (ランジュバン関数の第 2 項．ブリルアン関数には存在しない) が観測されている[4]．

1.1 キュリーの法則

$$B_J(X) = \frac{J+1}{3J}X - \frac{(J+1)(4J^2+1)}{180J^3}X^3 + \cdots \quad (1.15)$$

だから，ゼーマンエネルギーが熱エネルギーよりも小さいときには，

$$M = g\mu_B JN \frac{J+1}{3J} \frac{g\mu_B JH}{k_B T} = \frac{g^2\mu_B^2 J(J+1)}{3k_B T}NH \equiv \chi_0 NH \quad (1.16)$$

となって，もう一度キュリーの法則が導かれる．ただし，キュリー定数は

$$C = \frac{g^2\mu_B^2 J(J+1)}{3k_B}N = \frac{p_{\text{eff}}^2 \mu_B^2}{3k_B}N \quad (1.17)$$

となる．$J(J+1)$ は$\hbar$単位で測った角運動量の絶対値の2乗[6]だから，式 (1.17) の分子はランジュバンの式 (1.9) の μ^2 に対応している．$g\sqrt{J(J+1)} = p_{\text{eff}}$ を**有効ボーア磁子数**とよぶことがある．式 (1.17) を用いると，気体酸素についてのキュリーの結果は $g=2, J=1$ としてよく説明できる．

式 (1.13) が全温度・磁場領域で磁化 M を1つの量 H/T の関数として与えていることに注意しよう．$\mu H/k_B T \ll 1$ の範囲で発見されたキュリーの法則という**磁気状態方程式** (1.1) の適用範囲が，式 (1.13) によって拡張されたわけである．実際，この状態方程式 (1.13) は，図1-3に示すように実験的に見事に確認されている．常磁性塩の磁化が H/T のブリルアン関数で定量的に説明できることは，量子力学の再確認にもなっている．

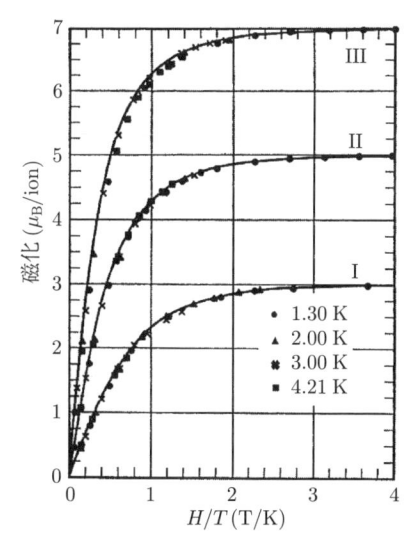

図 **1-3** Cr^{3+}(Ⅰ), Fe^{3+}(Ⅱ), Gd^{3+}(Ⅲ) を含む塩の磁化曲線 (W. E. Henry：Phys. Rev. **88** (1952) 559)

---

[6] 小出昭一郎：「量子力学 (Ⅰ) (改訂版)」4.2節 (第0章の文献 [1])

式 (1.13) が，独立な磁気モーメント群が磁場 H の中にあって温度 T の熱溜と接触している場合について導出されたことに，もう一度注意しよう．気体酸素で酸素の各分子が独立していて電子は各分子に局在しており，その間の相互作用が小さいことは，酸素が図 1-1 の温度領域で理想気体の状態方程式 (式 (1.2)) にほぼ従うことからも自然である．しかし，図 1-3 は，Cr^{3+}, Fe^{3+}, Gd^{3+} などのイオンを含む結晶について測定した結果である．したがってこれは，0.4 節で述べたような，「結晶中の電子の局在」を示している．局在電子の磁性がどのようにその電子状態を反映するかは，次章で述べる．

キュリー定数とスピンの次元

キュリー定数の分母の 3 は，磁気モーメントが 3 次元空間の中で自由に回転できることからきている．それを確かめるために，磁気モーメントが z 軸方向に固定されている場合を考えてみよう．これは第 2, 3 章で述べる結晶磁気異方性の強い極限で，**イジング模型**とよばれる．磁気モーメントの状態を表す変数が 3 つでなく 1 つなので理論的に扱いやすく，磁性体の統計力学でしばしば用いられるモデルである．イジング模型について式 (1.5), (1.6) のプロセスを繰り返せば，

$$\begin{aligned}
Z &= \exp\left(\frac{\mu H}{k_\mathrm{B} T}\right) + \exp\left(-\frac{\mu H}{k_\mathrm{B} T}\right) = 2\cosh\left(\frac{\mu H}{k_\mathrm{B} T}\right) \\
F &= -N k_\mathrm{B} T \log\left(2\cosh\left(\frac{\mu H}{k_\mathrm{B} T}\right)\right) \\
M &= \mu N \tanh\left(\frac{\mu H}{k_\mathrm{B} T}\right)
\end{aligned} \tag{1.18}$$

であって，$\mu H/k_\mathrm{B} T \ll 1$ のときには，

$$M = \frac{\mu^2}{k_\mathrm{B} T} N H \tag{1.19}$$

となる．

問題 1.1 イジング模型についての上記の計算が，$J = 1/2$ のときのブリルアン

関数の計算と全く一致することを確かめよ．それは何故か．

問題 1.2 古典的磁気モーメントが xy 平面内に束縛されているとき，キュリー定数を求めよ．

場所によって変化する磁場

ここで，並進対称性のある結晶について，場所によって磁場の強さが変わる場合を考えておこう．例えば，磁場が z 軸方向を向いていて，その強さが

$$H(\boldsymbol{r}) = H\cos(\boldsymbol{q}\cdot\boldsymbol{R}) = \frac{H}{2}\left(e^{\mathrm{i}\boldsymbol{q}\cdot\boldsymbol{R}} + e^{-\mathrm{i}\boldsymbol{q}\cdot\boldsymbol{R}}\right) \quad (1.20)$$

の形で変化しているとする．ただし，$\boldsymbol{R}$ を格子ベクトル，$\boldsymbol{\rho}$ を単位胞内の位置として，$\boldsymbol{r} = \boldsymbol{R} + \boldsymbol{\rho}$ である．0.4 節を参照．つまり，単位胞内の磁場は一定で，その単位胞内の磁気モーメントはその磁場を感じている．簡単のために，結晶はブラヴェ格子としよう．

磁場が弱くて磁化が磁場に比例するときには簡単で，それぞれの場所で式 (1.16) が成り立ち，$M(\boldsymbol{R})$ は $H(\boldsymbol{R}) = H\cos(\boldsymbol{q}\cdot\boldsymbol{R})$ に比例する．比例定数は磁気モーメント当たり χ_0 である．

$$M(\boldsymbol{q}) = \sum_{\boldsymbol{R}} M(\boldsymbol{R})\, e^{-\mathrm{i}\boldsymbol{q}\cdot\boldsymbol{R}}, \qquad H(\boldsymbol{q}) = \frac{1}{N}\sum_{\boldsymbol{R}} H(\boldsymbol{R})\, e^{-\mathrm{i}\boldsymbol{q}\cdot\boldsymbol{R}} \quad (1.21)$$

と定義すれば，

$$M(\boldsymbol{q}) = \sum_{\boldsymbol{R}} \chi_0\, H(\boldsymbol{R})\, e^{-\mathrm{i}\boldsymbol{q}\cdot\boldsymbol{R}} = \chi_0 N\, H(\boldsymbol{q}) \equiv \chi(\boldsymbol{q})\, H(\boldsymbol{q}) \quad (1.22)$$

となり，$\boldsymbol{q}$ によらず

$$\chi(\boldsymbol{q}) = \chi_0 N = \frac{g^2\mu_\mathrm{B}^2 J(J+1)}{3k_\mathrm{B}T} N \quad (1.23)$$

となる．一見自明な式 (1.23) が成立するのは，電子が局在していて，かつ相互作用がないからである．局在していない場合は次節，相互作用のある場合は第 7 章で述べる．

ランジュバン関数やブリルアン関数の導出を見ると，基底状態では角運動量の大きさが決まっていて，量子化軸方向の成分でそこに含まれる複数の固有状態が区別される．磁場がないときにはそれらが縮退していてマクロに磁化を生じなかったものが，外部磁場をかけるとゼーマンエネルギーでその縮退がとけて各状態の占有確率が変わり，熱平均として磁化を生じている．したがって磁場に対する応答は，磁場が存在しないときに基底状態がどう縮退しているか，で決まる．通常，ゼーマンエネルギーも熱エネルギーも固体内の電子の相互作用に比べて小さいので，基底状態だけを考えておけばよい．電子の波動関数自体が磁場 (磁束密度) によって変化する効果は，一般にあまり大きくない．しかしいつも存在していて，場合によっては重要になる．それについては，この後で述べる．

異方性の表現

式 (1.16) などで磁化率 χ がスカラー量になっているのは，ゼーマンエネルギーだけを考えたので系が等方的だからである．結晶中では $\boldsymbol{H}$ と $\boldsymbol{M}$ とが平行になる保証はない．例えばイジング模型が成り立つ場合は，磁場方向によらず磁化はある方向 (容易磁化方向) にしか現れない．磁化も磁場も 3 次元ベクトルだから，その間の線形の関係は 3 行 3 列の行列で表される．この行列は対称で，直交する 3 本の主軸があり，主軸に沿って座標軸をとれば対角型になる．イジング模型ならば，

$$\underline{\chi}_{\text{ising}} = \begin{pmatrix} 0 & 0 & 0 \\ 0 & 0 & 0 \\ 0 & 0 & \chi \end{pmatrix}, \quad \chi = \frac{\mu^2}{k_{\text{B}}T} N \qquad (1.24)$$

であり，$J = 1/2$ の等方的スピン系ならば

$$\underline{\chi} = \begin{pmatrix} \chi & 0 & 0 \\ 0 & \chi & 0 \\ 0 & 0 & \chi \end{pmatrix}, \quad \chi = \frac{(g\mu_{\text{B}}/2)^2}{k_{\text{B}}T} N \qquad (1.25)$$

となる．

このような対称性による議論は一般的なので，考える系の性質にはよらない．

1.2　遍歴電子の常磁性

フェルミ縮退

前節で述べたように，キュリーの実験とランジュバン - ブリルアンの理論は自立した磁気モーメントの存在を示して，磁性物理学の基礎を与えた．しかし，元素単体を見る限りキュリーの法則に従うのは酸素だけで，その他の元素は全く違う挙動をする．表 0 - 1 を見ると，いくつかの希土類元素を除いて，酸素以外の元素の室温の磁化率は酸素よりほぼ 2 桁小さい．しかも，この表には現れていないけれどもそれ以上に顕著なことは，これらの物質の磁化率がほとんど温度によらないことである．これは，前節の議論が物質の一般的な性質であることを否定しているように見える．

電子がスピン $\hbar/2$ の角運動量にともなう内部自由度，それに対応する自立した磁気モーメント $1\mu_B$ をもっていることを基礎として，バンドをつくっている**遍歴電子**の系を量子力学で扱い，温度によらない常磁性を説明したのはパウリであった[5]．その理論は，波として固体中に拡がっている電子の状態と，電子がフェルミ粒子であることに基づいている．それが多くの元素に適合するのは，金属の凝集エネルギーが大きくて金属状態がエネルギー的に安定である，という事実を再確認するものである．

前章で述べたように，金属の電子は基本的に遍歴的で，電子の固有状態は波数ベクトルで識別され，そのエネルギーは逆格子空間内でほぼ連続的に変化してバンドをつくる．さし当たりバンド幅が広く，平均場の中の 1 電子近似がよく成り立つ場合を考えよう．この場合，電子のエネルギーはスピンに

よらず, k で指定される 1 つの軌道には α (↑スピン) と β (↓スピン) 2 つの状態がある. エネルギーが ε と $\varepsilon + d\varepsilon$ の間に入る状態の数は $d\varepsilon$ に比例するから $D(\varepsilon)\,d\varepsilon$ と書いて, この $D(\varepsilon)$ を**状態密度**という. ↑, ↓スピンそれぞれの状態密度を上下に振り分けて, 模式的に図 1-4 のように描こう.

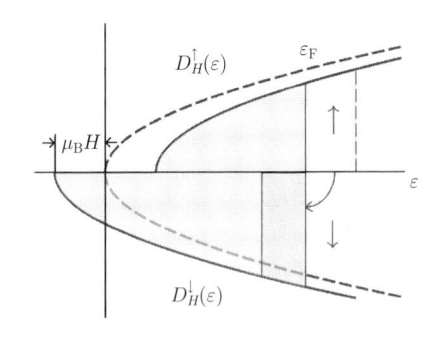

図 1-4 磁場中の遍歴電子の状態密度

電子はフェルミ粒子だから, エネルギー ε をもつ状態の占有確率は

$$f(\varepsilon) = \frac{1}{\exp\left(\dfrac{\varepsilon - \varepsilon_{\mathrm{F}}}{k_{\mathrm{B}}T}\right) + 1} \tag{1.26}$$

で与えられる[7]. ここで ε_{F} は, 全電子数一定の条件

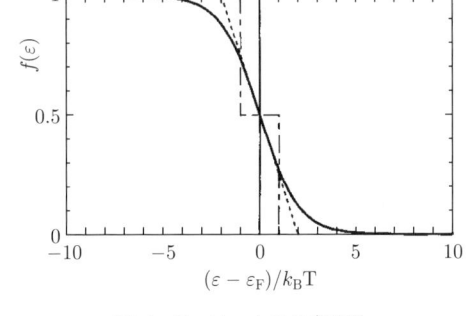

図 1-5 フェルミ分布関数

$$\int_{\text{全エネルギー範囲}} f(\varepsilon)\,D(\varepsilon)\,d\varepsilon = N \tag{1.27}$$

から決まるフェルミエネルギー (化学ポテンシャル) である. 一般にバンドの底から測った ε_{F} は 10^4K のオーダーで $k_{\mathrm{B}}T$ に比べて十分に大きく, ほとんど温度変化しない. $f(\varepsilon)$ のグラフを図 1-5 に示した.

パウリの常磁性

電子の軌道状態とスピン状態とを独立に考えることができれば, 外部から磁場 H をかけたときの効果は軌道とスピンに分けられる. 軌道についての議

---

[7] 久保亮五 編:「大学演習 熱学・統計力学 (修訂版)」第 8 章 (第 0 章の文献 [2])

論は次節に回して，まず縮退していたスピン状態のエネルギーが磁気モーメントのゼーマンエネルギー $\mu_B H$ だけ上下にずれる効果を考えよう．

↑スピンと↓スピンの状態密度をそれぞれ $D_H^\uparrow(\varepsilon), D_H^\downarrow(\varepsilon)$ と書くことにし，$H = 0$ の場合を $D_0(\varepsilon) \equiv D(\varepsilon)/2$ と書けば，

$$D_H^\uparrow(\varepsilon) = D_0(\varepsilon - \mu_B H), \qquad D_H^\downarrow(\varepsilon) = D_0(\varepsilon + \mu_B H) \quad (1.28)$$

絶対零度では式 (1.26) は階段関数になるから，磁化の大きさは↑スピンと↓スピンの電子の数の差から次のように与えられる．

$$\begin{aligned} M &= \mu_B \int^\infty \left(D_H^\downarrow(\varepsilon) - D_H^\uparrow(\varepsilon) \right) f(\varepsilon)\, d\varepsilon \\ &= \mu_B \int^{\varepsilon_F} \left(D_H^\downarrow(\varepsilon) - D_H^\uparrow(\varepsilon) \right) d\varepsilon \\ &= \mu_B \int_{\varepsilon_F - \mu_B H}^{\varepsilon_F + \mu_B H} D_0(\varepsilon)\, d\varepsilon \end{aligned} \quad (1.29)$$

通常，$\pm \mu_B H$ の範囲では状態密度の変化は無視してよいと考えられるから，

$$\begin{aligned} M &= \mu_B \cdot 2\mu_B H D_0(\varepsilon_F) = \mu_B^2 D(\varepsilon_F) H \\ \chi &= \mu_B^2 D(\varepsilon_F) \end{aligned} \quad (1.30)$$

となる．これが**パウリ**の**常磁性**である．

式 (1.30) によれば，磁化率の大きさから**フェルミ準位の状態密度** $D(\varepsilon_F)$ がわかる．これは金属の物性を調べる上で基本的な量である．ただし定量的には，電子間相互作用が影響する．また次節で述べる反磁性成分も考慮に入れなければならない．

有限温度の場合は，$\varepsilon_F \gg kT$ の範囲で ε_F の温度変化も勘定に入れる[8]と，

$$\chi = 2\mu_B^2 D_0(\varepsilon_F) \left(1 + \frac{\pi^2}{6} k_B{}^2 T^2 \frac{d^2 \log D_0(\varepsilon_F)}{d\varepsilon^2} + \ldots \right) \quad (1.31)$$

となる．第 2 項以降は第 1 項に比べて小さいので磁化率はあまり温度によら

---

[8] 久保亮五 編：「大学演習 熱学・統計力学 (修訂版)」第 8 章，問題 5 (第 0 章の文献 [2])

ないが，弱い温度依存性の符号はフェルミ準位での

$$\frac{d^2 \log D_0}{d\varepsilon^2} = \frac{1}{D_0}\frac{d^2 D_0}{d\varepsilon^2} - \frac{1}{D_0{}^2}\left(\frac{dD_0}{d\varepsilon}\right)^2 \tag{1.32}$$

の符号で決まる．フェルミ準位が状態密度の極小点の近くにあれば，式 (1.32) の第 2 項は無視でき，第 1 項によって磁化率は温度上昇とともに大きくなる．実際，遷移金属の常磁性磁化率は，図 1 - 6 に示すように温度と共に増大することがある．温度変化の様子が d 電子の数で決まっていることを，表 0 - 1 を参照して確かめて欲しい．これは，磁化率の温度変化がバンドの形を反映していることを示している．

しかし，電子間相互作用を無視することは一般には許されない．低温で大きくなる磁化率の温度依存性には，通常バンドの形よりも電子間相互作用の方が重要である．相互作用が強ければ，磁化率はある温度で発散して強磁性が現れる．それは，図 1 - 6 で Pt と Pd を比べ，周期表でその上の Ni が強磁性を示すことを見れば明らかであろう．電子間の相互作用はおおむね，5d から 4d，3d と周期表で上に行くほど強くなると考えてよい．

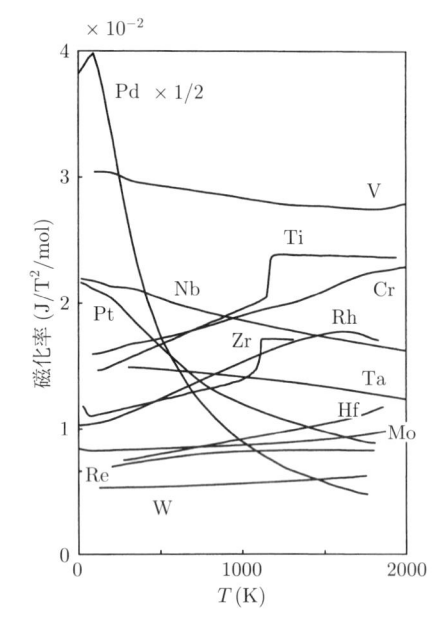

図 1 - 6 4d, 5d 遷移金属の磁化率の温度変化 (Landolt - Börnstein：Neue Serie, Ⅲ-19a (1986 年) による)

パウリの磁化率とキュリーの法則

式 (1.30) の結果は，キュリーの法則を用いて次のように解釈することができる．フェルミ分布関数 (式 (1.26), 図 1 - 5) を見ると，$\varepsilon_\mathrm{F} - \varepsilon \gg k_\mathrm{B}T$ の軌道状態には↑スピンと↓スピン両方の電子がいつも入っていて打ち消し合う

ので,磁化は生じない.逆に $\varepsilon - \varepsilon_F \gg k_B T$ の状態には電子がいないので,ここも磁化に寄与しない.外部磁場に応じて磁化を生ずるのは,$\varepsilon \approx \varepsilon_F$ の部分である.フェルミ分布関数のこの部分を図1-5に鎖線で示したように階段関数で近似して,$\varepsilon < \varepsilon_F - k_B T$ では 1, $\varepsilon_F - k_B T < \varepsilon < \varepsilon_F + k_B T$ では 1/2, $\varepsilon_F + k_B T < \varepsilon$ では 0 としよう.$\varepsilon_F \pm k_B T$ の範囲で状態密度は一定とすると,磁場に反応する電子の数 N は $k_B T D(\varepsilon_F)$ となる.電子のスピンに対応して $g=2$ とし,この数の電子の系についてブリルアンの理論を適用すると,

$$\begin{aligned}\chi &= g^2 \mu_B^2 \frac{(1/2)\cdot(3/2)}{3k_B T} \cdot k_B T D(\varepsilon_F) \\ &= \mu_B^2 D(\varepsilon_F)\end{aligned} \quad (1.33)$$

となって,式 (1.30) が得られる.これを見ると,パウリの常磁性はキュリーの常磁性で,ただ金属では電子がフェルミ縮退しているので磁性に寄与する電子数が温度に比例して増えるために,見かけ上温度変化しなくなっただけである.

問題 1.3 フェルミ分布関数をフェルミ準位での接線を用いて折れ線 (図1-5の破線) で近似して,磁化率を計算せよ.

場所によって変化する磁場

場所的に変化する磁場に対する応答は,局在電子と遍歴電子とで違う.この場合に遍歴電子では,磁場による縮退の解除ではなく,電子状態の変化で磁化が発生するからである.

もう一度,z 軸方向に式 (1.20) の磁場がかかっている場合を考えよう.

$$H(\boldsymbol{r}) = H \cos(\boldsymbol{q}\cdot\boldsymbol{R}) = \frac{H}{2}\left(e^{i\boldsymbol{q}\cdot\boldsymbol{R}} + e^{-i\boldsymbol{q}\cdot\boldsymbol{R}}\right) \quad (1.34)$$

この磁場によって,結晶全体に拡がっている電子の固有状態が変わる.いま

は電子間のクーロン相互作用を平均場で取り入れた1電子近似がよく成立している場合を考えているから，それぞれの電子の状態を考えればよい．元々のハミルトニアン

$$\mathcal{H}_0 = -\frac{\hbar^2}{2m_\mathrm{e}}\nabla^2 + V(\boldsymbol{r}), \qquad V(\boldsymbol{r}) = V(\boldsymbol{R}+\boldsymbol{\rho}) = V(\boldsymbol{\rho}) \quad (1.35)$$

にゼーマンエネルギーのハミルトニアン

$$\mathcal{H}_\mathrm{Z} = 2\mu_\mathrm{B}\boldsymbol{H}(\boldsymbol{r})\cdot\boldsymbol{s} = 2\mu_\mathrm{B}H(\boldsymbol{r})s_z \qquad (1.36)$$

が付け加わる．s は遍歴電子のスピンで，g を 2 とした．

ブロッホの定理 (0.4 節) によれば，$\mathcal{H}_0$ の固有関数はスピンによらず

$$\psi_{\boldsymbol{k}}^0(\boldsymbol{r}) = \frac{1}{\sqrt{N}}e^{\mathrm{i}\,\boldsymbol{q}\cdot\boldsymbol{R}}\phi_{\boldsymbol{k}}(\boldsymbol{\rho}) \qquad (1.37)$$

だから，$\mathcal{H}_\mathrm{Z}$ を $\psi_{\boldsymbol{k}}^0$ で挟んで行列要素を計算すると，$\boldsymbol{\rho}$ についての積分はすべての単位胞について等しく，全単位胞について足し合わせると生き残るのは，スピン状態が同じで波数の和が 0，つまり磁場の波数を考慮すれば，電子状態の波数が $\pm\boldsymbol{q}$ 違うところだけである．$s_z = \pm 1/2$ であることを考えて↓スピンについては，

$$\begin{aligned}
\int_{\text{全結晶}}\psi_{\boldsymbol{k}'}^{0*}(\boldsymbol{r})\mathcal{H}_\mathrm{Z}\psi_{\boldsymbol{k}}^0(\boldsymbol{r})\,dv &= -\frac{\mu_\mathrm{B}H}{2}\sum_{\pm}\sum_{\boldsymbol{R}}\frac{1}{N}e^{\mathrm{i}(\boldsymbol{k}-\boldsymbol{k}'\pm\boldsymbol{q})\cdot\boldsymbol{R}}\int_{\text{単位胞}}\phi_{\boldsymbol{k}'}^*(\boldsymbol{\rho})\phi_{\boldsymbol{k}}(\boldsymbol{\rho})\,dv \\
&= -\frac{\mu_\mathrm{B}H}{2}\sum_{\pm}\delta(\boldsymbol{k}-\boldsymbol{k}'\pm\boldsymbol{q})\int_{\text{単位胞}}\phi_{\boldsymbol{k}'}^*(\boldsymbol{\rho})\phi_{\boldsymbol{k}}(\boldsymbol{\rho})\,dv \\
&= -\frac{\mu_\mathrm{B}H}{2}\sum_{\pm}A(\boldsymbol{k};\pm\boldsymbol{q}) \qquad (1.38)
\end{aligned}$$

↑スピンについては，符号が逆になる．ここで，

$$\begin{aligned}
A(\boldsymbol{k};\pm\boldsymbol{q}) &\equiv \int_{\text{単位胞}}\phi_{\boldsymbol{k}\pm\boldsymbol{q}}^*(\boldsymbol{\rho})\phi_{\boldsymbol{k}}(\boldsymbol{\rho})\,dv \\
\delta(\boldsymbol{K}) &= \begin{cases} 1 & (\boldsymbol{K}=0\text{ のとき}) \\ 0 & (\boldsymbol{K}\neq 0\text{ のとき}) \end{cases}
\end{aligned} \qquad (1.39)$$

である．

1.2 遍歴電子の常磁性

ゼーマンエネルギーは小さいので，基底のブロッホ関数の波数差 q がそう小さくなければ，そのエネルギー差よりも式 (1.38) の非対角要素はずっと小さい．したがって，摂動で扱える[9]．波数 k, スピン↓の状態は式 (1.34) の磁場によって，

$$\psi_{\boldsymbol{k}} = \psi_{\boldsymbol{k}}^0 - \frac{\mu_{\rm B} H}{2} \sum_{\pm} \frac{A(\boldsymbol{k}; \pm \boldsymbol{q})}{\varepsilon(\boldsymbol{k}) - \varepsilon(\boldsymbol{k} \pm \boldsymbol{q})} \psi_{\boldsymbol{k} \pm \boldsymbol{q}}^0 \tag{1.40}$$

となり，↑スピンなら第2項の符号が + になる．点 $\boldsymbol{r}$ での↓スピン状態の電子密度は，$\mu_{\rm B} H / (\varepsilon(\boldsymbol{k}) - \varepsilon(\boldsymbol{k} \pm \boldsymbol{q}))$ の1次までとる近似で，

$$\begin{aligned}
|\psi_{\boldsymbol{k},\downarrow}(\boldsymbol{r})|^2 & \\
= \frac{1}{N} & \left| e^{{\rm i} \boldsymbol{k} \cdot \boldsymbol{R}} \phi_{\boldsymbol{k}}(\boldsymbol{\rho}) - \frac{\mu_{\rm B} H}{2} \sum_{\pm} \frac{A(\boldsymbol{k}; \pm \boldsymbol{q})}{\varepsilon(\boldsymbol{k}) - \varepsilon(\boldsymbol{k} \pm \boldsymbol{q})} e^{{\rm i}(\boldsymbol{k}+\boldsymbol{q}) \cdot \boldsymbol{R}} \phi_{\boldsymbol{k} \pm \boldsymbol{q}}(\boldsymbol{\rho}) \right|^2 \\
= \frac{1}{N} & \left[|\phi_{\boldsymbol{k}}(\boldsymbol{\rho})|^2 - \frac{\mu_{\rm B} H}{2} \Big(\sum_{\pm} \frac{A(\boldsymbol{k}; \pm \boldsymbol{q})}{\varepsilon(\boldsymbol{k}) - \varepsilon(\boldsymbol{k} \pm \boldsymbol{q})} e^{\pm {\rm i} \boldsymbol{q} \cdot \boldsymbol{R}} \phi_{\boldsymbol{k}}^*(\boldsymbol{\rho}) \phi_{\boldsymbol{k} \pm \boldsymbol{q}}(\boldsymbol{\rho}) + \text{c.c.} \Big) \right]
\end{aligned} \tag{1.41}$$

である．ただし，c.c. は前項の複素共役項を表す．位置 $\boldsymbol{R}$ の単位胞について積分すれば，式 (1.38) の $A(\boldsymbol{k}; \pm \boldsymbol{q})$ の定義を考えて，

$$\begin{aligned}
|\psi_{\boldsymbol{k},\downarrow}(\boldsymbol{R})|^2 &= \frac{1}{N} \left(1 - \frac{\mu_{\rm B} H}{2} \sum_{\pm} \frac{|A(\boldsymbol{k}; \pm \boldsymbol{q})|^2}{\varepsilon(\boldsymbol{k}) - \varepsilon(\boldsymbol{k} \pm \boldsymbol{q})} \left(e^{\pm {\rm i} \boldsymbol{q} \cdot \boldsymbol{R}} + e^{\mp {\rm i} \boldsymbol{q} \cdot \boldsymbol{R}} \right) \right) \\
&= \frac{1}{N} \left(1 - \mu_{\rm B} H \sum_{\pm} \frac{|A(\boldsymbol{k}; \pm \boldsymbol{q})|^2}{\varepsilon(\boldsymbol{k}) - \varepsilon(\boldsymbol{k} \pm \boldsymbol{q})} \cos \boldsymbol{q} \cdot \boldsymbol{R} \right)
\end{aligned} \tag{1.42}$$

となる．↑スピンでは，括弧内第2項の符号が + になる．

スピン密度の波

式 (1.42) は，電子密度が波数 q で場所的に振動していることを表している．振動の位相はスピンの↑，↓で逆になるが，式 (1.36) のゼーマンエネルギーで結合する2つの状態 $\boldsymbol{k}$ と $\boldsymbol{k} \pm \boldsymbol{q}$ のエネルギーにも依存する．エネルギーの低い方の状態では，↓スピンの電子密度の振動は磁場の振動 (式 (1.34)) と同位相，↑スピンの電子密度は逆位相で，いずれもゼーマンエネルギーが下がる．

---

[9] 小出昭一郎：「量子力学 (I) (改訂版)」第 7 章 (第 0 章の文献 [1])

これに対してエネルギーの高い方の状態では振動が逆位相になって，ゼーマンエネルギーが上がる．そのエネルギーの変化は，摂動の一般論に従って，

$$\Delta\varepsilon(\boldsymbol{k}) = \frac{\mu_\mathrm{B}^2 H^2}{4} \sum_{\pm} \frac{|A(\boldsymbol{k};\pm\boldsymbol{q})|^2}{\varepsilon(\boldsymbol{k})-\varepsilon(\boldsymbol{k}\pm\boldsymbol{q})} \tag{1.43}$$

と与えられる．この変化は H^2 に比例し，普通の磁場の強さでは考慮する必要がない．しかし，このエネルギーが低くなるように波数ベクトルが $\boldsymbol{q}$ だけ離れた電子波が混じり合い，そのうなりとしてスピン密度の波を生じている．

振動磁場で結合する2つの電子状態の振動磁化は，摂動の一般論が示すように，打ち消し合う．しかし，一方のエネルギーがフェルミ準位の下で他方が上であれば，片方の電子しか存在しないから，打ち消し合わない．この点は，軌道状態の変化しない一様な磁場のときと同様である．

自由電子の場合

磁場に対する系全体の応答は，式 (1.41) の結果をフェルミ準位以下のすべての電子について加え合わせれば求められる．しかしそれを具体的に実行するには，$\mathcal{H}_0$ の固有値と固有状態が必要である．そこで，これから先は自由電子モデルを考えよう．そのときは $|A|^2 = 1/N$, $\varepsilon(\boldsymbol{k}) = \hbar^2 k^2/2m_\mathrm{e}$ である．フェルミ面は球で，半径 k_F は

$$\frac{8\pi}{3} k_\mathrm{F}^3 = \frac{N_\mathrm{e}}{V} \tag{1.44}$$

で与えられる．ここで V は結晶の体積，N_e は電子数である．系は等方的だから，すべての電子について加え合わせれば $\boldsymbol{k}+\boldsymbol{q}$ の項と $\boldsymbol{k}-\boldsymbol{q}$ の項とは等しくなる．計算は一方だけでよい．図 1-7 に示すように，$\boldsymbol{q}$ に平行に z 軸をとって円柱座標で考えるのが便利である．以下，フェルミ縮退しているので温度の効果は小さいことを見越して，0 K に話を限る．

スピン磁気モーメントの振幅は，式 (1.42) の第 2 項に μ_B を掛けて，

$$-2\mu_\mathrm{B}^2 H \cdot \frac{2m_\mathrm{e}}{\hbar^2} \sum_{\text{全電子}} \frac{1}{k^2 - |\boldsymbol{k}+\boldsymbol{q}|^2} = \Big(4\mu_\mathrm{B}^2 \cdot \frac{m_\mathrm{e}}{\hbar^2} \sum_{\text{全電子}} \frac{1}{q^2 + 2qk_z}\Big) H \tag{1.45}$$

1.2 遍歴電子の常磁性

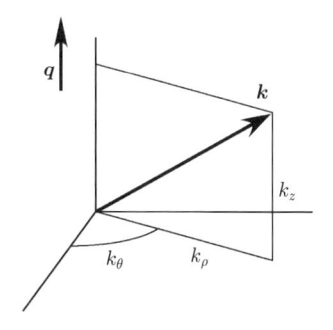

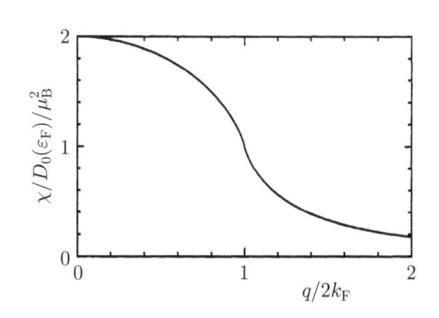

図 1-7 波数空間の円柱座標   **図 1-8** 自由電子の磁化率 (式 (1.46)) の q 依存性

となる．最初の因子 2 は，$\bm{k} \pm \bm{q}$ についての和をとるべきことからくる．全電子についての和を $\bm{k}$ 空間内の積分でおき換え，↑↓スピンについて加え合わせると，

$$\begin{aligned}
\chi(\bm{q}) &= \frac{8m_e}{\hbar^2} V\mu_B^2 \int_{-k_F}^{k_F} dk_z \int_0^{\sqrt{k_F^2-k_z^2}} k_\rho\, dk_\rho \int_0^{2\pi} \frac{dk_\theta}{q^2+2qk_z} \\
&= \frac{16\pi m_e}{\hbar^2} V\mu_B^2 \int_{-k_F}^{k_F} dk_z \int_0^{\sqrt{k_F^2-k_z^2}} \frac{k_\rho\, dk_\rho}{q^2+2qk_z} \\
&= \frac{8\pi m_e}{\hbar^2} V\mu_B^2 \int_{-k_F}^{k_F} \frac{k_F^2-k_z^2}{q^2+2qk_z} dk_z \\
&= \frac{8\pi m_e}{\hbar^2} V\mu_B^2 \Bigl(\frac{k_F}{2} + \frac{4k_F^2-q^2}{8q} \log\Bigl|\frac{q+2k_F}{q-2k_F}\Bigr| \Bigr) \\
&= D_0(\varepsilon_F)\mu_B^2 \Bigl(1 + \frac{4k_F^2-q^2}{4k_F q} \log\Bigl|\frac{q+2k_F}{q-2k_F}\Bigr| \Bigr) \quad (1.46)
\end{aligned}$$

ここで最後の変形には，$D_0(\varepsilon) = 4\pi V(m_e/\hbar^2)k$ を用いた．この括弧の中は図 1-8 に示すような，q の単調減少な関数である．図でははっきりしないが，フェルミ面を反映して $q = 2k_F$ のところに微係数が発散する特異点がある．q が小さくなると 2 に収束する．

q の小さいところでは $\varepsilon(\bm{k}) - \varepsilon(\bm{k} \pm \bm{q})$ が小さくなって摂動法が使えなくなるので，上記の $\chi(\bm{q})$ の導出は適用できない．しかし，式 (1.46) が q の小さ

なところでパウリの磁化率に漸近することは，結果としてこの式が $q=0$ まで使えることを示唆している．

1.3 反 磁 性

磁束密度による電子軌道の変化

ここまでは，電子のスピン磁気モーメントの効果を考えてきた．電子の軌道運動も外部からかけた磁場にともなう磁束密度 B の影響を受けて変化し，外部に磁場をつくる．定義 (式 (0.3)) によって，電子の運動に影響するのは磁場でなく磁束密度である．しかし，それによって磁化が現れる応答としては磁性学の範囲である．磁性学としては，磁場と磁化の比が問題になる．発生する磁化が小さいこともあって，ここでは磁場と磁束密度をあまり厳密に区別しないのが普通である．ここでもう一度，磁場と磁束密度の単位の大きさを等しくとることの有用性が現れる．

固体の反磁性磁化率からわかることは，本書の主題から外れている．その中で重要なのは，遍歴電子系のフェルミ面の形を調べることを可能にすることである[6, 7]．

ベクトルポテンシャル

量子力学[10])によれば，磁束密度が存在するときの電子の軌道運動のハミルトニアンは，その磁束密度を与えるベクトルポテンシャル[11])を A としたとき，$B=0$ のときのハミルトニアンで運動量 p を $p+eA$ でおき換えて得られる．ただし，電子の電荷を $-e$ としている．電子の質量を m_e としてハミルトニアンは，

$$\mathcal{H} = \frac{1}{2m_\mathrm{e}}(-i\hbar\nabla + eA)^2 + V(r)$$

---

10) 小出昭一郎：「量子力学 (I) (改訂版)」付録 3 (第 0 章の文献 [1])
11) 中山正敏：「物質の電磁気学」第 1 章, 21 頁 (第 0 章の文献 [9])

$$= -\frac{\hbar^2}{2m_\mathrm{e}}\nabla^2 + V(\boldsymbol{r}) - \mathrm{i}\frac{e\hbar}{2m_\mathrm{e}}(\nabla\cdot\boldsymbol{A}+\boldsymbol{A}\cdot\nabla) + \frac{e^2}{2m_\mathrm{e}}\boldsymbol{A}^2 \quad (1.47)$$

z方向の一様な磁束密度 $(0, 0, B)$ を考える．$\phi(\boldsymbol{r})$ を $\boldsymbol{r}$ の任意の関数として，ベクトルポテンシャルには $\nabla\phi$ だけの任意性がある．これを**ゲージ変換**という[12]．いまの場合は，

$$\boldsymbol{A} = \left(-\frac{By}{2}, \frac{Bx}{2}, 0\right) \quad (1.48)$$

としてよい．式 (1.48) が z 軸のまわりの軸対称性を反映していて，その意味で状態を物理的に正しく表現していることを注意しておく．これは $\nabla\boldsymbol{A}=0$ という条件を満たしていて，クーロンゲージの1つである．

式 (1.48) を見ると，B が小さくとも $A_x = -By/2$ などは必ずしも小さくない．一般に，式 (1.47) で $\boldsymbol{A}$ に関わる項を摂動として扱うわけにはいかない．

閉殻電子の反磁性

まず，閉殻の電子を考えよう．この場合は，電子は原子核の近傍に局在して球対称に分布していると考えてよい．座標の原点はその原子核にとるのが自然である．そうすれば，電子の存在範囲では $x, y,$ したがって $\boldsymbol{A}$ は大きくないので，式 (1.47) の第 3, 4 項は第 1, 2 項に対する摂動として扱うことができる．$\boldsymbol{A}$ の1次の項の1次の摂動は，閉殻では打ち消し合って 0 になる．励起状態との2次以上の摂動は，通常無視することができる．だから磁束密度による最低次のエネルギー変化は，第 4 項の1次の摂動で与えられる．閉殻の電子状態を $|\mathrm{c.s.}\rangle$ と書けば，

$$\varepsilon(B) = \frac{e^2}{2m_\mathrm{e}}\langle\mathrm{c.s.}|\boldsymbol{A}^2|\mathrm{c.s.}\rangle = \frac{e^2}{8m_\mathrm{e}}\langle\mathrm{c.s.}|x^2+y^2|\mathrm{c.s.}\rangle B^2 = \frac{e^2}{12m_\mathrm{e}}\langle\mathrm{c.s.}|r^2|\mathrm{c.s.}\rangle B^2 \quad (1.49)$$

となる．最後の変形には，電荷分布が球対称であることを使った．これが B^2 に比例することは磁束密度に比例する磁気モーメントの発生を示し，またその

---

[12] 中山正敏：「物質の電磁気学」第 1 章，33 頁 (第 0 章の文献 [9])

比例係数が正であることは，発生した磁気モーメントが磁束密度の逆を向いている (磁化率が負である) ことを表している．

　磁化が磁場に比例するときの静磁エネルギーは $-\chi H^2/2$ だから，磁場と磁束密度の違いを無視すれば，原子の数を N として磁化率は，

$$\chi = -\frac{e^2}{6m_\mathrm{e}}\langle\mathrm{c.s.}|r^2|\mathrm{c.s.}\rangle N \tag{1.50}$$

で与えられる．これが電子雲の広がり (2 乗平均) に比例しているために，量子力学の初期には単純な分子の磁化率の実測とその解析が，電子状態についての直接的な情報源として興味を集めた．

古 典 論

　念のため，電子軌道の大きさが決まっているとして (これは，1.1 節のランジュバンの理論で酸素分子の磁気モーメントの大きさを固定したことに対応する)，磁束密度を 0 から B まで変化させたときを古典論的に考えてみよう．簡単のために，半径 a の円軌道が平面に乗っていて，磁束密度はその平面に垂直としよう．軌道を貫く磁束 $\varPhi = \pi a^2 B$ の時間変化によって起電力が生じる．軌道の各点での電場の強さは

$$E = \frac{1}{2\pi a}\cdot\pi a^2\frac{dB}{dt} = \frac{a}{2}\frac{dB}{dt} \tag{1.51}$$

だから，磁束密度が B になるまで時間積分すれば，電子の速度変化は

$$\varDelta v = -\frac{1}{m_\mathrm{e}}\int_{B=0}^{B}eE\,dt = -\frac{e\,a}{2m_\mathrm{e}}\int_{B=0}^{B}\frac{dB}{dt}\,dt = -\frac{e\,a}{2m_\mathrm{e}}B \tag{1.52}$$

であり，電流変化は電子の電荷密度 $-e/2\pi a$ を掛けて，

$$\varDelta i = \frac{e}{2\pi a}\frac{e\,a}{2m_\mathrm{e}}B = \frac{e^2}{4\pi m_\mathrm{e}}B \tag{1.53}$$

となる．磁気モーメントの変化は円電流の面積を掛けて

$$\varDelta\mu = \pi a^2\cdot\frac{e^2}{4\pi m_\mathrm{e}}B = \frac{e^2}{4m_\mathrm{e}}a^2 B \tag{1.54}$$

である．ここで a^2 は式 (1.49) の x^2+y^2 の平均，したがって $2\langle\mathrm{c.s.}|r^2|\mathrm{c.s.}\rangle/3$

1.3 反磁性

に対応しているから,この結果は確かに式 (1.50) と一致している.

共有結合の反磁性

ここで述べた閉殻電子の反磁性の議論は,小さい分子の共有結合電子にも拡張できる.その場合,球対称の仮定は成り立たない.式 (1.49) から考えて,平面状の分子では分子面に垂直に磁場をかけたときに反磁性磁化率の絶対値が大きくなり,面内にかけたときには小さくなることが予想される.これは,例えばベンゼンのような分子について実際に観測されている.

問題 1.4 ベンゼン分子の骨格は,6 つの炭素原子がつくる一辺 0.14 nm の正六角形である.この骨格の上を炭素原子当たり 1 個の電子が走り回っていると考えて,その電子による反磁性磁化率を計算せよ[8].この反磁性は,磁束密度が分子面に垂直のときにだけ現れると考えられる.ベンゼンの分子面に垂直な磁化率と平行な磁化率の差は,54×10^{-5} J/T^2/mol[9] である.

パスカルの法則

閉殻の電子状態はその原子の結合状態にあまり関係せず,したがってその反磁性磁化率は物質によってあまり変化しない,と考えられる.そうであれば,化合物の閉殻の反磁性磁化率はその化合物を構成する原子の閉殻の反磁性磁化率の和に等しい,と近似することができる.この加法則を**パスカルの法則**という.さらに,有機分子の共有結合軌道の電子状態も,分子によってあまり変化しないと考えてよい.そうであれば,磁性原子を含まない有機分子の反磁性を原子と共有結合の種類によって統一的に理解できるはずである.同様に,閉殻であるイオン結晶固体の反磁性磁化率も,構成イオンの反磁性磁化率の加え合わせであることが期待される.

次頁の表 1-1(a) に,いくつかの有機化合物と無機塩の反磁性磁化率をパスカルの法則による計算値と比較して示し,その計算の基礎となる内殻電子や結合電子の反磁性磁化率の推定値を表 1-1(b) に示した.典型的な共有結

表 1-1(a) 有機分子と簡単な無機化合物の反磁性磁化率

(磁化率の単位は 10^{-5} J/T^2/mol)

化合物	分子式	磁化率 (計算)	磁化率 (実測)
エタノール	C$_2$H$_5$OH	-34.19	-33.0
アセトン	(CH$_3$)$_2$CO	-33.85	-33.9
n-ヘキサン	C$_6$H$_{14}$	-77.02	-74.1
酢酸	CH$_3$COOH	-32.12	-31.8
クロロホルム	CHCl$_3$	-59.93	-59.2
水	H$_2$O	-12.0	-12.9
食塩	NaCl	-31.0	-30.2
水酸化ナトリウム	NaOH	-17.0	-16.0
硫酸ナトリウム	Na$_2$SO$_4$	-50.0	-52.0

表 1-1(b) 原子・イオンの反磁性磁化率の推定値

(単位は 10^{-5} J/T^2/mol)

原子・結合軌道	磁化率	原子・結合軌道	磁化率
C	-6.00	C–Cl (結合に対する補正定数)	$+3.1$
H	-2.93	H$^+$	0
O (エーテル・アルコール)	-4.61	Na$^+$	-5
O (ケトン・アルデヒド)	$+1.73$	Cl$^-$	-26
O (カルボキシル)	-3.36	OH$^-$	-12
Cl	-20.1	SO$_4^{2-}$	-40

(磁化率は，日本化学会 編:「改訂 4 版 化学便覧 基礎編 II」(丸善，1993 年) による)

合化合物やイオン結晶では，パスカルの法則による推定値が実験結果をよく説明することがわかる．

遍歴電子の反磁性

次に，波動関数が結晶全体に広がっている遍歴電子の場合を考えよう．この場合は，上で述べたように摂動論は使えない．ローレンツ力による波束の運動方程式

$$\frac{d\hbar\boldsymbol{k}}{dt} = -e\boldsymbol{v}\times\boldsymbol{B} \tag{1.55}$$

で考えるのが直感的で便利である．ザイマン[7]は，この式を厳密に証明す

るのは難しいが,十分高磁場まで正しい,といっている.ここで v は波束の速度で,k 空間でのエネルギーの勾配で決まる[13]．

$$v = \frac{\partial \mathcal{H}}{\partial p} = \frac{1}{\hbar}\frac{\partial \varepsilon(k)}{\partial k} \tag{1.56}$$

式 (1.56) によれば v は等エネルギー面に垂直だから,式 (1.55) は波束が k 空間で等エネルギー面内を,磁束密度に垂直に移動することを示している.磁束密度方向の運動は変化しない.また,エネルギーも変化しない.

k 空間内のこの移動に対応して,電子は r 空間で閉じた軌道上を回転 (振動) する.これを**サイクロトロン振動**という.加速器のサイクロトロンが建設された後で,固体内の電子について同様の現象として発見されたからである.その振動数は,式 (1.55), (1.56) から明らかなように,$\varepsilon(k)$ についての情報を与える.

サイクロトロン共鳴

k 空間に B 方向を極軸として極座標 (k, θ_k, ϕ_k) をとろう.差し当たり自由電子を考えれば,$\varepsilon = \hbar^2 k^2/2m_\mathrm{e}$ で,v は動径方向外向きである.したがって式 (1.55) によれば,図 1-9 に示したように電子状態は k, θ_k 一定の円周上を ϕ_k の増加する方向に回転する.v の大きさは $v = \hbar k/m_\mathrm{e}$ だから,経路を動く速さは $eBk\sin\theta_k/m_\mathrm{e}$ であり,経路の長さは $2\pi k \sin\theta_k$ だから,角周波数は k にも θ_k にもよらず

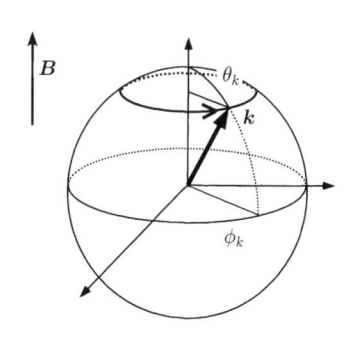

図 1-9 磁束密度中の自由電子の波数空間内の運動

$$\omega_\mathrm{c} = 2\pi\frac{eBk\sin\theta_k/m_\mathrm{e}}{2\pi k \sin\theta_k} = \frac{e}{m_\mathrm{e}}B = \frac{2\mu_\mathrm{B}}{\hbar}B \tag{1.57}$$

となる.これは,自由電子の等エネルギー面が球で,エネルギーが k^2 に比

---

[13] 小出昭一郎:「量子力学 (I) (改訂版)」付録 1 (第 0 章の文献 [1])

例するからである．電子の質量 9.1×10^{-31} kg と素電荷 1.6×10^{-19} C を式 (1.57) に入れて計算すれば，周波数は磁束密度 1 T のとき $1.8 \times 10^{11}/2\pi \approx 28$ GHz となる．

一般に，$\boldsymbol{k}$ 空間で電子状態が描く軌道の面積は $k_x^2 + k_y^2$ に比例し，したがって $\boldsymbol{B}$ に垂直な平面内の運動エネルギー ($\varepsilon_\perp$ と書くことにする) に対応する．

実際にマイクロ波領域で電子の回転運動を電場で加速すると共鳴吸収が観測されるが，それはフェルミ面上の電子による．始状態に電子がいて終状態にはいない場合でなければ，遷移 (吸収) は起きない．測定される周波数は上の値とは通常異なり，したがって，式 (1.57) によって定めた質量 m は m_e とは異なる．これを m^* と書いて，その電子やホールの**有効質量 (サイクロトロン質量)** という．電流担体についての重要な情報である．

自由電子でなくとも等エネルギー面が回転楕円体であれば，サイクロトロン周波数は θ_k によらず一定になる．バンドの上端または下端では，その点の波数を $\boldsymbol{k}_0$ としたとき，エネルギーを $\boldsymbol{k} - \boldsymbol{k}_0$ の成分の 2 次式で表すのは良い近似である．したがって，半導体では電流担体それぞれの有効質量が一通りに定まる．ただし，一般にフェルミ面は球ではないので，m^* は一般に異方的である．

ランダウ準位

サイクロトロン共鳴の存在は，磁束密度によって遍歴電子のエネルギーが磁束密度が 0 のときの連続的な分布から変化して，調和振動子のようにとびとびの値をとっていることを示唆する．共鳴周波数はそのエネルギー差に対応している．この離散化は，電子が $\boldsymbol{r}$ 空間で磁束密度に垂直な平面内で回転 (振動) し，したがって，この面内で局在することから来ている．ある平面で局在している波動関数は，その平面に垂直な軸の周りの 2π の回転に対して不変でなければならないから，エネルギーが量子化される．磁束密度によって離散化したこのエネルギー準位を，**ランダウ準位**[10] という．図 1 - 10 にランダウ準位が $\boldsymbol{k}$ 空間内で占める範囲を示した．

1.3 反磁性

ランダウ準位の $\varepsilon_\perp$ は,自由電子ならばサイクロトロン周波数を単位にして,

$$\varepsilon_\perp = \frac{\hbar^2}{2m_\mathrm{e}}(k_x^2 + k_y^2) = \left(n + \frac{1}{2}\right)\hbar\omega_\mathrm{c} \tag{1.58}$$

となる.ここで $n = 0, 1, 2, \cdots$. $1/2$ は零点振動に対応する. r 空間で局在しているランダウ準位は,表面の影響を考えなければ縮退している.結晶の並進対称性により,どこにいてもエネルギーは変わらないからである.量子数 n のランダウ準位には,$B = 0$ のときに

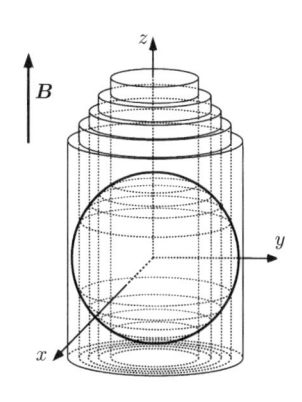

図 1-10 ランダウ準位を構成する波数空間内の状態

$n\hbar\omega_\mathrm{c} < \varepsilon_\perp < (n+1)\hbar\omega_\mathrm{c}$,すなわち $2mn\omega_\mathrm{c}/\hbar < k_x^2 + k_y^2 < 2m(n+1)\omega_\mathrm{c}/\hbar$ の範囲の状態が入る.その数は,図 1-10 で隣り合うランダウ準位を表す円筒に挟まれた円環の面積

$$\Delta S_\perp = \frac{2\pi m_\mathrm{e} \omega_\mathrm{c}}{\hbar} \tag{1.59}$$

に対応し,n によらない.

磁束密度が大きくなると,ランダウ準位の間隔 $\hbar\omega_\mathrm{c}$ は B に比例して連続的に大きくなる (式 (1.57)).それに従って,1つの電子状態の占める範囲は k 空間では式 (1.59) によって広く (縮退度は大きく) なり,r 空間での局在範囲は小さくなる.準位全体の平均エネルギーは変わらない.磁束密度によって電子の波束は運動方向を変えるが,エネルギーは変わらないからである (式 (1.55)).

しかし,電子系のエネルギーと自由エネルギーは磁束密度によって変化する.ω_c が高くなると,図 1-10 に示した k 空間内の電子軌道を示す円筒は太くなり,あるところでフェルミ面を離れる.そのとき,エネルギーギャップ $\hbar\omega_\mathrm{c}$ だけ電子系のエネルギーが変わる.自由エネルギーを磁場で微分する

と磁化が得られる (式 (0.24)) のだから，磁化がそこで変化することになる．これをド・ハース - ファン・アルフェン効果という．同様な周期的な変化は磁気抵抗にも現れ，シュブニコフ - ド・ハース効果とよばれる．

3 次元的なフェルミ面の形を考えれば，磁束密度に垂直な断面が極大または極小の点が問題になる．その点を n 番目のランダウ準位が通り抜けるのは，$\varepsilon_\perp/\hbar\omega_c - 1/2 = n$ (式 (1.58)) のときだから，磁化の変化は $1/B$ について周期的である．

図 1 - 11 にド・ハース - ファン・アルフェン効果の実測例を挙げた．これは NpRhGa$_5$ という正方晶系の化合物の [001] 軸方向に磁場をかけたときの微分磁化率を 25 mK で測定して $1/B$ に対して描いたグラフ (左) と，その結果をフーリエ変換したスペクトル (右，変数は B) である．微分磁化率を測定していて磁化の絶対値はわからないが，その振動は鮮やかに検出されている．超ウラン元素である Np の 5f 電子は狭いバンドを形成しており，いわゆる重い電子系の一例である．この結果を解析して推定したフェルミ面の構造は，バンド計算と良い一致を示している[11]．右の図の α などは，その振動がフェルミ面のどの位置かを示す符号である．

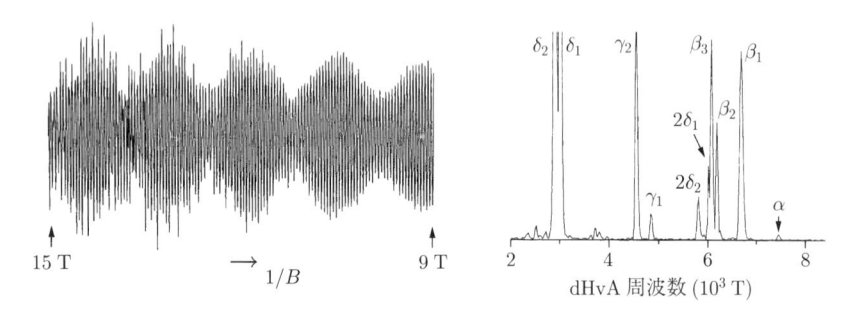

図 1 - 11 NpRhGa$_5$ の磁化率の磁束密度依存性とそのスペクトル ($\boldsymbol{B}\,/\!/\,[0\,0\,1]$, 温度 25 mK) (D. Aoki, *et al.*：J. Phys., Condens. Matter, **17** (2005) L169 による)

ランダウの反磁性

不純物や格子振動による散乱で電子状態の寿命が短いと,エネルギーが不確定になる[14])ので,図 1-11 に示したような構造は見えない.この種の実験には,良い結晶について極低温で強い磁場をかける必要がある.しかし,そのような条件がなければ磁気的な性質が現れないわけではもちろんない.一般に遍歴電子は,軌道運動による反磁性を示す.磁束密度による遍歴電子の局在化に基づいて,それを説明したのがランダウだった[10].

磁束密度があるとき,すべての準位のエネルギーがわかれば,それによってフェルミ粒子系の自由エネルギー

$$F = N\varepsilon_F - kT \sum_i \log\left(1 + \exp\left(\frac{\varepsilon_F - \varepsilon_i}{k_B T}\right)\right) \quad (1.60)$$

を計算し,H (B と H を区別していないことに注意) について微分すれば磁化が求められる (式 (0.24)).具体的なバンド計算がないとすべての準位のエネルギーはわからない.自由電子の系を考えるとしてもランダウ準位についての計算の過程はかなり複雑だから,詳細は成書[15])に譲る.ランダウ準位の間隔が熱エネルギーより小さい ($\omega_c = 2\mu_B B/\hbar \ll k_B T$) という条件で,結果は単位体積当たり,

$$\chi_d = -\frac{2}{3}\mu_B^2 D_0(\varepsilon_F) \quad (1.61)$$

で,絶対値は式 (1.30) のパウリの常磁性の 1/3 になる.ただし式 (1.61) は自由電子についてのものだから,一般にこの比が意味をもつわけではない.

---

[14]) 不確定性関係.小出昭一郎:「量子力学 (I) (改訂版)」第 2 章 (第 0 章の文献 [1])
[15]) 久保亮五 編:「大学演習 熱学・統計力学 (修訂版)」第 8 章の問題 29 (第 0 章の文献 [2]),あるいはパイエルスの教科書[12] 第 7 章など.

文　　献

[1]　P. Curie : Annales de Chimie et de Physique, 7e série **5** (1895) 289.
小川和成 訳:「磁性」3〜94 頁 (物理学古典論文叢書 12, 東海大学出版会, 1970 年)
[2]　P. Langevin : 同上 8e série **5** (1905) 70.
小川和成 訳:「磁性」95〜142 頁 (物理学古典論文叢書 12, 東海大学出版会, 1970 年)
[3]　J. H. Van Vleck 著, 小谷正雄・神戸謙次郎 訳:「物質の電気分極と磁性」(吉岡書店, 1958 年)
[4]　K. Siratori, E. Kita, et al. : J. Phys. Soc. Jpn. **65** (1996) 4092.
[5]　W. Pauli : Z. für Physik **41** (1926) 81.
[6]　N. W. Ashcroft & D. N. Mermin 著, 松原武生・町田一成 訳:「固体物理の基礎」(吉岡書店, 1981 年)
[7]　J. M. Ziman 著, 山下次郎・長谷川 彰 訳:「固体物性論の基礎」(丸善, 1976 年)
[8]　L. Pauling : J. Chem. Phys. **4** (1936) 673.
[9]　K. S. Krishnan, B. C. Guha & S. Banerjee : Phil. Trans. Roy. Soc. **A231** (1933) 235.
[10]　L. Landau : Z. für Physik **64** (1930) 629.
[11]　D. Aoki, et al. : J. Phys., Condens. Matter, **17** (2005) L169.
[12]　R. E. Peierls 著, 碓井恒丸, 他 訳:「固体の量子論」(吉岡書店, 1957 年) 特に訳注 10 を参照.

第 2 章

結晶中の局在電子状態

　この章では，すでに局在した電子の磁気的性質について述べる．相関効果によって電子が互いに避け合うことが磁性の発現にとって基本的であることを，0.4 節で述べた．局在電子はその極限だから，これは磁性学にとって基本的なモデルである．その中でここで取り上げるのは，磁気的に孤立している，と見なせる場合である．磁気的な相互作用と，相互作用しているスピンの系は，第 5 章以下で扱う．

　0.2 節で述べたように，ゼーマンエネルギーや熱エネルギーは電子の感じるクーロン相互作用に比べて小さい．我々は，基底状態からせいぜい数百 K 程度までの励起状態を考えればよい．基底状態とそれに近い励起状態がどうつくられてどう縮退しており，磁気的にどういう性質を示すか，を問題とする．差し当たり，この章では結晶格子は変形しないものとし，電子の軌道が縮退しているときに起きる格子の変形などは次章で扱う．

　以下，自由原子から出発してほぼ強い順に相互作用を考え，準位の分裂を考察する．
  1. 電子の属する原子核とのクーロン相互作用
  2. 同じ原子に属する電子とのクーロン相互作用
  3. 近傍の原子核や電子とのクーロン相互作用
  4. スピン軌道相互作用

の順である．それぞれの重要度は場合によって少し変わるが，それはその時々に述べる．

2.1 原子核のクーロン場の中の電子

水素原子の電子状態

この問題は，量子力学の水素原子への応用として詳しく論じられている[1]．ここで必要な限りでまとめるならば，

 i．中心力場の中の1つの電子のシュレーディンガー方程式は，球面極座標を使って変数分離できる．電子の質量を m_e として，

$$\mathcal{H}\psi(\boldsymbol{r}) = \varepsilon\psi(\boldsymbol{r}), \qquad \psi(\boldsymbol{r}) = R(r)Y(\theta,\phi) \tag{2.1}$$

$$-\frac{\hbar^2}{2m_\mathrm{e}}\Big(\frac{d^2}{dr^2}+\frac{2}{r}\frac{d}{dr}-\frac{\lambda}{r^2}\Big)R(r)+V(r)R(r)=\varepsilon R(r) \tag{2.2}$$

$$\Big\{\frac{1}{\sin\theta}\frac{\partial}{\partial\theta}\Big(\sin\theta\frac{\partial}{\partial\theta}\Big)+\frac{1}{\sin^2\theta}\frac{\partial^2}{\partial\phi^2}\Big\}Y(\theta,\phi)+\lambda Y(\theta,\phi)=0 \tag{2.3}$$

 ii．角度部分の方程式 (2.3) も θ と ϕ に変数分離できる．ϕ については周期 2π の周期関数であること，θ については $0\leqq\theta\leqq\pi$ の範囲で有限であること，という条件から解は量子化される．l を 0 または正の整数，m を絶対値が l 以下の整数 $(-l\leq m\leq l)$ として，固有関数はルジャンドル陪関数と $e^{\mathrm{i}m\phi}$ の積

$$\left.\begin{aligned}Y(\theta,\phi)&=C_l^m P_l^{|m|}(\cos\theta)\,e^{\mathrm{i}m\phi}\equiv Y_l^m(\theta,\phi)\\ C_l^m&=(-1)^{(m+|m|)/2}\sqrt{\frac{(2l+1)(l-|m|)!}{4\pi(l+|m|)!}}\end{aligned}\right\} \tag{2.4}$$

すなわち球面調和関数であり，固有値 λ は $l(l+1)$ である．以下，この固有関数を $|l,m\rangle$ または，単に $|m\rangle$ と書く．

 iii．動径部分の方程式 (2.2) の解は λ，したがって l に依存するが，$|\psi|^2$ の全空間積分が有限という条件から量子化され，主量子数 n $(n>l)$ が出てくる．この方程式の固有値がその状態のエネルギーで，たまたまクーロン場では l によらない．

---

[1] 小出昭一郎：「量子力学（Ⅰ）（改訂版）」第4章（第0章の文献 [1]）

$$V(r) = -\frac{Ze^2}{4\pi\varepsilon_0}\frac{1}{r} \quad \text{のとき}, \quad \varepsilon(n,l) = -\frac{Z^2 m_e e^4}{(4\pi\varepsilon_0)^2 2\hbar^2}\frac{1}{n^2} \quad (2.5)$$

軌道角運動量の固有状態

$|Y_l^m|^2$ の空間的な形の例として,$l=2$ の場合を図 2-1 に示す.0.3 節で述べたように中心力場では**角運動量**が保存するが,それに対応して現れる量子数が式 (2.4) の l と m で,l が**軌道角運動量**の大きさを表す**方位量子数**,m が量子化軸方向の成分を表す**磁気量子数**である.当然 $l \geqq 0$ であるが,歴史的に $l=0$ の状態を s,$l=1$ を p,$l=2$ を d,$l=3$ を f と略称する[2]. $-l \leqq m \leqq l$ であることは,物理的にも当然である.角運動量演算子の固有値や交換関係,昇降演算子などは 0.3 節で述べた.

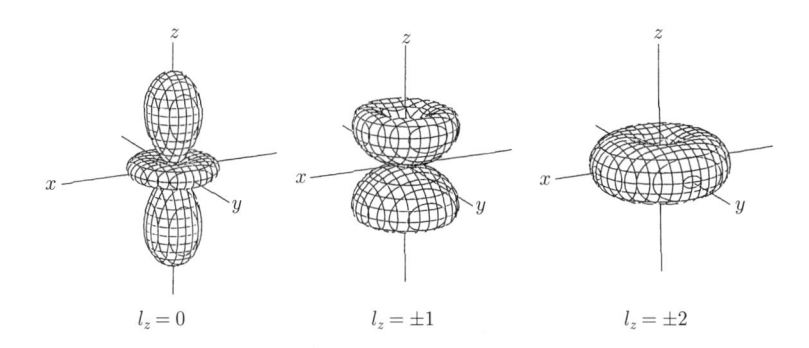

$l_z = 0$ $l_z = \pm 1$ $l_z = \pm 2$

図 2-1 l_z の固有状態の電子密度の形 ($l=2$: d 軌道の場合) (柳瀬 章氏による)

問題 2.1 粒子の確率の流れの密度の表現式[3] $\boldsymbol{S} = i\hbar\{(\nabla\psi^*)\psi - \psi^*(\nabla\psi)\}/2m_e$ を用いて,量子数 (n,l,m) の状態の電子について量子化軸の周りの回転速度を調べ,角運動量が $m\hbar$ であることを確かめよ.原子番号 Z が大きくなると,回転速度はどうなるか.

---

[2] $l=4$ 以降はアルファベット順に g, h, i, ⋯ と書く.
[3] 小出昭一郎:「量子力学 (I) (改訂版)」§3.8 (第 0 章の文献 [1])

殻・閉殻

　中心力場は等方的だから，エネルギーは当然 角運動量の方向によらず，したがって m によらない．式 (2.5) に数値を入れて計算すると，$1/n^2$ の前の因子は 10 eV $\approx 10^5$ K のオーダーになる．n と l を指定した電子状態 (群) を，しばしば**殻**とよぶ．l も指定するのは，次節で述べるように，水素原子でなければ電子のエネルギーが l によるからである．

　さて，電子はフェルミ粒子だから，1 つの状態を 2 つ以上で同時に占めることは原理的にできない．電子はスピン 1/2 にともなう内部自由度 2 をもっているので，それを考えると，1 つの軌道には電子が 2 個まで入ることができる．原子番号 Z の原子が $+p$ 価のイオン状態にあれば，$Z-p$ 個の電子が 1s 状態から始めてエネルギーの低い順に電子軌道を占有していく．方位量子数 l の軌道は $2l+1$ 種類あるから，そこに入ることのできる電子数は $2(2l+1)$ である．$2(2l+1)$ 個の電子でこれらの状態がすべて占められたとき，それを**閉殻**という．周期表 (表 0 - 1) で右端の希ガスは，いずれも p 軌道まで詰まった閉殻構造である．

　閉殻では↑スピンの電子と↓スピンの電子が同数あり，また $l_z = m$ の電子があれば $l_z = -m$ の電子があって，角運動量が打ち消し合って全体として 0 になっている．その意味で，磁性に寄与しない．磁性で重要なのは，閉殻の外でまだ満たされていない殻の電子である．その数を p，その軌道の主量子数を n とすれば，クーロン場では基底状態の縮退度は $_{2n^2}\mathrm{C}_p$ で与えられる．

　閉殻の外の軌道の電子は，量子化のために閉殻内の電子よりエネルギーがずっと高く，数が少ないときにはその原子から離れて陽イオンをつくりやすい．逆に，ほぼ満たされている殻には外から電子が入って閉殻をつくりやすく，そのときは陰イオンができる．周期表 (表 0 - 1) で右端に近い元素が陰イオンになりやすく，それ以外の，特に左端に近い元素が陽イオンになりやすいのはそのためである．

2.2 同じ原子内の電子間相互作用 I ― 内殻の電子の効果 ―

　閉殻の電子は直接的には磁性に寄与しないが，電子間のクーロン相互作用(反発力)によってその外側の電子軌道のエネルギーを変化させるので，無視することはできない．閉殻の電子雲は全体として球対称性を保っているので，前節の議論は閉核の電子を考えてもほぼそのまま使える．重要な変更点は，方位量子数に対する縮退が解け，n が同じでも l によって軌道のエネルギーが変わることである．そのために電子の状態は，主量子数と上に述べた方位量子数についての略称を用いて，1s とか 3d とかよばれる．

電子の密度とクーロン斥力

　原子核のクーロン場の中の電子の密度が原子核からの距離によってどう変化するかを，水素原子のいくつかの軌道について図 2-2 に示した．n の大きい(エネルギーの高い)軌道の電子密度が外側で高くなるのはクーロンポテンシャルの形からもっともだが，n が同じ軌道では l の大きい方がピークは内側に寄る．全エネルギーが等しいのに l の大きい電子の運動エネルギーは回転運動にともな

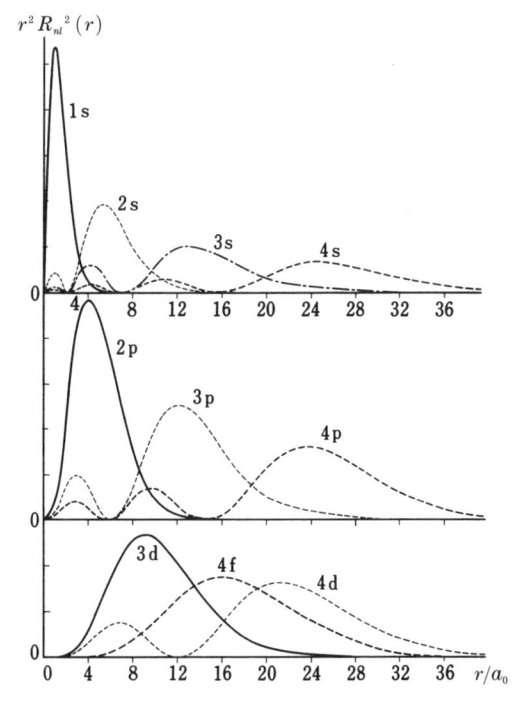

図 2-2　動径方向の電子密度 (水素原子の場合)
a_0 はボーア半径 $= 0.529 \times 10^{-1}$nm (小出昭一郎:「量子力学 (I) (改訂版)」(基礎物理学選書, 裳華房, 1990 年)

って大きくなるから，ポテンシャルエネルギーのより低いところに寄るのである．だからこれは水素に限らず，一般的に成立する．

原子番号が 2 より大きいとき，1s 電子とのクーロン反発力を $n = 2$ の軌道の電子について考えれば，内側の 2p 軌道の方が外側にある 2s 軌道より強い．その結果，軌道状態の変化を考えない 1 次の摂動では，2p 軌道のエネルギーの方が 2s 軌道より高くなる．変化の大きさは軌道状態の変化 (これは 2 次摂動に相当する) を考えれば変わるが，上記の順序を変えるほどではない．一般に閉殻の外側では，主量子数 n が等しいとき，l の大きい軌道の方が小さい軌道よりエネルギーが高くなる．このエネルギー変化はかなり大きく，n が大きくなると n 依存性を上回る．例えば，3d 電子のエネルギーは 4s 電子より高く，4f 準位は 5p, 6s 準位より高い．そのために，原子番号 18 の Ar で 3p 軌道まで電子が詰まった後，原子番号 19 の K，20 の Ca ではそれぞれ 1, 2 個の電子が (3d でなく) 4s 軌道に入る．

化 学 結 合

図 2-2 を見れば，s 電子と p 電子の密度のピーク位置はあまり違わない．原子の化学的性質 (近くに来た他の原子との相互作用) を決めるのは，一番外側の s, p 電子である．だから，p 殻まで詰まった希ガス元素は化学的に不活性である．そこからさらに原子番号が大きくなると，K, Ca の例ではそれぞれ +1, +2 価の陽イオンを残して，4s 電子は原子から離れやすい．単体ならば，この電子はバンドをつくって結晶全体を走り回り，金属をつくる．4p 電子のバンドの底も 3d 準位よりも低くなる．原子番号 21 の Sc 以降では 2 個以上の電子が化学結合にかかわる価電子や伝導電子になり，電子数がそれ以上になって初めて 3d 準位が次々に埋められる．

d 電子は化学結合の主役ではないので，その数によらず化学的性質の似た金属元素群が現れる．これを一括して，**遷移金属**という．そうはいっても，d 軌道の外側の電子の密度はそう高くはなく，d 電子はかなり遍歴的な性質をもっていて，化学結合にも関与している．そのために，遷移金属イオンの

価数は一定でなくて，例えば Mn では 2+ から 7+ まで変わり得る．とり得る価数の範囲は Ti, V など原子番号の小さい (電子雲の広がっている) 元素では，3d が空になるところまで拡がっている．Co, Ni, Cu など原子番号の大きい元素でも同じ傾向がある．そのために遷移金属は，化学量論比からずれた化合物[4]をつくりやすい．これは，遷移金属化合物の実験で常に注意すべき重要な点である．

化学的な性質のよく似た元素群は，f準位でもっとはっきり現れる．原子番号 54 の Xe で 4d, 5s, 5p 軌道までが満たされ，さらに 3 つの電子が化学的性質を決める 6s, 5d 状態に入った後，原子番号 58 の Ce から 4f 軌道に電子が入り始める．その 1 つ前の La ($(4f)^0$) から，4f 軌道が満たされる Lu (原子番号 71, $(4f)^{14}$) までを**希土類元素**という．この場合は閉殻の 5s, 5p 軌道が外側にあるので，4d 軌道よりさらに内側にある 4f 軌道はあまり化学結合には関与せず，Ce, Sm, Eu, Tb, Yb などで現れる少数の例外を除いて，価数は 3+ でおおむね安定している．遍歴電子として見れば，f 電子は 0.4 節で述べた移動積分 t が小さく，バンド幅が狭い．したがって有効質量が大きい．そのために現れる興味ある物性は，重い電子系の特性として近年極めて活発に研究されてきた[1]．

d 殻や f 殻に電子が入って，しかも満ちていない状態は，磁性にとって重要である．それは，次節に述べるように，同じ d, f 軌道内の電子間相互作用がスピンや軌道角運動量の大きな状態を安定化するからである．

2.3　同じ原子内の電子間相互作用 II ― フントの規則 ―

これからは，内側の閉殻は考えない．前節まで述べたように，基底状態に近いエネルギーの範囲では，d 殻なら 10, f 殻なら 14 の 1 電子状態が縮退し

---

[4] 化学量論比からずれた化合物を，化学結合における定比例の法則に実験データに基づいて反対したベルトレに因んで，ベルトライドという．

ている．そこに p 個の電子が入っているなら $_{10}\mathrm{C}_p$ または $_{14}\mathrm{C}_p$ だけの多電子軌道が縮退していることになる．これらの縮退している準位が p 個の電子の間のクーロン相互作用

$$\mathcal{H}_{ij} = \frac{1}{4\pi\varepsilon_0} \frac{e^2}{|\bm{r}_i - \bm{r}_j|} \tag{2.6}$$

でどうなるかが，この節の主題である．式 (2.6) で $\bm{r}_i, \bm{r}_j$ は，考える d または f 電子の位置である．

全角運動量の保存

まず，式 (2.6) の相互作用が個々の電子の球対称性を壊すけれども，全系の球対称性は損なわないことに注意しよう．そのために，個々の電子ではなく，原子 (イオン) 全体で合成した角運動量が保存する[5]．ここまでの範囲ではスピン角運動量と軌道角運動量は独立なので，全スピン角運動量と全軌道角運動量がそれぞれ独立に保存される．前者の量子数を大文字で S，後者の量子数を同じく L と書く．全軌道角運動量については 1 電子軌道に準じて，$L=0,1,2,3,\cdots$ の状態をこれも大文字で $S,P,D,F,\cdots$ と書き，その左肩にスピン縮退度 $2S+1$ を小さく書いて状態を表示することが行なわれる．例えば，^6S は全軌道角運動量 $L=0$ で全スピンが $S=5/2$ であることを示す．全系の球対称性から系のエネルギーは角運動量の量子化軸成分 L_z, S_z を表す量子量 M_L, M_S にはよらないが，L, S に依存する．その原因は電子間クーロン相互作用 (式 (2.6)) である．

L, S の異なる状態の中で，多くの場合，

  H-i S 最大

  H-ii H-i を満たす範囲で $|\bm{L}| = \sqrt{L(L+1)}$ 最大

であるものがエネルギー最低であることが知られている．これを**フントの規則**という．d 殻は $l=2$ で軌道縮退が 5 だから，例えば $(3\mathrm{d})^3$ の Cr^{3+} イ

---

[5] 角運動量の合成については，小出昭一郎：「量子力学 (II) (改訂版)」第 10 章 (第 0 章の文献 [1]) などを参照されたい．

2.3 同じ原子内の電子間相互作用 II —フントの規則—

オンは $S = 1/2 \times 3 = 3/2$ である．パウリの原理によってスピン状態が等しい各電子状態では軌道状態が違わないといけないから，M_L 最大の状態は図 2-3(a) か

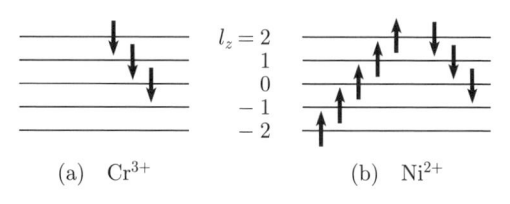

図 2-3 Cr^{3+} と Ni^{2+} の電子構造．スピンを矢印で示した．

ら $M_L = 2 + 1 + 0 = 3$, すなわち $L = 3$ となる．Ni^{2+} なら $(3d)^8$ だから，S は $1/2 \times 5 + (-1/2) \times 3 = 1$ であり，またスピンの等しい 5 つの電子の軌道角運動量は打ち消し合って 0 になるから，L は Cr^{3+} と同様 3 になる．なお，L と S の関係については 2.5 節 (83 頁) で **H-iii** を導入する．

問題 2.2 Mn^{2+} イオンと Fe^{3+} イオンについて，H-i と H-ii を共に満たす状態の L と S を求めよ．

H-ii が軌道角運動量ベクトルのある方向の成分ではなく，絶対値 (大きさ) を述べていることを注意しておく．電子の運動ではなく，電荷分布のクーロンエネルギーが問題だからである．

交換相互作用

フントの規則をもたらす式 (2.6) の相互作用を少し詳しくみよう．それには，多体電子系の波動関数が必要である．1 体の波動関数からパウリの原理を満たす多体の波動関数をつくるには，スレーター行列式を用いればよい[6]．相互作用が 2 体だから，2 電子系で考えれば十分である．位置 r とスピン座標 σ をまとめて τ と書いて，

$$\Psi = \frac{1}{\sqrt{2}} \begin{vmatrix} \psi_1(\boldsymbol{r}_1, \sigma_1) & \psi_2(\boldsymbol{r}_1, \sigma_1) \\ \psi_1(\boldsymbol{r}_2, \sigma_2) & \psi_2(\boldsymbol{r}_2, \sigma_2) \end{vmatrix} \equiv \frac{1}{\sqrt{2}} \begin{vmatrix} \psi_1(\boldsymbol{\tau}_1) & \psi_2(\boldsymbol{\tau}_1) \\ \psi_1(\boldsymbol{\tau}_2) & \psi_2(\boldsymbol{\tau}_2) \end{vmatrix} \quad (2.7)$$

---

[6] 小出昭一郎:「量子力学 (II) (改訂版)」§9.2 (第 0 章の文献 [1])

ここまでの範囲で，ハミルトニアンはスピンにかかわらないから，1体の波動関数は軌道関数とスピン関数の単純な積としてよく，
$$\psi_i(\boldsymbol{r}, \sigma) = \phi_i(\boldsymbol{r})\, \xi_i(\sigma) \tag{2.8}$$
と書ける．ここで $\xi(\sigma)$ は，スピンが量子化軸に平行または反平行な状態を表す波動関数 $\alpha(\uparrow), \beta(\downarrow)$ のいずれかである．

式 (2.7) の波動関数で式 (2.6) を積分してエネルギーを求めると，

$$\begin{aligned}
&\left(\Psi \left| \frac{e^2}{4\pi\varepsilon_0|\boldsymbol{r}_1 - \boldsymbol{r}_2|} \right| \Psi\right) \\
&= \frac{e^2}{2} \int_{\text{全空間}} \frac{\{\psi_1^*(\boldsymbol{\tau}_1)\psi_2^*(\boldsymbol{\tau}_2) - \psi_2^*(\boldsymbol{\tau}_1)\psi_1^*(\boldsymbol{\tau}_2)\}\{\psi_1(\boldsymbol{\tau}_1)\psi_2(\boldsymbol{\tau}_2) - \psi_2(\boldsymbol{\tau}_1)\psi_1(\boldsymbol{\tau}_2)\}}{4\pi\varepsilon_0|\boldsymbol{r}_1 - \boldsymbol{r}_2|} d\boldsymbol{\tau} \\
&= e^2 \left(\int_{\text{全空間}} \frac{\psi_1^*(\boldsymbol{\tau}_1)\psi_2^*(\boldsymbol{\tau}_2)\psi_1(\boldsymbol{\tau}_1)\psi_2(\boldsymbol{\tau}_2)}{4\pi\varepsilon_0|\boldsymbol{r}_1 - \boldsymbol{r}_2|} d\boldsymbol{\tau} - \int_{\text{全空間}} \frac{\psi_1^*(\boldsymbol{\tau}_1)\psi_2^*(\boldsymbol{\tau}_2)\psi_2(\boldsymbol{\tau}_1)\psi_1(\boldsymbol{\tau}_2)}{4\pi\varepsilon_0|\boldsymbol{r}_1 - \boldsymbol{r}_2|} d\boldsymbol{\tau} \right)
\end{aligned} \tag{2.9}$$

となる．ここで $\boldsymbol{\tau}$ についての積分は，$\boldsymbol{r}_1, \boldsymbol{r}_2$ についての空間積分と σ_1, σ_2 についての和である．第 1 項はスピン関数が等しいから σ についての和は 1 で，スピンによらず

$$\begin{aligned}
K &\equiv e^2 \int_{\text{全空間}} \frac{\phi_1^*(\boldsymbol{r}_1)\,\phi_2^*(\boldsymbol{r}_2)\,\phi_1(\boldsymbol{r}_1)\,\phi_2(\boldsymbol{r}_2)}{4\pi\varepsilon_0|\boldsymbol{r}_1 - \boldsymbol{r}_2|} d\boldsymbol{r}_1\, d\boldsymbol{r}_2 \\
&= \frac{1}{4\pi\varepsilon_0} \int_{\text{全空間}} \frac{\rho_1(\boldsymbol{r}_1)\,\rho_2(\boldsymbol{r}_2)}{|\boldsymbol{r}_1 - \boldsymbol{r}_2|} d\boldsymbol{r}_1\, d\boldsymbol{r}_2
\end{aligned} \tag{2.10}$$

となる．古典的な電子雲のモデルで考えれば，$\rho(\boldsymbol{r}) \equiv e\phi^*(\boldsymbol{r})\phi(\boldsymbol{r})$ はその電子の電荷密度分布を表しているから，K は明らかに 2 つの電子の間のクーロンエネルギーである．

これに対して，式 (2.9) の第 2 項はスピン状態に依存する．ψ_1 と ψ_2 のスピン状態が違えば，スピン変数についての積分が 0 になる．等しいときはその部分は 1 であり，

$$e^2 \int_{\text{全空間}} \frac{\psi_1^*(\boldsymbol{\tau}_1)\psi_2^*(\boldsymbol{\tau}_2)\,\psi_1(\boldsymbol{\tau}_2)\,\psi_2(\boldsymbol{\tau}_1)}{4\pi\varepsilon_0|\boldsymbol{r}_1 - \boldsymbol{r}_2|} d\boldsymbol{\tau}$$

2.3 同じ原子内の電子間相互作用 II — フントの規則 —

$$= \frac{e^2}{4\pi\varepsilon_0} \int_{\text{全空間}} \frac{\phi_1^*(\boldsymbol{r}_1)\,\phi_2^*(\boldsymbol{r}_2)\,\phi_1(\boldsymbol{r}_2)\,\phi_2(\boldsymbol{r}_1)}{|\boldsymbol{r}_1 - \boldsymbol{r}_2|} d\boldsymbol{r}_1\,d\boldsymbol{r}_2 \equiv j \quad (2.11)$$

である．したがって，

$$\left(\Psi \left| \frac{e^2}{4\pi\varepsilon_0|\boldsymbol{r}_1 - \boldsymbol{r}_2|} \right| \Psi\right) = \begin{cases} K - j & (\xi_1 = \xi_2 \text{ のとき}) \\ K & (\xi_1 \neq \xi_2 \text{ のとき}) \end{cases} \quad (2.12)$$

この j を**交換積分** (交換エネルギー) という．2つの電子が状態を交換しているからである．交換積分は $e\phi_1^*\phi_2$ という複素電荷の自己エネルギーと考えることができるので，常に正である[7]．したがって，スピンが平行のときの方がエネルギーが低い．これがフントの第1規則 H-i の原因である．

式 (2.9) にスピン状態依存性が現れるのは，電子を交換すると波動関数 (式 (2.7)) が符号を変える (反対称である)，というパウリの原理のためである．波動関数

$$\Psi(\boldsymbol{\tau}_1, \boldsymbol{\tau}_2) = \frac{1}{\sqrt{2}} \bigl(\phi_1(\boldsymbol{r}_1)\,\phi_2(\boldsymbol{r}_2)\,\xi_1(\sigma_1)\,\xi_2(\sigma_2) - \phi_2(\boldsymbol{r}_1)\,\phi_1(\boldsymbol{r}_2)\,\xi_2(\sigma_1)\,\xi_1(\sigma_2)\bigr)$$
$$(2.13)$$

でスピン関数が対称 ($\xi_1(\sigma_1)\xi_2(\sigma_2) = \xi_2(\sigma_1)\xi_1(\sigma_2)$) であれば，その部分は括弧の外に出せる．そのとき軌道関数 $\phi_1(\boldsymbol{r}_1)\phi_2(\boldsymbol{r}_2) - \phi_2(\boldsymbol{r}_1)\phi_1(\boldsymbol{r}_2)$ は，$\boldsymbol{r}_1 = \boldsymbol{r}_2$ の点で 0 で，その近傍では絶対値が小さい．これはクーロン反発力の最も強い領域で，電子がここにいなければその分エネルギーが下がる．波動関数の反対称化にともなうクーロンエネルギーの変化が，交換積分によって表されている．

電子のスピンが 1/2 であることを考えると，式 (2.11) のエネルギーは

$$\mathcal{H}_{\text{ex}} = -2j \left(\boldsymbol{s}_1 \cdot \boldsymbol{s}_2 + \frac{1}{4}\right) \quad (2.14)$$

というスピン関数についてのハミルトニアンの固有値になっている．ここで

---

[7] ϕ_1 と ϕ_2 が直交していないときは別のメカニズムがあって，スピン状態が異なるときにエネルギーを下げる．それは第5章で述べる．1つの原子の異なる電子状態は直交しているから，いまは考える必要がない．

s_i は電子 i のスピンである．こう書いておくと，量子化軸の取り方によらず，一般的に交換相互作用を表現することができるので便利である．

クーロンエネルギーの軌道角運動量依存性

H-i に対して，第 2 規則 H-ii の方はそれほど明快ではない．ここでは計算の詳細を追うことはしないで，d 状態に電子が 2 つ入った場合についての定性的な考察にとどめる．考察の基礎は図 2-1 に示した電子雲の形と，角運動量を合成した際の波動関数である．いま考えているエネルギーが，全軌道角運動量の方向 (L_z) によらないことをもう一度注意しておく．

例えば，d 軌道に電子が 2 つ入った状態は $_{10}C_2 = 45$ ある．それらは，L と S によって表 2-1 のように分類される．ここで例えば一番上の行の波動関数の例は，(スピンの異なる) 2 つの電子が両方とも d 軌道の $l_z = 2$ の軌道に入っていることを表している．この 2 つの電子の間のクーロンエネルギーは，電子雲が重なっているのだから明らかに高い (H-i 抜きに H-ii だけを考えてはいけない)．それに比べてフントの規則 i, ii を満たしている 2 段目の $L = 3$ の状態は，図 2-1 を見れば $l_z = 2$ と $l_z = 0$ の電子雲が離れているから，エネルギーがより低いと予想される．$S = 1$ のもう 1 つの状態 ($L = 1$) も，$L = 3$ より高いだろう．この議論は一般化でき，フントの第 2 規則を与える．

これで我々はフントの第 1, 第 2 規則 H-i, H-ii を受け入れて，先に進むことにしよう．この段階で，基底状態の縮退度は $(2L+1)(2S+1)$ になった．

表 2-1 d 軌道の 2 電子関数の分類

L	S	縮退度	波動関数の例 (2 つの電子の磁気量子数で示す)	L_z
4	0	9	$\|2,2\rangle$	4
3	1	21	$\frac{1}{\sqrt{2}}(\|2,0\rangle - \|0,2\rangle)$	2
2	0	5	$\frac{1}{\sqrt{14}}(2\|2,0\rangle - \sqrt{6}\|1,1\rangle + 2\|0,2\rangle)$	2
1	1	9	$\frac{1}{\sqrt{10}}(2\|2,-2\rangle - \|1,-1\rangle + \|-1,1\rangle - 2\|-2,2\rangle)$	0
0	0	1	$\frac{1}{\sqrt{5}}(\|2,-2\rangle - \|1,-1\rangle + \|0,0\rangle - \|-1,1\rangle + \|-2,2\rangle)$	0

2.4 周囲の原子核・電子との相互作用 — 結晶電場 —

配位子

結晶の中では,いま考えている 3d や 4f 電子をもつ原子の周りには他の原子 (イオン) が規則的に並んでいる.いま考える磁性原子は電気陰性度が低く,化合物であれば周囲に電気陰性度の高い元素 (ハロゲン: F, Cl, Br, I やカルコゲン: O, S, Se, Te など) がくる.電子は電気陰性度に従って原子間を移動し,イオン結晶的な性質をもたらす.例えば図 2-4(a) に示した NaCl 型の結晶では,1 つの陽イオンには互いに直交する結晶の主軸 (x, y, z 軸とする) の両側に計 6 つの陰イオンがあり,さらにその外側には 12 個の陽イオンがある.最近接の陰イオンを**配位子**といい,陽イオンを囲んで配位子がつくる多面体を**配位多面体**という.例えば,NaCl 型の結晶では配位多面体は 6 つの陰イオンがつくる正八面体であり,図 2-4(b) の閃亜鉛鉱 (ZnS) 型では 4 つの陰イオンがつくる正四面体である.これらはどちらも,x, y, z 軸の等価な立方対称の配位多面体である.対称性の低い場合も,正八面体や正四面体が少し歪んでいるだけで,立方対称が基本であることが多い.図 2-4(c) はそうではない例で,**三方両錐型**とよばれる.

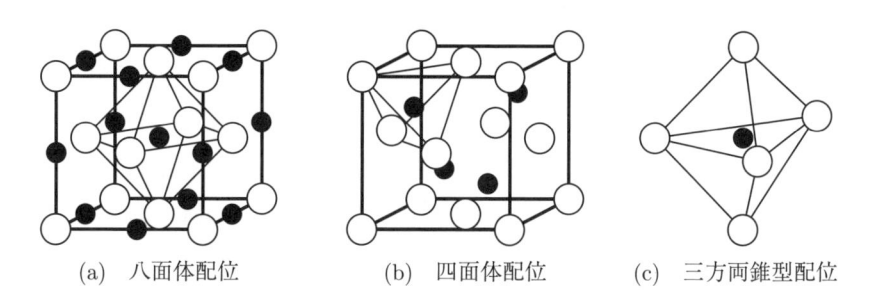

(a) 八面体配位 (b) 四面体配位 (c) 三方両錐型配位

図 2-4 配位構造の例.小さな黒丸が陽イオン,大きな白丸が陰イオンを表す.

結晶電場

各イオンはその周囲に電場をつくるので,中央のイオンの d 電子や f 電子

は周囲のイオンのつくる電場の影響を受ける．原子の規則的な配置によって結晶中に生ずる電場を**結晶電場**という．当然，距離の近い原子の効果が大きい．2 つの素電荷が 0.2 nm 離れているときの静電エネルギーは

$$\frac{1}{4\pi\varepsilon_0}\frac{e^2}{r} = 9 \times 10^9 \times \frac{(1.6 \times 10^{-19})^2}{2 \times 10^{-10}}\,\mathrm{J} \approx 10^{-18}\,\mathrm{J} \approx 10^5\,\mathrm{K}$$

だから，このエネルギーはかなり大きいことが予想される．ただし，外殻電子による遮蔽効果が重要で，化合物の化学的な性質によって大きさが変わる．一般に 3d 化合物では 10^4 K 程度だが，場合によってはフントの規則の原因である同じ原子内の電子間相互作用に優越することもある．希土類化合物では，4f 殻の外側にある 5s, 5p 電子が遮蔽するので，それより 1 桁くらい小さい．

結晶電場による準位の分裂と軌道角運動量の消失

結晶電場によって原子の $2L+1$ 重の軌道縮退は破れ，準位は分裂する．その分裂の仕方は結晶電場の対称性で，分裂の大きさはその強さで決まる．この分裂によって軌道角運動量の値 (量子力学的期待値) が変わる．特に，縮退がなくなってしまえば L は 0 になる．すでに 0.3 節で述べたように，クーロン相互作用は時間反転 $R: t \to -t$ に関して対称である．したがって，$\pm L_z$ の 2 つの状態はエネルギーが等しく，準位は縮退していなければならない．

別のいい方をすると，結晶電場は原子の球対称性を壊す．結晶の中ではとびとびに原子があるので，陽イオンの周囲の原子配置を変化させない回転操作は (あるとしても) ある軸のまわりの 180° (2 回軸, 4 回軸), 120° (3 回軸, 6 回軸), 90° (4 回軸), 60° (6 回軸) に限られる．任意の回転は許されない．そのために角運動量の各成分は，一般に保存量ではなくなるのである．これを**軌道角運動量の消失** (quenching) という．ただし，上で触れ後で詳しく述べるように，対称性によっては一部生き残ることがある．

この議論は $\bm{L}$ に関係していて，$\bm{L}^2$ には関わらない．$R\bm{L}^2 = \bm{L}^2$ だからである．1 重項でも，$\bm{L}^2$ は 0 である必要はない．したがって軌道角運動量の消

2.4 周囲の原子核・電子との相互作用 —結晶電場—

失は,必ずしも $L(L+1)$ 最大というフントの規則 H-ii に反するわけではない. 1 電子関数で $(|m\rangle+|-m\rangle)/\sqrt{2}$ を考えれば,軌道角運動量は 0 で,その大きさは $\hbar\sqrt{l(l+1)}$ である. 逆回転の波が重なって定在波ができ,その腹と節の位置と周囲の原子構造の関係でエネルギーが変わるのである.

殻内の電子間相互作用 (フントの規制) との関係では,いまのところスピンと軌道は独立と考えているので,基底状態で S 最大という H-i は変化しない. ただしすぐ後で述べるように,何を基底状態と考えるべきかは結晶電場の大きさによって変わる. またその基底状態の範囲で,H-ii はおおむね満たされると考えられている. しかし,すぐ後で立方対称電場による d 殻の分裂を述べるが,そこで出てくる $d\varepsilon$ 準位に 2 つ電子が入った状態は H-ii に抵触し,そのままでは固有状態ではないことがわかっている. 問題 2.4 を参照. ただし,その効果は通常そう大きくはない.

結晶電場の中の d(f) 電子の状態は,電子の位置のポテンシャル $V_{\mathrm{cf}}(\boldsymbol{r})$ を d(f) 電子の波動関数で挟んで積分し,得られた行列

$$\underline{V_{\mathrm{cf}}} = \left(\int_{\text{全空間}} \psi_i^*(\boldsymbol{r}) V_{\mathrm{cf}}(\boldsymbol{r}) \psi_j(\boldsymbol{r}) d\boldsymbol{r} \right) \tag{2.15}$$

を対角化すればわかる. ポテンシャルは**多重極展開**[8]するのが便利である. 外側の電荷が中心部につくる電場なので,$1/r$ でなく r について展開して球関数で表示する.

$$V_{\mathrm{cf}}(\boldsymbol{r}) = \sum_{L,M} A_L^M \, r^L \, Y_L^M(\theta,\phi) \tag{2.16}$$

この章の最初に述べたように,電子軌道も $\boldsymbol{r}$ の球関数で表される. したがって式 (2.15) の各成分は,3 つの球関数の積の積分を加え合わせた形になる.

$$\begin{aligned}&(V_{\mathrm{cf}})_{ij}\\&= \sum_{L,M} A_L^M \int_0^\infty R_i^*(r) R_j(r) r^{L+2} dr \int_0^\pi \sin\theta \, d\theta \int_0^{2\pi} Y_i^*(\theta,\phi) Y_L^M(\theta,\phi) Y_j(\theta,\phi) \, d\phi\end{aligned}\tag{2.17}$$

---

[8] 中山正敏:「物質の電磁気学」94 頁 (第 0 章の文献 [6])

球関数の完全性から，2つの球関数の積は両方の次数の和以下の次数の球関数で表される．一方，直交性から，次数の等しくない球関数の積は空間積分すれば消える．d 軌道の分裂を調べるためには結晶電場は $2+2=4$ 次まで，f 軌道では $3+3=6$ 次までで足りる．また奇数次のポテンシャルは，波動関数の積は偶数次だから，考える必要がない[9]．

立方対称な電場の効果

具体的な例として，立方対称な結晶電場の 3d 軌道への効果を見よう．2次のポテンシャルは $x^2+y^2+z^2=r^2$ で球対称なので，分裂については考える必要がない．4次の項は，$x^4+y^4+z^4-3r^4/5$ しかない (第4項は，d 準位の平均エネルギーが変化しない，という条件による)．このポテンシャルによって，5重に縮退した d 軌道は3重と2重の2つの準位に分裂する．3重縮退の軌道を dε 軌道 (対称性は t_{2g} と表現される)，2重縮退の方を dγ 軌道 (同じく e_g) とよび，両者のエネルギー差を $10Dq$ と記すのが通例である[10]．これらの軌道関数を表 2-2 に，電子雲の形を図 2-5 に示した．図 2-1 と

表 2-2 dε, dγ 軌道の固有関数

$$
\text{d}\varepsilon\ (t_{2g}) \begin{cases} \phi_\xi = \frac{i}{\sqrt{2}}(|1\rangle + |-1\rangle) = \sqrt{\frac{15}{4\pi}}\, yz \cdot \frac{R(r)}{r^2} \equiv |yz\rangle \\ \phi_\eta = -\frac{1}{\sqrt{2}}(|1\rangle - |-1\rangle) = \sqrt{\frac{15}{4\pi}}\, xz \cdot \frac{R(r)}{r^2} \equiv |xz\rangle \\ \phi_\zeta = -\frac{i}{\sqrt{2}}(|2\rangle - |-2\rangle) = \sqrt{\frac{15}{4\pi}}\, xy \cdot \frac{R(r)}{r^2} \equiv |xy\rangle \end{cases}
$$

$$
\text{d}\gamma\ (e_g) \begin{cases} \phi_u = |0\rangle = \sqrt{\frac{5}{16\pi}}\,(3z^2-r^2) \cdot \frac{R(r)}{r^2} \equiv |3z^2-r^2\rangle \\ \phi_v = \frac{1}{\sqrt{2}}(|2\rangle + |-2\rangle) = \sqrt{\frac{15}{16\pi}}\,(x^2-y^2) \cdot \frac{R(r)}{r^2} \equiv |x^2-y^2\rangle \end{cases}
$$

---

[9] 球関数が軌道角運動量に対応していることを考えると，式 (2.17) の計算は角運動量の合成と形式的に等価で，一般的に**クレブシュ－ゴルダン係数**を利用することができる．それについては，文献 [2] を，また実例については文献 [3] を参照．

[10] ポテンシャルの大きさは，0.4 節で述べたような意味でつじつまを合わせて計算することも可能である．しかし本書では，それは必要に応じて実験で決められるべきパラメータと考える．D や q や，後の図 2-9 で用いられる B などを含めたパラメータの意味については，文献 [2] 等を参照されたい．

2.4 周囲の原子核・電子との相互作用 ―結晶電場―

$\phi_\xi = |yz\rangle$　　$\phi_\eta = |xz\rangle$　　$\phi_\zeta = |xy\rangle$

$\phi_u = |3z^2 - r^2\rangle$　　$\phi_v = |x^2 - y^2\rangle$

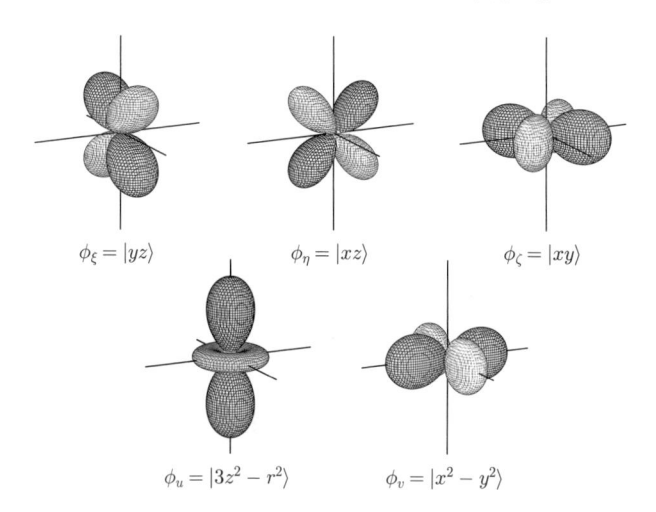

図 2-5 dε 軌道 (上段) と dγ 軌道 (下段) の電子雲の形
(柳瀬 章:「空間群のプログラム」(裳華房, 1995 年) による)

比較されたい．dε 軌道が全体として立方対称であることは見ればわかるが，dγ も $(-\phi_u \pm \sqrt{3}\phi_v)/2$ を計算すれば $(3x^2 - r^2)/2\sqrt{3}$, $(3y^2 - r^2)/2\sqrt{3}$ となって，x, y, z に関して対称であることがわかる．$10Dq$ の大きさは，遷移金属の酸化物やフッ化物では 10^4 K 程度である．

問題 2.3 立方対称電場による d 軌道の分裂を表 2-2 の関数によって確かめよ．

問題 2.4 表 2-2 の 2 つの dγ 軌道に同じスピンの電子が入った状態は，スレーター行列式で

$$\Psi = \frac{1}{\sqrt{2}} \begin{vmatrix} \phi_u(\boldsymbol{r}_1) & \phi_v(\boldsymbol{r}_1) \\ \phi_u(\boldsymbol{r}_2) & \phi_v(\boldsymbol{r}_2) \end{vmatrix} = \frac{\phi_u(\boldsymbol{r}_1)\,\phi_v(\boldsymbol{r}_2) - \phi_v(\boldsymbol{r}_1)\,\phi_u(\boldsymbol{r}_2)}{\sqrt{2}}$$

と書ける．この状態について $\boldsymbol{L} = \boldsymbol{l}_1 + \boldsymbol{l}_2$ と $\boldsymbol{L}^2 = (\boldsymbol{l}_1 + \boldsymbol{l}_2)^2$ を計算せよ．2 つの dε 軌道 ϕ_ξ と ϕ_η に入ったときはどうか．

図 2-5 を見れば dγ 軌道は x, y, z の主軸方向に伸びており，それに対し

て dε 軌道は主軸の中間の方向に伸びている．そのために，主軸方向に配位子のある八面体配位の場合は dε 軌道のエネルギーが低く，逆に主軸方向に配位子のない四面体配位では dγ 軌道の方が低くなる．そのエネルギー差 $10Dq$ が前節で述べたイオン内の交換相互作用を越えなければ，フントの規則 H-i に従って全スピン量子数 S が最大になるように，低い準位から電子が入る．これを**高スピン状態**という．逆に $10Dq$ の方が交換相互作用エネルギーより大きければ，電子はまず低い方の軌道だけで最大スピンの状態をつくり，それが満ちて全スピンが一度 0 になった後で上の軌道に入り始める．これを**低スピン状態**という．これらの様子を図 2-6 に示した．低スピン状態も，例えば血液中のヘモグロビンに含まれる Fe イオンのように，重要でかつ興味深い磁性を示すことがある．

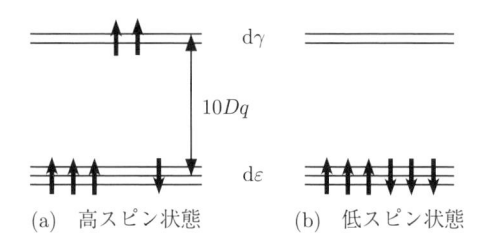

図 2-6 八面体配位の Fe^{2+} イオンの電子配置

　立方対称電場により低い対称性の電場が加わると，準位はさらに分裂する．1 軸対称性の電場であれば dγ 軌道は 2 つの 1 重項に，dε 軌道は 1 重項と 2 重項に分裂する．さらにこの 2 重項は，もっと対称性の低い電場があれば分裂して 2 つの 1 重項になる．その様子を模式的に図 2-7 に示した[11]．結晶中の 3d 遷移金属イオンの d 電子状態が，結晶電場とイオン内のクーロン相互作用によってどのように分裂するかは，

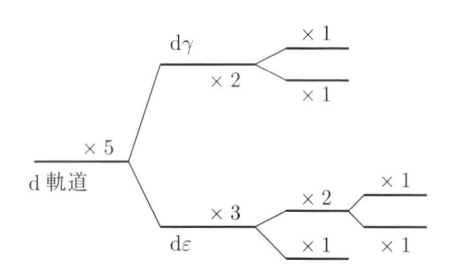

図 2-7 結晶電場による d 軌道の分裂

---

11) dε, dγ 準位がそれぞれ分裂するだけでなく，dε, dγ 軌道は固有状態ではなくなって，その間に行列要素が生じる．しかしそれは通常 $10Dq$ よりずっと小さいので，無視される．

2.4 周囲の原子核・電子との相互作用 ―結晶電場―

文献［2］に詳しい説明がある．

d 準位の分裂と光スペクトル

一般にイオン結晶と電磁波との相互作用では，赤外領域には格子振動の強い吸収が，紫外領域には価電子帯から伝導帯への遷移による強い吸収がある．d 電子状態のエネルギー差はちょうどその中間の可視光の領域に入る．したがって，d 電子のない Al や d 殻の詰まっている Zn の化合物は可視光領域で透明である．この透明な結晶の中に微量に混入した遷移金属イオンの光吸収の測定によって，電子状態を実験的に調べることができる[12]．

宝石として知られるルビーは，微量の Cr^{3+} を含む Al_2O_3 の単結晶である．結晶構造はコランダム型で，図2-8に示したように陽イオンには6つの O^{2-} イオンが歪んだ八面体をつくって配位している．この歪みは吸収強度やスペクトルの細部に関係して重要だが，ここでは触れない．配位八面体によるほぼ立方対称の結晶電場によって $d\varepsilon$ 軌道のエネルギーが低くなり，スピンが平行な3つの電子がそこに入って基底状態をつくる．この状態はH-i，H-ii両方を満たしているが，軌道角運動量は0である．

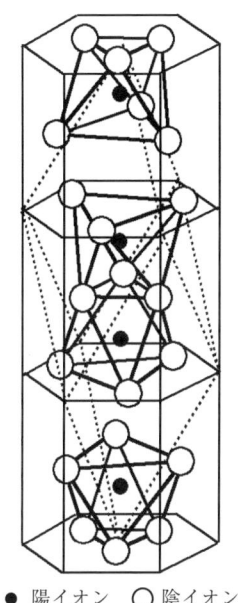

● 陽イオン　○ 陰イオン

図 2-8 コランダム構造

基底状態から励起状態への遷移による光吸収と，それに対応する $(3d)^3$ の立方対称電場中の電子準位の計算結果を，図2-9に文献［2］から引用する．大雑把にいって，$S = 3/2$ のまま電子が1つ $d\gamma$ 軌道に励起された状態のエネルギーは Dq に比例して高くなる．結晶電場の強さは原子間距離によって変化するから，このエネルギーは格子振動によって変動する．格子振動の方

---

12) 結晶型が同じでも結晶が違えば，準位が定量的に等しいと考えてはならない．例えば，Cr_2O_3 中の Cr^{3+} の準位は，ルビー中とは違う．

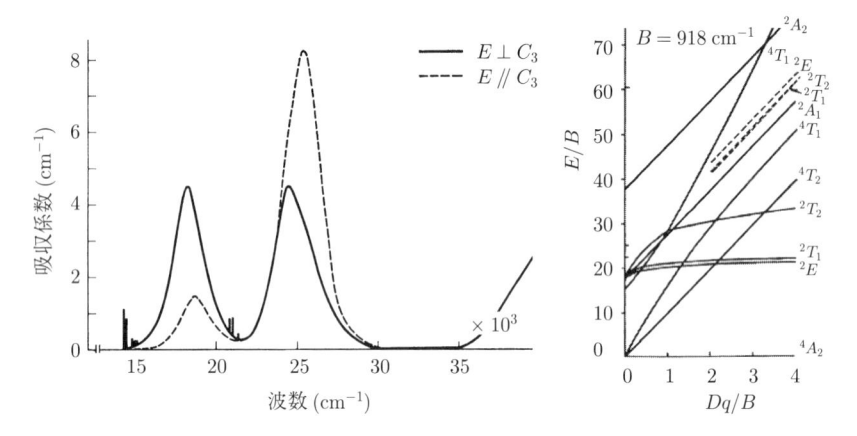

図 2-9 ルビーの吸収スペクトルと立方対称結晶電場中の $(3d)^3$ 電子状態のエネルギー (上村 洸・菅野 暁・田辺行人:「配位子場理論とその応用」(物理科学選書, 裳華房, 1969年))

が電子遷移より振動数が低いから, 時々刻々の原子位置によってd電子の励起エネルギーが決まり, したがって, この遷移による吸収は幅をもつことが予想される. 4.2 節を参照. これに対して dε 軌道の 3 つの電子がつくる S 最大でない状態のエネルギーは, d 電子間のクーロン相互作用で決まるので, 結晶電場の強さにあまりよらない. したがって, 吸収線の幅は狭くなる. 図 2-9 の実測のスペクトルは, 大体 $10Dq \approx 2 \times 10^4 \,\mathrm{cm}^{-1}$ として, 強度や線幅を含めてよく説明される.

この場合のように軌道縮退が解けて軌道角運動量が消失してしまえば, 基底状態は $2S+1$ 重に縮退し, 大きさ $2\sqrt{S(S+1)}\,\mu_\mathrm{B}$ の有効磁気モーメントが現れる. 3d 遷移金属イオンでは, これが多くの場合に良い近似であることが実験的に確認されている.

しかし, これで話はまだ済まない. それは, 軌道角運動量とスピン角運動量を結び付ける相互作用 (**スピン軌道相互作用**) があって, 軌道角運動量を (部分的に) 生き返らせ, 電子状態をさらに分裂させるからである. それについては次節以降で述べる. 軌道角運動量は結晶電場と結び付いており,

その軌道角運動量がスピンと結び付くので，結晶軸との相対関係によってスピンのエネルギーが変化することになる．これを**結晶磁気異方性**という．磁性学で，また実用的にも，重要な性質である．

陽イオン位置の対称性によっては，軌道角運動量が消失しない場合もある．軌道縮退がある場合は，次章で論じる．

f 電子

この節では，主に 3d 電子について述べた．4f 電子では外側にある閉殻 (5s, 5p) 電子による遮蔽効果のために結晶電場の効果は 3d 電子の場合より 1 桁程度小さくなって，スピン軌道相互作用と同程度になる．そのために，磁気異方性が強くなる．

f 電子に対する結晶電場の効果については文献［4］に譲り，ここでは立方対称の結晶電場によって分裂した f 電子軌道の電子雲の形を図 2-10 に示すにとどめる．f 殻では結晶電場のポテンシャルで 6 次の項も有効なのでパラメータが 2 つあり，準位は 3 つに分裂する．その各準位の立方対称性は電子雲の形から明らかである．どのような配位に対してどの軌道のエネルギーが

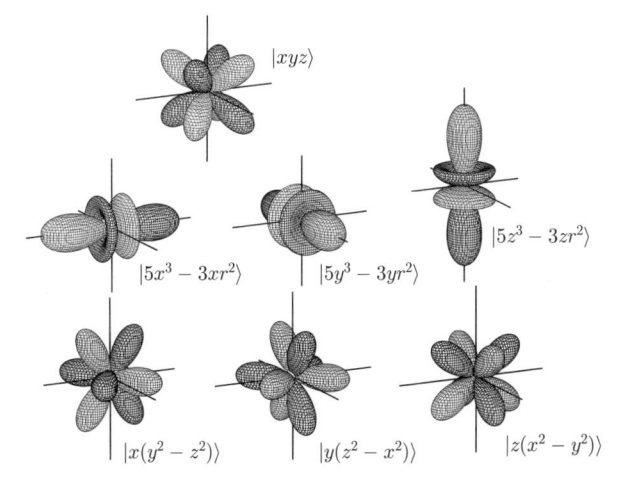

図 2-10 立方対称な結晶電場内の f 電子の固有状態
(柳瀬 章：「空間群のプログラム」(裳華房, 1995 年) による)

低いかも了解できよう．ただし，希土類イオンはイオン半径が大きくて酸素など配位子の陰イオンとほぼ等しいので，配位多面体の形が 3d の場合とは違うことが多い．立方対称の結晶電場は，必ずしも第 1 近似として有用ではない．現在最も良い特性を示す永久磁石材料である $R_2Fe_{14}B$ (R は希土類元素) 型化合物の電子状態を解析した例を，文献 [3] に挙げておく．

2.5 スピン軌道相互作用

ここまではクーロン相互作用だけを考えてきたが，ここで別の種類の相互作用を考えて，スピンと軌道角運動量の関係を調べる．それは電子の軌道運動による磁気モーメントとスピンによる磁気モーメントとの磁気的な相互作用である．差し当たりこの節では，結晶電場の効果を無視しておく．

スピンと軌道の静磁相互作用

古典物理学的には，次のように考えればよい．最初にスピンのない電子を仮想的に考え，その電子が原子核のまわりを軌道角運動量 $l\hbar$ で回転しているとする．この状態からスピン s を導入し，ある時間をかけてその大きさを s にする．電磁気学的に見れば，これは回転運動している電子の軌道，すなわち電流回路 (流れている電流を i A としよう．これは l に比例する) の中を通り抜ける磁束 Φ を，0 から Φ_0 まで増加させることに当たる．Φ は s と l のなす角度 θ_{ls} の余弦に比例し，また $|\Phi_0|$ は電子のスピン磁気モーメントの大きさ $|g\mu_B s|$ に比例する．この過程で，電磁誘導により，電流回路全体で積分して，

$$V = -\frac{d\Phi}{dt} \qquad (2.18)$$

だけの電圧が発生する．軌道運動がこの力にかかわらず変化しない (量子化している) ためには，外からこの作用に対応するだけの仕事をしなければならない．その仕事率は $P = -iV$ であり，仕事量 W すなわち必要なエネル

2.5 スピン軌道相互作用

ギーは，仕事率を時間積分して，

$$W = \int i \frac{d\Phi}{dt} dt = i \int_0^{\Phi_0} d\Phi = i\Phi_0 \propto \boldsymbol{l} \cdot \boldsymbol{s} \tag{2.19}$$

となる．このエネルギーを

$$\mathcal{H} = \zeta \boldsymbol{l} \cdot \boldsymbol{s} \tag{2.20}$$

と書いて，**スピン軌道相互作用**という[13]．上の議論からして，定数 ζ は正である．その大きさは，静電引力を受けている電子の運動を相対論的にきちんと解いて，

$$\zeta = \frac{Z-\sigma}{8\pi\varepsilon_0}\left(\frac{e\hbar}{m_e}\right)^2 \overline{r^{-3}} \tag{2.21}$$

と与えられている[5]．ここで Z は原子番号，$Z-\sigma$ は考える電子の感じる有効核電荷で，$\overline{r^{-3}}$ は $1/r^3$ の平均値である．

問題2.1で考えたように，原子番号が大きくなると電子の軌道速度，したがって電流は大きくなるから，ζ は一般に原子番号が大きくなると大きくなる．希土類イオンについては

$$\zeta = 200(Z-55) \text{ cm}^{-1} \tag{2.22}$$

という近似式[6]が，また3d遷移金属イオンについては表2-3の値が与えられている[2]．しかし，これは元素について確定しているわけではなく，結合状態によって変わる粗い近似値である．現実的な値は，その物質について実験によって決定されるものと考えるべきである．

表 2-3 3d自由イオンのスピン軌道相互作用定数 ζ (単位は cm^{-1})

Ti^{3+}	V^{3+}	Cr^{3+}	Mn^{3+}	Fe^{2+}	Co^{2+}	Ni^{2+}	Cu^{2+}
154	209	273	352	410	533	649	829

(上村 洸・菅野 暁・田辺行人：「配位子場理論とその応用」(物理科学選書，裳華房，1969年) による)

---

13) スピン軌道相互作用は，相対論的な効果だといわれることがある．静電場をローレンツ変換すると磁場が現れるという意味で，磁気的な現象はすべて相対論的な効果である．

式 (2.20) のハミルトニアンは原子内の電子間クーロン相互作用 (式 (2.6)) と可換ではないので，両方を同時に厳密に扱うのは困難である．しかし 3d 遷移金属元素や 4f 希土類元素では，スピン軌道相互作用の方を摂動として考えることが許される．その場合は，フントの規則 H-ⅰ, H-ⅱで決まる S 最大・L^2 最大の基底状態の中で式 (2.20) を考えればよい．その範囲では，式 (2.20) を全電子について加え合わせたハミルトニアンは，

$$\mathcal{H}_{LS} = \lambda \boldsymbol{L} \cdot \boldsymbol{S} \tag{2.23}$$

と書くことができる．このように考えてよい場合を**ラッセル‐ソーンダース結合**，または **LS 結合**という[14]．ここで λ は，電子数が軌道の縮退度 (d 軌道なら 5, f 軌道なら 7) より小さければ正，大きければ負の定数である．

電子数と軌道縮退度の大小で λ の符号が変わるのは，次のような考察から理解できよう．例えば $Cr^{3+}(3d^3)$ の場合，フントの規則 H-ⅰ, H-ⅱを満たす電子配置は 67 頁の図 2-3 のように描くことができる．このときスピンが $-z$ 方向を向いていれば，電子の軌道が $l_z = 2, 1, 0$ のときに式 (2.20) のエネルギーが最も低くなるのは自明である．式 (2.23) のように書くならば，$\lambda > 0$ である．これに対して $Ni^{2+}(3d^8)$ の場合は，これも図 2-3 のようになる．このときは 5 つの上向きスピンの電子については軌道角運動量が打ち消し合って 0 になるので，全系のスピン軌道相互作用のエネルギーは 3 つの下向きスピンの電子で決まる．基底状態では $L_z = 2 + 1 + 0 = 3$ だが，全スピンは上向きだから，式 (2.23) の形に書けば $\lambda < 0$ となる．

同様な考察により，ζ と λ の関係を知ることができる．Cr^{3+} の場合，基底状態では 3 つの電子が $l_z = 2, 1, 0$ の状態に入り，加え合わされて $L_z = 3$ の状態をつくっている．この 3 つの電子について式 (2.20) を加え合わせて式 (2.23) の形にすると，l が加え合わされて L になっているのに対して s はそのままだから，$s = 1/2$, $S = 3/2$ に対応して，$\lambda = \zeta/3$ でなければならな

---

[14] もっと原子番号の大きい元素では，逆にクーロン相互作用の方を摂動として扱うべき場合がある．その場合を jj 結合という．

い．これは電子数が軌道数より大きいときも同様で，

$$|\lambda| = \frac{\zeta}{2S} \tag{2.24}$$

である．

式 (2.23) の相互作用が存在すると，$\boldsymbol{L}$, $\boldsymbol{S}$ それぞれは保存しない．しかし $\boldsymbol{L}$, $\boldsymbol{S}$ を一緒に回転させれば式 (2.23) は変化しないから，**全角運動量**を表す

$$\boldsymbol{J} = \boldsymbol{L} + \boldsymbol{S} \tag{2.25}$$

は保存する．その量子数を J と書くと，H-ⅰ，H-ⅱを満たす基底状態は J で指定されるいくつかの状態に分裂する．

$$\boldsymbol{J}^2 = (\boldsymbol{L}+\boldsymbol{S})^2 = \boldsymbol{L}^2 + \boldsymbol{S}^2 + 2\boldsymbol{L}\cdot\boldsymbol{S} \tag{2.26}$$

を考えると，各状態のスピン軌道相互作用のエネルギーは，

$$\lambda \boldsymbol{L}\cdot\boldsymbol{S} = \frac{\lambda}{2}(\boldsymbol{J}^2 - \boldsymbol{L}^2 - \boldsymbol{S}^2) = \frac{\lambda}{2}\{J(J+1) - L(L+1) - S(S+1)\} \tag{2.27}$$

と与えられる．基底状態では，

H-ⅲ　軌道数 > 電子数 ならば $J = |L - S|$
　　　軌道数 < 電子数ならば $J = L + S$

である．これもフントの規則に含める．電子数がちょうど軌道縮退度に等しいときには $\boldsymbol{L} = 0$ になるので，式 (2.27) のエネルギーは 0 である．

ゼーマンエネルギーによる準位の分裂

これで基底状態の縮退は $2J+1$ になった．それが外部磁場によってどう分裂するかを次に考えよう．量子化軸方向の磁気モーメントは，軌道角運動量成分 $\hbar$ とスピン角運動量成分 $\hbar/2$ に対してそれぞれ μ_B である．したがって全磁気モーメントは $(\boldsymbol{L}+2\boldsymbol{S})\mu_\mathrm{B}$ で与えられるが，$\boldsymbol{L}+2\boldsymbol{S}$ の固有関数は，$\boldsymbol{S}$ が保存していないから，$\boldsymbol{J} = \boldsymbol{L}+\boldsymbol{S}$ の固有関数ではない．しかし J 一定の基底状態内に限れば，ゼーマンエネルギーを

$$\mathcal{H}_Z = -\mu_B(\boldsymbol{L}+2\boldsymbol{S})\cdot\boldsymbol{H} = -g_L\mu_B\boldsymbol{J}\cdot\boldsymbol{H} \tag{2.28}$$

と書ける．この g_L を**ランデの g 因子**という．g_L は，ゼーマンエネルギーのハミルトニアンを J_z の固有関数で挟んだ行列の対角部分を計算すれば求められるが，$\boldsymbol{J}, \boldsymbol{L}, \boldsymbol{S}$ がベクトルであることを利用して次のように半古典的にも導出できる．

全磁気モーメント $(\boldsymbol{L}+2\boldsymbol{S})\mu_B$ を J_z の固有関数で挟んだ行列の対角成分を計算するのは，つまり全磁気モーメントの $\boldsymbol{J}$ に平行な成分を求めることである．したがって，g_L が $\boldsymbol{J}\cdot\boldsymbol{H}$ の係数であることを考えれば，

$$g_L = \frac{(\boldsymbol{L}+2\boldsymbol{S})\cdot\boldsymbol{J}}{\boldsymbol{J}^2} = 1 + \frac{\boldsymbol{S}\cdot\boldsymbol{J}}{\boldsymbol{J}^2} = 1 + \frac{\boldsymbol{S}\cdot(\boldsymbol{L}+\boldsymbol{S})}{\boldsymbol{J}^2}$$

に式 (2.26) から導いた $\boldsymbol{L}\cdot\boldsymbol{S}$ の表現を代入して，

$$g_L = 1 + \frac{(\boldsymbol{J}^2-\boldsymbol{L}^2-\boldsymbol{S}^2)+2\boldsymbol{S}^2}{2\boldsymbol{J}^2} = \frac{3}{2} + \frac{S(S+1)-L(L+1)}{2J(J+1)} \tag{2.29}$$

問題 2.5 Cr^{3+} と Ni^{2+} イオン (図 2-3 参照) について J と g_L を求めよ．磁気モーメントとキュリー定数 (式 (1.17)) を計算し，そのモーメントをスピンだけが担っているときと比較せよ．

J の固有状態内での S の大きさを計算しておこう．交換相互作用はスピンが担っているからである．上の計算を見直せば，$\boldsymbol{S}$ の $\boldsymbol{J}$ 方向の成分は下式のように与えられる[15]．

$$\frac{\boldsymbol{S}\cdot\boldsymbol{J}}{\sqrt{\boldsymbol{J}^2}} = \frac{\boldsymbol{S}\cdot(\boldsymbol{L}+\boldsymbol{S})}{J(J+1)} = (g_L-1)\sqrt{J(J+1)} \tag{2.30}$$

ゼーマンエネルギーに戻ろう．量子数 J に属する固有関数の間では，ゼーマンエネルギーの行列は対角要素しか存在しない．しかし，J の異なる状態

---

[15] 合金系の場合，その元素の濃度を c として，$\xi = c(g_L-1)^2 J(J+1)$ をド・ジャン因子ということがある．希土類合金の磁性の解析に有用である．

2.5 スピン軌道相互作用

間に非対角要素が存在する．通常ゼーマンエネルギーが高々数 cm^{-1} のオーダーであるのに，スピン軌道相互作用は数百 cm^{-1} のオーダーだから，これは摂動として扱える．前章で扱った遍歴電子の $\chi(\boldsymbol{q})$ と同様に，固有関数の変形が温度によらない小さな磁化率を与える．これは**バン・ブレックの常磁性**とよばれる．内殻電子の反磁性磁化率と同じオーダーである．この 2 つを実験的に分離する方法はないので，通常ひとまとめにして扱われる．

バン・ブレックの常磁性と反磁性を無視すれば，キュリー定数 C は

$$C = \frac{g_\text{L}^2 \mu_\text{B}^2 J(J+1)}{3k_\text{B}} = \frac{p_\text{eff}^2 \mu_\text{B}^2}{3k_\text{B}} \tag{2.31}$$

となる．有効ボーア磁子数で書けば，

$$p_\text{eff} = g_\text{L}\sqrt{J(J+1)} \tag{2.32}$$

である．

図 2-11 に，室温の磁化率からキュリーの法則を仮定して求めた希土類イオンの有効ボーア磁子数の実測値を，計算値と比較して示した．実験は硫酸塩や酸化物について行なわれている．フントの計算 (実線) は，基底状態だけを考える近似で行なわれた．両者は，Sm^{3+}, Eu^{3+} を除いて良く一致する．Sm^{3+}, Eu^{3+} に見られる理論と実測の不一致は，ゼーマンエネルギーよりは大きいが室温の熱エネルギーと同じオーダーのエネルギーの，励起状態が存在しているためである．特に，Eu^{3+} のように基底状態の磁気モーメントが小さい場合は，この効果は無視できない．それを補正したバン・ブレックらの計算値も図に破

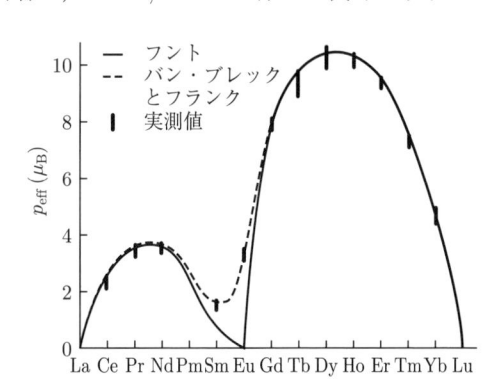

図 2-11 希土類イオンの磁気モーメント
(J. H. Van Vleck 著, 小谷正雄・神戸謙次郎 訳:「物質の電気分極と磁性」(吉岡書店, 1958 年))

線で示した．

　前節の結果と比較すれば，3d 遷移金属イオンでは結晶電場の効果が強くて軌道角運動量が消失しているという近似が成り立ち，希土類イオンでは逆にスピン軌道相互作用の方が強くて，全角運動量で考えるのが良い近似になっている，ということがわかる．

2.6　スピンハミルトニアン

　ここまで述べたことをまとめると，結晶電場が強いときには一般に軌道角運動量は消失する．軌道角運動量が完全に消えれば，スピン軌道相互作用ははたらかず，スピンと結晶格子は関係しなくなる．すなわち，スピンのエネルギーはその方向によらない．逆に結晶電場が弱い極限でも，電子系のエネルギーはスピンや軌道角運動量の方向に依存しない．しかしその中間では，軌道角運動量は結晶電場によって制限されながら生き残っていて，スピン軌道相互作用によってスピンの向きもその方向に固定しようとする．結晶磁気異方性である．

スピン軌道相互作用を摂動として扱う

　3d 遷移金属イオンで，軌道の縮退が解けて軌道角運動量が消失している状態から出発しよう．基底状態は $2S+1$ 重に縮退している．スピン軌道相互作用 (式 (2.23)) はどういう効果を及ぼすだろうか．

　スピン軌道相互作用がそれほど大きくない場合は，これは摂動で扱うことができる[16]．基底状態を $|g\rangle$，励起状態をまとめて $|e\rangle$ と書く．軌道角運動量が消失しているから，1 次の摂動はない．基底状態が $2S+1$ 重に縮退していることを考えて，必要に応じて S_z を指定することにする．

---

[16] 小出昭一郎：「量子力学 (Ⅰ) (改訂版)」§7.4 (第 0 章の文献 [1])

2.6 スピンハミルトニアン

$$\langle g:S_z'|\mathcal{H}_{LS}|g:S_z\rangle = -\sum_e \frac{\langle g:S_z'|\lambda\boldsymbol{S}\cdot\boldsymbol{L}|e\rangle\langle e|\lambda\boldsymbol{L}\cdot\boldsymbol{S}|g:S_z\rangle}{\varepsilon_e-\varepsilon_g} \tag{2.33}$$

という $(2S+1)\times(2S+1)$ の行列の固有値が，2次摂動のエネルギーである．ここで ε_g は摂動を考えないときの基底状態の，ε_e は同じく励起状態のエネルギーである．

式 (2.33) の行列からスピン $\boldsymbol{S}$ を外に出して，ハミルトニアンを

$$\mathcal{H}_S = -\lambda^2 \boldsymbol{S}\underline{\Lambda}\boldsymbol{S} \tag{2.34}$$

と書くことができる．$\boldsymbol{S}$ は基底状態のスピンを表すベクトルであり，$\underline{\Lambda}$ は x,y,z を成分とする3行3列のテンソルで，その各成分は，

$$\Lambda_{ij} = \sum_e \frac{\langle g|L_i|e\rangle\langle e|L_j|g\rangle}{\varepsilon_e-\varepsilon_g},\ i,j=x,y,z \tag{2.35}$$

と定義される．このようにスピンの成分を用いて表現したハミルトニアンを，**スピンハミルトニアン**という．これは大変便利に利用される．いくつかの注意を述べる．

軌道角運動量の生き返り

第一に，スピンハミルトニアンは一見純粋なスピン状態とそのエネルギーを決めるように見えるけれども，そうではない．2次摂動を考慮した後の基底状態の波動関数を $|\widetilde{S_z}\rangle$ と書けば[17]，式 (2.33) に対応して，

$$|\widetilde{S_z}\rangle = |g:S_z\rangle - \sum_e \frac{\langle e|\lambda\boldsymbol{L}\cdot\boldsymbol{S}|g:S_z\rangle}{\varepsilon_e-\varepsilon_g}|e\rangle \tag{2.36}$$

であるから，

$$\langle\widetilde{S_z'}|\boldsymbol{L}|\widetilde{S_z}\rangle = -\sum_e \frac{\langle g:S_z'|\boldsymbol{L}|e\rangle\langle e|\lambda\boldsymbol{L}\cdot\boldsymbol{S}|g:S_z\rangle}{\varepsilon_e-\varepsilon_g} + \text{c.c.} \tag{2.37}$$

となって，軌道角運動量の量子力学的期待値は 0 ではない．ここで c.c. は，前項の複素共役を表す．スピン軌道相互作用でエネルギーが下がるように状

---

17) こう書くならば式 (2.34) の $\boldsymbol{S}$ も $\widetilde{\boldsymbol{S}}$ と書くべきであるが，通常の書き方に従って ~ を付けないでおく．以下も同様．

態が変化するのだから,軌道角運動量が0でなくなるのは当然である.これを**軌道角運動量の生き返り**という.このことは,スピン軌道相互作用を取り入れた式 (2.34) の基底状態が純粋なスピン状態ではないことを示している.

軌道角運動量が生き返れば,磁場に対する応答も変わる.ゼーマンエネルギー $\mathcal{H}_\mathrm{Z} = -\mu_\mathrm{B}(2\boldsymbol{S}+\boldsymbol{L})\cdot\boldsymbol{H}$ を $|\widetilde{S}\rangle$ で挟んでみれば,ここでもテンソル $\underline{\Lambda}$ が出てきて,

$$\mathcal{H}_\mathrm{Z} = -\mu_\mathrm{B}\boldsymbol{H}(2\underline{I}-\lambda\underline{\Lambda})\boldsymbol{S} \tag{2.38}$$

となる.ここで $\underline{I}$ は単位行列である.括弧の中を g テンソルという.軌道角運動量が完全に消失していれば g テンソルは等方的で対角成分は 2 だが,軌道角運動量が生き返れば一般に異方的になり,大きさも電子数が殻の軌道縮退度 (d 軌道で 5, f 軌道で 7) より小さくて λ が正のときは 2 より小さく,λ が負のときには大きくなる.式 (2.38) もスピンハミルトニアンの中に含める.

対 称 性

第二に,式 (2.35) から明らかにテンソル $\underline{\Lambda}$ はエルミート対称である.したがって,パラメータは 6 つある.エルミート行列は適当な主軸をとれば対角型にできるから,パラメータの数は軸を決める 3 つと大きさを決める 3 つの自由度に対応する.それらはいずれもイオンの位置の対称性で制約されるが,特に主軸の方向はしばしば対称性で決まってしまう.例えば,回転軸があればその方向が主軸であり,鏡映面があればその面に垂直な方向が主軸である.特に,立方対称であればその x, y, z 軸方向が主軸になる.

x, y, z が主軸であれば,式 (2.34) は $AS_x^2 + BS_y^2 + CS_z^2$ と書ける.しかし,$S_x^2 + S_y^2 + S_z^2 = S(S+1)$ という関係があるので,独立なパラメータは 2 つしかない.通常これを,

$$\mathcal{H}_\mathrm{S} = D\left(S_z^2 - \frac{S(S+1)}{3}\right) + E(S_x^2 - S_y^2) \tag{2.39}$$

という形に書く.立方対称であれば $D = E = 0$ である.

状態の自由度

　第三に，ハミルトニアン (式 (2.34)) は時間反転 R に対して対称だから，ゼーマンエネルギーがないときの固有状態は S の反転について縮退している．その結果 $S = 1/2$ の場合には式 (2.34) は定数になって，エネルギーはスピン方向によらない．だから，例えば結晶中の 1 つの Cu^{2+} イオン $((3d)^9)$ のエネルギーはスピンの方向によらない．これは式 (2.34) に時間反転で向きを変える c-ベクトル S が 2 つ入っているからで，1 つしかない式 (2.38) のゼーマンエネルギー[18]については成り立たない．g テンソル，したがって磁気モーメントの大きさは，$S = 1/2$ であっても異方的でありうる．

　式 (2.34) は，エネルギーをスピンの成分の多項式に展開した初項と考えられる．したがって，さらに高次の項を考えることができる．それは高次の摂動に対応するから次数に従って効果は小さくなるが，場合によっては，あるいは対称性が高くて低次の項が消滅するときには，無視できない．立方対称のときには 2 次の項がなくなるので，最初に 4 次の項が出る．それは対称性から，

$$\mathcal{H}_S = S_x^4 + S_y^4 + S_z^4 - \frac{1}{5}S(S+1)(3S^2 + 3S - 1) \quad (2.40)$$

という形である．第 4 項は，エネルギーの平均値がこの摂動によって変化しないという条件から決まる．

　上で述べた注意は一般的で，2 次摂動に限られない．高次の項にも適用される．ゼーマンエネルギー以外には，奇数次の項はない．H が時間反転で向きを変える i-ベクトルだから，ゼーマンエネルギーの項には S の偶数次の項がない．展開した式はスピン成分の交換関係[19]を考慮してエルミート対称でなければならず，またイオンの位置の対称性を反映していなければならない．特に注意すべきことは，上で $S = 1/2$ について述べたように，S の大き

---

[18] 0.3 節の 17〜18 頁の議論を参照．
[19] 小出昭一郎：「量子力学 (Ⅰ) (改訂版)」§6.6 (第 0 章の文献 [1])

さによって現れる項の次数に上限があることである．磁場がなくて S を反転したときのエネルギーが縮退していれば，$S = 1, 3/2$ では準位は2つしかない．2つの準位を決めるには2次式 (式 (2.39)) で必要十分である．$S = 3/2$ のイオンが立方対称な位置にあれば，式 (2.39) の後で述べたことによって2次の項は消えるので，スピンハミルトニアンにはゼーマン項しか現れない．$S = 2, 5/2$ なら独立な準位が3つで4次まで，$S = 3, 7/2$ なら6次まで現れうる．

Cr^{3+} のエネルギー準位

ここで，スピンハミルトニアンからエネルギー準位を決める例を1つ示しておこう．ルビー中の Cr^{3+} イオンを取り上げる．77頁の図2-8に示したように，コランダム型の結晶中の陽イオン位置には c 軸方向の3回軸がある．したがって c 軸に平行に z 軸をとれば，式 (2.39) で $E = 0$ である．Cr^{3+} は $(3d)^3$: $S = 3/2$ だから，4次以上の項はない．g テンソルも xy 面内では等方的で，スピンハミルトニアンは

$$\mathcal{H}_S = -\mu_B \{ g_a(H_x S_x + H_y S_y) + g_c H_z S_z \} + D \left\{ S_z^2 - \frac{S(S+1)}{3} \right\} \tag{2.41}$$

と書ける．3つのパラメータは，$D = -0.19\,\text{cm}^{-1}$, $g_a = 1.987$, $g_c = 1.984$ と磁気共鳴[20]の実験[7]から求められている．

磁場 H が c 軸に平行ならば，式 (2.41) を S_z の固有関数 $|M_S = \pm\frac{3}{2}\rangle, |\pm\frac{1}{2}\rangle$ で挟んで行列をつくれば，スピンハミルトニアンはそのままで対角化されていて，

$$\varepsilon = D \pm \frac{3}{2} g_c \mu_B H, \quad -D \pm \frac{1}{2} g_c \mu_B H \tag{2.42}$$

磁場がかかると，各準位のエネルギーは図2-12に破線で示すように，直線的に変化する．

c 軸に垂直 (それを x 軸とする) に磁場をかけたときは，磁場方向を量子

---

[20] 磁気共鳴については第4章を参照．

2.6 スピンハミルトニアン

化軸にとるのが便利である．これを ζ 軸としよう．S_ζ の固有関数でスピンハミルトニアンの行列をつくれば，$S_z \equiv S_\eta = (S_+ - S_-)/2\mathrm{i}$ だから $S_z^2 = (S_+ S_- + S_- S_+ - S_+^2 - S_-^2)/4$ で，

$$\mathcal{H}_\mathrm{S} = \begin{pmatrix} -\frac{3}{2} g_a \mu_\mathrm{B} H - \frac{1}{2} D & 0 & -\frac{\sqrt{3}}{2} D & 0 \\ 0 & -\frac{1}{2} g_a \mu_\mathrm{B} H + \frac{1}{2} D & 0 & -\frac{\sqrt{3}}{2} D \\ -\frac{\sqrt{3}}{2} D & 0 & \frac{1}{2} g_a \mu_\mathrm{B} H + \frac{1}{2} D & 0 \\ 0 & -\frac{\sqrt{3}}{2} D & 0 & \frac{3}{2} g_a \mu_\mathrm{B} H - \frac{1}{2} D \end{pmatrix} \tag{2.43}$$

となる．これは2行2列の2つの行列に分かれているから，それぞれ固有方程式をつくって解けば，各準位のエネルギーと状態は

$$\varepsilon_{1,3} = -\frac{g_a \mu_\mathrm{B} H}{2} \mp \lambda_1, \qquad \lambda_1 = \sqrt{g_a^2 \mu_\mathrm{B}^2 H^2 + g_a \mu_\mathrm{B} H D + D^2}$$

$$\psi_{1,3} = -\frac{\sqrt{3} D}{2\sqrt{2}} \frac{\left|\frac{3}{2}\right\rangle}{\sqrt{\lambda_1 \{\lambda_1 \mp (g\mu_\mathrm{B} H + \frac{D}{2})\}}} \mp \frac{1}{\sqrt{2}} \frac{\{\lambda_1 \mp (g\mu_\mathrm{B} H + \frac{D}{2})\} \left|-\frac{1}{2}\right\rangle}{\sqrt{\lambda_1 \{\lambda_1 \mp (g\mu_\mathrm{B} H + \frac{D}{2})\}}}$$

$$\varepsilon_{2,4} = \frac{g_a \mu_\mathrm{B} H}{2} \mp \lambda_2, \qquad \lambda_2 = \sqrt{g_a^2 \mu_\mathrm{B}^2 H^2 - g_a \mu_\mathrm{B} H D + D^2}$$

$$\psi_{2,4} = -\frac{\sqrt{3} D}{2\sqrt{2}} \frac{\left|\frac{1}{2}\right\rangle}{\sqrt{\lambda_2 \{\lambda_2 \mp (g\mu_\mathrm{B} H + \frac{D}{2})\}}} \mp \frac{1}{\sqrt{2}} \frac{\{\lambda_2 \mp (g\mu_\mathrm{B} H + \frac{D}{2})\} \left|-\frac{3}{2}\right\rangle}{\sqrt{\lambda_2 \{\lambda_2 \mp (g\mu_\mathrm{B} H + \frac{D}{2})\}}} \tag{2.44}$$

である．ただし，ここで $|m\rangle$ と書いたのは $S_\zeta = S_x$ の固有状態である．

各準位のエネルギーを磁場 H の関数として図2-12に実線で示した．磁場が0のときの固有状態は S_z の固有状態であり，磁場が強くなると徐々に $S_\zeta = S_x$ の固有状態に変化する．一般に磁場方向が主軸と一致し

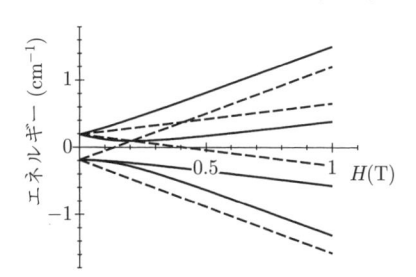

破線: 磁場 $//c$ 軸, 実線: 磁場 $\perp c$ 軸

図 2-12 コランダム中の Cr^{3+} イオンの基底状態の磁場による変化

ないときには，固有値問題を数値的に解くことが必要になる．

ここまで，強い結晶電場で消失した軌道角運動量がスピン軌道相互作用で生き返る場合を考えてきた．これは，すでに何度も述べたように，3d 遷移金属元素のイオンの通常の場合である．希土類イオンや，遷移金属イオンでも軌道角運動量が消失していない場合は，スピン軌道相互作用を摂動で扱うことはできない．さらにその場合は，格子歪みを引き起こして軌道状態がエネルギーを下げる，という別の効果が加わる．軌道縮退が残っている場合は，章を改めて議論しよう．

しかしその場合も，考える最低準位の縮退度に応じて仮想的にスピン S を設定して，スピンハミルトニアンの形で表現することはできる．2 重項ならば，式 (2.34) の S を 1/2 と考えるのである．上でスピンハミルトニアンについて述べた諸注意，特に，変数 S を純粋なスピンと考えてはならない，という第一点目 (87 頁) はここで重要である．

上で述べたコランダム中の Cr^{3+} で，仮想的に D が非常に大きい場合を考えよう．c 軸を z 方向とすれば，基底 2 重項は $|M_S = \pm 3/2\rangle$ で構成されている．もしも $|M_S = \pm 1/2\rangle$ 状態のエネルギーが非常に高くてその状態を考える必要がなければ，S_x や S_y は 0 になる．例えば S_x は $(S_+ + S_-)/2$ だから，基底 2 重項でつくった S_x の行列要素はすべて 0 になるからである．実際図 2-12 の実線のグラフ (磁場を x 方向にかけたときのエネルギー変化) は，基底 2 重項で $H = 0$ の点では水平に出ており，エネルギーが磁場によらない，すなわち，磁気モーメントが発生していないことを示している．軌道角運動量もスピンも，c 軸方向に固定されている．前にスピンが 1/2 であれば異方性はないといったが，その場合には S_x などは基底状態を構成する $M_S = \pm 1/2$ の状態の 1 次結合で表され，横向きに磁場をかければその方向に磁化が出た．今度は，スピンハミルトニアンの変数としては $S = 1/2$ であっても実態は違う．g 値は x, y 方向では 0 になり，z 方向では，軌道角運動量の寄与を陰に含み，また M_S は 1/2 ではなくてもっと大きいから，2 より

ずっと大きくなる．このようなスピン状態の極限が，36頁で述べたイジングスピンだと考えることができる．

文　　献

[1]　上田和夫・大貫惇睦：「重い電子系の物理」(物理学選書，裳華房，1998年)
[2]　上村 洸・菅野 暁・田辺行人：「配位子場理論とその応用」(物理科学選書，裳華房，1969年)
[3]　M. Yamada, H. Kato, H. Yamamoto and Y. Nakagawa：Phys. Rev. **B38** (1988) 620.
[4]　柳瀬 章：http://www.cmp.sanken.osaka-u.ac.jp/~yanase/
[5]　J. H. Van Vleck 著，小谷正雄・神戸謙次郎 訳：「物質の電気分極と磁性」(吉岡書店，1958年)
[6]　R. J. Elliott and K. W. Stevens：Proc. Roy. Soc. **A218** (1953) 553.
[7]　A. A. Manenkov and A. M. Prokhorov：Zh. Exptl. Teoret. Phys. **28** (1955) 762, Soviet Physics - JETP **1** (1955) 611.

第3章

格子の歪みと磁気異方性・磁歪

　この章では，基底状態に軌道縮退がある場合を考える．この場合，縮退している状態が全体として系の対称性を反映する．個々の状態の対称性は，通常それより低い．例えば 75 頁の図 2-5 を見れば，立方対称の dγ 状態の中，ϕ_u は電子雲が z 方向に伸び，ϕ_v は xy 面内に拡がっている．そのために，周囲の格子が z 方向に伸びれば ϕ_u のエネルギーが下がり，ϕ_v は上がる．基底状態が縮退しているとき，周囲の格子に歪みを誘起して対称性を下げ，それによって縮退をといて基底状態のエネルギーを下げる機構はいつも存在し[1]，ヤーン-テラー効果とよばれる．

　一方，軌道縮退の結果 軌道角運動量 l が 0 でなければ，スピン軌道相互作用が $|\pm m\rangle$ 状態のエネルギーにスピン方向に依存する差をつくり，縮退をとく．軌道角運動量をもった電子雲は丸くない (61 頁の図 2-1) から，これも格子を歪ませて安定化する．そのために，磁化の方向によって結晶が全体として歪む．この現象は磁歪とよばれる．1 つの量子状態が，同時にスピン軌道相互作用とヤーン-テラー効果両方の固有状態となることはない．また，両相互作用の強さは一方が特に大きいとは限らないので，摂動法は必ずしも使えない．立ち入った考察が必要である．

　このように，結晶の磁気的な性質は周囲の (直接磁気的ではない) 性質によって影響を受け，逆にそのような物性についての情報を与えることがある．磁気異方性と磁歪は実用的にも重要であり，利用されている．以下，鉄族イオンを念頭においてこの問題を議論する．

3.1 格子の歪みによって誘起される結晶電場

歪みのモードと対称性

正八面体の配位多面体を例にとって，格子の歪みが中央の陽イオンの d 電子に及ぼす効果を考える．陽イオンは原点に固定されているとする．図 3-1 のように座標軸をとって配位子に番号を付け，その番号によって変位を $X_1, Y_1, Z_1, X_2, \cdots$ などと書く．変位の自由度は X_1 から Z_6 まで，18 ある．図中の矢印は変位 X_1 を示している．

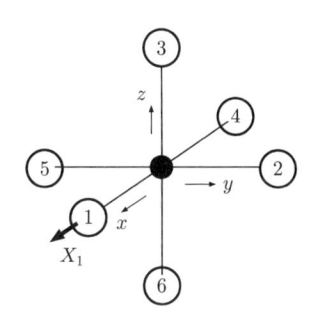

図 3-1 正八面体型の配位子

その変位をしたときに保持している対称性によって，**歪みの固有モード**が表 3-1 のように分類される[2]．ここで空欄は，そのモードにはその変位が

表 3-1 八面体配位子の固有変位モード

$X_1 Y_1 Z_1$	$X_2 Y_2 Z_2$	$X_3 Y_3 Z_3$	$X_4 Y_4 Z_4$	$X_5 Y_5 Z_5$	$X_6 Y_6 Z_6$	規格化定数	
1	1	1	-1	-1	-1	$1/\sqrt{3}$	Q_1
-1	-1	2	1	1	-2	$1/\sqrt{6}$	Q_2
1	-1		-1	1		$1/\sqrt{2}$	Q_3
	1	1		-1	-1	$1/\sqrt{2}$	Q_4
1		1	-1		-1	$1/\sqrt{2}$	Q_5
1	1		-1	-1		$1/\sqrt{2}$	Q_6
	1	-1		-1	1	$1/\sqrt{2}$	Q_7
1		-1	-1		1	$1/\sqrt{2}$	Q_8
1	-1		-1	1		$1/\sqrt{2}$	Q_9
1	1	1	1	1	1	$1/\sqrt{3}$	
1	1	1	1	1	1	$1/\sqrt{3}$	
1	1	1	1	1	1	$1/\sqrt{3}$	
1	-1		1	-1		$1/\sqrt{2}$	
1		-1	1		-1	$1/\sqrt{2}$	
	1	-1		1	-1	$1/\sqrt{2}$	
2	-1	-1	2	-1	-1	$1/\sqrt{6}$	
-1	2	-1	-1	2	-1	$1/\sqrt{6}$	
-1	-1	2	-1	-1	2	$1/\sqrt{6}$	

ないことを示す．例えば，表 3 - 1 右端のモード名 Q_2 に対応する一般座標は

$$Q_2 = \frac{1}{\sqrt{6}}(-X_1 - Y_2 + 2Z_3 + X_4 + Y_5 - 2Z_6) \tag{3.1}$$

である．

表 3 - 1 の上半分の 9 つのモードでは，中心の陽イオン位置に関する**反転操作**で変位に変化がない．これを gerade (ドイツ語で「対称」の意) といい，添字 g を付けて表すのが通例である．それに対して下半分の 9 つでは，反転操作で変位の符号が変わる．これは添字 u (ungerade：反対称) で表す．

表 3 - 1 は横線で区切られているが，ある固有モードの変位に配位八面体の対称操作を加えた結果はそのブロック内のモードの 1 次結合で表される[1]．例えば，x 軸のまわりの $90°$ の回転 $(x \to x, y \to z, z \to -y)$ を C_{4x} と書けば，これは正八面体の対称操作である．式 (3.1) の Q_2 にこの操作を加えれば，

$$\begin{aligned}C_{4x}Q_2 &= \frac{1}{\sqrt{6}}C_{4x}(-X_1 - Y_2 + 2Z_3 + X_4 + Y_5 - 2Z_6) \\ &= \frac{1}{\sqrt{6}}(-X_1 - Z_3 - 2Y_5 + X_4 + Z_6 + 2Y_2) \\ &= \frac{1}{2\sqrt{6}}(X_1 + Y_2 - 2Z_3 - X_4 - Y_5 + 2Z_6) - \frac{3}{2\sqrt{6}}(X_1 - Y_2 - X_4 + Y_5) \\ &= -\frac{Q_2}{2} - \frac{\sqrt{3}}{2}Q_3 \end{aligned} \tag{3.2}$$

2 - 4 節の議論を配位子の変位によって生じる低対称の電場に拡張して，**多重極展開**した電場のポテンシャルの 2 次と 4 次の部分を調べる．ただしいまの場合，変位の大きさに比例する部分に話を限る．わかりやすくするために，2 次の部分を取り上げよう．図 3 - 1 に矢印で示した $X_1 = D$ という変位によって生じる電場は一般に，

$$\frac{V_1}{D} = ax^2 + by^2 + cz^2 + dyz + ezx + fxy \tag{3.3}$$

---

[1] 数学の用語を使えば，各ブロックの変位を不変に保つ対称操作が正八面体を不変に保つ対称操作の群の既約表現に対応している．

3.1 格子の歪みによって誘起される結晶電場

と書ける.

有効なモード

まず,この式が空間反転 $x \to -x$, $y \to -y$, $z \to -z$ に関して対称であることに注意しよう.ポテンシャルは空間反転によって変わらないが,変位の方は $X_1 = D$ が $X_4 = -D$ となる.つまり,反転対称操作で結ばれる2つの変位の効果は等しい.これから直ちに,表3-1の下半分,u 型の歪みモードは考える必要がないことがわかる.反転操作で結び付く2つの配位子の変位の効果が打ち消し合うからである.

反転操作に対して対称で効果が加算される g 型の変位でも,配位八面体の形の変化をともなわない等方的な圧縮・膨張(表3-1第1行の Q_1)と x, y, z 軸のまわりの回転 (Q_7, Q_8, Q_9) は,準位の分裂には関係しない.結局,Q_2 から Q_6 までを考えればよい.(Q_2, Q_3) のグループを E_g,(Q_4, Q_5, Q_6) のグループを T_{2g} と名付ける.これらの各モードの変位を図3-2に示した.図から明らかなように,E_g 型の変形は立方格子の**伸縮**に,T_{2g} 型変形は**ずれ**に対応する.

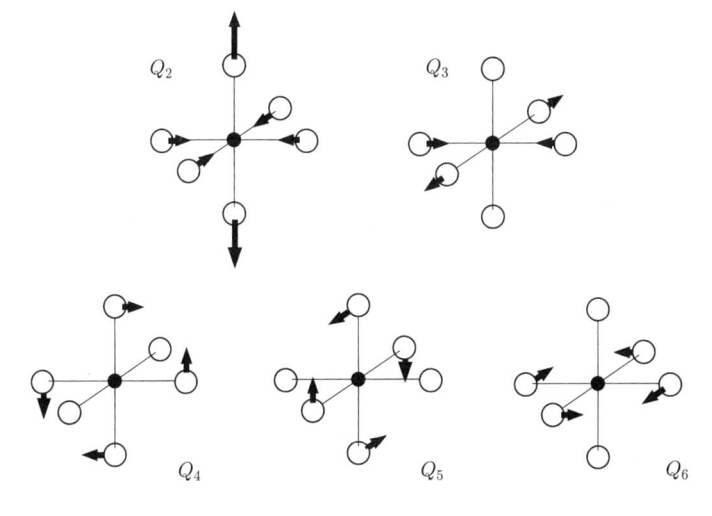

図 **3-2** 正八面体の E_g 型 (上段) と T_{2g} 型 (下段) の変形

歪みによるポテンシャル

次に，$X_1 = D$ の変位があっても x 軸は 4 回軸であり，操作 C_{4x} は配位多面体の変位を不変に保つ．したがって，x 軸のまわりの $90°$ の回転 $y \to z \to -y$ によってポテンシャルは変化しないはずである．ところが，この回転によって式 (3.3) は，

$$\frac{V_2}{D} = ax^2 + cy^2 + bz^2 - dyz + fzx - exy \tag{3.4}$$

となる．式 (3.3) と式 (3.4) は等しいはずだから，$b = c$, $d = e = f = 0$ である．

$$\frac{V(X_1)}{D} = ax^2 + b(y^2 + z^2) \tag{3.5}$$

さらに，図 3-1 の八面体をこの変位のあるまま z 軸のまわりに $90°$ 回転すると，X_1 は Y_2 になる．したがって，変位 $X_1 = D$ によって陽イオン位置に生じる結晶電場のポテンシャルに $x \to y \to -x$ という変換を施すと，変位 $Y_2 = D$ によるポテンシャルが得られる．

$$\frac{V(Y_2)}{D} = ay^2 + b(x^2 + z^2) \tag{3.6}$$

変位 $X_4 = -D$ によるポテンシャルは変位 $X_1 = D$ によるものと等しく，変位 $Y_5 = -D$ によるポテンシャルは変位 $Y_2 = D$ によるものと等しい．

表 3-1 によれば Q_3 モードの歪みはこれら 4 つの変位で構成されるので，歪み Q_3 によって生じる結晶電場のポテンシャルの 2 次の部分は，

$$\frac{V^{(2)}(Q_3)}{D} = \sqrt{2}(a-b)(x^2 - y^2)$$
$$\equiv -A(x^2 - y^2) \tag{3.7}$$

となることがわかる．

このような考察を 4 次の項を含めて行なうのは難しいことではない．結果を表 3-2 に示した．ここでも空欄はその成分の不在を示す．E_g 型と T_{2g} 型の歪みによる結晶電場成分を表現するには，全部で 6 つのパラメータで足りる．

表 3-2 固有モードによるポテンシャル各項の係数

	Q_2	Q_3	Q_4	Q_5	Q_6
x^2	$A/\sqrt{3}$	$-A$			
xy					B
xz				B	
y^2	$A/\sqrt{3}$	A			
yz			B		
z^2	$-2A/\sqrt{3}$				
x^4	$a/\sqrt{3}$	$-a$			
x^3y					c
x^3z				c	
x^2y^2	$2b/\sqrt{3}$				
x^2yz			d		
x^2z^2	$-b/\sqrt{3}$	$-b$			
xy^3					c
xy^2z				d	
xyz^2					d
xz^3				c	
y^4	$a/\sqrt{3}$	a			
y^3z			c		
y^2z^2	$-b/\sqrt{3}$	b			
yz^3			c		
z^4	$-2a/\sqrt{3}$				

(K. Siratori and K. Kohn : J. Phys. Soc. Jpn **79** (2010) 114720)

3.2 歪みによる基底状態の分裂と安定化

前節で求めた配位子の変位によるポテンシャルを波動関数で挟んで積分し，得られる行列を対角化すれば，配位八面体が歪んだ状態での固有状態と固有エネルギーが求められる．ここでは1電子状態を考えることにする[2]．

dγ 軌道の場合

まず，2重に縮退している dγ 軌道 (表 2-2 (74 頁) の ϕ_u と ϕ_v) を考え

---

[2] **H-i**： S 最大を考えれば，dε 軌道に電子が2つあるときは正孔が1つあると考えることができる．そうであれば，ポテンシャルの符号を変えるだけで以下の議論を準用できる．問題 2.4 で調べたように，この状態は厳密には H-ii を満たさない．

よう.この 2 つの関数で l_z の行列をつくるとすべての要素が 0 で,l_z の期待値は 0 である.立方対称だから x も y も z と等価であり,l_x,l_y の期待値も 0 である.軌道角運動量が完全に消失しているので,歪みによるクーロン相互作用だけを考えればよい.そうすると行列要素がすべて実数だから,波動関数もすべて実関数として十分である.各項について極座標表示を用い,積分変数を θ から $\cos\theta \equiv u$ に変換して,

$$\begin{aligned}
(\phi_u|x^2|\phi_u) &= \frac{5}{16\pi}\int_{\text{全空間}} R^2(r)(3\cos^2\theta-1)^2\sin^2\theta\cos^2\phi\sin\theta\,r^4\,dr\,d\theta\,d\phi \\
&= \frac{5}{16}\int_0^\infty R^2(r)\,r^4\,dr\int_{-1}^1 (-9u^6+15u^4-7u^2+1)\,du \\
&= \frac{5}{21}\int_0^\infty R^2(r)\,r^4\,dr \qquad (3.8)
\end{aligned}$$

といった計算をし,表 3-2 に従って加え合わせる.ϕ_u も ϕ_v も x,y,z の偶関数なので,奇関数で表される T_{2g} 型の歪みによるポテンシャルについての積分は全て 0 となる.

E_g 型の歪みによるポテンシャルの行列は,歪みの大きさを D として,

$$\left.\begin{aligned}
V(Q_2) = K_{ee}D\begin{pmatrix}-1 & 0 \\ 0 & 1\end{pmatrix}, \qquad V(Q_3) = K_{ee}D\begin{pmatrix}0 & 1 \\ 1 & 0\end{pmatrix} \\
K_{ee} \equiv \frac{4}{7\sqrt{3}}\left(A\int_0^\infty R^2 r^4 dr + a\int_0^\infty R^2 r^6 dr\right)
\end{aligned}\right\} (3.9)$$

という形をしている.z 軸方向に伸び,x,y 方向に縮む Q_2 型の歪みに対しては ϕ_u と ϕ_v はそのまま固有関数で,ϕ_u のエネルギーは下がり,ϕ_v のエネルギーは上がる.これは歪みの形を電子雲の形 (図 2-5) と比べればもっともである.これに対して Q_3 型の歪みでは,固有関数は $(\phi_u\pm\phi_v)/\sqrt{2}$ で,その固有値の歪みの大きさに対する比例係数は,Q_2 の場合と等しく,$\pm K_{ee}$ である.

基底状態を求めるために,dγ の各状態が歪みによってどれだけ安定化され

3.2 歪みによる基底状態の分裂と安定化

るかを考えよう[3]. $d\gamma$ 軌道は 2 つだから, ϕ_u, ϕ_v を基底とする 2 次元の関数空間を考えて極座標をとれば, 任意の波動関数は

$$\psi = \cos\theta_{fe}\,\phi_u + \sin\theta_{fe}\,\phi_v \tag{3.10}$$

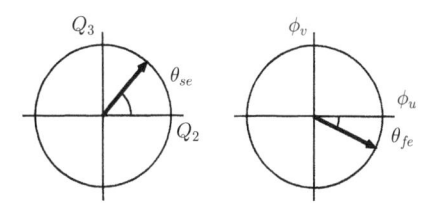

図 3-3 E_g 型歪みと $d\gamma$ 基底状態の対応

とパラメータ θ_{fe} を用いて書ける (いまは実関数としてよい). これに対して E_g 型の歪みは, 一般に Q_2 と Q_3 の重ね合わせ

$$Q = D(\cos\theta_{se}\,Q_2 + \sin\theta_{se}\,Q_3) \tag{3.11}$$

で表される. 図 3-3 を参照. この歪みがあるとき式 (3.10) の状態のエネルギーは, 式 (3.9) により,

$$\varepsilon_{ee} = DK_{ee}\bigl(-\cos^2\theta_{fe}\cos\theta_{se} + 2\sin\theta_{fe}\cos\theta_{fe}\sin\theta_{se} + \sin^2\theta_{fe}\cos\theta_{se}\bigr)$$
$$= DK_{ee}\bigl(\sin 2\theta_{fe}\sin\theta_{se} - \cos 2\theta_{fe}\cos\theta_{se}\bigr)$$
$$= -DK_{ee}\cos(2\theta_{fe} + \theta_{se}) \tag{3.12}$$

となる. エネルギーは $\theta_{se} = -2\theta_{fe}$ のときに最小 (負で絶対値最大) で, そのとき $\varepsilon_{ee} = -DK_{ee}$ である.

問題 3.1 逆に式 (3.11) の歪みが与えられたとき, 式 (3.9) を用いて基底状態を求めよ.

縮退していた $d\gamma$ 電子状態が配位多面体の E_g 型の歪みによって分裂することによる基底状態のエネルギーの低下量は, 歪みの形 (Q_2 と Q_3 の 1 次結合の係数, すなわち θ_{se}) にも, 波動関数 (θ_{fe}) にもよらない. しかし両者の間には, $\theta_{se} = -2\theta_{fe}$ という関係がある. 図 3-3 を参照.

---

[3] 状態を変えたとき, 最低エネルギーを与えるのが基底状態である. 小出昭一郎:「量子力学 (I) (改訂版)」§7.6 (第 0 章の文献 [1])

一方,格子が歪むと弾性エネルギーが増加する.フックの法則の成立する範囲ではそれは歪みの2乗に比例し,E_g 型の歪みの場合,

$$\varepsilon_{el} = \frac{1}{2}(C_{11} - C_{12})D^2 \tag{3.13}$$

と表される[3].電子状態のエネルギーと弾性エネルギーを合わせた全エネルギー

$$\varepsilon_{\text{total}} = \varepsilon_{ee} + \varepsilon_{el} = -K_{ee}D + \frac{1}{2}(C_{11} - C_{12})D^2 \tag{3.14}$$

は,D に関する最小値を求めれば,歪んでいない場合に比べて最大,

$$\Delta\varepsilon_{ee} = -\frac{K_{ee}^2}{2(C_{11} - C_{12})} = -\frac{1}{2}K_{ee}D_0, \quad D_0 = \frac{K_{ee}}{C_{11} - C_{12}} \tag{3.15}$$

だけ変化する.D_0 がそのときの歪みの大きさである.図3-4を参照.最低エネルギーの歪みは,2次元の E_g 型歪み空間で原点を中心とした円で与えられる.大きさ (D_0) は決まっているが,方向 (θ_{se}) は決まらない[4].

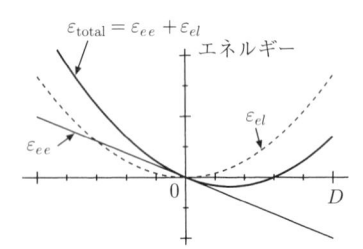

図 3-4 歪みによる安定状態のずれ

---

[4] 最低エネルギー状態が歪み空間で等方的なのは,弾性エネルギーを D^2 で止める近似 (式 (3.13)) で考えたからである.高次の弾性エネルギーを考えると図3-3の左側の歪み空間に3回対称 (これは,配位八面体に立方対称性があり,x, y, z 軸が等価だからである (式 (3.2) を参照)) の異方性が現れ,伸びたときと縮んだときのエネルギーが異なるようになる.すぐ後で述べる $CuFe_2O_4$ や Mn_3O_4 では伸びる.同じスピネル構造で四面体位置に Fe^{2+} ($(3d)^6$) が入っている $FeCr_2O_4$ は縮む.

強弾性転移

このような,大きさは決まっているが平面内で方向の自由な歪みの状態は,等方的な 2 次元スピン (37 頁の問題 1.2) と同様に考えることができる[4].第 1 章で述べたランジュバンの理論が一定の大きさの磁気モーメントの集合について立てられたことを考えれば,このような配位多面体の集合に応力を加えると,キュリーの法則に従った大きな歪み (小さな弾性定数) が期待される.これはゴムの弾性と基本的に同様である[5].

さらに,結晶内では歪んだ配位多面体同士が,結晶の弾性エネルギーを通じて相互作用する.歪みが揃った方がエネルギーが低いので,低温では結晶格子全体が歪む.それに対して高温では,配位多面体の歪みがばらばらになっている方がエントロピーが大きいので,歪みの方向はばらばらになる.その間のある温度で,この 2 つの相の間で転移が起きる.これも,交換相互作用を通じてスピンが整列する磁気転移と並行して考えることができる.これは**強弾性転移**とよばれる転移の一種である[6],[5].

八面体配位の位置に $Mn^{3+}((3d)^4)$ や $Cu^{2+}((3d)^9)$ イオンがあるときにはしばしば,高温では立方晶であるのに低温では正方晶に歪む結晶が現れる.例えば立方晶のスピネル型酸化物 (122 頁の図 3-12 を参照) の Mn_3O_4 や $CuFe_2O_4$ がそうである.これらは,ここで述べた $d\gamma$ 電子のヤーン-テラー効果が引き起こした,強弾性転移である.配位多面体の歪みは,平行になるとは限らない.第 5 章で述べる K_2CuF_4 や第 7 章で述べる $KCuF_3$ は,Cu^{2+} イオンの配位八面体の正方歪みが市松模様を組んでおり,それがこれらの化合物の特異な磁性の原因と考えられている.

$d\varepsilon$ 軌道の歪みによる安定化

次に,$d\varepsilon$ 軌道を考えよう.ϕ_u, ϕ_v の代わりに $\phi_\xi, \phi_\eta, \phi_\zeta$ (表 2-2) で挟

---

5) 久保亮五 編:「熱学・統計力学 (修訂版)」第 5 章の問題 13 (第 0 章の文献 [2])
6) 等方的でない電子雲が向きを揃えて並んでいるという意味で,**軌道整列**とよばれることもある.

んで行列をつくれば，E_g 型の歪みについては，

$$V(Q_2) = \frac{K_e D}{\sqrt{3}} \begin{pmatrix} -1 & 0 & 0 \\ 0 & -1 & 0 \\ 0 & 0 & 2 \end{pmatrix}, \quad V(Q_3) = K_e D \begin{pmatrix} 1 & 0 & 0 \\ 0 & -1 & 0 \\ 0 & 0 & 0 \end{pmatrix} \\ K_e \equiv \frac{2A}{7} \int_0^\infty R^2(r)\, r^4\, dr + \frac{2(2a+b)}{21} \int_0^\infty R^2(r)\, r^6\, dr \quad\quad\quad\quad\quad\quad\quad\quad\quad\quad} \tag{3.16}$$

であり，T_{2g} 型の歪みについては，

$$V(Q_4) = K_t D \begin{pmatrix} 0 & 0 & 0 \\ 0 & 0 & 1 \\ 0 & 1 & 0 \end{pmatrix}, \quad V(Q_5) = K_t D \begin{pmatrix} 0 & 0 & 1 \\ 0 & 0 & 0 \\ 1 & 0 & 0 \end{pmatrix} \\ V(Q_6) = K_t D \begin{pmatrix} 0 & 1 & 0 \\ 1 & 0 & 0 \\ 0 & 0 & 0 \end{pmatrix} \\ K_t \equiv \frac{B}{7} \int_0^\infty R^2(r)\, r^4\, dr + \frac{2c+d}{21} \int_0^\infty R^2(r)\, r^6\, dr \quad\quad\quad\quad\quad\quad\quad\quad\quad} \tag{3.17}$$

となる．

基底関数が 3 つあるから，図 3-5 のように座標軸をとって 3 次元の関数空間を考えよう．波動関数は，規格化条件により，この空間の単位球の表面にある．係数は一般に複素数だから，

$$\psi = e^{i\sigma_1} \sin\theta_f \cos\varphi_f\, \phi_\xi \\ + e^{i\sigma_2} \sin\theta_f \sin\varphi_f\, \phi_\eta + \cos\theta_f\, \phi_\zeta \tag{3.18}$$

と位相差を入れる．位相差は，次節でスピン軌道

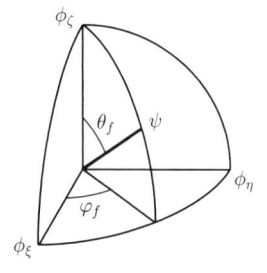

図 3-5 dε の 3 次元関数空間

相互作用を考えるときに重要になる.

E_g 型歪みの効果

式 (3.16) によれば, E_g 型の歪に対しては ϕ_ξ, ϕ_η, ϕ_ζ が θ_{se} によらずいつも固有関数である. 例えば ϕ_ζ のエネルギーは, θ_{se} に対して $(2K_eD/\sqrt{3})\cos\theta_{se}$ と表される. ϕ_ζ は xy 面内に伸

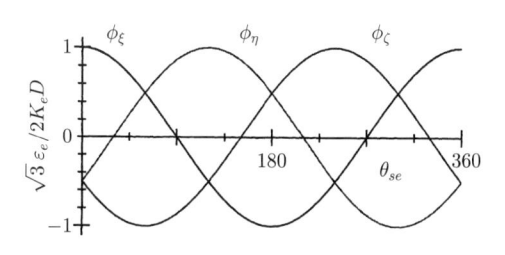

図 3-6 E_g 型歪みによる dε 軌道のエネルギー変化率

びているから, z 方向に伸び, x, y 方向に縮んだ Q_2 ($\theta_{se} = 0$) でエネルギーが上がる. ϕ_ξ, ϕ_η では, θ_{se} 依存性の位相がそれぞれ $\pm 2\pi/3$ ずれる. 図 3-6 を参照.

逆に式 (3.18) で表される状態のエネルギーは, 式 (3.11) で表される歪み $Q = D(\cos\theta_{se} Q_2 + \sin\theta_{se} Q_3)$ によって次の式 (3.19) のように変化する. 位相角 σ は関係がない.

$$\varepsilon_e = K_e D \Big\{ \frac{-\sin^2\theta_f \cos^2\varphi_f - \sin^2\theta_f \sin^2\varphi_f + 2\cos^2\theta_f}{\sqrt{3}} \cos\theta_{se}$$
$$+ \big(\sin^2\theta_f \cos^2\varphi_f - \sin^2\theta_f \sin^2\varphi_f\big) \sin\theta_{se} \Big\}$$
$$= K_e D \Big(\frac{3\cos^2\theta_f - 1}{\sqrt{3}} \cos\theta_{se} + \sin^2\theta_f \cos 2\varphi_f \sin\theta_{se} \Big) \quad (3.19)$$

これを最大にする θ_{se} を求めるために, 最後の式を θ_{se} で微分して 0 とおけば,

$$\tan\theta_{se} = \frac{\sqrt{3}\sin^2\theta_f \cos 2\varphi_f}{3\cos^2\theta_f - 1} \quad (3.20)$$

立方対称の主要対称軸をすべて含む図 3-5 の $(1\bar{1}0)$ 面内では $\varphi_f = \pi/4$ で, $\theta_{se} = 0$ または π (歪みは z 軸方向の伸縮) である. このとき式 (3.19) の最後の式は第 1 項だけになり, エネルギーが下がる歪みは $3\cos^2\theta_f - 1$ の符

号によって縮みと伸び ($\theta_{se} = 0, \pi$) が入れ替わる．境界は $3\cos^2\theta_f - 1 = 0$，すなわち [111] 方向である．式 (3.15) と同様に全エネルギー最低の状態を求めれば，

$$\left.\begin{aligned}\Delta\varepsilon_e &= -\frac{K_e^2}{6(C_{11}-C_{12})}(3\cos^2\theta_f - 1)^2 \\ &= -\Delta\varepsilon_e^0 \frac{(3\cos^2\theta_f - 1)^2}{4} \\ \Delta\varepsilon_e^0 &\equiv \frac{2K_e^2}{3(C_{11}-C_{12})}\end{aligned}\right\} \quad (3.21)$$

である．$\Delta\varepsilon_e^0$ が相互作用の強さの目安を与える．

図 3-7 に，式 (3.21) のエネルギー低下の θ_f 依存性を示した．$d\gamma$ の場合と違って低下量は波動関数に依存し，他に相互作用がなければ $\theta_f = 0$ の ϕ_ζ (ϕ_ξ, ϕ_η) が基底状態になる．歪みが z 軸方向の伸縮であれば ϕ_ξ と ϕ_η は縮退していて，そのエネルギーは常に等しい．他の相互作用による縮退した状態の分裂を考えるときは平均エネルギーの変化は考える必要がないから，分裂した後で 2 重縮退している状態のエネルギー変化は 1 重項のエネルギー変化の半分になる．歪みのエネルギーを考慮した基底状態のエネルギー低下は，式 (3.21) に従って 4 倍違う．

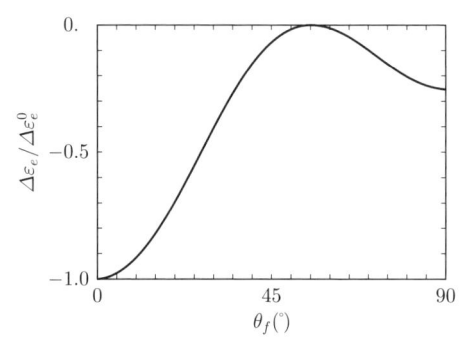

図 3-7 E_g 型歪みによるエネルギー低下 (K. Siratori and K. Kohn：J. Phys. Soc. Jpn **79** (2010) 114720)

T_{2g} 型歪みの効果

次に，T_{2g} 型の歪みを考える．式 (3.17) から，例えば Q_6 に対する固有関数は ϕ_ζ, $(\phi_\xi \pm \phi_\eta)/\sqrt{2}$ で，固有値はそれぞれ $0, \pm K_t D$ である．$(\phi_\xi + \phi_\eta)/\sqrt{2}$ の電子雲は実空間で $(1\bar{1}0)$ 面内に拡がっているから，Q_6 型の正の歪み (図 3-2

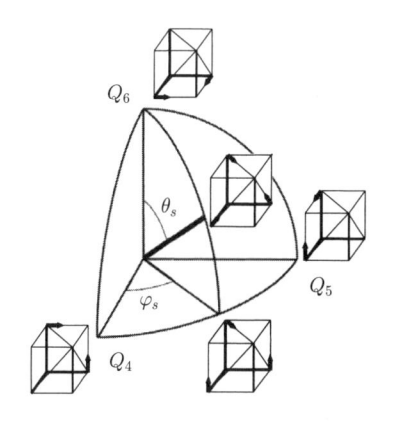

3.2 歪みによる基底状態の分裂と安定化

図 3-8 T_{2g} 型歪みの 3 次元空間

を参照) でエネルギーが上がる．

問題を一般的に扱うために，T_{2g} 型の歪みについても図 3-8 のような 3 次元空間を考える．式 (3.11) と同様に，歪みは

$$Q = D\bigl(\sin\theta_s \cos\varphi_s\, Q_4 + \sin\theta_s \sin\varphi_s\, Q_5 + \cos\theta_s\, Q_6\bigr) \quad (3.22)$$

と一般的に書ける．この歪みによるポテンシャル変化は，式 (3.17) から，

$$\underline{V_t} = K_t D \begin{pmatrix} 0 & \cos\theta_s & \sin\theta_s \sin\varphi_s \\ \cos\theta_s & 0 & \sin\theta_s \cos\varphi_s \\ \sin\theta_s \sin\varphi_s & \sin\theta_s \cos\varphi_s & 0 \end{pmatrix} \quad (3.23)$$

という行列で表されるから，式 (3.18) の波動関数のエネルギーは，

$$\varepsilon_t = 2K_t D\bigl\{\sin^2\theta_f \cos\theta_s \sin\varphi_f \cos\varphi_f \cos(\sigma_1 - \sigma_2) \\ + \sin\theta_f \cos\theta_f \sin\theta_s (\cos\varphi_f \sin\varphi_s \cos\sigma_1 + \sin\varphi_f \cos\varphi_s \cos\sigma_2)\bigr\} \quad (3.24)$$

と表される．以下，各状態が歪みによってどう安定化するかを考える．

前と同じく関数空間の $(1\bar{1}0)$ 面を考え，さらに対称性を考慮して $\sigma_1 = -\sigma_2 \equiv \sigma$ に限定しよう．式 (3.24) は，

$$\varepsilon_t = K_t D \sin\theta_f \bigl\{\sin\theta_f \cos\theta_s \cos 2\sigma \\ + \sqrt{2}\cos\theta_f \sin\theta_s (\sin\varphi_s + \cos\varphi_s) \cos\sigma\bigr\} \quad (3.25)$$

となる．E_g 型の歪みの場合と同様に ε_t 極小の条件を求めれば，$\varphi_s = \pi/4$ または $5\pi/4$ のとき，

$$\varepsilon_t = K_t D \sin\theta_f \bigl(\sin\theta_f \cos\theta_s \cos 2\sigma \pm 2\cos\theta_f \sin\theta_s \cos\sigma\bigr) \tag{3.26}$$

θ_s についての極小条件は，$\partial\varepsilon_t/\partial\theta_s = 0$ から，

$$\tan\theta_f \tan\theta_s = \pm\frac{2\cos\sigma}{\cos 2\sigma} \tag{3.27}$$

ただし複号は，上が $\varphi_s = \pi/4$，下が $\varphi_s = 5\pi/4$ に対応する．スピン軌道相互作用を考慮しない場合は，式 (3.18) の波動関数を実関数に限って $\sigma = 0$ とできるから，

$$\tan\theta_f \tan\theta_s = \pm 2 \tag{3.28}$$

となる．式 (3.26) を見れば，正の D によってエネルギーが下がるのは複号の下 ($\varphi_s = 5\pi/4, \theta_f < \pi/2$ ならば $\theta_s > \pi/2$) の場合である．ずれ変形に対する弾性定数は C_{44} であるから，歪みによるエネルギーの利得は式 (3.26) から，

$$\Delta\varepsilon_t = -\frac{K_t^2}{2C_{44}}\sin^2\theta_f\bigl(\sin\theta_f\cos\theta_s - 2\cos\theta_f\sin\theta_s\bigr)^2 \tag{3.29}$$

である．式 (3.28) と連立させて解けば，利得エネルギーの θ_f 依存性が求められる．計算結果を図 3-9 に示した．利得エネルギーは $\Delta\varepsilon_t^0 \equiv 2K_t^2/3C_{44}$ でスケールしてある．

図 3-9 を図 3-7 と見比べると，この θ_f 依存性は式 (3.21) とちょうど上下が逆転している．関数空間の [001] 方向 (関数 ϕ_ζ) で

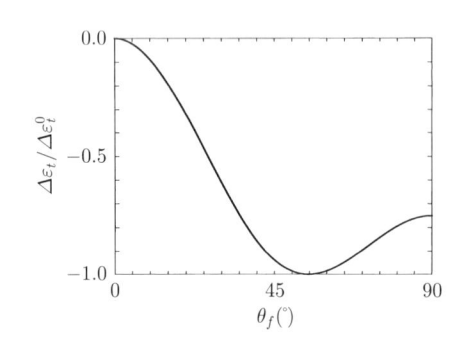

図 3-9　T_{2g} 型歪みによるエネルギー低下の波動関数依存性

は効果がなくて，[111] 方向 (関数は $\psi = (\phi_\xi + \phi_\eta + \phi_\zeta)/\sqrt{3}$) で効果が最も大きい．歪みは実空間で [111] 方向の縮みである．配位八面体は，T_{2g} 型の歪みの効果が大きければ [111] 方向に縮み，E_g 型の歪みの効果が大きければ [100] 方向に縮む．ただし，波動関数の位相差 σ が θ_f によって変わると $\Delta \varepsilon_t$ の θ_f 依存性 (式 (3.29)) が変わる．次節を参照．

問題 3.2 式 (3.28) を用いて式 (3.29) を変形し，θ_f 依存性が式 (3.21) に等しく符号が逆であることを確かめよ．

3.3 dε 軌道のスピン軌道相互作用と基底状態

軌道角運動量の固有関数

ここまで配位子の変位の効果を考えてきたが，dε 軌道では角運動量が消失していないので，スピン軌道相互作用を考えなければならない．軌道角運動量を $\hbar \boldsymbol{l}$ と書けば，その各成分の行列は $\phi_\xi, \phi_\eta, \phi_\zeta$ を基底にとって

$$\underline{l_x} = \begin{pmatrix} 0 & 0 & 0 \\ 0 & 0 & \mathrm{i} \\ 0 & -\mathrm{i} & 0 \end{pmatrix}, \quad \underline{l_y} = \begin{pmatrix} 0 & 0 & -\mathrm{i} \\ 0 & 0 & 0 \\ \mathrm{i} & 0 & 0 \end{pmatrix}, \quad \underline{l_z} = \begin{pmatrix} 0 & \mathrm{i} & 0 \\ -\mathrm{i} & 0 & 0 \\ 0 & 0 & 0 \end{pmatrix} \tag{3.30}$$

となる．これは式 (3.17) と同形だが，要素が虚数である．軌道角運動量を扱うときには，式 (3.18) の位相差 σ が基本的に重要である．表 2-2 を見れば，ある方向の軌道角運動量の大きさは dε 状態では $\hbar$ だから，その方向を極座標表示で (θ_l, φ_l) とすると，波動関数は行列

$$\underline{l} = \mathrm{i} \begin{pmatrix} 0 & \cos\theta_l & -\sin\theta_l \sin\varphi_l \\ -\cos\theta_l & 0 & \sin\theta_l \cos\varphi_l \\ \sin\theta_l \sin\varphi_l & -\sin\theta_l \cos\varphi_l & 0 \end{pmatrix} \tag{3.31}$$

の固有値 1 に対応する固有関数で,

$$\psi_l = \frac{1}{\sqrt{2}}\big\{(\cos\theta_l\cos\varphi_l + \mathrm{i}\sin\varphi_l)\phi_\xi + (\cos\theta_l\sin\varphi_l - \mathrm{i}\cos\varphi_l)\phi_\eta \\ - \sin\theta_l\,\phi_\zeta\big\} \tag{3.32}$$

である.

スピン軌道相互作用による安定化

逆に波動関数から考えるならば,式 (3.18) の状態の軌道角運動量は,

$$\left.\begin{aligned}
l_x &= -2\sin\theta_f\cos\theta_f\sin\varphi_f\sin\sigma_2 \\
l_y &= 2\sin\theta_f\cos\theta_f\cos\varphi_f\sin\sigma_1 \\
l_z &= -2\sin^2\theta_f\sin\varphi_f\cos\varphi_f\sin(\sigma_1-\sigma_2) \\
l^2 &= l_x^2 + l_y^2 + l_z^2 \\
&= 4\sin^2\theta_f\cos^2\theta_f(\sin^2\varphi_f\sin^2\sigma_2 + \cos^2\varphi_f\sin^2\sigma_1) \\
&\quad + \sin^4\theta_f\sin^2 2\varphi_f\sin^2(\sigma_1-\sigma_2)
\end{aligned}\right\} \tag{3.33}$$

となる.第 4 式は,軌道角運動量の大きさ $l(l+1)$ ではなく,ある方向の成分の大きさ (の 2 乗) を表している.スピン軌道相互作用の大きさは,スピン軸方向の軌道角運動量成分に比例する.例えば関数空間の (001) 面では $\cos\theta_f = 0$ だから $l_x = l_y = 0$ であり,l_z の絶対値は $\sigma_1 - \sigma_2 = \pi/2$ のとき最大である.スピンが z 方向を向くとき,スピン軌道相互作用によるエネルギーの低下は φ_f に依存し,

$$\varepsilon_\mathrm{so} = -|\lambda S\sin 2\varphi_f| \tag{3.34}$$

である.また,関数空間の $(1\bar{1}0)$ 面内では $\varphi_f = \pi/4$ で,$\sigma_1 = -\sigma_2 \equiv \sigma$ に話を限れば,

$$l^2 = 4\sin^2\theta_f\big\{\cos^2\theta_f\sin^2\sigma + \sin^2\theta_f\sin^2\sigma\,(1-\sin^2\sigma)\big\} \tag{3.35}$$

$\sin^2\sigma$ の関数として l^2 の最大値を求めれば,式 (3.35) からその条件は

$$\sin^2\sigma = \frac{1}{2\sin^2\theta_f}, \qquad \sin\sigma = \pm\frac{1}{\sqrt{2}\sin\theta_f} \tag{3.36}$$

である.

$\sqrt{2}\sin\theta_f \geq 1$ すなわち $\theta_f \geq \pi/4$ であれば,式 (3.36) をみたす σ が存在する.そのとき,

$$\left.\begin{array}{l} l_x^2 = \cos^2\theta_f \\ l_y^2 = \cos^2\theta_f \\ l_z^2 = 1 - 2\cos^2\theta_f \end{array}\right\} \quad (3.37)$$

であって, $l_x^2 + l_y^2 + l_z^2$ は常に 1 である.軌道角運動量の大きさは一定で,スピン軌道相互作用のエネルギーは θ_f によらない.σ を正とすれば,$\theta_f = \pi/2$ のときは $\sigma = \pi/4$ であり,ϕ_ξ と ϕ_η の位相差は $\pi/2$ で,軌道角運動量は $-z$ 方向を向いている.それに対して,$\cos\theta_f = 1/\sqrt{3}$ すなわち関数空間で $[1\,1\,1]$ 方向のときは $\sin\sigma = \sqrt{3}/2$,$\sigma = \pi/3$ で,軌道角運動量は $[1\,1\,\bar{1}]$ 方向である.また $\theta_f = \pi/4$ のときには $\sigma = \pi/2$ であり,$l_z = 0$ で軌道角運動量は $[1\,1\,0]$ 方向を向いている.

$0 \leq \theta_f < \pi/4$ では式 (3.36) は使えない.$\sigma = \pi/2$ が $|l|$ 最大の条件で,軌道角運動量の方向は変わらず,大きさは $\sin 2\theta_f$ に従って小さくなる.図 3-10 に軌道角運動量の大きさ (基底状態のエネルギーの低下量) と方向 (θ_l),σ を θ_f の関数として示した.

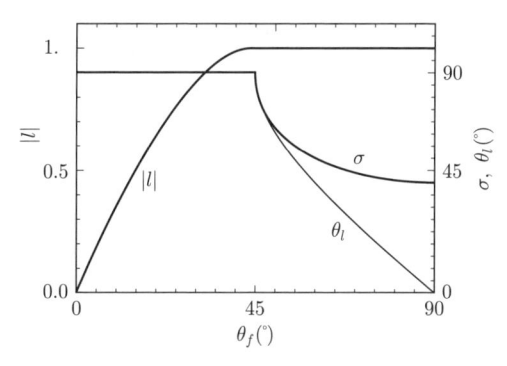

図 3-10 関数空間 $(1\bar{1}0)$ 面内での軌道角運動量の大きさ,方向と位相角 σ (K. Siratori and K. Kohn:J. Phys. Soc. Jpn **79** (2010) 114720)

基底状態と相図

基底状態は前節で述べた 2 種類の歪みの効果とスピン軌道相互作用を合わせた全エネルギー最低という条件で決まる.$d\varepsilon$ 電子の基底状態は,これらの

表 3-3 各基底状態の特性

領域	軌道角運動量 方向	軌道角運動量 大きさ l	主な歪み 方向	主な歪み 符号
I	$\langle 110 \rangle$	$< \hbar$	$\langle 100 \rangle$*	縮み
II	$\langle 100 \rangle$	$\hbar$	$\langle 100 \rangle$**	伸び
III	$\langle 112 \rangle$***	$< \hbar$	$\langle 111 \rangle$*	縮み
IV	$\langle 111 \rangle$	$\hbar$	$\langle 111 \rangle$**	伸び

* 歪みの方向は角運動量と垂直
** 歪みの方向は角運動量に平行
*** ヤーン-テラー効果の強い極限

(K. Siratori and K. Kohn：J. Phys. Soc. Jpn. **79** (2010) 114720)

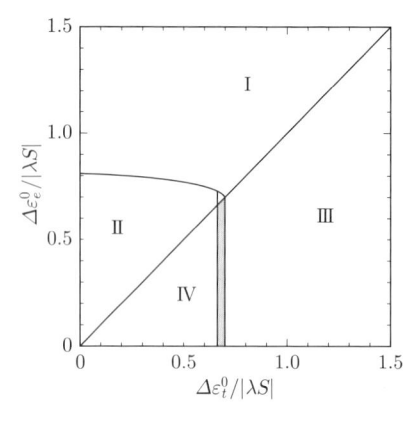

図 3-11 八面体配位の dε 電子の相図. 灰色の部分は 2 重縮退している.

相互作用の大小によって,4 種類に大別される.詳しくは文献 [6] に譲って,ここでは相互作用の強さの比によって基底状態がどう決まるかを図 3-11 に示し,その各状態の特性を表 3-3 に示す.少し説明を付ける.

この章の最初に述べたように,基底状態に軌道角運動量が存在すると,その方向と大きさに従って格子が歪む.磁歪である.d 電子の場合,その歪みは E_g または T_{2g} 型で,例えば図 3-11 の基底状態 II では E_g 型の,IV では T_{2g} 型の歪みが発生する.磁歪には磁気的相互作用の原子位置依存性による機構もあるが,ここで述べた軌道角運動量の生き残りによるものは特に顕著である.これは磁気異方性についても同様である.前節で述べた「生き返った」軌道角運動量の場合も,大きさは小さいけれども事情は同じである.

時間反転操作 R によって角運動量は向きを変えるけれども歪みは変化しないことからわかるように,歪みの大きさは角運動量の偶関数である.これも磁気異方性と同様である.常磁性状態では角運動量は向きがばらばらで平均すると 0 だから,結晶全体としては打ち消し合って磁歪は 0 になる.しかし第 5 章以降で議論するスピンの整列状態では,また常磁性でも磁場によって磁化を発生させると,マクロな歪みを観測することができる.

3.3 $d\varepsilon$ 軌道のスピン軌道相互作用と基底状態

ヤーン - テラー効果が強いとき　軌道角運動量の生き返り

2種類のヤーン - テラー効果とスピン軌道相互作用の中でどれかの効果が他の効果に比べて大きいときは，摂動論で考えることができる．

まず，ヤーン - テラー効果の方がスピン軌道相互作用よりも強い極限では，E_g 型ならば $\theta_f = 0 : \phi_\zeta$（あるいは ϕ_ξ, ϕ_η）が，T_{2g} 型ならば $(\phi_\xi + \phi_\eta + \phi_\zeta)/\sqrt{3}$ が出発点になる．格子は $\langle 001 \rangle$ 方向あるいは $\langle 111 \rangle$ 方向に縮んで，軌道角運動量はない．しかし E_g 型の場合，その点での歪みによるエネルギー低下の θ_f 依存性が 2 次（図 3-7）であるのにスピン軌道相互作用は 1 次（図 3-10）だから，全エネルギーは θ_f が有限な状態で最低になる（図 3-4 を参照）．これは前章で述べた「軌道角運動量の生き返り」に他ならない[7]．生き返った $\hbar$ より小さな軌道角運動量は xy 面内，式 (3.34) を見れば $\langle 110 \rangle$ 方向にある．スピンが z 軸方向を向いているときにはスピン軌道相互作用ははたらかないので，スピン方向によってエネルギーが変わることになる．磁気異方性が生じるのである．

T_{2g} 型歪みの場合もスピン軌道相互作用による摂動がはたらくが，それは θ_f ではなく σ の変化による．生き返った軌道角運動量は，歪みの軸（[111]）に垂直な $[11\bar{2}]$ 方向にある．

ヤーン - テラー効果が弱いとき

逆にスピン軌道相互作用の効果が大きければ，$\theta_f = \pi/2$ と $\theta_f = \pi/4$ の間でスピン軌道相互作用のエネルギーは一定なので，まずヤーン - テラー効果の 1 次の効果を考えなければならない．E_g 型の歪みの場合は位相差 σ は関係がないので，図 3-7 を見れば $\theta_f = 90°$ が基底状態になる．スピン軌道相互作用に対して E_g 型ヤーン - テラー効果が強くなると，あるところで基底状態は $\theta_f = 0°$ 付近に変わる．途中にエネルギーの高い状態があるので，

---

7) といっても，ここでは軌道状態に追随して最低エネルギーの格子歪み，したがって結晶場が発生しているのに対して，前章では結晶場は一定不変と考えていた．周囲の変化の速さの効果については，3.5 節を参照．

変化は突然起こる．数値計算によれば，変換点は $\Delta\varepsilon_e^0/|\lambda S| \approx 0.81$ である．T_{2g} 型の場合は，式 (3.36) で示される σ の θ_f 依存性に従ってヤーン - テラー効果を計算すると，基底状態は関数空間の $[111]$ 方向，軌道角運動量は $[11\bar{1}]$ を向き，歪みはその方向の伸びである．スピン軌道相互作用が強いときは安定状態の近傍で θ_f や σ の変化の 1 次に比例する項はないので，2 次の摂動は考えなくてよい．

図 3-11 の領域Ⅲ，Ⅳでは，基底状態はいつも関数空間の $[111]$ 方向にある．図 3-7 を見ると，このとき E_g 型の歪みの効果はない．領域Ⅲ，Ⅳの境界は $\Delta\varepsilon_e^0$ によらない．それに対して領域 I では，$\langle 1\bar{1}0 \rangle$ 方向に生き返った軌道角運動量による T_{2g} 型の磁歪の効果がこの領域を安定化する．領域Ⅰ と Ⅱ の境界が $\Delta\varepsilon_t^0$ の増加にともなってⅡの側に動くのはそのためである．

スピン軌道相互作用とヤーン - テラー効果とどちらが強いかは，dε 電子の数と歪みの符号 (伸びるか縮むか) で判定できることを注意しておく．

3.4 磁気異方性と磁歪

格子歪みと磁気異方性の結合

前節で，縮退している電子状態が格子を歪ませて安定化することを述べた．もともと立方対称で角運動量がどの方向を向いてもエネルギーが変わらない等方的な電子状態が，格子の歪みにともなう対称性の低下によって磁気的に異方的になる．逆に，ある方向に拘束された軌道角運動量が発生すると，結晶磁気異方性が現れるだけでなく，格子が歪む．磁気異方性は格子の歪みと対をなしている．

縮退している電子軌道が格子を歪ませるのではなくて，結晶構造に強制されてもともと d 電子の軌道角運動量がある方向に生き残る場合もある．図 2-4(c) に示した**三方両錐型**の配位がその例で，この場合に $l_z = \pm 1$ の軌道のエネルギーが低くなることは，図 2-1 の電子雲を図 2-4(c) に重ねてみれば明ら

かである．そのために，軌道角運動量が z 軸方向に固定され，スピン軌道相互作用を通じてスピンによる磁気モーメントもこの方向に固定される．実際，家庭などでポピュラーに使われている酸化物永久磁石 (バリウムフェライト) には酸素が三方両錐型に配位した Fe イオンがあり，そのために良い性能が得られることがわかっている．この場合も，異方的な d 電子の電子雲が格子をさらに歪ませていることには変わりがない．

いわば四方両錐構造である八面体配位の場合は，立方対称性があるので，電子状態自体が結晶を歪ませなければ軌道角運動量は結晶軸に対して固定されない．しかし低対称の電場が重畳して2重項が基底状態になり，軌道角運動量がある方向に固定されて非常に強い磁気異方性を示すことがある．その例は次節で述べる．

結晶全体の磁気異方性

ここまで，結晶中の孤立イオンについて述べてきた．強磁性体などでは各イオンのスピンが第5章で述べる相互作用によって整列するから，その整列方向によってエネルギーが変化することになる．この場合は，それぞれのイオンの結晶電場との関係だけでなく，スピン間の相互作用によっても異方性が生じうる．例えば磁気2重極相互作用は，2つの磁気モーメントが両者を結ぶ方向で同じ向きのときにエネルギーが低くなる．そのために，強磁性体では外形やいろいろな意味での欠陥や非一様性なども影響を及ぼす．

この節では，完全な結晶が全体として示す磁気異方性と歪みとの関連を定性的に論じよう[8]．その場合は，ある磁性原子の位置の対称性ではなく，結晶全体の対称性が問題になる．磁化の方向余弦の奇数次の項は存在しないなど，前節で述べた対称性による議論はすべて通用する．

さし当たり，スピンが平行に揃った一番簡単な場合，すなわち強磁性を考えよう．その場合は，結晶磁気異方性を磁化の結晶軸方向に対する方向余弦

---

[8] 対称性による議論は，機構によらず通用する．定量的な大きさは，実験から決まるものと考える．

によって，例えば 1 軸性の場合，

$$E_A = K\left(\alpha_z^2 - \frac{1}{3}\right) \tag{3.38}$$

のように表現する．エネルギーの平均値を 0 にするために導入された定数項は書かないことも多い．式 (3.38) の K や，下の式 (3.39), (3.40) の K_1, K_2 などを**結晶磁気異方性定数**という．単位は J/m^3 だが，磁化について述べたときと同様に 1 kg 当たり，あるいは 1 モル当たりで書くこともしばしばある．結晶磁気異方性エネルギーの一番低い方向を**磁化容易軸**，一番高い方向を**磁化困難軸**という．

　一般的にいえば，磁気異方性エネルギーは球面調和関数で展開できる．結晶全体を考えるとスピンは非常に大きいことになるから，異方性エネルギーを磁気モーメントの方向余弦で書いたときの次数には，原理的に制限がない．しかし実際には，実測値[9]を説明するためには 2 項程度で足りることが多い．例えば鉄の結晶は体心立方構造だから，磁気異方性エネルギーは磁化の 6 次までとって，

$$E_A = K_1(\alpha_1^2\alpha_2^2 + \alpha_1^2\alpha_3^2 + \alpha_2^2\alpha_3^2) + K_2\,\alpha_1^2\alpha_2^2\alpha_3^2 \tag{3.39}$$

と書かれる[10]．鉄の K_1 は 293 K で 4.72×10^4 J/m^3, K_2 は -0.075×10^4 J/m^3 で，磁化容易軸は $\langle 100 \rangle$ である[9]．ニッケルも面心立方だから同じ式が使えるが，この場合は K_1 は負で，296 K で -5.7×10^3 J/m^3, K_2 は -2.3×10^3 J/m^3[10]，$\langle 111 \rangle$ が容易軸になる．コバルトは，620 K 以下では六方最密構造で 1 軸性であり，異方性エネルギーは，

$$E_A = K_{u1}\alpha_3^2 + K_{u2}\alpha_3^4 \tag{3.40}$$

と書ける．288 K では K_{u1} は 4.53×10^5 J/m^3, K_{u2} は 1.44×10^5 J/m^3 [11] と報告されている．

　結合しているスピンの数が多くなるとエネルギーの低い励起状態が現れて

---

[9] 磁気異方性の測定方法については，成書 [7], [8] に譲る．なお，第 8 章も参照．
[10] 式 (3.39) の第 1 項は，$K_1'(\alpha_1^4 + \alpha_2^4 + \alpha_3^4)$ とも書かれる．$2K_1' = -K_1$ である．

3.4 磁気異方性と磁歪

熱揺動が問題になる (第 7 章を参照) ために, 異方性定数も温度によって変化する. その変化は磁化の温度変化より激しいのが普通である. これは, 磁化の減少が磁化方向に対する各磁気モーメントの傾きの余弦で表されるのに対し, 磁気異方性エネルギーは傾きの余弦の 2 乗以上で表されることを考えれば理解できよう. ツェナー[12] は局在モーメントの熱揺らぎをランダム・ウォークの理論で扱い, 磁気異方性定数の温度変化と磁化の温度変化との関係を議論した. その結果によれば, 余弦の 2 次で表される磁気異方性定数は磁化の変化の 3 乗で, 4 次の定数は 10 乗で変化する[11]. このため磁気異方性は, 磁化が消えるキュリー点に低温側から近づくときに磁化よりずっと早く小さくなる. これは実用材料について重要な性質である. しかし 2 つ以上の機構が競合するようなときは, 異方性定数の温度変化に異常が現れたり, 符号が変わったりすることもある.

磁気弾性エネルギー

強磁性体の場合, 磁性と関係するのは格子全体の弾性的な歪みである. 固体を歪みによる変位の場 ($u_i(\bm{r})$, $i = x, y, z$) と考えると, 歪みは一般に 2 階の対称テンソル $u_{ik} = (\partial u_k/\partial x_i + \partial u_i/\partial x_k)/2$ で表される[3]. ただし, $\bm{r} = (x, y, z) \equiv (x_1, x_2, x_3)$ である. 磁気異方性も通常, 最低次の相互作用を考えれば十分なので, 磁化の方向余弦 (α_i, $i = 1, 2, 3$) の 2 次式で書ける. したがって, 磁気異方性と格子歪みの相互作用 (これを**磁気弾性エネルギー**という) は, 4 階のテンソル $\bm{\lambda}$ を用いて

$$E_{\mathrm{me}} = \sum_{i,k,l,m=1}^{3} \lambda_{iklm} u_{ik} \alpha_l \alpha_m \tag{3.41}$$

と書くことができる. テンソル $\bm{\lambda}$ の形は結晶の対称性によるが, ベクトル成分の積 $\{\alpha_l \alpha_m\}$ と 2 階テンソルの成分 u_{ik} は座標変換に対して同じ挙動を

---

[11] この理論は, 鉄については実験結果と良く一致するが, ニッケルでは一致が悪い. ツェナーはこの事実から, ニッケルについては局在モーメントの近似が悪く, 遍歴電子として扱うべきだと推定した.

するから，弾性エネルギーの場合の議論[3]をそのまま流用できる．対称性の最も低い三斜晶系では独立なパラメータは21個ある．

磁性の多くの本[12]ではテンソル形式を使わず，$i \neq k$ の項に現れる係数で因子2を落とす表現が用いられる．その係数を e_{ik} ($e_{ii} = u_{ii}$, $e_{ik} = 2u_{ik}$ $(i \neq k)$) と書いて，以下この慣例に従うことにすれば，$(\beta_1\,\beta_2\,\beta_3)$ 方向の伸び δl は歪みの場 e_{ik} によって

$$\frac{\delta l}{l} = \sum_{i,k=1}^{3} u_{ik}\beta_i\beta_k$$
$$= e_{11}\beta_1^2 + e_{22}\beta_2^2 + e_{33}\beta_3^2 + e_{12}\beta_1\beta_2 + e_{13}\beta_1\beta_3 + e_{23}\beta_2\beta_3 \tag{3.42}$$

と表現される．

対称性の最も高い立方晶系の場合を具体的に考えよう．独立なパラメータは3個で，磁気弾性エネルギーは，

$$\begin{aligned}E_{\mathrm{me}} &= \lambda_{1111}(e_{11}\alpha_1^2 + e_{22}\alpha_2^2 + e_{33}\alpha_3^2) \\ &\quad + \lambda_{1122}(e_{11}\alpha_2^2 + e_{11}\alpha_3^2 + e_{22}\alpha_1^2 + e_{22}\alpha_3^2 + e_{33}\alpha_1^2 + e_{33}\alpha_2^2) \\ &\quad + \lambda_{1212}(e_{12}\alpha_1\alpha_2 + e_{13}\alpha_1\alpha_3 + e_{23}\alpha_2\alpha_3) \\ &= \frac{\lambda_{1111} + 2\lambda_{1122}}{3}(e_{11} + e_{22} + e_{33}) \\ &\quad + (\lambda_{1111} - \lambda_{1122})\left\{e_{11}\left(\alpha_1^2 - \frac{1}{3}\right) + e_{22}\left(\alpha_2^2 - \frac{1}{3}\right) + e_{33}\left(\alpha_3^2 - \frac{1}{3}\right)\right\} \\ &\quad + \lambda_{1212}(e_{12}\alpha_1\alpha_2 + e_{13}\alpha_1\alpha_3 + e_{23}\alpha_2\alpha_3)\end{aligned} \tag{3.43}$$

と書ける．第2項の $-1/3$ は，平均値を0にするためである．第1項は**体積磁歪**とよばれ，交換相互作用によるスピンの整列に由来するので**交換歪み**ともよばれる．磁化の方向によらないので，以下では省略する．

磁歪の表現式

格子の歪みが固定されていれば，式 (3.43) は2次の磁気異方性を与える．

---

12) 例えば，文献 [8]．

3.4 磁気異方性と磁歪

しかし磁化の方向に応じて格子が自由に変形するならば，結晶は式 (3.43) の磁気弾性エネルギーと弾性エネルギーの和が最小になるように歪む．弾性エネルギーは，

$$E_{\mathrm{el}} = \frac{1}{2}c_{11}(e_{11}^2 + e_{22}^2 + e_{33}^2) + \frac{1}{2}c_{44}(e_{12}^2 + e_{13}^2 + e_{23}^2)$$
$$+ c_{12}(e_{11}e_{22} + e_{11}e_{33} + e_{22}e_{33})$$

(3.44)

だから，最小のエネルギーを与える歪みは，式 (3.43) と式 (3.44) の和の e_{ik} に関する 1 階微分を 0 とおいて得られる方程式

$$\left.\begin{aligned}
c_{11}e_{11} + c_{12}(e_{22} + e_{33}) + (\lambda_{1111} - \lambda_{1122})\left(\alpha_1^2 - \frac{1}{3}\right) &= 0 \\
c_{11}e_{22} + c_{12}(e_{11} + e_{33}) + (\lambda_{1111} - \lambda_{1122})\left(\alpha_2^2 - \frac{1}{3}\right) &= 0 \\
c_{11}e_{33} + c_{12}(e_{11} + e_{22}) + (\lambda_{1111} - \lambda_{1122})\left(\alpha_3^2 - \frac{1}{3}\right) &= 0 \\
c_{44}e_{12} + \lambda_{1212}\alpha_1\alpha_2 &= 0 \\
c_{44}e_{23} + \lambda_{1212}\alpha_2\alpha_3 &= 0 \\
c_{44}e_{31} + \lambda_{1212}\alpha_3\alpha_1 &= 0
\end{aligned}\right\} \quad (3.45)$$

を解いて，

$$\left.\begin{aligned}
e_{ii} &= \frac{\lambda_{1111} - \lambda_{1122}}{c_{12} - c_{11}}\left(\alpha_i^2 - \frac{1}{3}\right) \\
e_{ij} &= -\frac{\lambda_{1212}}{c_{44}}\alpha_i\alpha_j \quad (i \neq j)
\end{aligned}\right\} \quad (3.46)$$

である．方向余弦 $(\beta_1, \beta_2, \beta_3)$ の方向の長さの変化 δl を測定すると，式 (3.42) によって

$$\frac{\delta l}{l} = \frac{\lambda_{1111} - \lambda_{1122}}{c_{12} - c_{11}}\left(\alpha_1^2\beta_1^2 + \alpha_2^2\beta_2^2 + \alpha_3^2\beta_3^2 - \frac{1}{3}\right)$$
$$- \frac{\lambda_{1212}}{c_{44}}(\alpha_1\alpha_2\beta_1\beta_2 + \alpha_2\alpha_3\beta_2\beta_3 + \alpha_3\alpha_1\beta_3\beta_1)$$

(3.47)

となる．これを

$$\frac{\delta l}{l} = \frac{3}{2}\lambda_{100}\left(\alpha_1^2\beta_1^2 + \alpha_2^2\beta_2^2 + \alpha_3^2\beta_3^2 - \frac{1}{3}\right)$$
$$+ 3\lambda_{111}(\alpha_1\alpha_2\beta_1\beta_2 + \alpha_2\alpha_3\beta_2\beta_3 + \alpha_3\alpha_1\beta_3\beta_1) \quad (3.48)$$

と書くのが通例である．立方晶の磁歪は，2 つの**磁歪定数** λ_{100} と λ_{111} で表される．$\langle 100 \rangle$ 方向に磁化したときのその方向の長さの変化率は λ_{100} で，$\langle 111 \rangle$ 方向に磁化したときが λ_{111} である．室温の鉄では λ_{100} は 20.7×10^{-6} で λ_{111} は -21.2×10^{-6}，室温のニッケルではそれぞれ -45.9×10^{-6}，-24.3×10^{-6} と報告されている[13]．

磁歪による磁気異方性

式 (3.46) を式 (3.43) に代入して平均値が 0 であるようにすると，

$$E_{\mathrm{me}} = (\lambda_{1111} - \lambda_{1122})\frac{\lambda_{1111} - \lambda_{1122}}{c_{12} - c_{11}}\left\{\left(\alpha_1^2 - \frac{1}{3}\right)^2 + \left(\alpha_2^2 - \frac{1}{3}\right)^2 + \left(\alpha_3^2 - \frac{1}{3}\right)^2\right\}$$
$$- \lambda_{1212}\frac{\lambda_{1212}}{c_{44}}(\alpha_1^2\alpha_2^2 + \alpha_2^2\alpha_3^2 + \alpha_3^2\alpha_1^2)$$

ここで α_i を含まない定数項を省略して整理すると，

$$E_{\mathrm{me}} = -9\left\{\frac{(c_{12} - c_{11})\lambda_{100}^2}{4} + c_{44}\lambda_{111}^2\right\}(\alpha_1^2\alpha_2^2 + \alpha_2^2\alpha_3^2 + \alpha_3^2\alpha_1^2) \quad (3.49)$$

となって，立方対称の磁気異方性が現れる．これは格子が自由だという仮定によるので，実験の解析をするときには，その実験がどのような条件で行なわれたかに注意しなければならない．例えば，磁場方向を変えて磁化やトルクを測定するならば，結晶は磁化の方向に従って変形すると考えられる．そのときは，立方晶系ならば磁歪による部分は式 (3.49) で表され，立方対称である．それに対して次章で述べる磁気共鳴法を用いると，磁気共鳴の実験は通常 10 GHz 以上のマイクロ波領域で行なわれるのに対し，例えば 0.1 mm 程度の大きさであれば，試料の全体としての変形の速度は高々 0.1 GHz 程度だから，磁歪は磁化の振動に追随できない．共鳴周波数は歪みを固定した式 (3.43) あるいは一般に (3.41) を含んで決まる．しかし，磁気共鳴の実験のと

きに用いる静磁場の方向変化に対しては変形は追随するので，立方対称の結晶ならば立方対称の角度変化を与える．この問題については次節の議論も参照されたい．

3.5 誘導磁気異方性

前節で，格子の歪みが固定されているときといないときとで磁気異方性が (見かけ上) 違うことを述べた．スピン系以外の自由度がスピン系の性質に影響することは格子歪み以外にもあって，実用上もしばしば重要である．0.3 節 (18 頁) で強磁性の出現に関係して述べたように，状態が位相空間の中のどの範囲を動き回っているか (エルゴード性がどの範囲で保証されているか) は，その自由度の特性に従って，温度によって変わる．だから，例えば室温の磁気的性質が，より高温から温度を下げてくるときの条件に依存して，変化しうる．その顕著な例として，**誘導磁気異方性**を挙げよう．これは，高温側から磁場をかけて (磁化方向を固定して) 温度を下げると，それに応じて (結晶本体よりも対称性の低い) 磁気異方性が現れる現象である．

Fe_3O_4 中の Co^{2+} イオン

具体的な例として，スロンツェフスキ[14] に従って Co を含むマグネタイト (Fe_3O_4) を考えよう．関係する自由度は結晶中の Co イオンの移動 (拡散) であり，駆動エネルギーは Co^{2+} イオンの位置によって異なる磁気異方性エネルギーである[13]．結晶の質 (原子空孔の量) にもよるが，100°C 以下では移動は非常に遅くなって実験室内の物性としてはこの自由度は消え[14]，系が位相空間内でとる状態の範囲は高温で占めていた範囲の一部に限られる．

---

13) 異方性や磁歪と同様，一般に相互作用の異方性も誘導磁気異方性の原因になりうる．文献 [8] の 56 頁を参照．

14) ただし，室温でも年のオーダーの時間では移動が無視できないことがある．これは軟磁性材料の透磁率の経年変化として問題となる．第 8 章の 320 頁を参照．

0.2節で述べたように，マグネタイトは天然に存在する最もありふれた強磁性体で，キュリー点は約 860 K である．その結晶構造を図 3-12 に示す．これは宝石として知られるスピネルの構造なので**スピネル型**とよばれ，第 5 章と 8 章で述べるように重要な実用材料 (フェライト) の構造でもある．立方晶なので，前節で述べたように磁気異方性を表す $(\alpha_l \alpha_m)$ と格子歪み e_{ik} とが同じ変換をすることを考えると，高温で $\langle \alpha_i \rangle$ 方向に磁化を固定

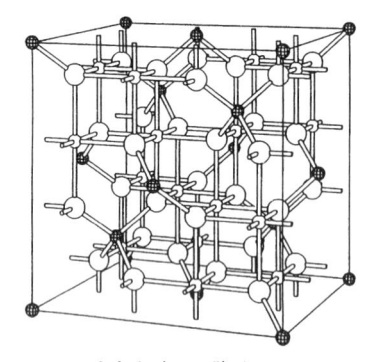

大きな球： 陰イオン
小さな球： 陽イオン

図 3-12 スピネル構造
(柳瀬 章氏による)

して冷却し，低温で磁化が $\langle \beta_i \rangle$ 方向を向いたときの異方性エネルギーの表現は，式 (3.43) で e_{ij} を $\alpha_i \alpha_j$ で，α_i を β_i でおき換えて得られる．

$$E_{\text{IA}} = F(\alpha_1^2 \beta_1^2 + \alpha_2^2 \beta_2^2 + \alpha_3^2 \beta_3^2) + G(\alpha_1 \alpha_2 \beta_1 \beta_2 + \alpha_1 \alpha_3 \beta_1 \beta_3 + \alpha_2 \alpha_3 \beta_2 \beta_3) \tag{3.50}$$

さて，スピネル構造は基本的に，大きな O^{2-} イオンが立方最密の面心立方格子を組み，その格子間位置に遷移金属イオンが入っているものと考えることができる[15],15)．その陽イオンの位置には 2 種類ある．4 つの酸素イオンが四面体的に配位している $8a$ (しばしば A 席とよばれる，図で影をつけた小さい球) と，6 つの酸素イオンが八面体的に配位している $16d$ (B 席とよばれ，図中の白い小さい球) である．Co は 2+イオンになって B 席に入ると考えられている．その配位八面体は少し歪んでいて，周囲の陽イオン配置も立方対称性を欠き，B 席の対称性は 4 つの $\langle 111 \rangle$ 軸のどれか 1 つを 3 回対称回転軸としてもつ $\bar{3}m$ である．したがって，B 席は 4 種類に分類される．八面

---

15) これらの遷移金属酸化物をイオン結晶と考えるのが，物性を考えるときに一般的に良い近似だと考えてはならない．しかしそれは簡単で，しばしば半定量的に妥当な結論を与える．

3.5 誘導磁気異方性

体配位だから dγ 軌道より dε 軌道のエネルギーが低くなるが，3 重縮退の dε 軌道はこの 1 軸性の結晶電場によって，さらに 1 重項と 2 重項に分裂する．図 2-7 を参照．その 2 重項は，軸対称性から明らかなように，3 回軸方向に軌道角運動量をもっている．Fe_3O_4 の場合，1 重軌道の方がエネルギーが低く，したがって $(3d)^7$ である Co^{2+} イオンの高スピン状態では軌道角運動量が生き残って，それぞれの位置の 3 回軸方向に強い磁気異方性を生じている，というのがスロンツェフスキの理論の前提である．

話を少し簡単にして古典的な磁気モーメントを考え，この異方性エネルギーを

$$E_{Co} = -K_u \left(\cos^2 \theta_{\langle 111 \rangle} - \frac{1}{3} \right) \tag{3.51}$$

と書こう．$\theta_{\langle 111 \rangle}$ は Co の磁気モーメントとその位置の 3 回軸との角度である．結晶中の磁化が一様で $(\alpha_1, \alpha_2, \alpha_3)$ 方向を向いていれば，各原子位置の磁気異方性エネルギーは，

$$\begin{aligned}
\langle 1\,1\,1 \rangle : E_{Co1} &= -\frac{K_u}{3} \{(\alpha_1 + \alpha_2 + \alpha_3)^2 - 1\} \\
&= -\frac{2K_u}{3}(\alpha_1 \alpha_2 + \alpha_1 \alpha_3 + \alpha_2 \alpha_3) \\
\langle 1\,\bar{1}\,\bar{1} \rangle : E_{Co2} &= -\frac{K_u}{3} \{(\alpha_1 - \alpha_2 - \alpha_3)^2 - 1\} \\
&= -\frac{2K_u}{3}(-\alpha_1 \alpha_2 - \alpha_1 \alpha_3 + \alpha_2 \alpha_3) \\
\langle \bar{1}\,1\,\bar{1} \rangle : E_{Co3} &= -\frac{K_u}{3} \{(-\alpha_1 + \alpha_2 - \alpha_3)^2 - 1\} \\
&= -\frac{2K_u}{3}(-\alpha_1 \alpha_2 + \alpha_1 \alpha_3 - \alpha_2 \alpha_3) \\
\langle \bar{1}\,\bar{1}\,1 \rangle : E_{Co4} &= -\frac{K_u}{3} \{(-\alpha_1 - \alpha_2 + \alpha_3)^2 - 1\} \\
&= -\frac{2K_u}{3}(\alpha_1 \alpha_2 - \alpha_1 \alpha_3 - \alpha_2 \alpha_3)
\end{aligned} \tag{3.52}$$

と表される．

熱平衡状態では，Coイオンはこのエネルギーに従って分布する．もしも式 (3.52) のエネルギー差が $k_\mathrm{B}T$ よりも小さければ，ボルツマン因子を展開して1次までとる近似 (キュリーの法則，32頁の脚注を参照) が成立し，各原子位置での存在確率は

$$\langle 1\,1\,1\rangle : \ p_1 = \frac{1}{4}\left\{1 + \frac{2K_u}{3k_\mathrm{B}T}(\alpha_1\alpha_2 + \alpha_1\alpha_3 + \alpha_2\alpha_3)\right\} \quad (3.53)$$

などと表される．

温度が下がると Co イオンの移動は止まる．イオンの分布が温度 T_0 で固定されたとすれば，温度 T ($<T_0$) で磁化が方向余弦 $\{\beta_i\}$ を向いたときのエネルギーは，式 (3.52) の $\{\alpha_i\}$ を $\{\beta_i\}$ でおき換えて式 (3.53) の p_i を掛けて加え合わせれば得られる．異方性定数の温度変化を勘定に入れれば，

$$\begin{aligned}
E_\mathrm{A} &= \sum_{i=1}^{4} p_i(T_0) E_{\mathrm{Co}i}(T) \\
&= -\frac{K_u(T_0)}{6k_\mathrm{B}T_0}\cdot\frac{2K_u(T)}{3}\Big\{(\alpha_1\alpha_2 + \alpha_1\alpha_3 + \alpha_2\alpha_3)(\beta_1\beta_2 + \beta_1\beta_3 + \beta_2\beta_3) \\
&\qquad + (-\alpha_1\alpha_2 - \alpha_1\alpha_3 + \alpha_2\alpha_3)(-\beta_1\beta_2 - \beta_1\beta_3 + \beta_2\beta_3) \\
&\qquad + (-\alpha_1\alpha_2 + \alpha_1\alpha_3 - \alpha_2\alpha_3)(-\beta_1\beta_2 + \beta_1\beta_3 - \beta_2\beta_3) \\
&\qquad + (\alpha_1\alpha_2 - \alpha_1\alpha_3 - \alpha_2\alpha_3)(\beta_1\beta_2 - \beta_1\beta_3 - \beta_2\beta_3)\Big\} \\
&= -\frac{4K_u(T_0)K_u(T)}{9k_\mathrm{B}T_0}\left(\alpha_1\alpha_2\beta_1\beta_2 + \alpha_1\alpha_3\beta_1\beta_3 + \alpha_2\alpha_3\beta_2\beta_3\right) \quad (3.54)
\end{aligned}$$

となって，式 (3.50) の第2項の形になる．第1項は，このモデルでは出て来ない．実際，Coを含むマグネタイトの場合，実測した G はほぼCoの量に比例するのに対し，F はほぼその2乗に比例する[16]ので，F の項はCoイオンの対と関係するとされる．

高温で，イオンが移動していつも熱平衡ならば，この機構による異方性エネルギーは，

$$E_\mathrm{A} = -\frac{4K_u^2}{9k_\mathrm{B}T}\left(\alpha_1^2\alpha_2^2 + \alpha_1^2\alpha_3^2 + \alpha_2^2\alpha_3^2\right) \quad (3.55)$$

となって，立方対称の異方性を与える．その係数が K_u の符号にかかわらずいつも負である (磁化容易軸が $\langle 111 \rangle$ である) ことに注意しよう．この機構の磁気異方性の符号は，向きを変える自由度をもつスピンの単位 (いまは Co イオン) の対称性で決まっている．

問題 3.3 $\langle 100 \rangle$ 方向が対称軸であるような位置の間を原子が移動するとき，誘導磁気異方性と結晶磁気異方性を計算せよ[17]．最近接 B 席の対では，$\langle 100 \rangle$ 方向が 2 回対称軸である．

低温で原子が動かなくなったとき，Co イオンが 4 種類の B 席に均等に分布していれば，式 (3.51) で表される異方性は打ち消し合って消える．ただしそれは，結晶中の磁化が一様で，各イオンの磁気モーメントがすべて同じ方向を向いているという仮定が成り立つ場合である．マグネタイト中の Co イオンの場合，この仮定は成り立たないと考えられている．Co のモーメントの方向が全体の磁化に平行にならず，その位置の $\langle 111 \rangle$ 方向に束縛されていれば，全体の磁化の方向を回転させるとそれに応じて Co の磁化は周囲の Fe イオンの磁化と角度をなすことになる．元々強磁性体でスピンが揃っているのは，第 5 章で説明するように，その方が交換相互作用のエネルギーが低いからである．だから，スピンが傾くとエネルギーが高くなる．Fe のスピンは Co イオンの近くでは Co スピンに平行になろうとし，離れるに従って全体の磁化方向を向くだろう．その様子をきちんと扱うのは難しいが，異方性エネルギーの定性的な推定は，その両端で角度 (θ) の余弦を計算してみればよい．

全磁化が [100] を向いているときには，$\langle 111 \rangle$ 方向との角度の余弦はどこでも $1/\sqrt{3}$ で，4 種類の位置について加えれば全交換エネルギーの指標は $-4/\sqrt{3}$ である．それに対して全磁化が [111] を向いていれば，3 回軸がそれに平行な位置の Co では余弦は 1, その他の 3 種類の位置では 1/3 で，全交換エネルギーの指標は $-(1 + 3 \times 1/3) = -2$ になる．だから，全磁化が $\langle 100 \rangle$ を向い

た方がエネルギーが低い．同じ機構なのに，高温でイオン分布が熱平衡のときとは逆になる．実際，Co を含むマグネタイトの磁化容易軸は室温で $\langle 100 \rangle$ であって，異方性定数は $Co_{0.8}Fe_{2.2}O_4$ で $3\times10^5 J/m^3$ 程度の値が報告されている．これは非常に大きい値で，軌道角運動量が消滅していないことを示している．

文　献

[1] H. A. Jahn and E. Teller：Proc. Roy. Soc. **A161** (1937) 220.
[2] 上村洸・菅野暁・田辺行人：「配位子場理論とその応用」(物理科学選書，裳華房，1969 年)
[3] L. Landau and E. Lifsitz 著, 佐藤常三 訳：「弾性理論」(東京図書，1972 年)
[4] J. Kanamori：J. Appl. Phys. **31** (1962) 14S.
[5] 中村輝太郎 編著：「強誘電体と構造相転移」第 7 章 (物理科学選書，裳華房，1988 年)
[6] K. Siratori and K. Kohn：J. Phys. Soc. Jpn. **79** (2010) 114720.
[7] 近 桂一郎・安岡弘志：「磁気測定 I」(実験物理学講座 6，丸善，2000 年)
[8] 近角聰信：「強磁性体の物理 (下)」(物理学選書，裳華房，1984 年)
[9] H. Gengnagel and U. Hoffmann：phys. stat. solidi **29** (1968) 91.
[10] J. J. M. Franse and G. de Vries：Physica. **39** (1968) 477.
[11] R. Pauthenet, Y. Barnier and G. Rimet：J. Phys. Soc. Jpn. **17** Suppl. B-I (1962) 309.
[12] C. Zener：Phys. Rev. **96** (1954) 1335.
[13] E. W. Lee：Rept. Prog. Phys. **18** (1955) 184.
[14] J. C. Slonczewski：Phys. Rev. **110** (1958) 1341.
[15] S. Iida：J. Phys. Soc. Jpn. **10** (1958) 1341.
[16] R. F. Penoyer and L. R. Bickford, Jr.：Phys. Rev. **108** (1957) 271.
[17] K. Siratori and Y. Kino：J. Magn. Magn. Mater. **20** (1980) 87.

第4章

孤立した磁気モーメントの固有振動

　ここまでは，個々のイオンの量子力学的な基底状態や，熱平衡のときの状態量としての磁化を考えてきた．この章では，孤立した磁気モーメントの励起状態を考えよう．磁気モーメントは荷電粒子が角運動量をもっていることで発生する．したがってその励起状態は，角運動量の運動に関係する．

　「孤立した」といっても，我々が実際に扱うのは1つのスピンではない．実験は，少なくとも10^{12}程度以上のスピンの集団について行なわれる．集団であるからには，その集団内で熱平衡に至る過程と，その周囲にあって熱的に接触している自由度の大きな部分(一般に「格子」とよばれる)との相互作用を無視することはできない．相互作用のない分子の集合，と規定される理想気体でも，熱平衡を実現する相互作用は仮定されている．ここでは，熱平衡に到達する速さ(緩和時間)もパラメータとして考えに入れる．

4.1 角運動量の運動方程式

古典的なスピンの運動

　ランジュバンの理論を思い出して，古典的な考察から始めよう．静磁場$\boldsymbol{H}$の中に孤立した磁気モーメント$\boldsymbol{\mu}$を置く．さし当たり，ゼーマンエネルギー

$$E_Z = -\boldsymbol{\mu} \cdot \boldsymbol{H} \tag{4.1}$$

以外は考えない．磁場は$+z$方向を向いているものとする．図4-1を参照．

0.2 節で，磁場中の磁気モーメントにはたらくトルクによって磁気モーメントの大きさを定義した．トルク N は，

$$N = \mu \times H \qquad (4.2)$$

であった．したがって角運動量 $\hbar J$ の運動方程式は，

$$\hbar \frac{dJ}{dt} = N = \mu \times H \qquad (4.3)$$

である．はたらくトルクに比例して角運動量が変化するというこの運動方程式は，力学で学んだはずだ．$H = (0, 0, H)$ であることを用いて式 (4.3) の各成分を書けば，

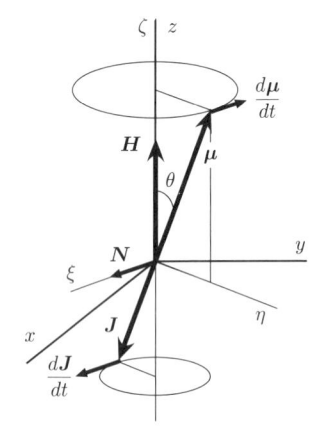

ξ, η 軸は z 軸のまわりを回転する．

図 4-1 静磁場の中の磁気モーメントの運動

$$\left.\begin{array}{l}\hbar \dfrac{dJ_x}{dt} = (\mu \times H)_x = \mu_y H \\[4pt] \hbar \dfrac{dJ_y}{dt} = (\mu \times H)_y = -\mu_x H \\[4pt] \hbar \dfrac{dJ_z}{dt} = (\mu \times H)_z = 0\end{array}\right\} \qquad (4.4)$$

第 3 式から，J_z は一定である．$J_z = J_\parallel =$ 一定．

$\hbar J$ と μ の大きさの比を γ とおく．電子の電荷は負で J と μ の向きは逆だから，

$$\mu = -\gamma \hbar J \qquad (4.5)$$

この γ を**磁気角運動量比**という．第 1 章の式 (1.12) に出てきた g とは，

$$\gamma = \frac{g \mu_B}{\hbar} \qquad (4.6)$$

という関係がある[1]．磁場方向 (z 軸) のまわりの軸対称性を考えて，式 (4.4)

---

[1] g は，式 (1.12) で述べた g 因子である．実は，角運動量と磁気モーメントの大きさを直接比較する実験によって求めると，式 (4.6) で定義した係数は式 (1.12) の g と少し異なることがわかっている．こちらは，g に対応して **g' 因子**とよばれる．以後本書では，ゼーマンエネルギーの大きさを問題にするので，g' 因子については考えない．g と g' の関係や g' の測定については文献 [1] を参照．

を $J_{\pm} = J_x \pm \mathrm{i} J_y$ (i は虚数単位) で表現すると[2]，第 1, 2 式は

$$\frac{dJ_{\pm}}{dt} = -\gamma(J_y \mp \mathrm{i} J_x)H = \pm \mathrm{i}\gamma(J_x \pm \mathrm{i} J_y)H = \pm \mathrm{i}\gamma H J_{\pm} \quad (4.7)$$

となる．以下，すべて複号同順である．この方程式は，積分定数を $J_{\perp}$ として，

$$J_{\pm} = J_{\perp} e^{\pm \mathrm{i}\gamma H t} \quad (4.8)$$

と解ける．これから，

$$\left.\begin{array}{l} J_x = \dfrac{1}{2}(J_+ + J_-) = J_{\perp} \cos\omega t \\[2pt] J_y = \dfrac{1}{2\mathrm{i}}(J_+ - J_-) = J_{\perp} \sin\omega t \\[2pt] \omega = \gamma H \end{array}\right\} \quad (4.9)$$

となる．

　磁気モーメントの大きさとその z 成分が一定という条件を考えれば，$J_x^2 + J_y^2 = J_{\perp}^2$ は確かに一定である．磁気モーメントは，磁場 $\boldsymbol{H}$ との角度 θ を変えずにそのまわりを回転する．これを **歳差運動** という．角周波数 ω が角度 θ によらず，磁場の強さ H と磁気角運動量比 γ だけで決まってしまうことに注意しよう．孤立した電子であれば，電子の質量と電荷をそれぞれ $m_\mathrm{e}, -e$ として，

$$\gamma = \frac{e}{m_\mathrm{e}} = 1.76 \times 10^{11} = 2\pi \times 28 \times 10^9 \ \mathrm{Hz/T} \quad (4.10)$$

である．これは自由電子のサイクロトロン周波数 (1.3 節) と等しく，1 T の静磁場に対する固有周波数は 28 GHz で，波長約 1 cm のマイクロ波である．

　この運動を言葉で説明すれば，次のようになる．トルク $\boldsymbol{N}$ は $\boldsymbol{\mu}$ と $\boldsymbol{H}$ で決まる平面に垂直だから，$\boldsymbol{J}$ の変化分 $d\boldsymbol{J}$ はいつも $\boldsymbol{J}$ にも $\boldsymbol{H}$ にも垂直である．

---

[2] 0.3 節でも演算子の表現としてすでに用いたが，複素平面を考えればわかるように $J_{\pm}$ による表現は角運動量の右回りと左回りの回転を表している．いまの場合，J_+ の時間依存性が $e^{\mathrm{i}\omega t}$，J_- が $e^{-\mathrm{i}\omega t}$ であるのは結局同じ運動を表していて，運動の自由度は 2 ではなくて 1 である．左回りの運動は実現しない．6.5 節で扱うが，2 つ以上のスピンが逆向きに結合したスピン系の運動では自由度が 2 以上になり，左回りの運動が実現することがある．その場合は，J_- の時間依存性を $e^{\mathrm{i}\omega t}$ と書けば ω が正になる．

だから，J は H を軸としてそのまわりを回転することになる (図 4 - 1)．モーメントと磁場の間の角度 θ が変わらないので，トルク，したがって回転速度は一定である．また同じ理由で，回転してもゼーマンエネルギーは変化しない．磁場中の歳差運動は角運動量 (磁気モーメント) の固有運動であり，磁場方向の角運動量成分とエネルギーが保存される．

実効磁場

ここで，議論をゼーマンエネルギー以外の場合へ拡張しておこう．上のトルクの説明を見直せば，磁気モーメント $\boldsymbol{\mu}$ の方向にかかわるエネルギーが $E(\boldsymbol{\mu})$ と与えられるならば，J にはたらくトルク $\boldsymbol{N}$ は

$$\boldsymbol{N} = \boldsymbol{\mu} \times \left(-\frac{\partial E}{\partial \boldsymbol{\mu}}\right) \tag{4.11}$$

であることがわかる．ただし，$\partial E/\partial \boldsymbol{\mu}$ は x, y, z 成分がそれぞれ $\partial E/\partial \mu_x$, $\partial E/\partial \mu_y$, $\partial E/\partial \mu_z$ であるようなベクトルである．式 (4.5), (4.11) を式 (4.3) に代入して得られる運動方程式を解けば，固有周波数が求められる．

例として，z 軸方向に磁気異方性エネルギー

$$E_A = -D\,\alpha_3^2 = -D\frac{\mu_z^2}{\mu^2} \tag{4.12}$$

が存在する場合を考えよう．α_3 は $\boldsymbol{\mu}$ の z 軸に対する方向余弦である．このときは，

$$-\frac{\partial E_A}{\partial \boldsymbol{\mu}} = \left(0,\ 0,\ 2D\frac{\mu_z}{\mu^2}\right) \tag{4.13}$$

だから，式 (4.3) と比較すると $2D\mu_z/\mu^2$ だけの磁場がかかっているのと同等であり，磁気モーメントは固有角周波数

$$\omega = \gamma \cdot 2D\frac{\mu_z}{\mu^2} = \gamma\frac{2D\alpha_3}{\mu} \tag{4.14}$$

で z 軸のまわりを回転する．この周波数は，式 (4.9) の第 3 式と違って，α_3 すなわち異方性軸と $\boldsymbol{\mu}$ との角度 θ に依存している．特にスピンが安定位置 $\theta = 0$ の近くにあるときには，$\alpha_3 = 1$ と近似して，

4.1 角運動量の運動方程式

$$\omega = \gamma \frac{2D}{\mu} \tag{4.15}$$

である．ゼーマンエネルギーのときの式 (4.9) と比較して異方性を仮想的な磁場でおき換え，$2D/\mu$ を**異方性磁場**とよぶことがある．例えば室温のコバルトでは，異方性定数は $51\,\mathrm{J/kg}$ で磁化は $161\,\mathrm{J/T/kg}$ だから，異方性磁場は $0.63\,\mathrm{T}$ となる．

式 (4.12) は，

$$E_A = -D\left(1 - \alpha_1^2 - \alpha_2^2\right) = -\frac{D}{\mu^2}(\mu^2 - \mu_x^2 - \mu_y^2) \tag{4.16}$$

とも書ける．こう書くと，

$$-\frac{\partial E_A}{\partial \boldsymbol{\mu}} = -\frac{2D}{\mu^2}(\mu_x,\ \mu_y,\ 0) \tag{4.17}$$

となって式 (4.13) と異なるが，運動方程式は

$$\hbar \frac{d\boldsymbol{J}}{dt} = -\boldsymbol{\mu} \times \frac{\partial E_A}{\partial \boldsymbol{\mu}} = \frac{2D}{\mu^2}\mu_z \begin{pmatrix} \mu_y \\ -\mu_x \\ 0 \end{pmatrix} \tag{4.18}$$

となって，もちろん式 (4.12) から導かれるものと同じである．式 (4.17) の方が，式 (4.13) よりも xy 面内の対称性があらわに出ている．

対称性が角運動量の運動に及ぼす影響をよりはっきり見るために，軸対称性のない場合を取り上げよう．スピンハミルトニアン (式 (2.39)) の第 2 項に対応して，

$$E(\alpha_1^2 - \alpha_2^2) = \frac{E}{\mu^2}(\mu_x^2 - \mu_y^2) \tag{4.19}$$

という項が付け加わると，式 (4.17) は，

$$-\frac{\partial E_A}{\partial \boldsymbol{\mu}} = -\frac{2}{\mu^2}\bigl((D+E)\mu_x,\ (D-E)\mu_y,\ 0\bigr) \tag{4.20}$$

となる．各成分の運動方程式は，

$$\left. \begin{aligned} \hbar\frac{dJ_x}{dt} &= \frac{2}{\mu^2}\mu_z(D-E)\mu_y = \frac{2(D-E)}{J^2}J_yJ_z \\ \hbar\frac{dJ_y}{dt} &= -\frac{2}{\mu^2}\mu_z(D+E)\mu_x = -\frac{2(D+E)}{J^2}J_xJ_z \\ \hbar\frac{dJ_z}{dt} &= -\frac{2}{\mu^2}\{\mu_x(D-E)\mu_y - \mu_y(D+E)\mu_x\} = \frac{4E}{J^2}J_xJ_y \end{aligned} \right\} \quad (4.21)$$

今度は軸対称でないので, $J_\pm$ で表すのは意味がない. 異方性の主軸である x, y 成分で考えよう. 平衡状態からそれほどずれない範囲を考えることにして J_x, J_y の2次以上を省略すれば, 第3式から J_z は一定である. そうであれば, 第1式の両辺をもう一度微分して第2式を代入すれば, J_x についての2階の微分方程式

$$\frac{d^2 J_x}{dt^2} = -\frac{4(D-E)(D+E)J_z^2}{J^4}J_x \quad (4.22)$$

が得られる. J_y についても同様である. これは通常の振動の方程式で, 角運動量は角周波数

$$\omega = \frac{2J_z\sqrt{(D-E)(D+E)}}{J^2} = \gamma \cdot \frac{2\mu_z}{\mu^2}\sqrt{(D-E)(D+E)} \quad (4.23)$$

で振動 (回転) することがわかる. 一般にエネルギー最低の方向 (ここでは z 軸) からの傾きによってエネルギーを展開すると, 2次の項では直交する2本の主軸が存在し, それらの方向への傾きに対するエネルギーの曲率 (2次微分) の相乗平均が共鳴周波数を与える.

問題 4.1 上の取り扱いで近似を一段上げて, J_z の振動を求めよ. また, その周波数が式 (4.23) の2倍になる理由を考えよ.

図4-1に戻って, 磁気モーメントの xy 面内成分 (μ_x, μ_y) が xy 面内を一定の周波数 ω で回転しているところに, 同じ速さで回転する弱い磁場 $\boldsymbol{h}$ を ξ 方向にかけてみよう. 角周波数 ω の回転系で考えれば磁場 $\boldsymbol{h}$ も磁気モーメント $\boldsymbol{\mu}$ も静止していて, 相対関係は変化しない. 静磁場だけのときに, 回転

系では回転軸との角度 θ で静止していた磁気モーメントは，$\boldsymbol{h}$ が加わるとそのまわりを式 (4.9) に従って一定の向きに回転し，それにともなって θ が変化する．$\boldsymbol{h}$ が弱ければこの角度変化はゆっくりと進行するが，一方向きなので時間と共にその効果は積算される．これは外部からの作用が固有振動に同期しているためで，音叉の共鳴などと同種類の現象である．それで，これを**磁気共鳴** (電子スピン共鳴：ESR, 孤立スピンでは常磁性共鳴とも) という．ここでは同期して回転する磁場を考えたが，実際には xy 面内のある方向に直線偏光した磁場を用いることが多い．直線偏光は，逆向きに回転する 2 つの円偏光の重ね合わせだからである．

量子力学的な遷移の描像

さて，古典的描像で磁気モーメントが磁場のまわりを歳差運動している状態は，量子力学的には磁気量子数 J_z が指定された固有状態である．角運動量の量子化軸 (z 軸) 方向成分 J_z は，方向量子化によって $\hbar$ ごとのとびとびの値しかとれない．J_z の違う状態間を結ぶ相互作用があれば，状態間で遷移が起きる．式 (0.20) の昇降演算子を見れば，横向きの磁場 $\boldsymbol{h} = (h_x, h_y, 0)$ によるゼーマンエネルギーは J_z が $\hbar$ 違う状態を結び付けるので，遷移を引き起こすことができる．

$$\left. \begin{aligned} \mathcal{H}' = -\boldsymbol{h} \cdot \boldsymbol{\mu} &= \gamma(h_x J_x + h_y J_y) = \frac{\gamma}{2}(h_- J_+ + h_+ J_-) \\ J_\pm &= J_x \pm \mathrm{i} J_y, \qquad h_\pm = h_x \pm \mathrm{i} h_y \end{aligned} \right\} (4.24)$$

この際，準位間のエネルギー差 $\hbar \gamma H$ と電磁場の振動のエネルギー量子 $\hbar \omega$ とが等しい，というエネルギー保存の条件が式 (4.9) の 3 番目の式である．遷移にともなう電磁波のエネルギーの変化を周波数の関数として測定すれば，ω を決定することができる．実際には電磁波の周波数は一定に保って，外からかける磁場の強さ H を変えて測定する．式 (4.9) を見ればこれは等価であり，実験上その方が容易である．

結晶中のイオンでは，電子状態がスピンハミルトニアンで表現されること

を 2.6 節で述べた．したがって電子状態は，ゼーマンエネルギーを含めたスピンハミルトニアンを解いて得られる．90〜92 頁にその例を挙げた．式 (2.43) は主軸と違う方向に磁場をかけた場合で，軸対称ではない．このような場合は，量子化軸方向の 1 つの成分 (S_z, J_z) では固有状態を表現できない．この例の場合は，状態 1, 3 は $|3/2\rangle$ と $|-1/2\rangle$, 2, 4 は $|1/2\rangle$ と $|-3/2\rangle$ でできているので，(1, 3) と (2, 4) の間で $\Delta J_z = \pm 1$ の遷移が量子化軸 (磁場方向) に垂直な振動磁場によって起きる．しかしそれだけではなくて，状態 1 と 3, 2 と 4 の間の遷移が $\Delta J_z = 0$，すなわち量子化軸に平行な振動磁場によって起きる．問題 4.1 を参照．

4.2　共鳴の検出と磁気緩和

磁気共鳴の実験

磁気共鳴の実験では通常，磁場中に置いた試料にマイクロ波を当て，試料によるマイクロ波エネルギーの吸収を外部磁場の強さの関数として測定する．その例を図 4-2 に示した[2]．これは NaCl 型結晶である MgO 中に少量入れた Cr^{3+} のスペクトルである．マイクロ波の周波数は約 24 GHz. 直流磁場に小振幅の低周波交流磁場を重畳して，その結果現れるマイクロ波強度の振動を検出しているので，信号は吸収強度を磁場で微分した微分曲線である．結果は中央の強い信号と，それを中心として等間隔に約 1 mT ずつ離れた計 4 本の弱い信号からなる．いずれも静磁場 H の方向によらない．これは式 (2.35) のテンソル $\underline{\Lambda}$, すなわち Cr^{3+} の位置が立方対称であることを示している．

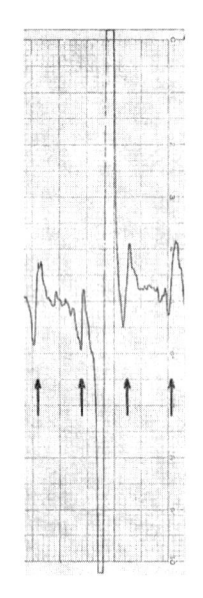

図 4-2　MgO 中の Cr^{3+} イオンの常磁性共鳴 (W. Low：Phys. Rev. **105** (1957) 801 による)

したがって，この Cr^{3+} イオンは Mg^{2+} イオンの位置に入っていて，電荷の違いにかかわらず周囲に陽イオン空孔などの格子欠陥がないと考えられる．

中央のシグナルは $g = 1.980$ の位置にある．g 値がスピンの値 2 に近いけれども少し小さいことは，立方対称の結晶電場によって軌道角運動量が消失し，しかしスピン軌道相互作用で少し生き返っている証拠である．2.6 節を参照．磁性イオンの位置が立方対称ではない場合も，静磁場方向を変えてこのような測定を行なうことによって，スピンハミルトニアンのパラメータを定めることができる．その実例などは，文献 [3, 4] を参照されたい．

弱いシグナルの強度は，中央の強いシグナルの約 1/40 である．Cr の安定な原子核はおおむね核スピン 0 であるが，約 10％存在する ^{53}Cr は核スピンをもち，$I = 3/2$ である．図 4.2 に矢印で示した左右 4 本の弱いシグナルは，この ^{53}Cr を核にもつ Cr イオンによるが，それについては次節で述べる．

エネルギーの散逸

共鳴がマイクロ波の吸収として観測されるのは，振動磁場のエネルギーを吸収して励起状態に上がったスピン系から，そのエネルギーが格子に流れて熱になってしまい，マイクロ波には戻ってこないからである．スピンから格子へのエントロピー増大をともなうエネルギーの流れは**スピン格子緩和**または**縦緩和**とよばれ，固体物理学における散逸現象[3])の顕著な例である．「縦」というのは，これが磁場に平行なスピン成分の変化によるゼーマンエネルギーの緩和だからである．その主な過程は，格子振動による結晶電場の振動が引き起こすスピン状態のエネルギー変化だと考えられる．したがって，軌道角運動量成分が大きくて格子振動の影響の強いイオンでは，スピン格子緩和が速い．Mn^{2+}, Fe^{3+}, Eu^{2+} などの S イオンでは緩和が遅く，観測される共鳴線の幅が狭くなって観測しやすい．

スピン－格子間のエネルギーの緩和過程に比べてマイクロ波からのエネ

[3)] 久保亮五 編：「熱学・統計力学 (修訂版)」第 10 章 (第 0 章の文献 [2])

ギー流入が大きすぎると，スピン系は熱平衡状態からずれる．非平衡状態ではいろいろ興味深い物理現象が現れるが，ここでは触れない．

　スピン系としては，縦緩和だけでなく横方向の緩和現象も考えなければならない．直流磁場に応じて歳差運動する各スピンの振動成分が揃っていなければ，全体としての磁化の振動成分はなくなって，マイクロ波の磁場と相互作用ができない．しかし各スピンの振動の位相が揃っている状態はエントロピーが小さくて，ランダムな状態の方がエントロピーが大きい (図 4-3)．そこで系は，振動の位相が揃わない状態に向かって緩和する．これは量子化軸に対して垂直な成分の緩和だから，**横緩和**という．この場合，緩和はスピン系内部の相互作用のエネルギー再分配で起きるので，**スピンスピン緩和**ともよばれる．スピン格子緩和とスピンスピン緩和とは，もちろん別の過程である．通常，スピンスピン緩和の方がスピン格子緩和よりずっと速い．その極限として，回転しているスピン系が格子とは別の温度で熱平衡にある，と考えることもある．

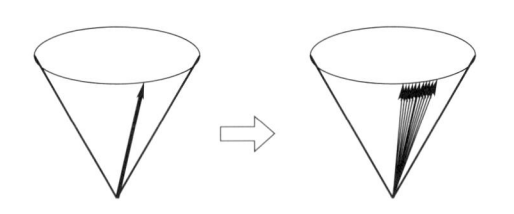

図 4-3　スピン系の横成分の緩和

緩和率　緩和時間

　熱平衡値からのずれが小さいときには，緩和するエネルギーがそのずれに比例すると仮定することができる．比例定数を $1/T$ と書いて**緩和率**といい，T を**緩和時間**という．そうすると，振動磁場を円偏光 $h_x = h\cos\omega t$, $h_y = h\sin\omega t$ として，静磁場と振動磁場によるゼーマンエネルギーに緩和過程も含めて，磁化の運動方程式は，

$$\left.\begin{aligned}\frac{dM_x}{dt} &= \gamma(-HM_y + hM_z\sin\omega t) - \frac{M_x}{T_2}\\ \frac{dM_y}{dt} &= \gamma(HM_x - hM_z\cos\omega t) - \frac{M_y}{T_2}\\ \frac{dM_z}{dt} &= \gamma(hM_y\cos\omega t - hM_x\sin\omega t) + \frac{\overline{M} - M_z}{T_1}\end{aligned}\right\} \quad (4.25)$$

と書ける．ただし，スピン集団の統計的な和を問題にしていることをはっきり示すために，静磁場 $\boldsymbol{H}$ 中で熱平衡のときの M_z の値を $\overline{M}$ で示した．前の 2 つの式は，$M_\pm = M_x \pm \mathrm{i} M_y$ を用いれば，

$$\begin{aligned}\frac{dM_\pm}{dt} &= \gamma\{-H(M_y \mp \mathrm{i} M_x) + hM_z(\sin\omega t \mp \mathrm{i}\cos\omega t)\} - \frac{M_\pm}{T_2}\\ &= \pm\mathrm{i}\gamma(HM_\pm - hM_z\, e^{\pm\mathrm{i}\omega t}) - \frac{M_\pm}{T_2}\end{aligned} \quad (4.26)$$

となる．ここに書いたように 2 種類の緩和時間を添字で区別して，しばしばスピン格子緩和時間を単に T_1，スピンスピン緩和時間を T_2 とよぶ．

強磁性体のような秩序状態ではスピン間の相互作用が強いので，スピン系は一体として運動し，個々のスピンは外からかけた磁場ではなく磁化の方向に緩和すると考えることができる．ランダウとリフシッツは，平衡位置からずれても磁化の大きさは第 1 近似では変化しないとして，$\lambda \boldsymbol{M} \times (\boldsymbol{M} \times \boldsymbol{H})$ という緩和項を考えた[4]．静磁場を z 方向として各成分を書けば，静的な熱平衡状態からのずれが小さいときには，

$$\begin{aligned}\boldsymbol{M} \times (\boldsymbol{M} \times \boldsymbol{H}) &= \boldsymbol{M} \times \begin{pmatrix} M_y \\ -M_x \\ 0 \end{pmatrix} H = \begin{pmatrix} M_z M_x \\ M_z M_y \\ -M_x^2 - M_y^2 \end{pmatrix} H\\ &\simeq \begin{pmatrix} M_x \\ M_y \\ 2(M_z - M) \end{pmatrix} MH\end{aligned} \quad (4.27)$$

---

[4] 同じ条件は $\lambda \boldsymbol{M} \times d\boldsymbol{M}/dt$ としても満たされる．こちらはジョルジーの緩和式とよばれる．第 1 近似ではランダウ‐リフシッツの式と等しい．

であるから，これは $T_2 = 2\,T_1$ に当たる．式 (4.27) の最後の変形では $-M_x^2 - M_y^2 = M_z^2 - M^2 = (M_z + M)(M_z - M)$ を用い，$M + M_z$ を $2M$ で近似した．T_1 が短くて縦緩和が速いときには，縦成分の緩和にともなって横成分も小さくなるので，T_2 は $2\,T_1$ より長くはないと考えるべきである．ただし，ランダウ‒リフシッツの緩和式は，むしろ平衡位置からのずれの大きいところで意味のある表現である．

定常状態

式 (4.26) に戻って，$dM_z/dt = 0$ の定常状態では次のように解が求められる．振動磁場の周波数に応じて $M_{\pm} = M_{\pm}^0 e^{\pm i\omega t}$ として，$\omega_0 = \gamma H$ とおけば，

$$\pm i\omega M_{\pm}^0 = \pm i\gamma\bigl(HM_{\pm}^0 - hM_z\bigr) - \frac{M_{\pm}^0}{T_2}$$

$$M_{\pm}^0 = \frac{\mp i\gamma M_z}{\pm i(\omega - \omega_0) + 1/T_2}\,h = \frac{(\omega_0 - \omega) \mp i/T_2}{(\omega - \omega_0)^2 + 1/T_2^2}\,\gamma hM_z \tag{4.28}$$

一方，式 (4.25) の第 3 式から定常状態の仮定により，

$$\begin{aligned}
\frac{dM_z}{dt} &= \gamma h(M_y\cos\omega t - M_x\sin\omega t) + \frac{\overline{M} - M_z}{T_1} \\
&= \frac{\gamma h}{2i}\bigl(M_+ e^{-i\omega t} - M_- e^{i\omega t}\bigr) + \frac{\overline{M} - M_z}{T_1} \\
&= \frac{\gamma h}{2i}\bigl(M_+^0 - M_-^0\bigr) + \frac{\overline{M} - M_z}{T_1} = 0
\end{aligned} \tag{4.29}$$

だから，式 (4.28) を代入すれば，

$$\frac{\overline{M}}{T_1} = \frac{M_z}{T_1} + \frac{1/T_2}{(\omega - \omega_0)^2 + 1/T_2^2}(\gamma h)^2 M_z$$

$$M_z = \overline{M}\,\frac{1 + T_2^2(\omega - \omega_0)^2}{1 + T_2^2(\omega - \omega_0)^2 + (\gamma h)^2 T_1 T_2} \tag{4.30}$$

式 (4.30) を式 (4.28) に代入すれば，$\boldsymbol{h}$ に従って振動する磁化の振幅が得られる．それが振動磁場の振幅に比例する範囲では，式 (4.30) の分母第 3 項は落

ちて $M_z = \overline{M}$ となり, 振動部分の複素磁化率 $\chi = \chi' - i\chi''$ が式 (4.28) から得られる.

$$\chi = \frac{T_2^2(\omega_0 - \omega) - iT_2}{1 + T_2^2(\omega - \omega_0)^2} \gamma\overline{M} \tag{4.31}$$

χ が複素量であることは, 磁場と磁化の振動の位相が一致しないことを示している.

エネルギー吸収曲線

振動磁場の x, y 成分がそれぞれ $h_x = h\cos\omega t, h_y = h\sin\omega t$ であるとき $h_+ = h_x + ih_y = he^{i\omega t}$ であることを考えると, 磁化の振動部分,

$$\chi \cdot h_+ = (\chi' - i\chi'')(h_x + ih_y) = (\chi' h_x + \chi'' h_y) + i(\chi' h_y - \chi'' h_x) \tag{4.32}$$

の x, y 成分はそれぞれ,

$$\left. \begin{array}{l} M_x = \chi' h_x + \chi'' h_y = \chi' h\cos\omega t + \chi'' h\sin\omega t \\ M_y = \chi' h_y - \chi'' h_x = \chi' h\sin\omega t - \chi'' h\cos\omega t \end{array} \right\} \tag{4.33}$$

である. 単位時間当たりのエネルギー吸収量は単位体積当たり $\bm{h} \cdot d\bm{M}$ だから, 1 周期当たり,

$$\begin{aligned} I(\omega) &= \int_0^{2\pi/\omega} \left(h_x \frac{dM_x}{dt} + h_y \frac{dM_y}{dt} \right) dt \\ &= h^2 \omega \int_0^{2\pi/\omega} \{\cos\omega t \, (-\chi' \sin\omega t + \chi'' \cos\omega t) \\ &\qquad\qquad + \sin\omega t \, (\chi'' \sin\omega t + \chi' \cos\omega t)\} \, dt \\ &= h^2 \omega \int_0^{2\pi/\omega} \chi'' \, dt \\ &= 2\pi \frac{T_2}{1 + (\omega - \omega_0)^2 T_2^2} \gamma\overline{M} h^2 \end{aligned} \tag{4.34}$$

となる. 吸収は χ'' に比例する.

式 (4.28) 以降の計算の流れを見直せば, 式 (4.34) は

$$\frac{I(\omega)}{2\pi} = \mathrm{Re}\left[\frac{1}{p}\right] \gamma\overline{M} h^2, \qquad p = -i(\omega - \omega_0) + \frac{1}{T_2} \tag{4.35}$$

と書くこともできる．Re は実数部分を表す．この表現はすぐ後で利用する．

図 4-4 に式 (4.34) の吸収曲線を実線で示す．吸収が最大になるところは $\omega = \omega_0 = \gamma H$ であり，吸収量が最大値の半分になる振動数は $\omega_0 \pm 1/T_2$

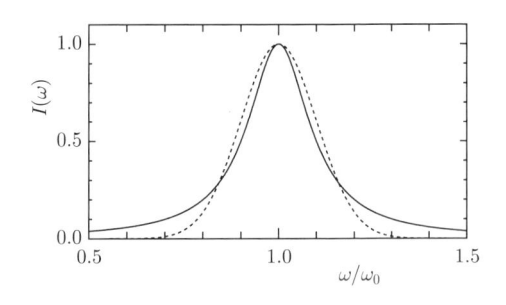

図 4-4 ローレンツ型 (実線, $T_2 = 10/\omega_0$) とガウス型 (点線, $\sigma = 0.1\omega_0$) の吸収曲線

で与えられる．微分曲線のピークは，$\omega_0 \pm 1/\sqrt{3}T_2$ に現れる．振動数依存性がこの形の吸収曲線を**ローレンツ型**という．これは緩和が平衡状態からのずれに比例するという仮定から一般的に出てくるので，磁気吸収に限らず共鳴吸収に広く現れるパターンである．静磁場を一定にして周波数を変える代わりに，周波数を一定にして磁場を変えても同じ形の吸収曲線が得られる．

共鳴吸収線に幅を与えるのは，スピン系の散逸だけではない．しばしば現れるのは，磁性イオン間の磁気 2 重極相互作用や格子欠陥その他の理由で結晶が十分一様でなくて，場所によって共鳴の位置がずれる場合である．観測されるのは各イオンの吸収の和だから，共鳴周波数が分布すれば幅になる．多くの場合，共鳴周波数の分布はガウスの誤差関数で表現され，共鳴吸収線の形は

$$I(\omega) \propto \exp\left[-\frac{(\omega - \omega_0)^2}{2\sigma^2}\right] \tag{4.36}$$

となる．これは**ガウス型**とよばれる．微分曲線のピークは $\omega - \omega_0 = \pm\sigma$ で，吸収がピークの半分になるのは $\omega - \omega_0 = \pm\sqrt{2\log 2}\,\sigma \simeq \pm 1.18\sigma$ である．この曲線も図 4-4 に点線で示した．実際には，完全なローレンツ型でも完全なガウス型でもない中間的な場合が少なくない．

運動による尖鋭化

このように場所によって共鳴周波数が変わるときには，熱運動によって

イオンが移動すれば，そのイオンの共鳴周波数が時間と共に変化することになる．直感的に考えて，共鳴振動数の差 D が移動による変化の速さ $1/\tau$ よりずっと大きいときには2つの共鳴が分離して観測され，逆に $D \ll 1/\tau$ のときには平均位置 ω_0 に1本の共鳴が観測されると推測できる．実際，共鳴周波数の変化が完全に確率的に起きる場合は，吸収曲線は解析的に与えられている．簡単のために，共鳴位置が ω_1 と ω_2 の2つで T_2 が等しく[5)]，長時間平均ではそのどちらにいる確率も等しい場合を考えれば，

$$\left.\begin{aligned}
&I(\omega) = \mathrm{Re}\Big[\sum_{i,j=1,2} \frac{1}{2}\big([p\underline{E} - \mathrm{i}D\underline{F} - \underline{W}]^{-1}\big)_{ij}\Big] \\
&p = -\mathrm{i}(\omega - \omega_0) + \frac{1}{T_2} \\
&\omega_0 = \frac{\omega_1 + \omega_2}{2}, \qquad D = \frac{\omega_2 - \omega_1}{2} \\
&\underline{E} = \begin{pmatrix} 1 & 0 \\ 0 & 1 \end{pmatrix}, \quad \underline{F} = \begin{pmatrix} 1 & 0 \\ 0 & -1 \end{pmatrix}, \quad \underline{W} = \begin{pmatrix} -1/\tau & 1/\tau \\ 1/\tau & -1/\tau \end{pmatrix}
\end{aligned}\right\} \quad (4.37)$$

である．ただし，ある時刻に ω_1 であった共鳴周波数が δt 後でもそのままである確率を $1 - \delta t/\tau$ としている．$1/\tau$ が共鳴周波数の変化の平均的な速さを与える．この式の導出はしない．文献 [5, 6] を参照されたい．

式 (4.37) の括弧内の2行2列の行列の逆行列を求めて実際に計算すれば，

$$I(\omega) = \mathrm{Re}\Big[\frac{p + 2/\tau}{p^2 + D^2 + 2p/\tau}\Big] \qquad (4.38)$$

となる．$D\tau \gg 1$ のときは，

$$I(\omega) \approx \mathrm{Re}\Big[\frac{p}{p^2 + D^2}\Big] = \frac{1}{2}\mathrm{Re}\Big[\frac{1}{p + \mathrm{i}D} + \frac{1}{p - \mathrm{i}D}\Big] \qquad (4.39)$$

であって，式 (4.35) を見れば，これは $\omega_0 \pm D$ にある2本の吸収線の重ね合わせである．

[5)] 式 (4.37) で ω_i を複素数としてそれぞれの吸収幅を取り込んでおけば，位置によって共鳴線幅の異なる場合も同じ式で表現できる．文献 [13] を参照．

また，逆に $D\tau \ll 1$ のときは τ で展開して，

$$I(\omega) \approx \mathrm{Re}\Big[\frac{1}{p + D^2\tau/2}\Big] \tag{4.40}$$

となって，これは ω_0 にある 1 本の吸収線を表す．

$$p + \frac{D^2\tau}{2} = -\mathrm{i}(\omega - \omega_0) + \frac{1}{T_2} + \frac{D^2\tau}{2}$$

だから，線幅は本来の値 $1/T_2$ よりも $D^2\tau/2$ だけ増えていて，共鳴振動数の変化の激しい極限である $\tau \to 0$ で本来の値に戻る．これを**運動による尖鋭化** (motional narrowing) という．これらの式を見れば，磁気共鳴の吸収線形 (線幅) によって揺らぎの速さ (τ) についての情報を得る可能性があることがわかる．

図 4-5 に，$D\tau$ の変化に応じて共鳴曲線がどう変化するかを式 (4.37) によって計算した例を示した．4.4 節の図 4-14 には，メスバウアースペクトルでの実測例を示してある．

シャッタースピードより速く変化する現象はその平均が，遅く変化する現象はそれぞれの位置で，観測されるという結果は物理的に当然で，磁気共鳴に限らず広く通用する．

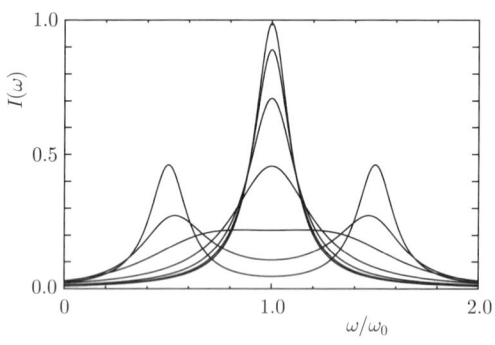

$\omega_1 = 0.5\omega_0$, $\omega_2 = 1.5\omega_0$, $T_2 = 10/\omega_0$ で，τ は $\omega = \omega_0$ の点で高い方から順に，$1/\omega_0$ を単位として，0.01, 0.1, 0.3, 1, 3, 10, 100 である．

図 4-5 共鳴振動数が 2 つの値の間をランダムに変化するときの吸収曲線

4.3 核スピンの効果と核磁気共鳴

ここまで述べてきたことは磁気モーメントについて一般的に成立することで，電子に限られない．固体物理学としては，電子共鳴と並んで原子核の磁気共鳴が重要である．原子核の共鳴・緩和は電子状態によって変化し，したがって**核磁気共鳴**を観測することで電子状態についての情報が得られるからである．それは電子の方からいえば，原子核の磁気モーメントや電気4重極との相互作用によって電子状態のエネルギーが変化する，ということであって，その面からも固体についての情報が得られる．核磁気共鳴は，直接観測する相手が電子でないために，かえって実験しやすい面がある．観測方法としては，前節で述べた振動磁場の吸収ばかりでなく，磁気モーメントの歳差運動にともなって振動する磁場を検出する方法がよく用いられる[7]．振動の減衰を検出することによって，緩和時間も決定できる．

超微細相互作用

原子核をつくる陽子や中性子はスピン1/2のフェルミ粒子であり，原子核も角運動量・磁気モーメントをもつ[6]．角運動量はプランクの定数$\hbar$を単位として量子化されているから，それを$I\hbar$と書く．質量が大きいのに対応して，磁気モーメントは電子の1/1000程度になる．ボーア磁子の表式$\mu_B = e\hbar/2m_e$で電子の質量m_eを陽子の質量m_pにおき換えて，$\mu_N = e\hbar/2m_p = 5.05 \times 10^{-27}$J/T を**核磁子**とよぶ．核子は内部構造をもっているから，これがそのまま陽子の磁気モーメントの大きさではない．陽子の磁気モーメントは$2.793\,\mu_N$である．中性子は電気的に中性だが磁気モーメントをもっていて，その大きさは$-1.913\,\mu_N$である．負号は，磁気モーメントが角運動量と逆を向いていることを示す．角運動量が同程度で磁気モーメントが小さいから，磁気角運動量比γの値も電子の値よりおおむね3桁下がる．1Tの静磁場中の陽子の共

[6) 一般に，原子番号(陽子数)と質量数(陽子数+中性子数)が共に偶数の核は基底状態ではスピンが0で，磁気モーメントをもたない．

鳴周波数は 42.6 MHz である．

　静磁場中では，核スピンによる縮退は γ の大きさに応じて解けるが，その他にスピンハミルトニアンについて述べたことがそのまま適用できる．I が 0 でなければ，周囲の状況に応じて準位は分裂する．最も重要なのは，電子スピンとの磁気的相互作用である．また，$I \geq 1$ のときに現れて I の 2 次式で表される核の電気 4 重極と結晶電場との相互作用は，その原子核の位置の対称性を反映するので有用である．

　核スピンと電子スピンとは，それぞれのつくる磁場を通じて磁気 2 重極相互作用をする．電子は核に比べてずっと拡がっているから，原子核の方は点 2 重極 $\boldsymbol{\mu}_K$ とし，電子スピンの磁気 2 重極は存在確率 $|\psi(\boldsymbol{r})|^2$ で分布していると考える．この磁気 2 重極の分布が原子核の位置につくる磁束密度による $\boldsymbol{\mu}_K$ の静磁エネルギーを考えればよい．これを**超微細相互作用** (hyperfine interaction) という[7]．

　点 $\boldsymbol{r}$ にある磁気モーメント $\boldsymbol{\mu}$ が原点 (原子核の位置) につくる磁場は，

$$\boldsymbol{H} = \frac{\mu_0}{4\pi r^5}\{-\boldsymbol{\mu}(\boldsymbol{r}\cdot\boldsymbol{r}) + 3(\boldsymbol{\mu}\cdot\boldsymbol{r})\,\boldsymbol{r}\} \tag{4.41}$$

(式 (0.6)) だから，これに $|\psi(\boldsymbol{r})|^2 \equiv \rho(\boldsymbol{r})$ を掛けて積分する．その際，原子核の位置を中心として球対称な電子分布の部分と，そうでない部分に分けて考える必要がある．

$$\rho(\boldsymbol{r}) = \rho_{\text{sym}}(\boldsymbol{r}) + \rho_{\text{asym}}(\boldsymbol{r}), \quad \rho_{\text{sym}}(\boldsymbol{r}) = \rho_{\text{sym}}(r) = \frac{1}{4\pi}\int_{\text{全立体角}}\rho(\boldsymbol{r})\sin\theta\,d\theta\,d\phi \tag{4.42}$$

$\rho_{\text{sym}}(\boldsymbol{r})$ については，球形の一様な 2 重極分布内部の反磁場が，磁化が $\boldsymbol{M}$ のとき $-\mu_0\boldsymbol{M}/3$ であることを用いる[8]．この反磁場の強さは磁化 (磁気モーメント

---

[7]　核子と電子とは違う粒子だから，この静磁エネルギーは $-\boldsymbol{\mu}_K\cdot\boldsymbol{H}$ ではなくて $-\boldsymbol{\mu}_K\cdot\boldsymbol{B}$ で与えられる．0.2 節を参照．にもかかわらず，特に電子のスピンが整列しているときに原子核の感じる磁束密度を，内部磁場とよぶのが慣例である．

[8]　ここに μ_0 が現れることについては，磁場の単位についての 10〜12 頁の議論，特に式 (0.11) を参照．

の密度) で決まって球の半径によらないから，球の表面の球殻だけに一様な磁化があるときには，球殻の内部では磁場が 0 になる．大き

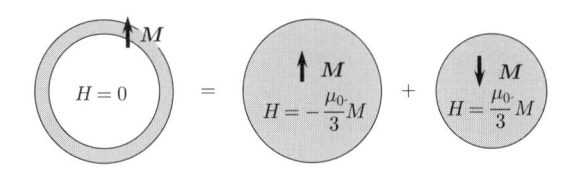

図 4-6　一様に磁化した球殻の内部には磁場がない．

さの違う 2 つの球を逆向きに同じ大きさに磁化して，重ねたのと同等だからである．図 4-6 を参照．したがって，2 重極分布の球対称な成分による磁場は外側の電子密度にはよらず，原点の電子密度だけで決まる．原子核の位置の磁束密度は，磁化の寄与を加えて，

$$B(r_K) = H(r_K) + \mu_0 M(r_K) = \frac{2}{3}\mu_0 M(r_K) = \frac{2\mu_0}{3}|\psi(r_K)|^2 g\mu_B S \tag{4.43}$$

となり，球対称成分の相互作用のエネルギーは次式で表される

$$\mathcal{H}_{\mathrm{hf(sym)}} = A_{\mathrm{(sym)}} S\cdot I, \qquad A_{\mathrm{(sym)}} = \frac{2\mu_0}{3}|\psi(r_K)|^2 g\, g_K\, \mu_B\, \mu_N \tag{4.44}$$

g は電子の g 因子，g_K はその原子核の g 因子で，$\mu_K = g_K\mu_N I$ である．最初に − が付かないのは，電子と原子核の電荷の符号の違いによる．原子核位置の電子密度に比例するので，式 (4.44) を**接触相互作用**，あるいはこの形の表現を最初に与えたフェルミに因んで，**フェルミ項**という．当然等方的で，磁気モーメントの方向に依存しない．

電子状態に即していえば，球対称なのは s 状態である．磁性に関係する d 軌道や f 軌道では核の位置での電子密度が 0 になる (図 2-2 参照) ので，フェルミ項は存在しないはずである．しかし磁性イオンでも，式 (4.44) の形の等方的な相互作用が存在することが実験的に検証され，2.2 節で述べた d, f 電子と閉殻電子とのクーロン相互作用によって説明された．d, f 電子のクーロン反発力は内殻の電子をさらに内側に押し込むが，軌道の直交する電子の間

の交換相互作用は正だから，外側のスピン偏極と同じ向きのスピンの電子の方がその度合いが少ない．その結果，原子核の感じる磁束密度はスピン偏極と逆向きになる．こういった事情があるために，実験によって求めた超微細相互作用定数 A は，式 (4.44) にかかわらず，原子核の位置における磁性電子の密度を直接与えるわけではない．

電子雲の球対称でない部分が原子核の位置につくる磁場は，式 (4.41) によって，

$$\boldsymbol{H}_{\text{K(asym)}} = \frac{\mu_0}{4\pi} \int_{\text{全空間}} \frac{-\boldsymbol{\mu}(\boldsymbol{r}\cdot\boldsymbol{r}) + 3(\boldsymbol{\mu}\cdot\boldsymbol{r})\boldsymbol{r}}{r^5} \rho_{\text{asym}}(\boldsymbol{r})\, r^2\, \sin\theta\, dr\, d\theta\, d\phi \tag{4.45}$$

を計算すればよい．球対称成分を差し引いてあるから ρ_{asym} は $r \to 0$ で r の 1 次以上で 0 になり，積分は発散しない．また同じ理由で，$\boldsymbol{H}$ と $\boldsymbol{B}$ は等しい．角度部分について積分すれば，式 (4.45) はベクトル $\boldsymbol{\mu}$ をベクトル $\boldsymbol{B}_{\text{K}}$ に変換する 1 次変換を表すから，式 (4.44) のスカラー量 A を対称なテンソルでおき換えて，

$$\boldsymbol{B}_{\text{K(asym)}} = \frac{1}{g\, g_{\text{K}}\, \mu_{\text{B}}\, \mu_{\text{N}}} \underline{A}_{\text{asym}}\, \boldsymbol{\mu} \tag{4.46}$$

と書ける．式 (4.45) を見れば，$\underline{A}_{\text{asym}}$ の対角和 $A_{xx} + A_{yy} + A_{zz}$ が 0 になることは簡単にわかる．したがって立方対称であれば，x, y, z 方向が等価だから，$\underline{A}_{\text{asym}} = 0$ である．

球対称成分と球対称でない成分を加えて，超微細相互作用のエネルギーは，

$$\mathcal{H}_{hf} = \boldsymbol{I}(\underline{A}_{\text{sym}} + \underline{A}_{\text{asym}})\boldsymbol{S} \equiv \boldsymbol{I}\underline{A}\boldsymbol{S}, \quad \underline{A}_{\text{sym}} = A_{\text{sym}}\underline{E} \tag{4.47}$$

となる．$\underline{E}$ は単位行列である．

超微細相互作用が，ゼーマンエネルギーと同様に，2 つのベクトルの内積 (対称な双 1 次形式) の形で書けるので，電子スピン $\boldsymbol{S}$ から見ても核スピン $\boldsymbol{I}$ から見ても，これは磁場と同様に考えることができる[9]．しかし同じ相互作用

---

[9] 2 種類のスピンを切り離してそれぞれ相手を静磁場と同様に考えることができるのは，特性周波数が全く違うからである．同種のスピンが結合しているようなときには切り離せないので，両方の運動を同時に考える必要がある．6.5 節を参照されたい．

でも，電子スピンと核スピンでは γ の値，したがって特性周波数が3桁違い，緩和時間も違うので，どちらで見るかによってその効果は全く違う．前節の最後の議論を思い出せば，シャッタースピードの速い電子スピンから見れば核スピンは止まって見える．$I = 3/2$ であれば $I_z = -3/2$ から $3/2$ までの4つの状態が別々に見える．図4-2で中央の主線の両側に見える4本の吸収がそれを示している．これに対して核スピンから見ると，電子スピンの共鳴・緩和は十分速くて，その平均値だけが見える．したがって，核磁気共鳴は電子スピンの熱平衡値 M に対応した大きさだけ共鳴の位置がずれる．分裂はしない．

ここまでの議論は一般的で，磁気モーメントを担っている電子と原子核とは同一の原子に属している必要はない．磁性電子が局在しているときには，そこから離れた，例えば配位子の原子核の位置にその電子がつくる磁場は，式 (4.45) によって多重極展開で計算できる．その初項は2重極による磁場で，磁性電子の磁気モーメントがその属する原子の核の位置に集中していると仮定したときの磁場である．電子が S 状態で球対称であれば，それより高次の項はない．式 (4.47) から，この場合は電子の感じる配位子の核スピンによる磁場も，磁性イオンの原子核の位置に配位子の核スピンがつくる磁場に等しい．例えば $1\mu_N$ の核スピンから $0.2\,\mathrm{nm}$ 離れた点の磁場は，$\mu_0\mu_N/4\pi r^3 = 10^{-7} \times 5 \times 10^{-27}/(2 \times 10^{-10})^3 \approx 0.6 \times 10^{-4}\,\mathrm{T}$ の程度になる．

スーパー超微細相互作用

ところが，これよりも1桁大きく，しかも等方的な電子共鳴の分裂が，配位子の原子核によって引き起こされることがある．これは**スーパー超微細構造**とよばれ，磁性を担っている電子の状態 (配位しているイオンにどの程度拡がっているか) についての情報を与える．有名な例に，ティンカムの観測した ZnF_2 中の遷移金属イオン[8]がある．

ZnF$_2$ は図 4-7 に示した正方晶 $(4/mmm$-$D_{4h}^{14})$ のルチル型の結晶で, Zn を Mn, Fe, Co, Ni などでおき換えた化合物群は, 典型的なイオン結晶性 (局在スピン) 反強磁性体[10]として詳しい研究が行なわれていた. Zn の位置は中心対称をもつ斜方対称 (mmm) で, 6 つの F$^-$ イオンが歪んだ八面体をつくって配位している. 中央の陽イオンに対して同じ c 面上にある 2 つの F とその他の 4 つとは, 結晶学的には等価だけれども中央の陽イオンに対しては等価でないので, それぞれⅡ, Ⅰと書いて区別しよう.

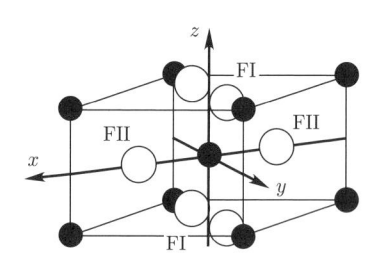

黒丸：陽イオン　白丸：陰イオン

図 4-7 ルチル構造

Mn^{2+} イオンがこの Zn の位置に入ったときのスピンハミルトニアンは, 磁場に換算して 5×10^{-4} T 程度と見積もられる 4 次の項を無視すると,

$$\mathcal{H}_\mathrm{S} = \mu_\mathrm{B} \boldsymbol{H}\,\underline{g}\,\boldsymbol{S} + \boldsymbol{S}\,\underline{D}\,\boldsymbol{S} + \boldsymbol{S}\,\underline{A}\,\boldsymbol{I} \tag{4.48}$$

と書ける. 図 4-7 に書き込んだように座標軸をとると 3 つのテンソルは対角化されるが, Mn^{2+} は S イオンだから $\underline{g}$ も $\underline{A}$ も等方的と考えて大きな誤りはない. $g = 2.002 \pm 0.005$ であり, 他のパラメータを $g\mu_\mathrm{B}$ で割って磁場に直し, 10^{-4} T 単位で表すと,

$$A = -103 \pm 3, \quad D_x = 23 \pm 15, \quad D_y = 110 \pm 10, \quad D_z = -133 \pm 5$$

である. こうして現れる 1 本の吸収線が, 配位している 6 つの F$^-$ イオンの核スピンによってさらに分裂する. フッ素の原子核は 100% ^{19}F で, その核スピンは 1/2, 核磁気モーメントは $2.63\,\mu_\mathrm{N}$ である. フッ素の核スピンと Mn イオンの電子スピンとの相互作用は, フッ素位置が 2 種類あることを考えて,

$$\mathcal{H}_\mathrm{sh} = \boldsymbol{S}\sum_{j=1}^{4}\underline{A}^\mathrm{I}\boldsymbol{I}^\mathrm{I}_{Fj} + \boldsymbol{S}\sum_{j=1}^{2}\underline{A}^\mathrm{II}\boldsymbol{I}^\mathrm{II}_{Fj} \tag{4.49}$$

---

10) 反強磁性については次章を参照.

4.3 核スピンの効果と核磁気共鳴

と表される．第1項は上下4つの，第2項は同じ c 面内の2つのF核についての和である．Mnを挟んで対称の位置にある2つの核は等価なので，分裂は最大 $[2\times(1/2\times2)+1]^3 = 27$ 本になる．

実験を最もよく説明するパラメータを表4-1に示した．x 軸方向では D が小さくて隣の吸収が重なってしまうので，パラメータを実験的に決めることができない．しかし，A_x^{I} は A_y^{I} にほぼ等しく，A_x^{II} は A_y^{II} より30%くらい大きいと推定された．この結果をティンカムは Mn^{2+} イオンの3d軌道と F^- イオンの軌道との混成で解釈し，磁性電子は F^- イオンの2s, 2p軌道に約6%，3s, 3p軌道にも同程度，中間領域に約25%存在していて，Mnの3d軌道には約60%程度しかいない，という結論を出した．

この相互作用がFの核からどう見えるかは，すぐに検討された．ティンカムの報告の3ヶ月ほど後に，シュールマンとジャッカリーノは MnF_2 単結晶のF核の核磁気共鳴を常磁性領域で観測して報告した[9]．共鳴周波数は外部磁場に比例するが，すでに知られていた γ の値から計算した値からずれる．そのずれは，MnF_2 の磁化率から計算した磁化がすべてMnイオンに局在しているとして式(4.45)によって計算した値より30倍大きい．図4-8を参照．ブリーニー[10]の解析によれば，この値はティンカ

表 4-1 ZnF_2 中の Mn^{2+} のスーパー超微細構造パラメータ (単位は 10^{-4}T)

軸	A^{I}	A^{II}
x	—	—
y	17.7 ± 0.8	15.7 ± 1.3
z	19.5 ± 0.2	13.4 ± 0.2

(M. Tinkham：Proc. Roy. Soc. **A236** (1956) 535 による)

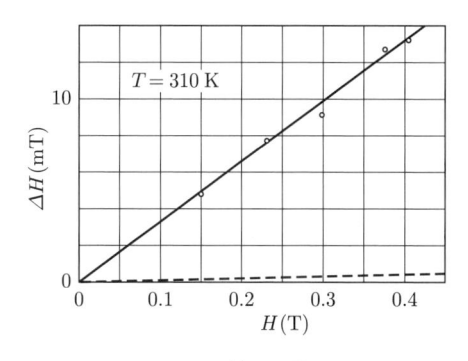

図 4-8 MnF_2 中の ^{19}F の核磁気共鳴周波数の磁場による変化．破線は式(4.45)による計算値．(R. G. Shulman and V. Jaccarino：Phys. Rev. **103** (1956) 1126)

ムの結果からの推定とよく一致している．

核磁気共鳴周波数のずれ

シュールマンらが示したように，電子との相互作用によって核磁気共鳴周波数は物質によって変わる．金属では，反磁性イオン結晶(例えば，アルカリ金属ならば NaCl のようなハライド)中よりも一般に高くずれる．これを発見者に因んで**ナイトシフト**といい，$\Delta\omega/\omega \equiv K$ で表す．これは，核磁気共鳴の観測のためにかけた外部磁場によって伝導電子が示す，常磁性スピン偏極(パウリの常磁性)によるものである．もっとも，基準となる反磁性結晶でも核磁気共鳴周波数が物質によって少し異なる(これを**化学シフト**という)ために，K の値はあまり精密には決定できない．ナイトシフトの例をいくつか表 4-2 に挙げた．表 0-1 の磁化率と比較されたい．

表 4-2 ナイトシフトの例

元素	K(%)	元素	K(%)
^{7}Li	0.0261	^{9}Be	-0.0025
^{23}Na	0.112	^{27}Al	0.1640
^{39}K	0.2744	^{51}V	0.565
^{85}Rb	0.6514	^{63}Cu	0.2394
^{133}Cs	1.49	^{93}Nb	0.821

(K の値は，飯田修一，他 編：「新版物理定数表」(朝倉書店，1978 年)による)

電子スピン間の相互作用などによって磁化率が温度変化するときには，ナイトシフトも温度変化することが予想される．このようなときには，温度をパラメータとして磁化率 χ とナイトシフト K の関係をプロットすることが行なわれる．原子内の電子状態が余り変化していなければ，このプロットは直線になるであろう．ただし，K の基準の取り方や反磁性磁化率部分の不確かさがあるので，この直線の延長は原点を通るとは限らない．逆にいえば，χ と K の関係を見ることでそれぞれの絶対値の不確かさを避けることができる．

図 4-9 は，常磁性 V_2O_3 の例である[11]．この物質は微量の Cr 置換で高温側の絶縁体相から低温側の金属相に 1 次の相転移を示し，典型的なモット転移 (0.4 節を参照) と考えられている．Cr を含まない純粋の V_2O_3 ではこの転移ははっきりしないが，電子状態は同じような変化をなだらかにしていると思われており，図 4-9 はその証拠とされる．

第 5 章で述べる電子スピンの秩序状態では，外から磁場をかけなくとも電子スピンの熱平均値は有限の値をもつ．そのために，この場合は外部磁場がなくとも原子核の位置の磁束密度(内部磁場)は有限の値をもち，核磁気共鳴が観測される．これは，原子位置によって異なる微視的な情報なので，秩序状態の研究に極めて有用である．これについては次節で触れる．

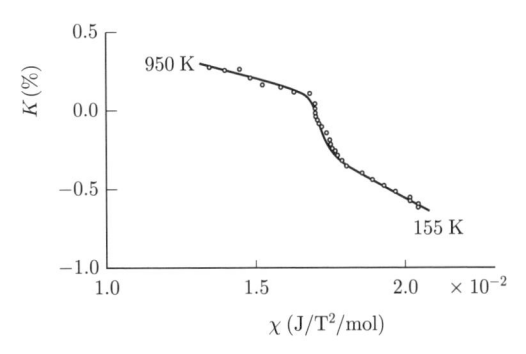

図 4-9　常磁性 V_2O_3 の χ-K プロット (A. C. Gossard, et al.：Phys. Rev. **B3** (1971) 3993 による)

コリンハの関係

核スピンのスピン格子緩和にはいろいろな過程があるが，電子スピンとの相互作用を通じる過程が最も有効と考えられている．そのために，金属の核スピンの T_1 は特徴的な温度変化をする．1.2 節で述べたように，バンド電子のスピンはおおむね打ち消し合っていて，フェルミ準位の上下 $k_B T$ 程度の部分だけが上向き下向き両方の状態をとる自由度をもっている．だから，核スピンのスピン格子緩和過程に対して有効な電子数は $k_B T$ に比例する．そのために緩和率 $1/T_1$ は温度に比例し，

$$T_1 T = 一定 \quad (4.50)$$

という関係がある．これをコリンハの関係という．この議論は磁気的に活性な電子の数だけで

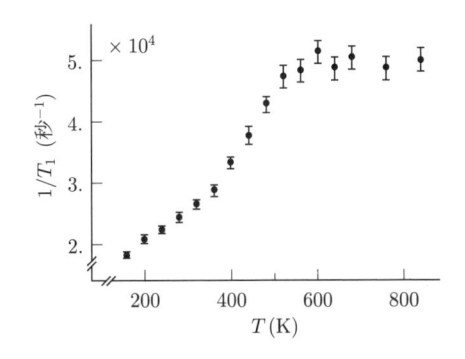

図 4-10　V_2O_3 の縦緩和率の温度変化 (A. L. Kerlin, et al.：Solid State Commun. **13** (1973) 1125 による)

決まり，具体的な相互作用の形によらない．だから，ナイトシフトの大きさと関係づけて式 (4.50) の一定値を説明するのは，あまり成功しないようである．

図 4-10 に，図 4-9 で χ-K プロットを示した V_2O_3 の縦緩和率 $1/T_1$ の温度変化を示した[12]．外挿が原点を通るわけではないが，緩和率は 400 K 付近より低温側では温度と共に大きくなるのに，500 K 付近より高温側ではほとんど一定になる．これも高温では電子状態が局在的であることを示すものと考えられている．

4.4 メスバウアー効果

核磁気共鳴は磁場などで分裂した原子核の基底状態の間の遷移を観測するが，遙かにエネルギー差の大きい原子核の励起状態も電子状態についての情報を与える．その典型的な例が**メスバウアー効果**で，原子核の基底状態と励起状態を結ぶ γ 線の吸収スペクトルが電子状態によって分裂することを利用する．

金属鉄中の ^{57}Fe の吸収スペクトルを例として図 4-11 に示す．横軸は γ 線のエネルギーだが，単位については 155 頁を参照されたい．この分裂から，室温の金属鉄の原子核の位置には 34.2 T の磁束密度 (内部磁場) があることがわかる．メスバウアー効果は，現象としてはこの章の主題である磁気共鳴と全く別だが，得られる情報は核磁気共鳴と同種であり，磁性体の実験的研究に重要な手段なのでここで述べる．メスバウアー効果を示す原子核は限られているが，^{57}Fe は特に分解能の高い測定ができるので，Fe を含む磁性体の研究に極めて有用

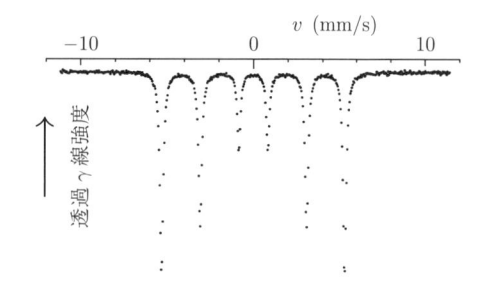

図 4-11 室温の金属鉄のメスバウアー吸収
(喜多英治氏による)

である.その他 ^{119}Sn, ^{129}I なども,目的に応じて用いられる.しかし最初に,この現象について説明しなければならない.

核準位間遷移による γ 線の放出

励起エネルギー $\hbar\omega_0$ の励起状態から,原子核が γ 線を放出して基底状態に落ちる場合を考える.^{57}Fe の場合は,図 4-12 に示したように ^{57}Co の軌道電子捕獲[11]でできた ^{57}Fe の第 2 励起状態から γ 線を放出して落ち込む第 1 励起状態が利用される[12].第 1 励起状態から基底状態への遷移エネルギーは 14.4 keV で,これは約 3.5×10^{18} Hz,波長約 0.086 nm の X 線に対応する.^{57}Fe のこの遷移は磁気 2 重極遷移で,寿命は約 10^{-7} 秒と長く,理論的なエネルギー分解能は約 10^{-9} eV,すなわち約 10^{-5} K に達する.分解能が高いので,周囲の電子や外部からかけた磁場との相互作用による準位の分裂やずれを測定することができる.

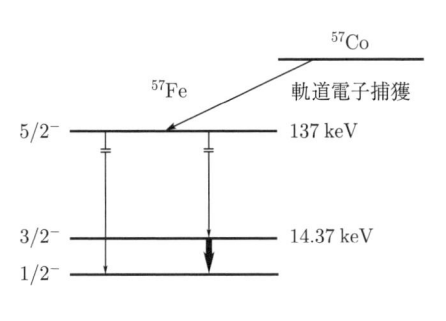

γ 線放出の前後で,エネルギーと運動量が保存する.原子核の励起エネルギーを $\hbar\omega_0$,質量を M とし,放出前には原子核は孤立して静止していたとすれば,放出された γ 線の周波数を ω,放出後の原子核の速さを V として,

$$\hbar\omega_0 = \hbar\omega + \frac{MV^2}{2}, \qquad \frac{\hbar\omega}{c} = MV \tag{4.51}$$

である.c は光速である.右の式を左の式に代入し,$V \ll c$ として第 2 項を無視すれば,

$$\frac{V}{c} = \frac{\hbar\omega_0}{Mc^2} \tag{4.52}$$

---

[11] 1s 電子を吸収して原子番号の 1 小さい核種に遷移する (不安定) 原子核が存在する.この過程を軌道電子捕獲という.

[12] 第 2 励起状態から直接基底状態に落ちる確率も 9% 程度ある.

となる．$\hbar\omega_0=14.4\,\mathrm{keV}$ で質量数 60 とすれば，V は $80\,\mathrm{m/s}$ 程度，原子核の運動エネルギーは $2\,\mathrm{meV}$ 程度，温度に換算して約 17 K で，これはフォノンのエネルギー範囲である．

結晶内では，原子は他の原子と結合して格子を組んでいる．γ 線の放出にともなって 1 つの原子に加えられた撃力の効果も，フーリエ解析して，様々な波数のフォノンモードが励起される過程として扱わなければならない．その各励起の確率をすべて加え合わせた全確率が 1 より小さければ，その差分だけの γ 線はフォノンを励起しないで放出されることになる．この場合，γ 線の運動量は結晶全体の運動量で受け止められることになり，式 (4.52) の M は実効的に無限大で，$V=0$，したがって $\omega=\omega_0$ となる．単体の Fe の場合その確率は，格子振動をデバイ近似で扱うと絶対零度で約 90% と推定される．この確率が大きいので，^{57}Fe はメスバウアー効果の観測に有利なのである．

格子振動によって原子核が振動していると，ドップラー効果によって周波数がずれる．放射核の γ 線の進行方向の速度成分を v とすれば，観測される周波数は

$$\omega = \frac{\omega_0}{1-v/c} \simeq \omega_0\left(1+\frac{v}{c}+\frac{1}{2}\frac{v^2}{c^2}\right) \tag{4.53}$$

である．仮に v を $20\,\mathrm{m/s}$ [13]とすると $v/c\approx 0.7\times 10^{-7}$ であって，この周波数のずれは ^{57}Fe の場合 $3.5\times 10^{18}\times 0.7\times 10^{-7} = 2.5\times 10^{11}$ Hz のオーダーになる．これは格子振動の振動数よりも小さい．したがって，1 次の効果は運動による尖鋭化 (4.2 節末尾を参照) によって平均されて，現れない．しかし 2 次の効果は，平均されても 0 にならない．格子振動による原子の速度は温度とともに大きくなるから，この項の平均値は温度とともに大きくなる．それは見かけ上，後で述べるアイソマー・シフトの温度変化として観測される．

放出された γ 線が基底状態にある同じ核種の原子核に吸収されるには，

---

[13] 気体分子の質量数が 60 のとき，300 K でのある方向の平均速度は $200\,\mathrm{m/s}$ 程度である．

4.4 メスバウアー効果

分解能以内の精度でエネルギーが正確に一致しなければならない．そのためには，放出される γ 線のエネルギーを制御する必要がある．それにもドップラー効果が用いられる．線源を試料 (吸収体) に対して前後に動かすことによって，10^{-13} 以上の相対精度で γ 線のエネルギーを変化させることができる．この方法をとるために，メスバウアー効果の吸収スペクトルの横軸は式 (4.53) でエネルギーに換算せず，図 4-11 のように線源の速度を mm/s 単位で表して，そのままとるのが普通である．速度の + の側がエネルギーが大きい．^{57}Fe の場合，1 mm/s は $3.86 \times 10^{-4} \mathrm{cm}^{-1}$ に当たる．

メスバウアー効果は，原子核と電子の相互作用による原子核のエネルギー準位の変化を測定するが，その相互作用は多重極展開で考えるのが便利である．^{57}Fe の場合，基底状態は $I = 1/2$，第 1 励起状態は $I = 3/2$ なので，基底状態では電荷によるクーロン相互作用，および磁束密度と核磁気モーメントとの磁気的相互作用だけを考えればよい．励起状態ではそれに，電場の勾配と電気 4 重極モーメントの相互作用が付け加わる．線源は通常磁束密度も電場勾配もない状態にして，放出される γ 線のエネルギーが一定で解析が容易になるようにする．

磁気的相互作用

核の準位の磁束密度による分裂は，核磁気共鳴の場合と同様である．^{57}Fe の g 因子は基底状態と励起状態とでは符号が逆で，基底状態では 0.181，励起状態では -0.100 である．そのために，準位の分裂は図 4-13 のようになる．磁気 2 重極遷移なので，量子化軸方向に入射する γ 線では $\Delta I_z = \pm 1$ で 4 本

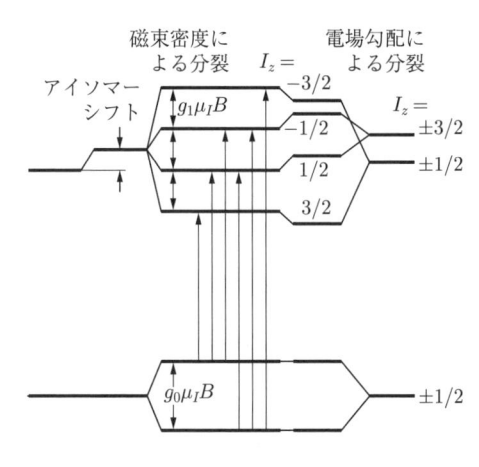

図 4-13　^{57}Fe 原子核の準位の分裂

の吸収線が，それ以外の方向から入射するときは，それに $\Delta I_z = 0$ の 2 本が加わって，6 本の吸収線が現れる (図 4-11)．外部から磁場をかけない強磁性体粉末試料などではそれらが平均されて，強度比 3:2:1:1:2:3 の 6 本の吸収線が観測される．ただし，これは吸収核 (^{57}Fe：存在比 2.2 %) の面密度の低い極限であって，γ 線の経路にそった ^{57}Fe の数が多くなると，吸収が飽和するので必ずしもそうはならない．また試料が薄膜であれば，強磁性体では反磁場によって磁気モーメント，したがって核スピンの方向が面内に制約される効果を考慮する必要がある．

　図 4-11 に示した室温の金属鉄の吸収スペクトルは，磁気的な分裂の例である．この内部磁場はフェルミ項によるので，電子スピンの熱振動による尖鋭化によって原子核の位置のスピン偏極密度の熱平均値に比例するはずである．実際その温度変化は，金属鉄の磁化の温度変化と一致する．原子核の感じる内部磁場がその点での時間平均であるのに対し，磁化はその結晶内の空間平均だから，この両者の温度変化が一致することはエルゴードの定理が成立して系が熱平衡にあることを示している．熱平衡であっても，例えば合金のように原子スケールでは並進対称性がない系では，内部磁場の値はその Fe 核の局所的な性質を表している．物質が異なると超微細相互作用定数 A (式 (4.44)) が変わるけれども，その変化はあまり大きくないので，金属合金や金属間化合物について，内部磁場の大きさから Fe 原子の磁気モーメントの熱平均値を推定することがしばしば行なわれる．また，外部から磁場をかけたときの内部磁場の変化によって，全体の磁化に対するその原子の磁気モーメントの向きを推定することができる．

電気 4 重極相互作用

　核の電気 4 重極と**結晶電場の勾配**による分裂は，前節で述べたように核スピンの 2 次式 (式 (2.39) の S を I でおき換えよ) で表される．したがって $I = 1/2$ の基底状態は分裂せず，$I = 3/2$ の励起状態は 2 つの 2 重項に分裂して，内部磁場がないときには吸収線は強度の等しい 2 本 (ダブレット) になる

(図 4-13 の右端を参照). ^{57}Fe の位置が立方対称であれば分裂しないことからもわかるように，4 重極分裂の大きさはその核の位置と周辺の電子の状態についての情報を与える．

図 4-14 に，$LuFe_2O_4$ 粉末の常磁性状態の吸収スペクトルを示した[13]．$LuFe_2O_4$ は三方晶系の結晶で，Fe は三方両錐型の配位多面体内にあり，その位置はすべて等価である．図 2-4(c) を参照されたい．イオン結晶として化学式を書くと $Lu^{3+}Fe^{3+}Fe^{2+}O_4^{2-}$ だから，Fe には価数の異なる 2 つの状態が予想される．300 K 以下のスペクトルは，図で実線で示したように，幅の違う 2 つのダブレットの合成であり，この予想を裏付けている．しかしこの 2 種類のダブレットは，温度の上昇とともに 1 本の吸収線に変化する．これは，電子を e と書けば $Fe^{3+} + e \rightleftarrows Fe^{2+}$ だから，局在状態の電子が移動してイオン状態が変化することによる尖鋭化として，式 (4.37) を用いて解析ができる．その解析結果のスペクトルを図 4-14 に実線で示し，また解析によって決定された 4 重極分裂など電子状態のパラメータとイオン状態の変化の速さ ($w = 1/\tau$) の温度変化を次頁の図 4-15 に示した．

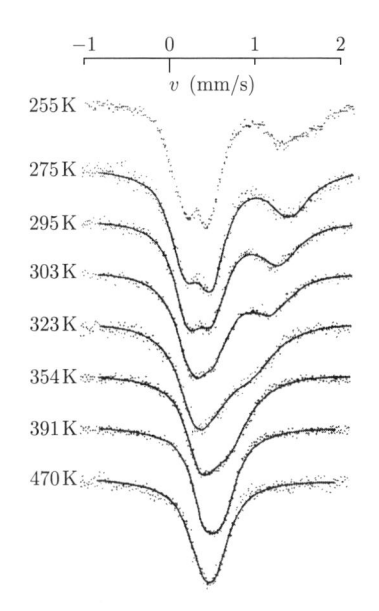

図 4-14 常磁性 $LuFe_2O_4$ の吸収スペクトル (実線は式 (4.37) による計算)
(M. Tanaka, *et al.* : J. Phys. Soc. Jpn. **53** (1984) 760 による)

このイオン状態の時間変化は電子の移動によるのだから，電気伝導率と関係する．アインシュタインの与えた関係式[14]によれば，電子の密度 n, 電気

---

14) 久保亮五 編：「熱学・統計力学 (修訂版)」第 10 章, 問題 12, 13 (第 0 章の文献 [2])

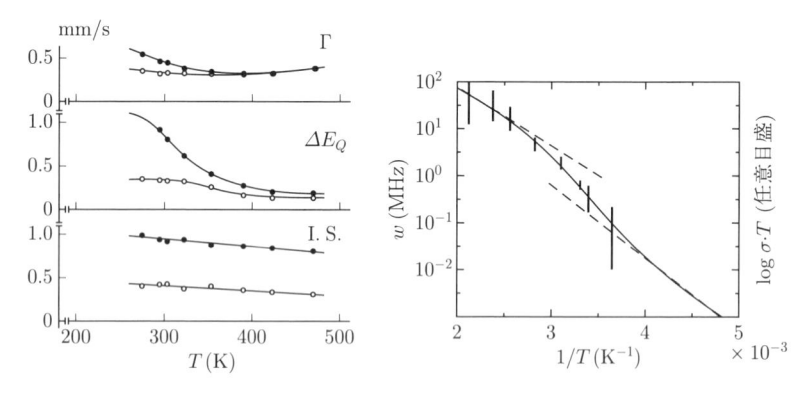

(Γ：線幅, ΔE_Q：4重極分裂, I.S.：アイソマーシフト, w：$1/\tau$)

図 4-15 LuFe$_2$O$_4$ のメスバウアー吸収パラメータの温度変化
(M. Tanaka, *et al.*：J. Phys. Soc. Jpn. **53** (1984) 760 による)

伝導率 σ, 温度 T と電子の移動確率 $w = 1/\tau$ の間には

$$\sigma = \frac{e^2}{2k_B T} \frac{a^2}{\tau} \cdot n \tag{4.54}$$

という関係がある．したがって，w は σT に比例するはずである．図4-15の右のグラフで，縦線は w の誤差範囲，実線が σT の実測値だが，両者の温度変化は良く一致している．ただし，1つ1つの局在電子が独立に移動すると考えて e として素電荷を，n として Fe^{2+} の数 (Fe 数の半分) をとると，$10^{-2}\Omega$m 程度である室温の電気抵抗を説明するには，電子の1回当たりの移動距離 a は 4 nm 程度になってしまう．この値は隣り合う Fe イオン間の距離より1桁以上大きい．これは，1つ1つの電子が独立ではなくて，全体として何らかの秩序構造を保って移動していることを示唆する．この電子の秩序 (電荷密度波) の存在は中性子回折で実証されており[14]，また図4-15の4重極分裂の大きさが大きな温度変化を示しているのもこれを支持している．

図4-15の右のプロットは，高温側でも低温側でも直線である．これは w が

$$w = w_0 \, e^{-U/k_B T} \tag{4.55}$$

という形で温度変化していることを示している．このような温度変化は固体物理で非常にしばしば現れ，**アーレニウス過程**とよばれる．8.5 節にも例を挙げるが，物理的には電子の移動が高さ U のエネルギーの壁を熱揺動によって飛び越すことで起こることに由来する．U を**活性化エネルギー**という．その大きさは図 4 - 15 のようなプロットの傾斜から求めることができる．いまの場合は，高温側で 0.27 eV, 低温側で 0.31 eV である．この違いは，$LuFe_2O_4$ が 250 K 付近で磁気的に転移するためと考えられている．

アイソマーシフト

原子核の磁気モーメントや電気 4 重極によるエネルギー準位の分裂は核磁気共鳴によっても測定できるが，電子状態による原子核とのクーロン相互作用の効果はメスバウアー効果でしか測定できない．これは，基底状態と励起状態とで原子核の大きさ (核の電荷分布) が違うために，電子 (核の位置での電荷密度: $e|\psi(\boldsymbol{r}=0)|^2$) との静電相互作用の大きさが異なるからである．

原子核の大きさは電子状態によらず原子核の状態ごとに一定だから，このエネルギー差は核の位置での電子の密度に比例する．ところが，前節 (145〜146 頁) でフェルミ項に関係して述べたように，内殻電子は外側の電子の反発力で内側に押し込まれる．そのために，外側の電子の状態，例えばイオンの価数によって，原子核の位置の電子密度は変化する．この効果による吸収線の位置のずれは**アイソマーシフト** (I.S.) とよばれる．この効果のない (原子核の位置での電子密度が 0 である) ときの位置はわからないので，基準物質 (例えば ^{57}Fe についてはステンレス鋼) を決めて相対的に比較することになる．またすでに述べたように，ドップラーシフトの 2 次の効果と区別がつかないので，実測されるずれの大きさは見かけ上温度変化する．比較するときは温度も決めておかなければならない．

文　　献

[1]　伴野雄三：「磁性」(三省堂，1976 年)
[2]　W. Low：Phys. Rev. **105** (1957) 801.
[3]　G. E. Pake 著，出口安夫，他訳：「常磁性共鳴」(化学同人，1966 年)
[4]　W. Low：Paramagnetic Resonance in Solids, Solid State Physics, eds. F. Seitz, D. Turnbull and H. Ehrenreich, Suppl. 2, 1960, Academic Press.
[5]　P. W. Anderson：J. Phys. Soc. Jpn. **9** (1954) 316.
[6]　A. Abragam 著，富田和久・田中基之 訳：「核の磁性」第X章 (吉岡書店，1964 年)
[7]　安岡弘志：「核磁気共鳴」(安岡弘志・本河光博 編，実験物理学講座 7　磁気測定 II，丸善，2000 年)
[8]　M. Tinkham：Proc. Roy. Soc. **A236** (1956) 535, 549.
[9]　R. G. Shulman and V. Jaccarino：Phys. Rev. **103** (1956) 1126.
[10]　B. Bleaney：Phys. Rev. **104** (1956) 1190.
[11]　A. C. Gossard, A. Menth, W. W. Warren, Jr and J. P. Remeika：Phys. Rev. **B3** (1971) 3993.
[12]　A. L. Kerlin, H. Nagasawa and D. Jerome：Solid State Commun. **13** (1973) 1125.
[13]　M. Tanaka, K. Siratori and N. Kimizuka：J. Phys. Soc. Jpn. **53** (1984) 760.
[14]　Y. Yamada, S. Nohdo and N. Ikeda：J. Phys. Soc. Jpn. **66** (1997) 3733.

第 5 章

スピン間相互作用と磁気秩序

　固体内で電子の磁気モーメントは，自立しているけれども孤立しているわけではない．固体内の電子は相互作用しており，そのエネルギーはスピンの相対関係に依存する．したがって，電子系のエネルギーにはスピンの相対関係で表現される部分がある．スピン間相互作用である．その結果，例えば金属鉄では 3d 電子のスピンが一方向に揃って整列した状態が基底状態となり，1043 K 以下で自発磁化が現れる．これを強磁性という．スピンの秩序状態は強磁性に限られない．もっと複雑な秩序構造も存在する．

　スピンが相互作用によって整列すると，スピン軌道相互作用を通じてスピンと結合している軌道角運動量も整列する．通常これをあまり区別せずに，スピン構造とか磁気構造とかいう．この秩序状態の発生は固体における秩序無秩序転移の典型的な例であって，どのような磁気構造がどの温度領域で発生するかは磁性体研究の一つの中心である．

　この章では，並進対称性をもったスピンの秩序状態とそれをつくる 2 体のスピン間相互作用について述べ，次の章ではその励起状態を論じる．相互作用によって生じる相の転移は，第 7 章の主題である．いい換えれば，この章と次の章ではエネルギーを扱う．自由エネルギーは表立っては考えない．

5.1 磁気的な秩序状態

スピンの最も単純な整列状態は, 全てのスピンが平行に揃った強磁性である. 各スピンの磁気モーメントが足し合わされて, 外部磁場がなくとも磁化が現れる. これを**自発磁化**という. しばしば, 単に磁化とよばれる. 自発磁化は, 外部に磁場・磁束密度をつくる. 磁性体の多くの応用は強磁性体が外部につくるこの磁場・磁束密度を利用する.

磁化の大きさは単位体積あるいは単位質量中の磁気モーメントのベクトル和で, それが外部につくる磁場・磁束密度や, 一定の大きさの外部磁場中で磁化にはたらく偶力, あるいは勾配のある磁場中で磁化にはたらく力によって測定される[1]. いうまでもなく, 磁化の大きさは強磁性体の最も基本的な物理量である.

磁気構造

強磁性の場合, 各原子の磁気モーメントを考えても考えなくても, 並進対称要素 (単位胞) は変化しない. しかし強磁性でないスピン整列状態では, 各原子の磁気モーメントを考慮すると対称性が変わる. その変化は中性子回折の実験で, 磁気回折線として検出することができる.

MnO の反強磁性

図 5-1 は最も初期の, MnO についての実験例[2]である[1]. これは NaCl 型の酸化物で, 現象的にはどの温度でも常磁性で磁化をもたないが, 中性子回折では約 120 K 以下で ($1/2$ $1/2$ $1/2$) などの位置に超格子線が現れる. これは, 単位格子の格子定数が 2 倍になっていることを示している. 推定された磁気構造, つまり各 Mn イオンの磁気モーメントの相対関係も図に示した. ある方向 (+ 方向) とその逆方向 (− 方向) を向いているスピンが同数 (並進対称性をもって) 存在するために, 全体として打ち消し合って磁化をもたない. これを**反強磁性**といい, +(−) スピンそれぞれのつくる格子を**副格子**と

---

[1] 以下例に挙げる元素の位置を, 表 0-1 の周期表で確かめられたい.

5.1 磁気的な秩序状態

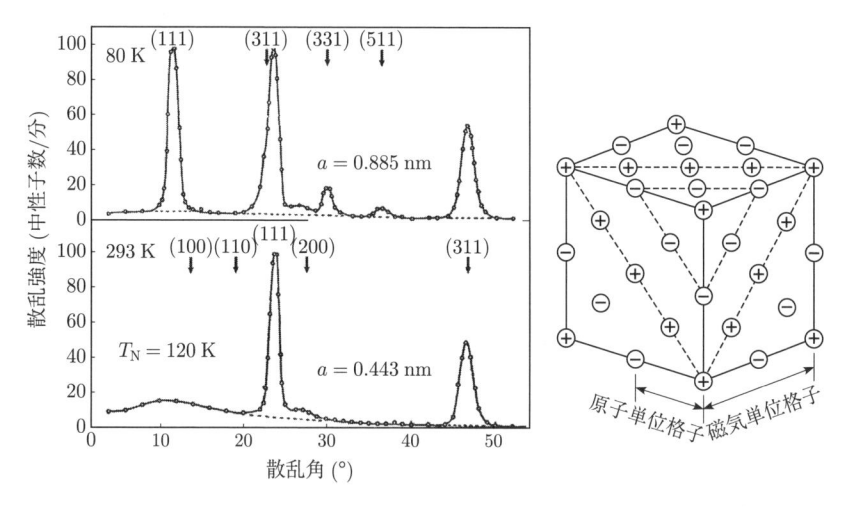

図 5-1 MnO の中性子回折と磁気構造 (C. G. Shull, *et al.*: Phys. Rev. **83** (1951) 333)

いう．MnO ではある (111) 面でスピンが揃っており，それが交互に逆向きに積み重なっている．この 1 枚おきの (111) 面が片方の副格子で，それだけを取り出して考えれば磁化が存在する．その大きさは，強磁性体の磁化と同様に，その物質の磁気的性質を特徴づける基本的な量である．中性子回折線の強度や，核磁気共鳴やメスバウアー効果など (4.3, 4.4 節を参照) で測定することができる．

MnO の整列状態でスピンがどの方向を向いているかは確認されていないが，結晶構造も磁気構造も MnO と同じ NiO では，副格子をつくっている (111) 面内のある [11$\bar{2}$] 方向であることがわかっている[3]．全てのスピンの方向が (向きは違っても) 等しい構造を，**一方向性** (collinear) であるという．

問題 5.1 もし MnO が強磁性で，磁気モーメントがすべて平行であったとすれば，磁気的な中性子回折線はどこに現れるか．

MnO は NaCl 構造だから，最近接 Mn 対は例えば頂点と面心の Mn イオンである．ところが図 5-1 を見ると，ある Mn イオンの 12 個の最近接 Mn イオンは＋副格子に 6，−副格子に 6 であって，最近接スピン間の相互作用は磁気構造を決めるのに役立っていない．それに対して，例えば頂点と頂点の Mn イオン対 (第 2 近接イオン対) は，全て逆を向いている．したがって，この対のスピンは逆を向いたときにエネルギーが低く，それが MnO の反強磁性の主な原因と考えられる[2]．ところがこの第 2 近接 Mn イオン対は，中央に O^{2-} イオンが存在しているのでその p 電子が遮蔽して，そのままでは両側の Mn イオンの d 電子が強く相互作用するとは考えにくい．この問題は第 3 節で取り上げる．

 スピンが整列し，しかし全体として磁化をもたない構造は，すぐ下でも述べるように他にたくさんある．広い意味では，それらを総称して反強磁性という．しかし狭い意味で使うときには，反強磁性という言葉は MnO のように，2 つの副格子のスピンが逆を向いて打ち消し合っている磁性体に限って，用いられる．

スクリュースピン構造

 図 5-2 は希土類金属のジスプロシウム (Dy) の中性子回折[4]で，一方向性でない反強磁性構造の例である．結晶構造は六方最密 (図 0-1(c)) だが，図の中央の (002) 回折線強度の温度変化のグラフのそばに挿入してあるように，178.5 K 以下 88 K 以上で現れる磁気回折線の位置は核散乱の位置から c^* 軸方向の上下に一定距離だけずれたところにあって，スピンの並進対称周期は格子の周期の簡単な倍数では表せない．このような構造を**格子不整合** (incommensurate) という．Dy の場合，4f スピンは 1 つの c 面では強磁性的に揃って c 面内のある方向を向いているが，隣り合った c 面ではその

---

[2] このような，スピン対が逆を向いているときにエネルギーが下がるような相互作用を「反強磁性的」という．それに対して，スピンの向きが揃ったときにエネルギーの低い相互作用を「強磁性的」という．

方向がずれていて，全体としてねじのようになっている．これは**スクリュー構造**とか**ヘリカル磁性**とかよばれる．ねじれの角度は図の上部に示したように温度によって変わり，88 K で突然 0°，すなわち強磁性になる．

格子不整合で，かつ一方向性のスピン構造もある．逆格子空間での金属クロム (Cr) の磁気回折線の位置を次頁の図 5-3 に示した[5]．Cr は体心立方格子なのでブラッグ点は図中の白丸 (逆格子空間で $h+k+l$ が偶数) の位置だが，311 K 以下ではそこから $\langle 100 \rangle$ 方向に δ 離れた点に磁気回折線が現れる．δ の値は少し温度変化するが 0.95 程度で，1 に近い．これが 1

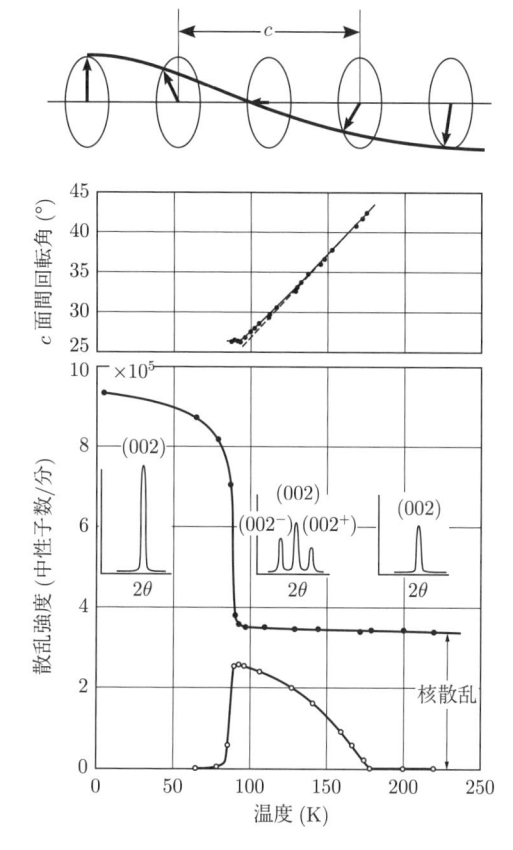

図 5-2 金属 Dy の中性子回折と磁気構造
(M. K. Wilkinson, *et al.* : J. Appl. Phys. **32** (1961) 48S)

であれば $h+k+l$ が奇数の位置で，頂点と体心で逆を向いた反強磁性構造が実現していることになるが，実際にはそうではない．回折線の強度の解析から，スピンの向きは 123 K 以下では振動を表す波数ベクトルの方向 (縦波) であり，123 K と 311 K の間ではそれに垂直 (横波) であることがわかっている．スピン偏極の振幅は，0 K に外挿して 0.4 μ_B/Cr 程度である．

クロムと似たスピン構造は希土類金属のツリウム (Tm) でも 56 K 以下で現れる[6]．これも Dy と同じく六方最密格子で，磁気モーメントは1つの c 面内では強磁性的に揃っているが c 軸方向を向いていて，その大きさが c 軸に沿って正弦振動する．振動の周期は約 $3.6c$ (原子面の数で約 7.2 枚) で，あまり温度変化しない．しかし Tm の場合は，温度が 40K 以下になると磁気モーメントの振動に高調波が現れ，正弦波から角形波になることがわかっている．これは，

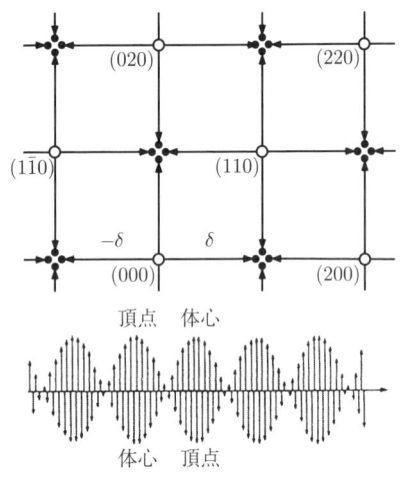

図 5-3 Cr の磁気回折の位置と磁気構造 (C. R. Fincher, *et al.*：Phys. Rev. Lett. **43** (1979) 1441)

Tm の磁気モーメントが局在している 4f 電子によるので，熱振動の消える低温では磁気モーメントの絶対値が全ての原子位置で $(4f)^{12}$ ($L=5, S=1$) に対応する一定値になるからである．Cr でスピンの振動が低温まで正弦波であるのは，Cr の磁性を担う d 電子が遍歴的であることを示している．このような遍歴電子のスピン偏極の振動は，**スピン密度波**ともよばれる．

フェリ磁性

物質によっては，中性子回折によらないでも磁気構造を推定できることがある．**スピネル型のフェライト**がその例である．これはマグネタイト (Fe_3O_4: 3.5 節を参照) を含んで一般に MFe_2O_4 という化学式で書ける化合物群で，M は Mn, Fe, Co, Ni, Cu, Zn あるいは Mg など，+2 価の陽イオンをつくる元素である．平均して +2 価であれば，$Li^+_{0.5}Fe^{3+}_{0.5}$ のように 1 価の陽イオンが入ることも可能である．また，それらの混合でもよい．結晶構造は，すでに図 3-12 に示した．そこで述べたように，A 席と B 席と 2 種類の陽イオン位置がある．各イオンは，この 2 つの位置に選択的に入る．一般に，$(3d)^5$ や

(3d)^{10} の"丸い"イオンはA席に入りやすく，Cr^{3+}, Co^{2+}, Ni^{2+}などはB席に入りやすい．イオンによる選択性の違いは経験的に半定量的に知られている．これは主として，両位置の立方対称結晶電場の符号の違いによると考えられている[7]．

フェライトは一般に自発磁化をもつ．4種類のフェライトとZnフェライトとの混晶$M_{1-x}Zn_xFe_2O_4$について，4.2 Kでの磁化の大きさをxの関数として図5-4に示した[8]．MをZnで置換すると，最初はその量に比例して磁化が大きくなり，$x=1$に外挿した値はMによらず$10\mu_B$/化学式である．これは，次のように考えれば明快に理解できる．

スピネル型フェライトでは，A席とB席の磁性イオンの間に強い反強磁性相互作用があって，そのためにそれぞれの席のスピンが平行になり，それが互いに逆を向いているとする．これは，モデルを提出したネールに因んで**ネール構造**とよばれる．図5-4の中に模式的に示した．この場合の磁化の大きさは，A, B席への陽イオンの分布がわかれば計算できる．

例えば$NiFe_2O_4$ではNi^{2+}はB席に入り，残りのB席と全てのA席はFe^{3+}で占められる．Ni^{2+}のモーメントを$2\mu_B$，Fe^{3+}を$5\mu_B$とすれば，A席のモーメントは1化学式当たり$5\mu_B$，B席は$2+5=7\mu_B$

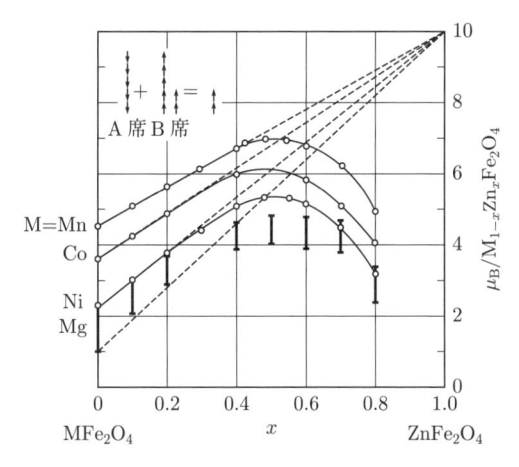

図5-4 $M_{1-x}Zn_xFe_2O_4$の磁化のx依存性
(C. Guillaud : J. de Phys. **12** (1951) 239 による)

で，差し引き $2\mu_B$ が残る[3]．ここで Ni を x だけ Zn で置換すると，Zn は A 席に入ってその分だけ Fe が B 席に移る．A 席のモーメントは $5(1-x)\mu_B$，B 席は $2(1-x)+5(1+x)=(7+3x)\mu_B$ で，差し引き磁化は $(2+8x)\mu_B$ となる．非磁性の Zn を加えると磁化が大きくなるのは，このためである．

図 5-4 で $MgFe_2O_4$ では $1\mu_B$ 程度の縦線が描かれているが，これは Mg^{2+} の席選択性が Fe^{3+} に近く，熱処理によって分布が変化するために磁化の大きさが一定でないことを示している．また Zn の量が多くなると磁化は直線からずれるが，これは A 席の磁性イオンが少なくなるために A-B 相互作用が相対的に弱くなり，同じく反強磁性的と考えられている B 席同士の相互作用のためにネール構造が壊れて，磁化が計算値より小さくなると解釈できる．

このような，互いに逆を向いている副格子の磁化の大きさが違うために全体として磁化が現れる現象を，**フェリ磁性**という．これは，原子レベルのスピン構造としては反強磁性に近いけれども，自発磁化があって外部に磁場・磁束密度をつくるという点では強磁性と同様である．上で「反強磁性」という言葉に 2 通りの使われ方があることをいったが，「強磁性」という言葉も現象論的には自発磁化の存在と同義に使われ，その場合はフェリ磁性も含まれる．

以上で述べた様々な磁気構造は，スピンの間の相互作用によって発生する．次節以下で，2 体のスピン間相互作用を考察しよう．

5.2 スピン間相互作用 I — ポテンシャル交換 —

最も基本的なスピン間相互作用は，すでに第 2 章で述べた交換相互作用 (式 (2.14)) である．互いに直交している 2 つの軌道状態 ϕ_1 と ϕ_2 に電子が

---

[3] この説明はイオン結晶的な局在電子のイメージを与えるが，そう考える必然性はない．両席の d 電子が共有結合的に拡がって磁気モーメントが部分的に相殺していても，結果は同様である．図 5-4 の実験は磁気モーメントの差だけを与えているからである．例えばマグネタイトについての実験や計算は，局在モーメントが小さくなっていることを示している [9, 10]．

1つずつ入っている場合，そのスピンが平行であるときのエネルギーは反平行である場合よりも交換積分

$$j = \frac{e^2}{4\pi\varepsilon_0} \int_{\text{全空間}} \frac{\phi_1^*(\bm{r}_2)\,\phi_2^*(\bm{r}_1)\,\phi_1(\bm{r}_1)\,\phi_2(\bm{r}_2)}{|\bm{r}_1 - \bm{r}_2|}\, dv_1\, dv_2 \quad (5.1)$$

だけ低く，そのエネルギーは $-2j\,\bm{s}_1\cdot\bm{s}_2$ と書くことができる．第2章でも述べたように，式 (5.1) では2つの電子 ($\bm{r}_1$ と $\bm{r}_2$ にある) が状態 (ϕ_1 と ϕ_2) を交換しているので交換相互作用というのだが，この名称は今後，必ずしも「交換」をともなわないスピン間相互作用にも拡張して用いられる．それらと区別するとき，式 (5.1) のクーロンポテンシャルによる相互作用を**ポテンシャル交換相互作用**とよぶ．

69頁で述べたように，ϕ_1 と ϕ_2 が直交しているときは式 (5.1) の積分は必ず正で，2つの電子のスピンが平行である状態のエネルギーを下げる．しかし，結晶中の1電子波動関数を原子の関数で表せば，それぞれ別の原子に属する2つの電子の波動関数は必ずしも直交しない．波動関数が直交しない状態は互いに混じり合う．水素分子をはじめほとんどの共有結合では，混じり合ってできた軌道に逆向きスピンの2つの電子が入って，低いエネルギー状態を実現する[4]．共有結合の場合は，スピンはどの場所でも打ち消し合って，磁気モーメントは現れない．反磁性である．しかし結晶中で相関効果によって磁気モーメントが出現すると，この相互作用はその磁気モーメントを互いに逆向きに整列させようとする．次節を参照されたい．

自由電子間の交換積分

演習として，2つの自由電子の間の交換積分を計算してみよう．簡単のために，結晶は半径 ρ の球とする．体積は $V = 4\pi\rho^3/3$ で，電子状態は式 (0.37) で与えられるから，

---

[4] キュリーが実験した酸素分子は例外で，2つの電子のスピンが平行になった状態のエネルギーが低い．

$$j(\boldsymbol{k}_1, \boldsymbol{k}_2) = \frac{e^2}{4\pi\varepsilon_0 V^2} \int_{\text{全結晶}} \frac{e^{-i\boldsymbol{k}_1\cdot\boldsymbol{r}_2} e^{-i\boldsymbol{k}_2\cdot\boldsymbol{r}_1} e^{i\boldsymbol{k}_1\cdot\boldsymbol{r}_1} e^{i\boldsymbol{k}_2\cdot\boldsymbol{r}_2}}{|\boldsymbol{r}_1 - \boldsymbol{r}_2|} \, dv_1 \, dv_2$$

$$= \frac{e^2}{4\pi\varepsilon_0 V^2} \int_{\text{全結晶}} \frac{e^{i(\boldsymbol{k}_1-\boldsymbol{k}_2)\cdot(\boldsymbol{r}_1-\boldsymbol{r}_2)}}{|\boldsymbol{r}_1 - \boldsymbol{r}_2|} \, dv_1 \, dv_2 \quad (5.2)$$

変数を $\boldsymbol{r}_1 - \boldsymbol{r}_2 \equiv \boldsymbol{r}$ と $\boldsymbol{r}_2$ に変えれば，被積分関数は $\boldsymbol{r}_2$ によらない．したがって，

$$j(\boldsymbol{k}_1, \boldsymbol{k}_2) = \frac{e^2}{4\pi\varepsilon_0 V} \int_{\text{全結晶}} \frac{e^{i(\boldsymbol{k}_1-\boldsymbol{k}_2)\cdot\boldsymbol{r}}}{r} dv$$

となる．$\boldsymbol{k}_1 - \boldsymbol{k}_2 \equiv \boldsymbol{K}$ としてその方向に極軸をとれば，r の最大値は 2ρ で，

$$\begin{aligned}
j(\boldsymbol{k}_1, \boldsymbol{k}_2) &= \frac{e^2}{4\pi\varepsilon_0 V} \int_0^{2\rho} r^2 \, dr \int_0^\pi \sin\theta \, d\theta \int_0^{2\pi} \frac{e^{iKr\cos\theta}}{r} \, d\phi \\
&= \frac{e^2}{2\varepsilon_0 V} \int_0^{2\rho} r \, dr \int_0^\pi e^{iKr\cos\theta} \sin\theta \, d\theta \\
&= \frac{e^2}{\varepsilon_0 V K} \int_0^{2\rho} \sin Kr \, dr \\
&= \frac{e^2}{\varepsilon_0 V K^2}(1 - \cos 2K\rho) \quad (5.3)
\end{aligned}$$

ここで，ρ に対して激しく振動する第 2 項は，K が有限であれば捨てるべきである．結晶の形を数学的な意味で完全な球と仮定するのは，物理的に意味がない．結局

$$j(\boldsymbol{k}_1, \boldsymbol{k}_2) = \frac{e^2}{\varepsilon_0 V} \frac{1}{|\boldsymbol{k}_1 - \boldsymbol{k}_2|^2} \quad (5.4)$$

となる．

式 (5.4) の $j(\boldsymbol{k}_1, \boldsymbol{k}_2)$ は，$\boldsymbol{k}_1 = \boldsymbol{k}_2$ のときに発散する．それは式 (5.3) の最後の式で第 2 項を捨てたためだが，その前に上記の導出は，実は厳密でない．$\boldsymbol{r}_1$ が結晶内にある，すなわち $|\boldsymbol{r}_1| = |\boldsymbol{r}_2 + \boldsymbol{r}| \leq \rho$ という条件があるから，$\boldsymbol{r}_2$ についての積分範囲が $\boldsymbol{r}$ によって制限される．しかしその効果は，式 (5.3) の最後の式の第 2 項が捨てられないほど K が小さくなければ，無視できる．逆にいえば，式 (5.4) は $|\boldsymbol{k}_1 - \boldsymbol{k}_2|$ が非常に小さいときには使えない．

5.2 スピン間相互作用 I ―ポテンシャル交換―

j は発散しない.

j の原子位置依存性

式 (5.1) に戻る.この被積分関数には $\phi_1(\boldsymbol{r})^* \phi_2(\boldsymbol{r})$ が含まれるので,ϕ_1, ϕ_2 どちらかが 0 になると 0 になる.つまり,波動関数が空間的に重なっていなければ交換相互作用はない.原子核のつくるクーロンポテンシャル内の電子の波動関数は核から遠ざかると指数関数的に小さくなる (図 2-2) から,局在スピン間の交換相互作用はスピン間距離によって指数関数的に小さくなることが予想される.この予想は大掴みには正しいけれども,ワニエ関数はある原子に局在しているわけではないから,かなり離れたスピン間の交換相互作用も無視できるとは限らない.次章も参照されたい.

イオン内の電子間相互作用によって合成スピン $\boldsymbol{S}$ が存在する場合 (2.3 節) には,その状態で関わる電子について $-2j\boldsymbol{s}_1 \cdot \boldsymbol{s}_2$ の形の相互作用を加え合わせればよい.基底状態にスピンによるエネルギー分裂 (2.6 節を参照) がない場合は簡単で,結果はスピン方向について等方的で,

$$\mathcal{H} = -2J\boldsymbol{S}_1 \cdot \boldsymbol{S}_2 \tag{5.5}$$

と書ける.J は各軌道間の j の平均値である.この部分が通常圧倒的に大きいので,第 1 近似ではこれで済むと考えてよい場合が多い.J を**交換相互作用定数**とよぼう.

上で述べた j の相対原子位置依存性は,当然 J に反映する.その依存性を $J(R)$ と書こう[5].仮想的にスピン間相互作用のないときの原子位置を $R = R_0$ とすれば,一般に $dJ/dR|_{R_0} \neq 0$ であって,3.2 節で述べたヤーン-テラー効果と同様に,弾性エネルギーを考慮に入れた最低エネルギー状態 (図 3-4) を考えることができる.弾性定数を C とすれば,スピン間相互

---

[5] ここに現れる R は,単純にある 2 点間 (例えば,考えるスピン間) の距離ではない.周辺の複数の原子位置を含めて,J の変化が最も激しいある変位モードの大きさである.このような,具体的な詳細は明らかでないが物理的な意味ははっきりしている座標は,固体物理で時々用いられる.

作用は，

$$\left.\begin{array}{l}\mathcal{H} = -2J(R_0)\,\boldsymbol{S}_1\cdot\boldsymbol{S}_2 - J_2(\boldsymbol{S}_1\cdot\boldsymbol{S}_2)^2 \\ J_2 = \dfrac{2}{C}\left(\left.\dfrac{dJ(R)}{dR}\right|_{R=R_0}\right)^2\end{array}\right\} \quad (5.6)$$

と書ける．この機構では J_2 の符号が常に正であることに注意しよう．

このような $(\boldsymbol{S}_1\cdot\boldsymbol{S}_2)^2$ に比例するスピン間相互作用は，格子の変形による機構がキッテル[11]によって理論的に導かれた後，不純物スピンについてハリスとオーウェン[12]によって実験的に示された．彼らは MgO 中の Mn^{2+} 最近接対の常磁性共鳴を温度を変えて測定し，その強度変化から $J_2/k_B = 0.73\,\mathrm{K}$（同じく $J/k_B = -7.3\,\mathrm{K}$）と結論している．この符号は式 (5.6) と矛盾しないが，この大きさを説明するには次節で述べる運動交換相互作用の高次過程を考えるべきだ，と彼らは主張している．しかし，MgO に導入された不純物 Mn 原子の性質について情報がない現状では，結論は出ていないというべきだろう．

スピンが格子を組んで並進対称性がある場合は，そのスピンの整列状態では系のエネルギーを下げるように $dJ(R)/dR$ に従って格子が一様に変形する．強磁性体の場合，これは 3.4 節で述べた現象論で省略した項 (式 (3.43) の第 1 項) に対応し，**交換歪み**とよばれる．反強磁性体では，スピン構造に従って体積変化以外の歪みも現れる．また，$d^2J(R)/dR^2$ も一般に 0 ではない．これはスピンが整列したときの格子振動周波数の変化として観測されることがある[13]．

交換相互作用の異方性

式 (5.5) に戻って，スピンハミルトニアンで書かれるようなエネルギー分裂があるときには，等方的な相互作用に加えて異方的な部分が現れる．この部分は機構としてはスピン軌道相互作用によるので，通常はそれを摂動として考慮に入れればよい．しかし実際には，スピンハミルトニアンの係数と同様に，考える 2 つのスピンの位置の対称性から異方性の形を決め，数値は実験

的に決めるのが現実的である．空間は 3 次元だから，式 (5.5) ではスカラーだった J を，x, y, z 成分の 3 行 3 列の行列として表されるテンソルとすることで表現される異方性が存在しうる．

$$\mathcal{H} = -2\boldsymbol{S}_1 \underline{J} \boldsymbol{S}_2 \tag{5.7}$$

明らかにこのエネルギーは $\boldsymbol{S}_1$ と $\boldsymbol{S}_2$ の順序によらないから，行列は対称であり，主軸を適当に選べば対角型になる．このスピン対に関して対称操作が存在するときは，主軸の方向について次のことがいえる．

1. $\boldsymbol{S}_1$ と $\boldsymbol{S}_2$ を結ぶ n 回軸があれば，それに平行に主軸がある．$n \geq 3$ であれば，この軸に垂直な面内にはスピンについて 2 次の異方性はない．すなわち，n 回軸を z 軸とすれば，$J_x = J_y$ である．
2. $\boldsymbol{S}_1$ と $\boldsymbol{S}_2$ を含む鏡映面があれば，鏡映面に垂直に主軸がある．
3. $\boldsymbol{S}_1$ と $\boldsymbol{S}_2$ を交換する 2 回軸があれば，それに平行に主軸がある．
4. $\boldsymbol{S}_1$ と $\boldsymbol{S}_2$ を交換する鏡映面があれば，鏡映面に垂直に主軸がある．

例えば 4 の場合，鏡映面を z 面としよう．$\underline{J}$ は対称だから，この鏡映操作によっては変化しない．しかしスピンは，$S_{1x} \to -S_{2x}, S_{1y} \to -S_{2y}, S_{1z} \to S_{2z}$ などと変化する．したがって，$J_{xz}(S_{1x}S_{2z} + S_{1z}S_{2x}) \to -J_{xz}(S_{2x}S_{1z} + S_{2z}S_{1x})$，$J_{xz} = 0$．同様に，$J_{yz} = 0$．これは，鏡映面に垂直な z 軸が $\underline{J}$ の主軸であることを示している．

問題 5.2 対称性の考察により，上記の条件 1, 2, 3 を導出せよ．

このような対称性の考察によれば，図 5-5 のような正方格子では，$\boldsymbol{S}_1$ と $\boldsymbol{S}_2, \boldsymbol{S}_3$ との相互作用は式 (5.8) のような形に書ける．

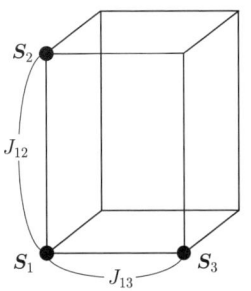

図 5-5 仮想的な単純正方格子

$$\underline{J_{12}} = \begin{pmatrix} J_x & 0 & 0 \\ 0 & J_x & 0 \\ 0 & 0 & J_z \end{pmatrix}, \quad \underline{J_{13}} = \begin{pmatrix} J_x & 0 & 0 \\ 0 & J_y & 0 \\ 0 & 0 & J_z \end{pmatrix} \quad (5.8)$$

反対称交換相互作用 (ジャロシンスキ相互作用)

特記すべきことに，2 体のスピン間相互作用には式 (5.5) または式 (5.7) とは全く違った形が存在し得ることが，対称性の考察に基づいて明らかになった．これは

$$\mathcal{H} = \boldsymbol{D} \cdot (\boldsymbol{S}_1 \times \boldsymbol{S}_2) \quad (5.9)$$

という形で，最初ジャロシンスキが $\alpha\text{-Fe}_2\text{O}_3$ に現れる小さい磁化を対称性によって考察 (5.7 節を参照) して発見し[14]，後に守谷が電子状態から論じた[15]ので，ジャロシンスキ相互作用，またはジャロシンスキ – 守谷相互作用 (**DM 相互作用**) とよばれる．ここでベクトル $\boldsymbol{D}$ は，その結晶中のスピン対について決まる軸性のベクトル[6]である．軸性であるのは，この相互作用がスピン軌道相互作用の 1 次の摂動で出てくるので，スピン間相互作用の形に書いたときに，相互作用の定数 $\boldsymbol{D}$ に軌道角運動量が 1 次で (陰に) 含まれているからである．これに対して，式 (5.8) の形の異方性はスピン軌道相互作用の 2 次の摂動で現れる．

式 (5.9) の形の相互作用は，$\boldsymbol{S}_1$ と $\boldsymbol{S}_2$ が平行や反平行ではなく，結晶について決まったジャロシンスキベクトル $\boldsymbol{D}$ について，$\boldsymbol{D}, \boldsymbol{S}_1, \boldsymbol{S}_2$ が左手系をつくって互いに直交しているときにエネルギーが一番低くなることを示している．エネルギー最低のスピン構造は，この場合も 1 通りに決まっている．

$\boldsymbol{D}$ が軸性ベクトルであることとベクトル積の反対称性を考えれば，$\underline{J}$ の場合と同様にして，$\boldsymbol{D}$ が次のような性質をもつことがわかる．

---

[6] ハミルトニアンは全体として時間反転 R に対して対称でなければならないから，$\boldsymbol{D}$ は R に対しては不変な i - ベクトルと考えなければならない．0.2 節の磁場の対称性についての議論も参照．

1. S_1 と S_2 を結ぶ n 回軸があれば，D はその n 回軸に平行である．
2. S_1 と S_2 を含む鏡映面があれば，D は鏡映面に垂直である．
3. S_1 と S_2 を交換する 2 回軸があれば，D はその 2 回軸に垂直である．
4. S_1 と S_2 を交換する鏡映面があれば，D は鏡映面内にある．
5. S_1 と S_2 を交換する反転対称中心があれば，$D = 0$.

これらの条件を考えると，対称性の高いときにはジャロンシンスキ相互作用は存在しない．例えば，1 と 2，あるいは 1 と 4 が共に存在すれば，$D = 0$ である．

問題 5.3 対称性の考察により，上記の 5 つの条件を導出せよ．

上で J について述べたように，D も周囲の原子配置に依存する．したがって，5.1 節で述べたような一方向性でないスピン秩序が交換相互作用 (式 5.5) によって発生すると，一般にその構造を安定化する D が発生するように格子が歪む．その場合，注目すべきことは条件 5 であって，反転中心がなくなるので局所的に電気分極が発生する．磁気構造によっては，この局所分極が整列して結晶全体としても自発分極を発生することがある[16]．

ここで述べた対称性の考察による結論は，議論の性質上，ポテンシャル交換相互作用に限られない．全てのスピン間相互作用に通用する．

5.3　スピン間相互作用 II — 超交換・運動交換 —

第 1 節で MnO の例を挙げたが，おおむね絶縁体である遷移金属の酸化物やフッ化物で高いキュリー温度をもった磁性体が発見され，強いスピン間相互作用の存在が明らかになった．それは**超交換相互作用**とよばれ，機構の解明が課題となった．イオン結晶と考えれば，これらの化合物では d 電子の原

子軌道同士は電気陰性度の高い O や F の p 電子に妨げられてほとんど重なり合わず，式 (5.1) のポテンシャル交換相互作用が大きな値をとるとは考えられないからである．5.1 節で述べたように MnO や NiO の場合，磁気構造を説明するためには，酸素原子を挟んで両側にある遷移金属原子の間の相互作用の方が最近接原子間の相互作用より強いと考えなければならない．

原子軌道による考察

最初この相互作用は，イオン結晶モデルで原子軌道を用いて考察された．図 5-6 のように，酸素原子を挟んで両側に Mn 原子があると考えよう．基底状態は O^{2-} と Mn^{2+} である．この状態では酸素は閉殻でスピンをもたず，Mn イオン間のスピン間相互作用は直接には考えられない．しかし，酸素から Mn に電子が 1 つ移った励起状態[7]を考えると，電子の移動でできた O^- がスピンをもつために，両側の Mn^{2+} と Mn^+ のスピンが O^- のスピン偏極を介して相互作用する．この場合，O^- のスピン偏極は直線状に伸びた p 軌道の電子によるので，酸素を挟んで反対側の Mn イオンが強く結合することが理解できる．また電子の移動の確率を考えれば，陽イオンが3+ の方が2+ のときより相互作用が強い，結晶型が同じなら原子番号の大きいイオンの方が強い，という一般的な実験事実を定性的に説明できる．実際に，酸化物で最も超交換相互作用が強いのは Fe^{3+} で，$\alpha\text{-}Fe_2O_3$ のキュリー点は 950 K である．

このような考察は，原子位置の対称性から電子の軌道についての情報が得られるときには，もう少し進めることができる．そのときの指針は，次の 2 つである．

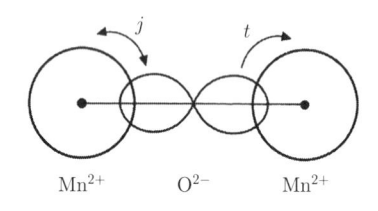

図 5-6 原子軌道による超交換相互作用の理解

---

[7] この電荷移動は，その後実験的にも理論的にも詳しく調べられている．例えば文献 [17] を参照．

1. 励起状態をつくる電子移動は，陰イオンの (詰まっている) 波動関数 (ϕ_p) と陽イオンの (空いている) 波動関数 (ϕ_d) が直交していれば起きない：$\langle \phi_\mathrm{p} | \phi_\mathrm{d} \rangle = 0$ のとき $t = 0$.
2. 陽イオンの (詰まっている) 波動関数と陰イオンの波動関数が直交していれば，その間の交換相互作用定数は正 (強磁性的) であり，直交していなければ負 (反強磁性的) である：$\langle \phi_\mathrm{p} | \phi_\mathrm{d} \rangle = 0$ のとき $j > 0$, $\langle \phi_\mathrm{p} | \phi_\mathrm{d} \rangle \neq 0$ のとき $j < 0$.

K_2CuF_4 の場合

例として，図 5-7 に結晶構造を示した K_2CuF_4 を取り上げる．この物質は，電子が局在したイオン結晶と考えることができる．磁気的イオンは Cu^{2+} ($(3d)^9$) で，F^- がほぼ八面体をつくって配位している．軌道エネルギーの低い $d\varepsilon$ 軌道は 6 つの電子で満ちていて，スピンをもたない．閉殻でない $d\gamma$ 軌道はヤーン–テラー効果でさらに分裂するが，この結晶ではその歪みが c 面内で市松模様をつくって，次頁の図 5-8(a) のようになっているのが特徴である．図のように軸をとれば，スピンをもつ電子 (正孔) は $|x^2 - z^2\rangle$ と $|y^2 - z^2\rangle$ の軌道を交互にとることになる．なお，図中の F^- (白丸) に付けた矢印はその原子の移動方向を示す．

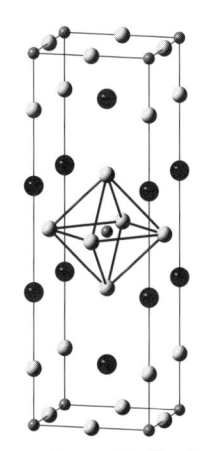

図 5-7 K_2CuF_4 の結晶構造 (澤 博氏による)

x 軸方向に並んだ Cu-F-Cu の列を考える．F^- の 2p 軌道は 3 つあるが，x 軸方向に延びる $|x\rangle$ 軌道[8] (図 5-8(b) 上) は隣の Cu の $|x^2 - z^2\rangle$ 軌道と重なっているが，$|y^2 - z^2\rangle$ 軌道とは直交している．図中に書き込んだ波動関数の位相 (正負の符号) を参照されたい．したがって，

---

[8] これを σ 軌道という．陰イオンと陽イオンを結ぶ軸 (ここでは x 軸) のまわりの回転に対して軸対称なので，原子軌道の s に対応するギリシャ文字で表すのである．

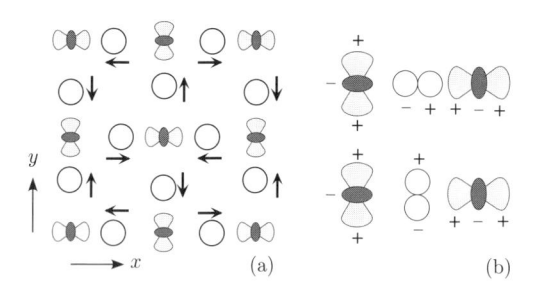

図 5-8　K_2CuF_4 の電子軌道の整列 (a) と対称性 (b)

この 2p $|x\rangle$ 軌道の電子は，スピンが隣の Cu と逆向きならば，その $|x^2-z^2\rangle$ 軌道に移動できる．その結果，フッ素はその Cu と同じ向きに偏極し，それが逆隣りの Cu の $|y^2-z^2\rangle$ 軌道の電子と正の交換相互作用をするので，結局 2 つの Cu イオンのスピンは強磁性的に結合する．これに対して，y または z 軸方向に伸びる p 軌道[9] ($|y\rangle, |z\rangle$: 図 5-8(b) 下) からは，$|x^2-z^2\rangle$ にも $|y^2-z^2\rangle$ にも電子は移動できない．全体として K_2CuF_4 では，c 面内の Cu イオン間に強磁性的な超交換相互作用がはたらくことになる．実際 K_2CuF_4 は，6.25K 以下で強磁性を示す．ハライドでは珍しい強磁性体である．a 軸方向に F を挟んで並ぶ Cu 間の交換相互作用定数は 11.36K と評価されている[18]．また，式 (5.7) の形の異方性は 1% 程度である．一方 c 軸方向の Cu 対では，間に K が入って遠く離れていることによって相互作用が弱く，a 軸方向の対の 1/1000 程度と考えられている．

　上のような考察はこの結晶のもつ対称性によっているので，いつもできるわけではない．また，上に述べた過程はエネルギー的には 3 次の摂動[10]に当たっているが，摂動としては他にもいろいろな過程を考える必要がある．しかし理論的に考察を進めるには，原子軌道は直交系ではないので見通しが悪い．それに対してアンダーソン[19]は，0.4 節で述べた移動積分 t と相関

---

9)　前注と同じく，p に対応して π 軌道という．
10)　上記のような対称性による議論は，摂動の次数によらず成立する．

エネルギー U によって超交換相互作用を明快に定式化した．

アンダーソンの理論

絶縁体内では，磁性を担う電子はワニエ関数で表される．いま，簡単のために軌道状態は縮退していないものとしよう．相互作用を考える2つの電子のワニエ関数でスレーター行列式をつくれば，ワニエ状態は並進対称性を保ったポテンシャルに対する固有状態ではないから，2電子の基底状態 $|W(\boldsymbol{R}_1), W(\boldsymbol{R}_2)|$ と励起状態 $|W(\boldsymbol{R}_1), W(\boldsymbol{R}_1)|$ との間にハミルトニアンの非対角成分 $t(\boldsymbol{R}_1 - \boldsymbol{R}_2)$ がある．後者は U だけエネルギーが高いから，摂動で考えれば基底状態のエネルギーは

$$\Delta\varepsilon = -\frac{|t(\boldsymbol{R}_1 - \boldsymbol{R}_2)|^2}{U} \tag{5.10}$$

だけ低くなる．

肝心なのは，この摂動がスピンに依存することである．励起状態で位置 $\boldsymbol{R}_1$ に存在する2つの電子はパウリの原理によってスピンが異ならなければならないが，ハミルトニアンにはスピンを反転させる項はないから，基底状態のスピンは逆向きでなければならない．つまり，式(5.10)のエネルギー低下は2つの電子のスピンが逆向きのときにだけ起こり，スピンが平行のときには起きない．軌道状態が直交しているときのポテンシャル交換相互作用と逆である．これを前節と同様に $-2j\boldsymbol{s}_1 \cdot \boldsymbol{s}_2$ と書けば，今度はこの j は負になる．式(5.10)でエネルギーが低下するのは電子の存在範囲が拡がって運動エネルギーが下がるためであるから，これをアンダーソンは**運動交換相互作用**と名付けた．

実際に現れる超交換相互作用は反強磁性的であることが圧倒的に多いのだが，式(5.10)で表されるエネルギーのスピン依存性を示す定数 j は，軌道が縮退しているときには負とは限らない．励起状態の電子のスピンは平行でもよいし，フントの規則によればその方がエネルギーが低いはずである．運動交換相互作用の符号は，理論的に最初から決まっているわけではない．それ

は共有結合と同様である．小さな分子は反磁性になることが圧倒的に多いが，酸素のような例外が存在する．

アンダーソンはここで電子の移動を仮想状態とした摂動で遠くまで届くスピン間相互作用を考えたが，仮想状態ではなく実際に遍歴的な電子が存在したらどうなるだろうか．それが次節の問題である．

5.4　スピン間相互作用 III — 伝導電子が媒介する相互作用 —

sd 相互作用

2つのスピンの間の相互作用を考えるので，金属中に局在したスピンが2つあるとする[11]．局在するスピンを S と書くと，S と伝導電子のスピン s との間にはポテンシャル交換相互作用がはたらくだろう．その相互作用定数を j と書けば，

$$\mathcal{H}_{\mathrm{sd}} = -2j\, \boldsymbol{s} \cdot \boldsymbol{S}(\boldsymbol{R}_1) \tag{5.11}$$

$\boldsymbol{R}_1$ は，その局在スピンの位置である．添字の "sd" は，伝導電子を s 電子とし局在電子を d 電子と考えて，この相互作用を sd 相互作用と通称するからである．$\boldsymbol{S}(\boldsymbol{R}_1)$ を固定して考えれば，これは伝導電子のスピン s に対して

$$\boldsymbol{H} = \frac{2j}{g_s \mu_{\mathrm{B}}} \boldsymbol{S}(\boldsymbol{R}_1) \tag{5.12}$$

だけの磁場がかかっているのと同等である．g_s は伝導電子の g 因子で，2 としてよい．

局在スピンを担っている電子が点 $\boldsymbol{R}_1$ にある単位胞に限定されているとすれば，式 (5.12) の磁場はその単位胞内だけに存在し，次式のようにフーリエ変換される．

---

[11] 金属中に遷移金属の不純物原子があるとき，その d 電子が伝導電子との相互作用によって遍歴的な性格をもつかそれとも局在するかは，特に近藤効果と関連して重要な問題だが，ここでは立ち入らない．文献 [20] などを参照されたい．

5.4 スピン間相互作用 III — 伝導電子が媒介する相互作用 —

$$H = \sum_q H(q)$$
$$H(q) = \frac{1}{N}\frac{2j}{g_s\mu_B}\sum_R S(R)e^{-i q\cdot R} = \frac{1}{N}\frac{2j}{g_s\mu_B}S(R_1)e^{-i q\cdot R_1} \tag{5.13}$$

N は単位胞の数である．交換相互作用があまり強くなければ，この実効磁場による伝導電子のスピン偏極は磁場の 1 次まで考慮すればよい．その磁化率は 1.2 節で論じた．各点での伝導電子のスピン偏極は，すべての波数についてそれを加え合わせれば求められる．もう 1 つの局在スピンが R_2 にあるとすれば，その点での伝導電子のスピン偏極は，

$$\begin{aligned}s(R_2) &= \frac{1}{g_s\mu_B}\sum_q \chi(q)\,H(q)\,e^{i q\cdot R_2} \\ &= \frac{2j}{N(g_s\mu_B)^2}S(R_1)\sum_q \chi(q)e^{i q\cdot(R_2-R_1)}\end{aligned} \tag{5.14}$$

で，このスピン偏極はその位置の局在スピンと交換相互作用，

$$\mathcal{H}_{\mathrm{sd}} = -2j\,s(R_2)\cdot S(R_2) \tag{5.15}$$

をするから，結局 $R \equiv R_2 - R_1$ だけ離れた 2 つの局在スピンの間の実効的な交換相互作用は，

$$\left.\begin{aligned}\mathcal{H}_{\mathrm{RKKY}} &= -2J_{\mathrm{RKKY}}(R)\,S(R_1)\cdot S(R_1+R) \\ J_{\mathrm{RKKY}}(R) &= \frac{2j^2}{N(g_s\mu_B)^2}\sum_q \chi(q)\,e^{i q\cdot R}\end{aligned}\right\} \tag{5.16}$$

と与えられる[12]．

式 (5.16) の具体的な形を知るには $\chi(q)$ が必要である．それは伝導電子の波動関数がわからないと導けないが，自由電子については式 (1.46) に求めてある．この場合は，和を積分に変えて，

---

[12] この議論は最初ルーダーマンとキッテルによって金属中の核スピン間相互作用として定式化され，その後 糟谷が希土類金属について，芳田が 3d 金属希薄合金に関係して，局在電子間の相互作用の理論として発展させたので，4 人の頭文字をとって RKKY 相互作用とよばれる．式 (5.16) の添字はそのためである．

を計算すればよい．r の方向を極軸にとって極座標 (q, θ_q, ϕ_q) をとると，この積分は，

$$\int_{全波数空間} \left(1 + \frac{4k_F^2 - q^2}{4k_F q} \log\left|\frac{q+2k_F}{q-2k_F}\right|\right) e^{i\boldsymbol{q}\cdot\boldsymbol{r}} d\boldsymbol{q} \qquad (5.17)$$

$$\int_0^\infty q^2\, dq \int_0^\pi \sin\theta_q\, d\theta_q \int_0^{2\pi} \left(1 + \frac{4k_F^2 - q^2}{4k_F q} \log\left|\frac{q+2k_F}{q-2k_F}\right|\right) e^{i qr \cos\theta_q}\, d\phi_q$$

$$= 2\pi \int_0^\infty q^2\, dq \int_0^\pi \left(1 + \frac{4k_F^2 - q^2}{4k_F q} \log\left|\frac{q+2k_F}{q-2k_F}\right|\right) e^{i qr \cos\theta_q}\, \sin\theta_q\, d\theta_q$$

$$= \frac{4\pi}{r} \int_0^\infty q\, dq \left(1 + \frac{4k_F^2 - q^2}{4k_F q} \log\left|\frac{q+2k_F}{q-2k_F}\right|\right) \sin qr$$

$$= \frac{8\pi}{r^2} \int_0^\infty \left(1 - \frac{q}{4k_F} \log\left|\frac{q+2k_F}{q-2k_F}\right|\right) \cos qr\, dq$$

$$= \frac{4\pi}{r^2} \int_{-\infty}^\infty \left(1 - \frac{q}{4k_F} \log\left|\frac{q+2k_F}{q-2k_F}\right|\right) \cos qr\, dq \qquad (5.18)$$

となる．ここで最後の等号には被積分関数が偶関数であることを用い，その前の変形には，部分積分の上，$q \to \infty$ のとき

$$\log\left|\frac{q+2k_F}{q-2k_F}\right| = \log\left(1 + \frac{2k_F}{q}\right) - \log\left(1 - \frac{2k_F}{q}\right) \quad \to \quad \frac{4k_F}{q} + \frac{2}{3}\left(\frac{2k_F}{q}\right)^3 \qquad (5.19)$$

であることを用いた．式 (5.18) の最後の式の被積分関数は $q = \pm 2k_F$ で発散するが，コーシーの主値をとることにすれば特異点の両側の発散が打ち消し合って，対数の項がなくなるまでさらに部分積分を続けることができる．

$$\frac{4\pi}{r^2} \int_{-\infty}^\infty \left(1 - \frac{q}{4k_F} \log\left|\frac{q+2k_F}{q-2k_F}\right|\right) \cos qr\, dq$$

$$= -\frac{4\pi}{4k_F\, r^3} \int_{-\infty}^\infty 2k_F \left(\frac{1}{q+2k_F} + \frac{1}{q-2k_F}\right) \sin qr\, dq$$

$$+ \frac{4\pi}{4k_F\, r^4} \int_{-\infty}^\infty \left(\frac{1}{q+2k_F} - \frac{1}{q-2k_F}\right) \cos qr\, dq$$

ここで

5.4 スピン間相互作用 III ― 伝導電子が媒介する相互作用 ―

$$\int_{-\infty}^{\infty} \frac{\sin qr}{q + 2k_{\mathrm{F}}} dq = \int_{-\infty}^{\infty} \frac{\sin(q'r - 2k_{\mathrm{F}}r)}{q'} dq'$$
$$= \int_{-\infty}^{\infty} \frac{\sin q'r \, \cos 2k_{\mathrm{F}}r - \cos q'r \, \sin 2k_{\mathrm{F}}r}{q'} dq'$$
$$= \pi \cos 2k_{\mathrm{F}} r$$

などを使えば，結局

$$J_{\mathrm{RKKY}}(\boldsymbol{r}) = \frac{3\pi^2}{2} \frac{j^2}{\varepsilon_{\mathrm{F}}} N_e (2k_{\mathrm{F}})^3 \frac{2k_{\mathrm{F}}r \, \cos 2k_{\mathrm{F}}r - \sin 2k_{\mathrm{F}}r}{(2k_{\mathrm{F}}r)^4} \quad (5.20)$$

となる．相互作用は，フェルミ球の直径 $2k_{\mathrm{F}}$ の波数で振動しながら，距離の-3乗で減衰する．これは自由電子系という対象を指定し，局在電子と伝導電子との相互作用が弱くて伝導電子のスピン偏極がその 1 次で扱える，という仮定による結論だが，伝導電子の $\chi(\boldsymbol{q})$ が主役であること，$\boldsymbol{r}$ 依存性を考えるときには多くの $\chi(\boldsymbol{q})$ を重ね合わせることを考えると，距離による振動と減衰は一般に妥当である．

この議論の最初に立てた「局在する磁性イオンと遍歴する伝導電子」という仮定は，希土類金属に良く当てはまる．実際希土類金属の磁性は，基本的に RKKY 相互作用によって説明できると考えられている．例えば Y (六方最密構造) をベースにして Gd より重い希土類元素との合金をつくると，低温では $\boldsymbol{q}_0$ が c 軸に平行なスクリュー構造が現れる[21]．希土類元素の濃度の低い極限では，隣り合った c 面のスピン間の角度 ($q_0 c/2$) は希土類元素によらず約 $50°$ である．これは，(希土類の濃度の低い極限では) スピン間相互作用が Y の伝導電子の $\chi(\boldsymbol{q})$ で決まることを示している．

遷移金属についても，強磁性金属と非磁性金属を重ねた多層膜の磁気的な層間相互作用の符号が，非磁性金属の膜厚によって振動的に変化することが見出されている[22]．これも伝導電子に媒介された交換相互作用の存在を示している．

このような多層膜では，両側の強磁性磁化が平行になると積層に垂直な方

向の電気抵抗が小さくなる．だから，隣り合った強磁性膜が反強磁性的であるときに外から磁場をかけて磁化を平行にすると，電気抵抗が下がる．膜の間の反強磁性的な相互作用が弱ければ，弱い外部磁場でも大きな効果が期待できる．これは磁気記録検出デバイスとして実用化されている．

移動積分のスピン依存性と重交換相互作用

スピンが平行になると電気抵抗が下がるのは，移動積分 (式 (0.34)) の積分変数にスピン変数が入っていることを考えれば，当然である．ハミルトニアンはスピンによらないから，移動の前後でスピン関数が直交していれば，$t=0$ になって電子は移動できない．スピンを古典的なベクトルと考えてその角度を θ とすれば，$\theta=\pi$ ならば 0 なのだから，t は $\cos(\theta/2)$ に比例することになる．式 (0.36) を見れば，バンド形成によるエネルギーの低下は t に比例するから，通常の交換相互作用のように $\cos\theta$ ではなく $\cos(\theta/2)$ に比例してエネルギーが下がるスピン間相互作用が現れることになる．

RKKY 相互作用とは逆に局在電子と伝導電子の相互作用が強いときには，この機構によってスピンを平行にしようとする強磁性的な相互作用が現れる．この相互作用は，ツェナーによって**重交換 (double exchange) 相互作用**と名付けられた．重交換相互作用は超交換相互作用とは別の過程なので，両方が同時に存在する可能性がある．重交換相互作用がスピンを平行に，超交換相互作用が反平行にしようとするとき，スピン間の角度に対するエネルギーの依存性が異なるので，互いに傾いた構造が生じうる[23]．

化学量論比では絶縁体反強磁性である EuTe で，Te の量を少し増やして n 型伝導体にすると小さな磁化が発生すること[24]は，4f 電子の重交換相互作用によるとされる．

第 2 章 (図 2-5) で述べたように，八面体位置では dγ 軌道は配位子の方を向いているので遍歴性をもちやすく，逆に dε 軌道は局在的になりやすい．その間にはフントの規則で表される強いスピン間相互作用があるので，dε に加えて dγ 電子が存在すると重交換相互作用による強磁性の発生と電気抵抗

5.4 スピン間相互作用 III —伝導電子が媒介する相互作用—

の低下が期待される．

磁性イオン間を移動する電子があると強磁性が発生することは，1950年にヨンカーとファン・サンテンによって立方晶ペロブスカイト構造の $LaMnO_3$ − $CaMnO_3$ 混晶系で発見されている[25]．この系について，ウォランらによる磁化の組成依存性を図5-9に示す．イオン結晶と見れば，$LaMnO_3$ では Mn イオンは $3+((3d)^4)$，$CaMnO_3$ では $4+((3d)^3)$ である．Mn の位置は八面体配位であり，$4+$ イオンでは $d\varepsilon$ 軌道が満たされ，$3+$ イオンではそれに加えて $d\gamma$ 軌道に電子が1つ入る．両端の化合物は絶縁体 ($d\gamma$ 電子のある $LaMnO_3$ が絶縁体になるのは，電子間の相関効果による) で磁気的には反強磁性，中間で強磁性が現れる．図の中の直線は Mn のスピンが全部強磁性的に揃ったときの値である．

図5-9にはヨンカーらのデータ[25]も点線で記されている．2つの実験結果がかなり違っているのは，強磁性の発生が組成(電子数)に敏感であることを示している．組成が化学量論比からずれれば伝導電子が発生して絶縁性が下がり，磁気的特性も変わる．このように，この系は相関効果が強く，また電子数の制御が容易で，磁気的・電気的に多彩な現象を示すために極めて興味をもたれ，1990年代に入って盛んに研究された．それについては，今田らの総説を参照されたい[17]．

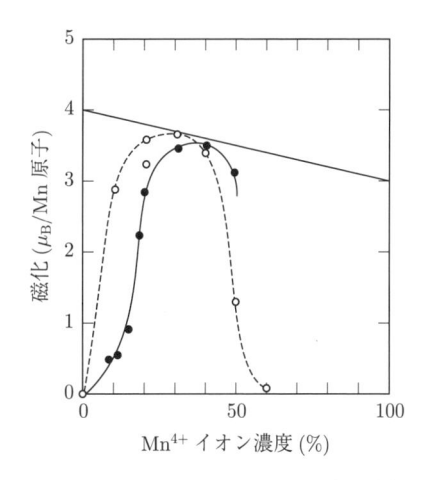

図 5-9 $LaMnO_3$ - $CaMnO_3$ 系の磁化
(F. O. Wollan and W. C. Koehler:
Phys. Rev. **100** (1955) 545)

5.5 局在古典スピン系の磁気秩序 ― ブラヴェ格子の場合 ―

スピン系のエネルギー

ここまで述べたような相互作用によって,スピン系の基底状態が定まる.まずは例によって,古典的な局在スピンがブラヴェ格子を組み,式 (5.5) の等方的な交換相互作用をしている場合を考えよう.ここで「古典的なスピン」というのは,4.1 節の最初で扱ったように,方向量子化を考えない角運動量である.

スピンの大きさを S とすれば,全系の 2 体相互作用のエネルギーは,

$$E = -\sum_{\boldsymbol{R}_i,\boldsymbol{R}_j} J(\boldsymbol{R}_i - \boldsymbol{R}_j)\,\boldsymbol{S}(\boldsymbol{R}_i)\cdot\boldsymbol{S}(\boldsymbol{R}_j) \tag{5.21}$$

と書ける.スピン数を N とし,表面の効果は無視することにしよう.

$$\boldsymbol{S}(\boldsymbol{q}) = \sum_{\boldsymbol{R}} \boldsymbol{S}(\boldsymbol{R})e^{-\mathrm{i}\boldsymbol{q}\cdot\boldsymbol{R}}, \qquad \boldsymbol{S}(\boldsymbol{R}) = \frac{1}{N}\sum_{\boldsymbol{q}} \boldsymbol{S}(\boldsymbol{q})e^{\mathrm{i}\boldsymbol{q}\cdot\boldsymbol{R}} \tag{5.22}$$

とフーリエ変換をすれば,$\boldsymbol{R} = \boldsymbol{R}_i - \boldsymbol{R}_j$ とおいて,

$$\begin{aligned}
E &= -\sum_{\boldsymbol{R},\boldsymbol{R}_j} J(\boldsymbol{R})\,\boldsymbol{S}(\boldsymbol{R}+\boldsymbol{R}_j)\cdot\boldsymbol{S}(\boldsymbol{R}_j) \\
&= -\frac{1}{N^2}\sum_{\boldsymbol{R},\boldsymbol{R}_j}\sum_{\boldsymbol{q},\boldsymbol{q}'} J(\boldsymbol{R})\,\boldsymbol{S}(\boldsymbol{q})\cdot\boldsymbol{S}(\boldsymbol{q}')e^{\mathrm{i}(\boldsymbol{q}\cdot\boldsymbol{R}_j+\boldsymbol{q}'\cdot(\boldsymbol{R}+\boldsymbol{R}_j))} \\
&= -\frac{1}{N}\sum_{\boldsymbol{q}} J(\boldsymbol{q})\,\boldsymbol{S}(\boldsymbol{q})\cdot\boldsymbol{S}(-\boldsymbol{q}) \tag{5.23}
\end{aligned}$$

となる.ただし,

$$J(\boldsymbol{q}) = \sum_{\boldsymbol{R}} J(\boldsymbol{R})\,e^{\mathrm{i}\boldsymbol{q}\cdot\boldsymbol{R}} = J(-\boldsymbol{q}) \tag{5.24}$$

である.同一スピン間には相互作用はない,と形式的に考えることができるから,

$$\sum_{\boldsymbol{q}} J(\boldsymbol{q}) = \sum_{\boldsymbol{R}}\sum_{\boldsymbol{q}} J(\boldsymbol{R})\,e^{\mathrm{i}\boldsymbol{q}\cdot\boldsymbol{R}} = NJ(\boldsymbol{R}=0) = 0 \tag{5.25}$$

であることを注意しておく.$J(\boldsymbol{q})$ の平均値は 0 である.

一方,ブラヴェ格子ではスピンの大きさがすべて等しいという条件がある

5.5 局在古典スピン系の磁気秩序 —ブラヴェ格子の場合—

から，局在した古典的スピンについては，

$$|S(R)|^2 = \frac{1}{N^2} \sum_{q,q'} S(q) \cdot S(q') e^{\mathrm{i}(q+q') \cdot R} = S^2 \tag{5.26}$$

が成立しなければならない．これを格子位置について加えると，

$$\sum_R |S(R)|^2 = \frac{1}{N} \sum_q S(q) \cdot S(-q) = NS^2 \tag{5.27}$$

となる．

$$S(q) \cdot S(-q) = n(q) \tag{5.28}$$

と書いてみれば，式 (5.23) と式 (5.27) は

$$E = -\sum_q \frac{J(q)}{N} n(q), \qquad \sum_q n(q) = N^2 S^2 \tag{5.29}$$

となる．この式は，エネルギーがそれぞれ $-J(q)/N$ である N 個の準位に，総数 $N^2 S^2$ の仮想的なボース粒子が分布している，と解釈することができる．当然，全粒子を最大の $J(q)$（このときの q を以下 q_0 と書く）に配分したときが最低エネルギーである．しかし，この状態が条件式 (5.26) を満足するかどうかを考えなければならない．

 $q_0 = 0$ ならば，強磁性である．MnO のような反強磁性では $q_0 = (1/2\ 1/2\ 1/2)$ で，これは面心立方格子の (111) 方向のブリルアン・ゾーン境界に当たる．これらの場合はスピン一方向で，式 (5.26) は満たされている．格子整合性をもたない一般の q_0 ではどうだろうか．以下に示すように，異方性を考える必要のない場合は式 (5.26) が成立する．

 ξ, η, ζ を任意の直交座標系として，

$$S_\xi(R) = S \cos(q_0 R), \qquad S_\eta(R) = S \sin(q_0 R), \qquad S_\zeta(R) = 0 \tag{5.30}$$

というスピン配列，すなわちスクリュースピン構造を考えよう．q_0 方向が ζ 軸と一致する必要はない．各原子のスピンの大きさは，

$$|S(R)|^2 = S_\xi(R)^2 + S_\eta(R)^2 + S_\zeta(R)^2$$

$$= S^2\bigl(\cos^2(\boldsymbol{q}_0\boldsymbol{R}) + \sin^2(\boldsymbol{q}_0\boldsymbol{R})\bigr) = S^2 \quad (5.31)$$

で，式 (5.26) の条件を満たしている．また，

$$\left.\begin{aligned}
S_\xi(\boldsymbol{q}) &= S\sum_{\boldsymbol{R}} \cos(\boldsymbol{q}_0\boldsymbol{R})e^{-\mathrm{i}\boldsymbol{q}\cdot\boldsymbol{R}} = \frac{SN}{2}\bigl(\delta(\boldsymbol{q}-\boldsymbol{q}_0) + \delta(\boldsymbol{q}+\boldsymbol{q}_0)\bigr) \\
S_\eta(\boldsymbol{q}) &= S\sum_{\boldsymbol{R}} \sin(\boldsymbol{q}_0\boldsymbol{R})e^{-\mathrm{i}\boldsymbol{q}\cdot\boldsymbol{R}} = \frac{SN}{2\mathrm{i}}\bigl(\delta(\boldsymbol{q}-\boldsymbol{q}_0) - \delta(\boldsymbol{q}+\boldsymbol{q}_0)\bigr) \\
S_\zeta(\boldsymbol{q}) &= 0
\end{aligned}\right\} \quad (5.32)$$

であるから，式 (5.23) の値は

$$E = -\frac{1}{N}\frac{S^2 N^2}{4}\bigl(J(\boldsymbol{q}_0) + J(-\boldsymbol{q}_0)\bigr) \times 2 = -J(\boldsymbol{q}_0)S^2 N \quad (5.33)$$

となって，これは確かに式 (5.29) の最低エネルギーである．

上の議論は，容易軸をもった 1 軸異方性が強い場合は使えない．一般にスピン方向の 2 次の磁気異方性は，式 (5.23) の J を 3 行 3 列の行列として表現できる[13]．その主軸を ξ, η, ζ としよう．スピン系のエネルギーは行列の 3 つの主値 J_ξ, J_η, J_ζ で表される．最低エネルギーが式 (5.33) で表されるのは，スピンの 2 つ以上の独立な成分について $J_i(\boldsymbol{q}_0)$ が最大であることが前提である．金属 Tm のような場合には，式 (5.26) の条件によって高次の振動成分が現れ，角型波になる．$J_\zeta(2\boldsymbol{q}_0)$ など高次振動成分に対応する交換相互作用定数の値によっては，異方性の分だけエネルギーが高くなっても ξ-η 面内のスクリュー構造が実現するかもしれない．

最近接対の近似　2 次元三角格子

ここまで，$J(\boldsymbol{q})$ がすでにわかっているとして議論してきた．$J(\boldsymbol{q})$ を実験的に知るためには，励起状態についての情報が必要である．それについては次章で述べる．理論的に $J(\boldsymbol{q})$ を計算するには，式 (5.24) を見れば，すべてのスピン対について交換相互作用定数が判明していなければならない．それ

---

[13] 磁気異方性が 1 つの原子の電子状態によるものであれば，行列 $\underline{J}$ の対角成分の分裂は $\boldsymbol{q}$ によらず一様で，$\boldsymbol{q}_0$ は変化しない．

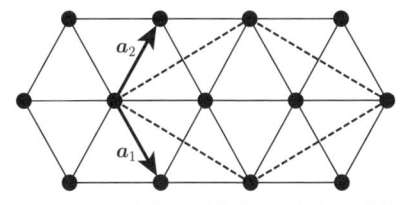

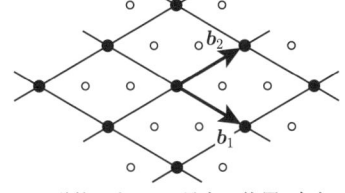

5.5 局在古典スピン系の磁気秩序 ―ブラヴェ格子の場合―

(a) 原子構造(実線)と磁気構造(破線)の単位胞　　(b) 逆格子と $J(\boldsymbol{q})$ 最大の位置(白丸)

図 5-10　三角格子とその逆格子

はあり得ないが，最近接スピン対以外の相互作用を無視する，という近似で得られる $J(\boldsymbol{q})$ は，絶縁性磁性体の基底状態について定性的には意味のある結果を与えることがしばしばある．その例ともなるので，最近接対が反強磁性的に相互作用している 2 次元三角格子について $J(\boldsymbol{q})$ を計算してみよう．

図 5-10(a) に三角格子を示す．太い線で示したように，単位胞は互いに 120° 傾いた 2 つのベクトル $\boldsymbol{a}_1$, $\boldsymbol{a}_2$ で形成される．逆格子ベクトル $\boldsymbol{b}_1$, $\boldsymbol{b}_2$ は右の図 (b) に示した．最近接対だけに相互作用 ($J_1 < 0$) を仮定する．中央のスピンと相互作用するスピンは 6 つで，$\pm \boldsymbol{a}_1, \pm \boldsymbol{a}_2, \pm(\boldsymbol{a}_1 + \boldsymbol{a}_2)$ だけ離れている．$\boldsymbol{q} = q_1 \boldsymbol{b}_1 + q_2 \boldsymbol{b}_2$ に対して，

$$J(\boldsymbol{q}) = \sum_{i=1}^{6} J_1 e^{-i\boldsymbol{q}\cdot\boldsymbol{R}_i} = 2J_1\bigl(\cos q_1 + \cos q_2 + \cos(q_1 + q_2)\bigr) \quad (5.34)$$

である．式 (5.34) の最大値を求めるために q_i で微分して 0 とおけば，

$$\sin q_1 + \sin(q_1 + q_2) = 0, \quad \sin q_2 + \sin(q_1 + q_2) = 0 \quad (5.35)$$

両辺の差をとれば，

$$\sin q_1 - \sin q_2 = 0, \quad \text{ゆえに} \quad q_1 = q_2 \quad \text{または} \quad q_1 = \pi - q_2 \quad (5.36)$$

である．それぞれの場合について式 (5.35) を解けば，$J_1 < 0$ のときは

$$\boldsymbol{q}_0 = \left(\frac{2\pi}{3}, \frac{2\pi}{3}\right) \quad \text{または} \quad \left(\frac{4\pi}{3}, \frac{4\pi}{3}\right), \quad J(\boldsymbol{q}_0) = -3J_1 \quad (5.37)$$

が $J(\boldsymbol{q})$ の最大値を与えることがわかる．$J_1 > 0$ のときはいうまでもなく強磁性で，$\boldsymbol{q}_0 = 0$, $J(\boldsymbol{q}_0) = 6J_1$ である．式 (5.37) の点を図 5-10(b) の逆格

子の中に白丸で示した．また，このときの磁気的単位胞を図 5 - 10(a) に点線で示した．

原子が実際に 2 次元的にだけ並んでいる結晶は自然には存在しないが，K_2CuF_4 について 5.3 節で述べたように，ある方向には交換相互作用が弱くて，磁気的には 2 次元的な構造と見なせる場合がある．また逆に，ある方向にだけ交換相互作用が強く，低温ではスピン整列した 1 次元的な鎖が 2 次元的に並んでいると見なせる場合もある．そのような場合，多くの三角格子反強磁性体で 3 枚周期の磁気構造が観測されている．図 5 - 11 に $LuFe_2O_4$ の逆格子 c^* 面内 (110) 方向に測定した中性子回折の結果を示した．この結晶は三方晶系で，c 軸方向で交換相互作用が弱い場合である．

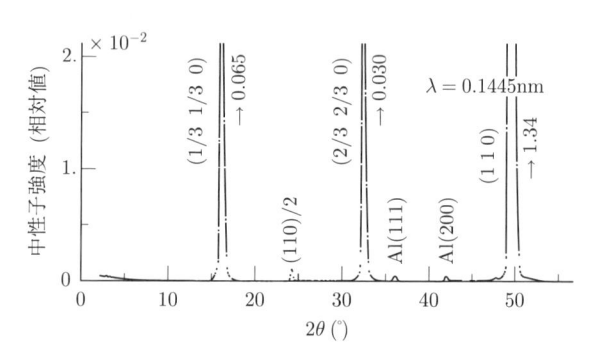

図 5 - 11　$LuFe_2O_4$ の (110) 方向の中性子回折
(K. Siratori, S. Funahashi, et al.：Proc. 6th Int. Conf. on Ferrites (1992) 703)

最低エネルギーの位置が式 (5.37) で与えられる場合，磁気異方性が小さければ磁気構造はスピンが 120° ずつ傾いた三角構造になる．しかし，容易軸をもつ 1 軸異方性が強い場合は，ある副格子が上を向き別の副格子が下を向くと，もう 1 つの副格子はどちらを向いてもエネルギーが変わらず，安定位置が決まらないことになる．このような系を**フラストレーション** (frustration) のある系という．近年興味を集めていろいろな研究が行なわれている[26]．この問題については，第 7 章も参照．

問題 5.4　三角格子では，$2a_1 + a_2$ などにある第 2 近接スピンも三角格子を組ん

でいる．第 2 近接スピン対の間に交換相互作用 ($J_2 < 0$) がある場合について $J_2(\bm{q})$ を計算し，それが最大の点を逆格子に記入せよ．J_2 の絶対値が J_1 の絶対値に比べて小さいとき，$J(\bm{q}) = J_1(\bm{q}) + J_2(\bm{q})$ の最大値は逆格子空間のどこに来るか，定性的に考察してみよ．

5.6 一般のスピン系の磁気秩序

前節の議論は，局在電子や古典スピン，あるいはブラヴェ格子といった前提が成り立たなくなるとどう変わるだろうか．

遍歴電子　スピンの量子性

まず，磁性電子が局在せず遍歴的であるときには，条件式 (5.26) が存在しない．図 5-3 の Cr がその例である．スピンの 1 つの成分だけが $\bm{q}_0$ で振動する秩序状態が低温でも実現し，高調波をともなわない．ただし遍歴状態では，スピン間相互作用のない場合には結晶中のどこでもスピン密度は上向き下向きが相殺して 0 であって，ある位置 $\bm{R}$ のスピン密度が 0 でなくなるためには電子状態が変化しなければならない (1.2 節の $\chi(\bm{q})$ の議論を参照)．そのために，局在スピンのときと違って，相互作用があっても 0 K でスピン秩序が発生するとは限らない．この点については第 7 章で少し触れる．

次にスピンを量子論的に考えると，条件式 (5.26) で S^2 を $S(S+1)$ と読み替える必要がある．そのために，式 (5.28) によって粒子数が与えられる仮想的なボース粒子を考えることができなくなる．しかし，エネルギー最低状態が $\bm{q}_0$ で指定されることは変わらないので，スピン秩序の基底状態を考えるときにはこれはそう重要ではない．$J(\bm{q}=0)$ が最大であれば強磁性で，スピンが全部平行に揃った状態が基底状態である．

問題 5.5 強磁性の基底状態について $\sum_{\bm{q}} \bm{S}(\bm{q}) \cdot \bm{S}(-\bm{q})$ を求め，式 (5.27) の条件を考察せよ．

量子力学的基底状態

$q_0 = 0$ の強磁性では，古典的な基底状態は $S_z = NS$ で，これは量子力学的にも固有状態である．しかし強磁性でないときは，古典的なスピンの整列状態は量子力学的な基底状態ではない．副格子が 2 つある一方向性の反強磁性体を例にとろう．古典的なスピンの最低エネルギー状態では，それぞれの副格子でスピンが完全に整列して，それが互いに逆を向いて，全スピンが 0 になっている．この状態を**反平行整列** (ordered antiparallel) **状態**という．+ 副格子を添字の 1 で，− 副格子を 2 で表すことにし，それぞれのスピン数を N とする．+ (−) 副格子の N 個のスピンがすべて上向き (下向き) の状態を $\Psi^{(1)}(N)(\Psi^{(2)}(-N))$ と書くことにすれば，反平行整列状態は

$$\Psi_0 = \Psi^{(1)}(N)\,\Psi^{(2)}(-N) \tag{5.38}$$

と書ける．交換相互作用のハミルトニアンは，式 (5.21) を拡張して，

$$\mathcal{H} = -\sum_{i,j=1,2}\sum_{\boldsymbol{R}_1,\boldsymbol{R}_2} J_{ij}(\boldsymbol{R}_1 - \boldsymbol{R}_2)\,\boldsymbol{S}_i(\boldsymbol{R}_1)\cdot\boldsymbol{S}_j(\boldsymbol{R}_2) \tag{5.39}$$

となる．また式 (0.20) を用いれば，副格子間の交換相互作用は，

$$-2J_{12}\boldsymbol{S}_1\cdot\boldsymbol{S}_2 = -J_{12}(2S_{1z}S_{2z} + S_{1+}S_{2-} + S_{1-}S_{2+}) \tag{5.40}$$

と書き直すことができる．式 (5.39) のハミルトニアンを式 (5.38) の波動関数に掛けると，式 (5.40) の第 1 項は Ψ_0 を変化させないで反平行整列状態のエネルギーを与え，第 2 項は消えるが，第 3 項は $\Psi^{(1)}(N-1)\,\Psi^{(2)}(-N+1)$ を与える．つまり，Ψ_0 はハミルトニアン (5.39) の固有関数ではない．

一番簡単な 2 副格子の反強磁性体でも，量子力学的な基底状態を厳密に表現することはできていない．しかし幸いなことに，この効果は一般に小さく，古典的なスピン整列のイメージは多くの場合そう悪くはない．

ブラヴェ格子でない場合

ブラヴェ格子でなく単位胞に磁性原子が複数あるときは，それぞれのスピンを区別して取り扱いを拡張しなければならない．単位胞内の磁性原子の数を n とすれば，式 (5.21) の交換相互作用定数 J を n 行 n 列の行列として，

5.6 一般のスピン系の磁気秩序

全スピン系のハミルトニアンは,

$$\mathcal{H} = -\sum_{\bm{R}_1,\bm{R}_2} \sum_{m_1,m_2=1}^{n} J(\bm{R}_1-\bm{R}_2;m_1,m_2)\,\bm{S}(\bm{R}_1,m_1)\cdot\bm{S}(\bm{R}_2,m_2) \tag{5.41}$$

と書ける. m は単位胞内の各原子を表す. 前節と同様に, フーリエ変換する.

$$\bm{S}(\bm{q},m) = \sum_{\bm{R}} \bm{S}(\bm{R},m) e^{-\mathrm{i}\bm{q}\cdot(\bm{R}+\bm{\rho}_m)} \tag{5.42}$$

ただし, $\bm{\rho}_m$ は原子 m の単位胞内の位置である.

$$\begin{aligned}\mathcal{H} &= -\sum_{\bm{R},\bm{R}_j} \sum_{m_1,m_2=1}^{n} J(\bm{R};m_1,m_2)\,\bm{S}(\bm{R}+\bm{R}_j,m_1)\cdot\bm{S}(\bm{R}_j,m_2) \\ &= -\frac{1}{N}\sum_{\bm{q}} \sum_{m_1,m_2=1}^{n} J(\bm{q};m_1,m_2)\,\bm{S}(\bm{q},m_1)\cdot\bm{S}(-\bm{q},m_2)\end{aligned} \tag{5.43}$$

となる. ここで,

$$J(\bm{q};m_1,m_2) = \sum_{\bm{R}} J(\bm{R};m_1,m_2)\,\exp[\mathrm{i}\bm{q}\cdot(\bm{R}+\bm{\rho}_{m_1}-\bm{\rho}_{m_2})] \tag{5.44}$$

である.

n 行 n 列の行列 $\underline{J}(\bm{q}) \equiv \{J(\bm{q};m_1,m_2)\}$ はエルミート対称だから, 対角化できる. 対角化すれば n 個の固有値 $J(\bm{q},\lambda)$ $(\lambda=1,\cdots,n)$ とそれに対応する固有ベクトル $\bm{T}_\lambda = (T_{\lambda 1},\cdots,T_{\lambda n})$ が求まる. 規格化されたこれらの固有ベクトルがスピンの配列状態を表し, 対応する固有値 $E_\lambda(\bm{q})$ がそのスピン配列のエネルギーを表す. 全系のエネルギーは,

$$\left.\begin{aligned}E &= -\frac{1}{N}\sum_{\bm{q},\lambda} J(\bm{q},\lambda)\,\bm{S}_\lambda(\bm{q})\cdot\bm{S}_\lambda(-\bm{q}) \\ \bm{S}_\lambda(\bm{q}) &= \sum_{m=1}^{n} T_{\lambda m}(\bm{q})\bm{S}(\bm{q},m)\end{aligned}\right\} \tag{5.45}$$

式 (5.43) の最大値は, 全てのスピンが最大固有値に対応する固有状態にあるときに実現するはずである. しかし局在スピン系では,

$$\bm{S}(\bm{R},m)^2 = S(m)(S(m)+1) \tag{5.46}$$

が満たされなければならない. 上で述べたように, 量子スピンではこの条件

は扱いにくいので，以下では古典スピン系を考えることにしよう．

$$\boldsymbol{S}(\boldsymbol{R},m)^2 = S(m)^2 \tag{5.47}$$

磁気異方性を無視できるとして式 (5.47) を全単位胞について加え合わせると，式 (5.27) に対応して，

$$\sum_{\boldsymbol{R}} |\boldsymbol{S}(\boldsymbol{R},m)|^2 = \frac{1}{N}\sum_{\boldsymbol{q}} \boldsymbol{S}(\boldsymbol{q},m)\cdot\boldsymbol{S}(-\boldsymbol{q},m) = N\,S(m)^2 \tag{5.48}$$

が得られる．さらに式 (5.45) の固有状態について考え，m について加え合わせた式，

$$\begin{aligned}
\sum_\lambda \sum_{\boldsymbol{q}} \boldsymbol{S}_\lambda(\boldsymbol{q})\,\boldsymbol{S}_\lambda(-\boldsymbol{q}) &= \sum_\lambda \sum_{\boldsymbol{q}} \sum_{m_1} T_{\lambda,m_1}\,\boldsymbol{S}(\boldsymbol{q},m_1)\sum_{m_2} T_{\lambda,m_2}\,\boldsymbol{S}(-\boldsymbol{q},m_2) \\
&= \sum_{\boldsymbol{q}}\sum_{m_1}\sum_{m_2} \boldsymbol{S}(\boldsymbol{q},m_1)\,\boldsymbol{S}(-\boldsymbol{q},m_2)\sum_\lambda T_{\lambda,m_1}T_{\lambda,m_2} \\
&= \sum_{\boldsymbol{q}}\sum_{m} \boldsymbol{S}(\boldsymbol{q},m)\,\boldsymbol{S}(-\boldsymbol{q},m) \\
&= N^2 \sum_m S(m)^2 \tag{5.49}
\end{aligned}$$

が式 (5.29) に対応する全「粒子数」を与える必要条件である．しかし十分条件ではないから，式 (5.47) が満たされるかどうかを検討しなければならない．

ハチノス格子

$J(\boldsymbol{q},\lambda)$ の計算の例に，図 5-12 に示した 2 次元ハチノス格子を取り上げる．これは前節で扱った三角格子が 2 つ組み合わさった格子である．単位胞の中で原子は，$(0,0)$ と $(2/3, 1/3)$ にある．それぞれ 1, 2 と番号を付けよう．1 と 1, 2 と 2, および 1 と 2 の間で最近接対の間にだけ相互作用 (交換相互作用定数をそれぞれ J_{11}, J_{22}, J_{12} とする) があるものとする．式 (5.44) によって計算すれば，$\boldsymbol{q} = (q_1, q_2)$ に対して，

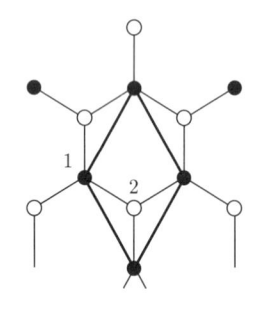

図 5-12 ハチノス格子

5.6 一般のスピン系の磁気秩序

$$\begin{aligned}
\underline{J}(\boldsymbol{q}, m) &= \begin{pmatrix} 2J_{11} A(\boldsymbol{q}) & J_{12} B^*(\boldsymbol{q}) \\ J_{12} B(\boldsymbol{q}) & 2J_{22} A(\boldsymbol{q}) \end{pmatrix} \\
A(\boldsymbol{q}) &= \cos q_1 + \cos q_2 + \cos(q_1 + q_2) \\
B(\boldsymbol{q}) &= e^{-\mathrm{i}(q_1-q_2)/3}\bigl(1 + e^{\mathrm{i} q_1} + e^{-\mathrm{i} q_2}\bigr) \equiv |B(\boldsymbol{q})|e^{\mathrm{i}\,\theta_{B(\boldsymbol{q})}} \\
|B(\boldsymbol{q})|^2 &= 3 + 2\bigl(\cos q_1 + \cos q_2 + \cos(q_1 + q_2)\bigr) = 3 + 2A(\boldsymbol{q})
\end{aligned} \right\} \quad (5.50)$$

ある $\boldsymbol{q}$ について特性方程式を解けば, 固有値は,

$$\left. \begin{aligned}
J(\boldsymbol{q}, \lambda) &= (J_{11} + J_{22})A(\boldsymbol{q}) \pm \sqrt{D(\boldsymbol{q})} \\
D(\boldsymbol{q}) &= (J_{11} + J_{22})^2 A^2(\boldsymbol{q}) - 4J_{11}J_{22}A^2(\boldsymbol{q}) + J_{12}^2|B(\boldsymbol{q})|^2 \\
&= (J_{11} - J_{22})^2 A^2(\boldsymbol{q}) + J_{12}^2|B(\boldsymbol{q})|^2
\end{aligned} \right\} \quad (5.51)$$

であり, 対応する固有ベクトルは, C を規格化定数として,

$$\begin{aligned}
\boldsymbol{T}_\lambda(\boldsymbol{q}) &= \frac{1}{C_\lambda} \begin{pmatrix} 1 \\ \dfrac{J(\boldsymbol{q}, \lambda) - 2J_{11}A(\boldsymbol{q})}{J_{12} B^*(\boldsymbol{q})} \end{pmatrix} \\
&= \frac{1}{C_\lambda} \begin{pmatrix} 1 \\ \dfrac{(J_{22} - J_{11})A(\boldsymbol{q}) \pm \sqrt{D(\boldsymbol{q})}}{J_{12} B^*(\boldsymbol{q})} \end{pmatrix}
\end{aligned} \quad (5.52)$$

となる.

ハチノス格子を構成する 2 つの三角格子は等価だから, そこに同じ原子があるなら $J_{11} = J_{22}$ である. そのときは, $\boldsymbol{T}_\lambda$ は $(1, \pm e^{\mathrm{i}\theta_{B(\boldsymbol{q})}})/\sqrt{2}$ となり, 各固有状態で副格子 1, 2 の振幅は等しい. したがって, 大きさの等しい両副格子のスピンが, $\boldsymbol{\rho}$ の違いによる位相差を含めて 1 つのスクリュー構造を形成し, 式 (5.47) の条件は満たされる. このときは, 式 (5.45) によって最大の $J(\boldsymbol{q}, \lambda)$ に対応する $\boldsymbol{q}(\equiv \boldsymbol{q}_0)$ が実現する. 2 つの副格子が強磁性的に結合するか, 反強磁性的かは J_{12} の符号によって決まる. 式 (5.49) によって全粒子

数は $2N^2S^2$ だから,

$$E(\boldsymbol{q}) = -\bigl(2J_{11}A(\boldsymbol{q}) + |J_{12}B(\boldsymbol{q})|\bigr)\cdot 2NS^2 \tag{5.53}$$

最近接スピン対にだけ相互作用を考えたいまの場合，エネルギー (式 (5.53)) は式 (5.50) の最後の式を見れば $|B(\boldsymbol{q})|$ の関数になるから，$\boldsymbol{q}_0$ を求めるために式 (5.53) を $|B|$ で微分して 0 とおけば，

$$2J_{11}|B| + |J_{12}| = 0, \qquad |B(\boldsymbol{q}_0)| = -\frac{|J_{12}|}{2J_{11}} \tag{5.54}$$

となる．$J_{12}=0$ の場合の $\boldsymbol{q}_0$ は，当然前節の三角格子 (式 (5.37)) と一致する．その場合，副格子 1(2) のあるスピンと相互作用する副格子 2(1) の 3 つのスピンは位相が $2\pi/3$ ずつ違うので，そこに副格子間の相互作用を導入しても全体として打ち消し合う．しかし，$J_{12}\neq 0$ ならば副格子間の相互作用が生き返るように $\boldsymbol{q}_0$ が変化し，それによってエネルギーが低くなる．式 (5.53) を見れば，$\boldsymbol{q}$ の変化による各副格子のエネルギーの上昇は $A = |B|^2 - 3$ に比例するのに対し，副格子間の相互作用によるエネルギーの低下は $|B|$ に比例するからである．

図 5-13 に $|B(\boldsymbol{q})|$ の等高線を示した．図中の平行四辺形は逆格子の単位胞 (図 5-10(b)) で，$|B|$ の値は逆格子点で最大 (3)，($1/3$, $1/3$) などで最小 (0) である．式 (5.54) で $|B|$ が決まっても，エネルギー最低の状態は $\boldsymbol{q}$ 空間で 1 つに決まらない．これは等方的なスピン系でのフラストレーションである．異方的なスピン系で起きる三角格子のような場合と区別して，**構造的フラストレーション**とよばれる．

式 (5.54) を式 (5.53) に代入すれば秩序状態のエネルギーは，

図 5-13 $|B(\boldsymbol{q})|$ の等高線

5.6 一般のスピン系の磁気秩序

$$E(\bm{q}_0) = \left(3J_{11} + \frac{J_{12}^2}{4J_{11}}\right) \cdot 2NS^2 \tag{5.55}$$

と与えられる．$J_{11} < 0$ に注意．$3 \geq A(\bm{q}) \geq -3/2$ だから，式 (5.54) を見れば $|J_{12}| > -6J_{11}$ の場合はこれらの式は使えない．その場合は副格子 1, 2 のスピンがそれぞれ強磁性的に揃い，J_{12} の符号によって強磁性，または反強磁性になる．

問題 5.6 式 (5.55) を確かめ，また，各副格子が強磁性的に揃っている場合のエネルギーを求めよ．$|J_{12}| = -6J_{11}$ の場合はどうなっているか．

副格子 1, 2 に違う原子が入れば $J_{11} \neq J_{22}$ となり，式 (5.47) は自動的には満たされない．しかしその場合も，上の取り扱いを拡張して考えることができる．

見通しを良くするために，まずスピンを規格化する．

$$\bm{S}(\bm{R}, m) = S(m)\, \bm{s}(\bm{R}, m) \tag{5.56}$$

系のエネルギーを表す式 (5.43) は，

$$\begin{aligned}
E &= -\sum_{\bm{R}, \bm{R}_j} \sum_{m_1, m_2 = 1}^{n} \tilde{J}(\bm{R}; m_1, m_2)\, \bm{s}(\bm{R} + \bm{R}_j, m_1) \cdot \bm{s}(\bm{R}_j, m_2) \\
&= -\frac{1}{N} \sum_{\bm{q}} \sum_{m_1, m_2 = 1}^{n} \tilde{J}(\bm{q}; m_1, m_2)\, \bm{s}(\bm{q}, m_1) \cdot \bm{s}(-\bm{q}, m_2)
\end{aligned} \tag{5.57}$$

となる．ただし，

$$\tilde{J}(m_1, m_2) = J(m_1, m_2)\, S(m_1)\, S(m_2) \tag{5.58}$$

であり，式 (5.47), (5.49) の条件はスピンによらず，

$$\bm{s}(\bm{R}, m)^2 = 1, \qquad \sum_{\bm{q}} \bm{s}(\bm{q}, m)\, \bm{s}(-\bm{q}, m) = N^2 \tag{5.59}$$

となる．式 (5.50)〜(5.52) は，J を $\tilde{J}$ で，$\bm{S}$ を $\bm{s}$ でおき換えてそのまま使える．しかし，$\tilde{J}_{11} \neq \tilde{J}_{22}$ であれば固有ベクトル (式 (5.52)) の 2 つの成分は絶対値が等しくないので，一方の副格子で式 (5.48) が満たされたときにもう

一方の副格子ではまだ「粒子」数が足りず,式 (5.59) が満たされない.その「粒子」を収めて式 (5.59) を満たした状態は式 (5.50) の固有状態ではないので,エネルギー最低の条件は改めて吟味しなければならない.

残った「粒子」が入る状態には,2つの可能性がある.一般に q の異なる波が重畳するとうなりを生じ,振幅が場所によって変わる.そのために式 (5.47) が満たされない.したがって1つの可能性は,すぐ上で述べた両副格子に共通の波数をもったスクリュー構造である.そのエネルギーは,式 (5.58) を考慮して,式 (5.43) で与えられる.

$$E(\boldsymbol{q}) = -\{\tilde{J}(\boldsymbol{q};1,1) + 2|\tilde{J}(\boldsymbol{q};1,2)| + \tilde{J}(\boldsymbol{q};2,2)\}N$$
$$= -\{2(\tilde{J}_{11} + \tilde{J}_{22})A(\boldsymbol{q}) + 2|\tilde{J}_{12}B(\boldsymbol{q})|\}N \quad (5.60)$$

これは,第1項で $2J_{11}$ の代わりに $\tilde{J}_{11} + \tilde{J}_{22}$ が現れることを除き,式 (5.53) と同じ形をしている.$|B(\boldsymbol{q}_0)|$ は,式 (5.54) で $2J_{11}$ を $\tilde{J}_{11} + \tilde{J}_{22}$ でおき換えて求められる.ただしここでも,$|\tilde{J}_{12}| > -3(\tilde{J}_{11} + \tilde{J}_{22})$ のときの最低エネルギー状態は $A = |B| = 3$ ($\boldsymbol{q}_0 = 0$) で,1方向性の強磁性または反強磁性になる.基底状態のエネルギーは,

$$E(\boldsymbol{q}_0) = \begin{cases} \left\{3(\tilde{J}_{11} + \tilde{J}_{22}) + \dfrac{\tilde{J}_{12}^2}{\tilde{J}_{11} + \tilde{J}_{22}}\right\}N, & |\tilde{J}_{12}| \leq -3(\tilde{J}_{11} + \tilde{J}_{22}) \text{ のとき} \\ -6(\tilde{J}_{11} + \tilde{J}_{22} + |\tilde{J}_{12}|)N, & |\tilde{J}_{12}| > -3(\tilde{J}_{11} + \tilde{J}_{22}) \text{ のとき} \end{cases}$$
$$(5.61)$$

下の式の状態のときは,$\boldsymbol{q}_0 = 0$ である.

円錐構造

異なる波数ベクトルが共存するスピン構造は基底状態ではないという上の議論にかかわらず,スピンが3次元であることを考えると,スクリュー面に垂直な方向の $q = 0$ の波が加わってもスピンの大きさについての並進対称性は破れない.すなわち,円錐構造である.この場合は,式 (5.43) に戻って $\boldsymbol{q} = 0$ の成分があるとして計算する必要がある.副格子 m のスピンのつく

5.6 一般のスピン系の磁気秩序

る円錐の頂角を θ_m と書けば,

$$E(\boldsymbol{q}) = -\big\{2(\tilde{J}_{11}\sin^2\theta_1 + \tilde{J}_{22}\sin^2\theta_2)A(\boldsymbol{q}) + 2|\tilde{J}_{12}B(\boldsymbol{q})|\sin\theta_1\sin\theta_2$$
$$+ 6(\tilde{J}_{11}\cos^2\theta_1 + \tilde{J}_{22}\cos^2\theta_2) + 6\tilde{J}_{12}\cos\theta_1\cos\theta_2\big\}N \quad (5.62)$$

変数を $|B|$ として極値を求める式は,

$$\big(\tilde{J}_{11}\sin^2\theta_1 + \tilde{J}_{22}\sin^2\theta_2\big)|B(\boldsymbol{q}_0)| + |J_{12}|\sin\theta_1\sin\theta_2 = 0$$
$$|B(\boldsymbol{q}_0)| = -\frac{|J_{12}|\sin\theta_1\sin\theta_2}{\tilde{J}_{11}\sin^2\theta_1 + \tilde{J}_{22}\sin^2\theta_2} \quad (5.63)$$

また θ_1, θ_2 について極値を求める方程式は,

$$\begin{cases} 2\tilde{J}_{11}A(\boldsymbol{q})\sin\theta_1\cos\theta_1 + |\tilde{J}_{12}B(\boldsymbol{q})|\cos\theta_1\sin\theta_2 \\ \qquad -6\tilde{J}_{11}\sin\theta_1\cos\theta_1 - 3\tilde{J}_{12}\sin\theta_1\cos\theta_2 = 0 \\ 2\tilde{J}_{22}A(\boldsymbol{q})\sin\theta_2\cos\theta_2 + |\tilde{J}_{12}B(\boldsymbol{q})|\sin\theta_1\cos\theta_2 \\ \qquad -6\tilde{J}_{22}\sin\theta_2\cos\theta_2 - 3\tilde{J}_{12}\cos\theta_1\sin\theta_2 = 0 \end{cases}$$

$$\begin{cases} \tilde{J}_{11}\big(A(\boldsymbol{q})-3\big)\sin 2\theta_1 = 3\tilde{J}_{12}\sin\theta_1\cos\theta_2 - |\tilde{J}_{12}B(\boldsymbol{q})|\cos\theta_1\sin\theta_2 \\ \tilde{J}_{22}\big(A(\boldsymbol{q})-3\big)\sin 2\theta_2 = 3\tilde{J}_{12}\cos\theta_1\sin\theta_2 - |\tilde{J}_{12}B(\boldsymbol{q})|\sin\theta_1\cos\theta_2 \end{cases}$$
$$(5.64)$$

これらの方程式を解いて円錐構造のエネルギーの最小値を求めて式 (5.61) と比較すれば, 磁気構造が決まる.

次頁の図 5-14 にハチノス格子の磁気相図を示す. 強磁性–円錐構造では, 円錐構造の回転のピッチは $2\pi/3$ である. J_{11} と J_{22} の正負に従って, 両方とも正のときは 1 方向性 (強磁性または反強磁性) スピン構造, 両方とも負のときは平面スクリュー構造, 正負が分かれるときには正の副格子は強磁性になって負の副格子は円錐構造になる.

この結果は, 物理的にわかりやすい. 強磁性–円錐構造の場合, 副格子間の相互作用によってスクリュー構造は円錐構造になるが, 強磁性副格子は円錐

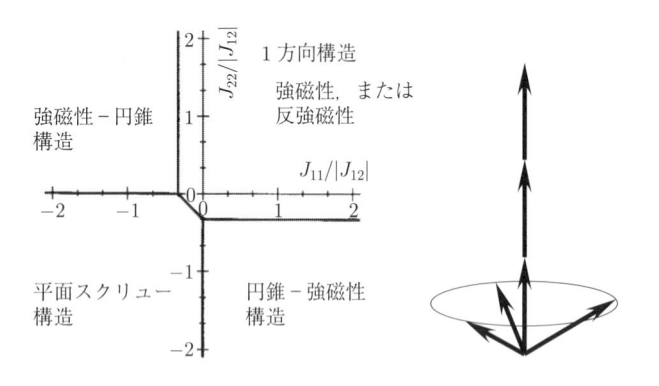

図 5-14 ハチノス格子の磁気相図と強磁性-円錐構造

構造にならない．それは，変形によるエネルギーの低下がスクリュー成分の発生とピッチの変化の積に比例し，微小変化の 2 次になるからである．そのために，円錐構造のピッチは $2\pi/3$ からずれない．磁気構造の例も図 5-14 に示した．

スピネル型クロマイト

このように副格子が複数ある場合，最初スピンの大きさをパラメータとしておいて基底状態を求め，その後で式 (5.47) を満たすようにその大きさを決定するという一般的な方法が提案されている．これは**一般化されたラッティンジャー–ティシャの方法**とよばれる．局在スピン系への応用についてカプランとメニュークによる詳しい解説がある[27]．

ライオンズらはこの理論を応用して，立方スピネル構造の磁性体について，最近接の A-B イオン対と B-B イオン対の間にだけ反強磁性相互作用を仮定して $J(\bm{q},\lambda)$ を計算し，最低エネルギー状態を論じた．5.1 節で述べたフェライトの場合に実現するネール状態，すなわち $\bm{q}_0 = 0$ で，A 席と B 席のスピンが逆を向いたスピン配列が最大の $J(\bm{q},\lambda)$ を与える条件は，J_{AB}，J_{BB} がともに反強磁性的な場合，

$$\frac{4J_{\mathrm{BB}}S_{\mathrm{B}}}{3J_{\mathrm{AB}}S_{\mathrm{A}}} < \frac{8}{9} \tag{5.65}$$

と与えられた．フェライトの Fe を Cr におき換えたスピネル型クロマイト MCr_2O_4 では，B‑B イオン対の間の交換相互作用が A‑B イオン対に比べて小さくないので式 (5.65) は満たされず，ネール構造は実現しない．計算の結果彼らは，q_0 が $\langle 110 \rangle$ 方向を向いた3種類の円錐構造からなる複雑な磁気構造を提案したが，それは中性子回折で基本的に実証された[28]．文献 [27] には，その実験結果も詳細に述べられている．

5.7 等方的でない相互作用の効果

ここまでは式 (5.39) の形の，2つのスピンの対称な双1次形式で書くことのできる相互作用を考えてきた．実際ほとんどの場合，基本的な構造についてはそれで説明ができる．しかしその他の相互作用，例えばジャロシンスキ相互作用 (式 (5.9)) がその構造を少し変形し，それが磁性に重要な役割を果たしていることもある．

MnCO₃

$MnCO_3$ をその例に挙げよう．結晶構造と単結晶の磁化曲線を図 5‑15 に示した．結晶は三方晶系で，菱面体の単位胞の頂点と体心に Mn^{2+} イオンがある．32.4 K 以下でこの2つの Mn のスピンが逆を向いて反強磁性になるが，それと同時に菱面体の (111) 面 (これは六方

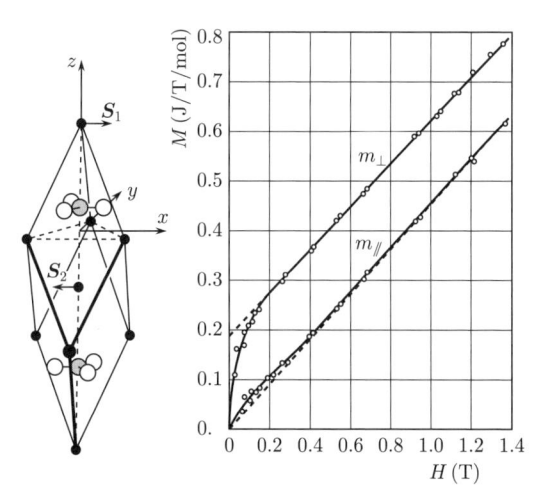

図 5‑15 $MnCO_3$ の結晶構造と単結晶の磁化曲線 (A. S. Borovik‑Romanov：Soviet Phys. JETP **36** (1959) 539)

対称の格子を考えると c 軸に垂直なので，しばしば c 面とよばれる）内に小さな磁化が現れる．磁場を 0 に外挿した磁化は Mn イオン当たり $3.2\times10^{-2}\mu_B$ で，Mn スピンが強磁性的に揃った場合の 0.64% にすぎない．

図 5-15 で，頂点と体心の Mn イオンは同一の c 軸上にあり，これは結晶の 3 回軸である．またこの対の中央に CO_3 分子があり，そこを通る x 軸が 2 回軸である．その他には，この対を保存する対称要素はない．したがって 5.2 節の末尾に述べた特性から，この Mn イオン対にはジャロシンスキ相互作用があり，ベクトル D は c 軸に平行である．Mn のスピンが c 面内にあれば，その面内で互いに傾いて磁化を生ずるはずである．しかし結晶の性質は，1 つのイオン対ではなく結晶全体の対称性を考えて論じなければならない．

この結晶の対称操作と，スピン成分とイオン位置の対称操作による変換を表 5-1 に示した．座標軸と S_1 などのスピン位置は図 5-15 に示してある．また m, l は，

$$m = S_1 + S_2, \qquad l = S_1 - S_2 \tag{5.66}$$

と定義した．これは式 (5.45) の $q=0$ のモードに対応している．$MnCO_3$ の磁気構造は，基本的に l で表される．また，m が磁化に対応する．

結晶のエネルギーを各スピンの成分で展開して，2 次までの項をとる．その各項は，表 5-1 のすべての対称操作に対して不変でなければならない．例えば $m_z l_z$ は，鏡映 (σ_d) で符号を変えるから存在しない．しかし，$l_x m_y - l_y m_x$

表 5-1　$MnCO_3$ の対称操作とその効果

対称操作	x	y	z	S_1	S_2	m	l
E	x	y	z	S_1	S_2	m	l
$2C_3$	$\frac{1}{2}(-x \mp \sqrt{3}y)$	$\frac{1}{2}(\pm\sqrt{3}x - y)$	z	S_1	S_2	m	l
$3\sigma_d = C_2'I$ (y-z 面など)	x	$-y$	$-z$	S_2	S_1	m	$-l$
I	x	y	z	S_1	S_2	m	l
$2S_6$	$\frac{1}{2}(x \pm \sqrt{3}y)$	$\frac{1}{2}(\mp\sqrt{3}x + y)$	z	S_2	S_1	m	$-l$
$3C_2'$ (CO_3 の位置の x 軸など)	x	$-y$	$-z$	S_2	S_1	m	$-l$

5.7 等方的でない相互作用の効果

という項が存在する．それは，例えば 60° の回転と反転の合成操作である S_6 について，

$$\begin{aligned}
S_6\,[l_x m_y - l_y m_x] &= \frac{1}{4}\{(l_x \pm \sqrt{3}\,l_y)(\mp\sqrt{3}\,m_x + m_y) \\
&\quad - (\mp\sqrt{3}\,l_x + l_y)(m_x \pm \sqrt{3}\,m_y)\} \\
&= \frac{1}{4}\{(\mp\sqrt{3}\,l_x m_x + l_x m_y - 3 l_y m_x \pm \sqrt{3}\,l_y m_y) \\
&\quad - (\mp\sqrt{3}\,l_x m_x - 3 l_x m_y + l_y m_x \pm \sqrt{3}\,l_y m_y)\} \\
&= l_x m_y - l_y m_x \qquad (5.67)
\end{aligned}$$

という計算で確かめられる．

問題 5.7 表 5-1 の S_6 以外の対称操作に対して $l_x m_y - l_y m_x$ が変化しないことを確かめよ．

結局，表 5-1 の対称操作に対して不変なエネルギーは，

$$E = -\frac{A}{2}l^2 - \frac{B}{2}m^2 + \frac{a}{2}l_z^2 + \frac{b}{2}m_z^2 + \frac{D}{2}(l_x m_y - l_y m_x) \quad (5.68)$$

となる．最初の 2 項が交換相互作用で式 (5.41) に対応し，MnCO$_3$ では A の方が大きくて $\boldsymbol{S}_1$ と $\boldsymbol{S}_2$ が逆を向いた反強磁性構造が実現する．次の 2 項は異方性エネルギーを表す．この項によって MnCO$_3$ のスピンは c 面内にある．最後の項が，c 軸に平行な $\boldsymbol{D}$ によるジャロシンスキ相互作用である．

2 つの副格子の磁化が c 面内にあるときには，その間の角度を θ とすれば $l = 2S\sin(\theta/2), m = 2S\cos(\theta/2)$ で，エネルギーは

$$E = -(A+B)S^2 + (A-B)S^2\cos\theta + DS^2\sin\theta \quad (5.69)$$

と書ける．2 つの副格子の間の交換相互作用定数を J_{12} とすれば，$A - B = 2J_{12}(\boldsymbol{q}=0)$ である．$\theta = \pi$ ではなく，そこから $\tan^{-1}(D/2J_{12})$ ずれたところでエネルギーが最低になり，副格子の磁化は互いに傾く．副格子のモーメントを M とすれば，おおよそ $MD/2J_{12}$ の磁化が生じる．磁化の実測値から，

$D/2J_{12}$ は 6.4×10^{-3} と推定される．なお，図 5-15 で磁場を c 軸方向にかけたときに低磁場で現れる異常は，もっと高次の磁気異方性を考慮すれば説明できることが示されている[29]．

5.2 節 (174 頁) で述べたように，α-Fe_2O_3 も同じ対称性をもち，スピンが c 面内にあるときは反強磁性副格子の磁化が互いに傾いて，c 面内に小さな強磁性成分が生じる．

寄生強磁性

このような，基本的には反強磁性体であるが副格子磁化が完全に 1 方向性でなく傾くために，打ち消し合わずに現れる磁化の小さい強磁性を，**寄生強磁性**という[14]．その機構は，上述のジャロシンスキ相互作用に限らない．例えば，2 副格子反強磁性体で副格子の磁化容易軸が異なる場合にも寄生強磁性が現れる．ルチル構造 (図 4-7) の NiF_2 がその例である[30]．

もっと複雑な磁性体では，基本的な反強磁性構造に異なる構造の反強磁性が「寄生」することもあり得る．$CuCl_2 \cdot 2H_2O$ はその一例で，2 つの副格子がそれぞれ互いに傾いた 2 つの副格子に分かれ，結局 4 副格子の反強磁性体である．ただし，これを検証する実験[31]を行なった梅林らによれば，磁性電子の形状因子を測定すると，Cu^{2+} イオン内の反平行な磁気モーメントの空間分布と傾いた成分の空間分布はかなり違い，単純に Cu^{2+} のスピンが傾いたとは考えられない，とのことである．

文　　献

[1]　近桂一郎・安岡弘志 編：「磁気測定 I」(実験物理学講座 6，丸善，2000 年)
[2]　C. G. Shull, W. A. Strauser and E. O. Wollan：Phys. Rev. **83** (1951) 333.

---

14)　同様な現象は強誘電体にもあるが，その場合は間接型強誘電体とよばれる．

文　献

[3] H. Kondoh and T. Takeda：J. Phys. Soc. Jpn. **19** (1964) 2041.
[4] M. K. Wilkinson, et al.：J. Appl. Phys. **32** (1961) 48S.
[5] C. R. Fincher, et al.：Phys. Rev. Lett. **43** (1979) 1441.
[6] W. C. Koehler, et al.：Phys. Rev. **126** (1962) 1672.
[7] J. D. Dunitz and L. E. Orgel：J. Phys. Chem. Solid **3** (1957) 20.
[8] C. Guillaud: J. de Phys. **12** (1951) 239.
[9] V. C. Rakhecha and N. S. Satya Murthy：J. Phys. **C11** (1978) 4389.
[10] A. Yanase and A. Hamada：J. Phys. Soc. Jpn. **68** (1999) 1607.
[11] C. Kittel：Phys. Rev. **120** (1960) 335.
[12] E. A. Harris and J. Owen：Phys. Rev. Lett. **11** (1963) 9.
[13] K. Sintani, et al.：J. Phys. Soc. Jpn. **25** (1968) 99.
[14] I. Dzyaloshinski：J. Phys. Chem. Solid **4** (1958) 241.
[15] T. Moriya："Weak Ferromagnetism", G. T. Rado, H. Suhl 編：Magnetism vol. I , chap. 3 (85 - 125 頁, Academic Press, 1963 年)
[16] Y. Yamasaki, et al.：Phys. Rev. Lett. **96** (2006) 207204.
[17] M. Imada, A. Fujimori and Y. Tokura：Rev. Mod. Phys. **70** (1998) 1039.
[18] K. Hirakawa and K. Ubukoshi：J. Phys. Soc. Jpn. **50** (1981) 1909.
[19] P. W. Anderson："Theory of Magnetic Exchange Interaction", F. Seitz, D. Turnbull 編：Solid State Physics vol.14 (99 - 214 頁, 1963 年)
[20] 近藤 淳：「金属電子論」(物理学選書, 裳華房, 1983 年)
[21] H. R. Child, W. C. Koehler, E. O. Wollan and J. W. Cable：Phys. Rev. **138** (1965) A1655.
[22] 喜多英治：固体物理 **37** (2002) 511.
[23] P. G. de Gennes：Phys. Rev. **118** (1960) 141.
[24] N. F. Oliveira, Jr, S. Foner, Y. Shapira and T. B. Reed：Phys. Rev. **B5** (1972) 2634.
[25] G. H. Jonker and J. van Santen：Physica **C16** (1950) 337, 599.
[26] 目片 守：日本物理学会誌 **41** (1986) 968, 固体物理 **22** (1987) 640.
[27] T. A. Kaplan and N. Menyuk：Phil. Mag. **87** (2007) 3711-3785.
[28] J. M. Hastings and L. M. Corliss：Phys. Rev. **126** (1962) 556.
[29] A. S. Borovik-Romanov：Zh. Exp. Teor. Phys. **36** (1959) 766; Soviet Phys. JETP **36** (1959) 539.
[30] L. M. Matarrese and J. W. Stout：Phys. Rev. **94** (1954) 1792.
[31] H. Umebayashi, et al.：Phys. Rev. **167** (1968) 519.

第6章

整列したスピン系の励起状態

　前章で述べた最低エネルギー状態は並進対称性をもっているから，その励起状態は局在せず，波の形で結晶中に拡がっている．これをスピン波といい，その量子をマグノンとよぶ．これは系の固有状態であり，局在スピン強磁性体では厳密に表現することができる．熱エネルギーによる励起を考えて系の物性の温度変化を論じるときばかりではなく，系を論じるときの基礎である基底関数系を与える．

　マグノンを観測することによって，我々は交換相互作用についての定量的な情報を直接得ることができる．有限の波数のマグノンを観測するには，中性子散乱以外に方法がない．$q=0$ のマグノンは磁気共鳴によっても観測できるが，強磁性体ではこれはすべてのスピンが揃って回転するモードなので，交換相互作用についての情報は含んでいない．しかし，異方性エネルギーなどについての情報を与える．全角運動量が 0 である (広義の) 反強磁性体やフェリ磁性体では，共鳴周波数は副格子間の交換相互作用の強さについての情報を含んでいる．

6.1　局在電子強磁性体のスピン波

スピン系の運動方程式

　まずは，式 (5.5) で表される等方的な交換相互作用をしている，古典的局在スピンの強磁性体ブラヴェ格子を考えよう．各イオンのモーメントは $\boldsymbol{\mu} = -g\mu_\mathrm{B}\boldsymbol{S}$

6.1 局在電子強磁性体のスピン波

で,エネルギー最低の平衡状態では z 軸に平行であるとする. 4.1 節で述べたように,各スピン角運動量の運動方程式 (式 (4.3), (4.11)) は,

$$\frac{d}{dt}(\hbar\,\boldsymbol{S}(\boldsymbol{R})) = -\boldsymbol{S}(\boldsymbol{R}) \times \frac{\partial E}{\partial\,\boldsymbol{S}(\boldsymbol{R})} \tag{6.1}$$

である.いま,考えるエネルギーは式 (5.5) で与えられているから,

$$\frac{\partial E}{\partial\,\boldsymbol{S}(\boldsymbol{R})} = -2\sum_{\boldsymbol{R}'\neq 0} J(\boldsymbol{R}')\,\boldsymbol{S}(\boldsymbol{R}+\boldsymbol{R}') \tag{6.2}$$

であり,

$$\hbar\frac{d}{dt}\boldsymbol{S}(\boldsymbol{R}) = 2\sum_{\boldsymbol{R}'\neq 0} J(\boldsymbol{R}')\left(\boldsymbol{S}(\boldsymbol{R})\times\boldsymbol{S}(\boldsymbol{R}+\boldsymbol{R}')\right) \tag{6.3}$$

となる.第 1 励起状態では基底状態との差,すなわち振動する成分は小さいから,

$$\boldsymbol{S}(\boldsymbol{R}) = \boldsymbol{S}_0 + \delta\boldsymbol{S}(\boldsymbol{R}) \tag{6.4}$$

とすれば,$\boldsymbol{S}_0$ は z 軸に平行で $\boldsymbol{R}$ によらず,$\delta\boldsymbol{S}(\boldsymbol{R})$ は xy 面内にある.微小量の 1 次までとる近似では $\delta\boldsymbol{S}(\boldsymbol{R})$ の運動方程式は,

$$\begin{aligned}\hbar\frac{d}{dt}\delta\boldsymbol{S}(\boldsymbol{R}) &= 2\sum_{\boldsymbol{R}'\neq 0} J(\boldsymbol{R}')\left(\boldsymbol{S}_0\times\delta\boldsymbol{S}(\boldsymbol{R}+\boldsymbol{R}') + \delta\boldsymbol{S}(\boldsymbol{R})\times\boldsymbol{S}_0\right)\\ &= 2\sum_{\boldsymbol{R}'\neq 0} J(\boldsymbol{R}')\left(\delta\boldsymbol{S}(\boldsymbol{R}) - \delta\boldsymbol{S}(\boldsymbol{R}+\boldsymbol{R}')\right)\times\boldsymbol{S}_0 \end{aligned} \tag{6.5}$$

となる.系の並進対称性を利用して式 (5.22) のようにフーリエ変換をすれば,

$$\begin{aligned}\hbar\frac{d}{dt}\delta\boldsymbol{S}(\boldsymbol{q}) &= \hbar\frac{d}{dt}\sum_{\boldsymbol{R}}\delta\boldsymbol{S}(\boldsymbol{R})\cdot e^{-\mathrm{i}\boldsymbol{q}\cdot\boldsymbol{R}}\\ &= 2\sum_{\boldsymbol{R},\boldsymbol{R}'} J(\boldsymbol{R}')\left(\delta\boldsymbol{S}(\boldsymbol{R})-\delta\boldsymbol{S}(\boldsymbol{R}+\boldsymbol{R}')\right)\times\boldsymbol{S}_0\cdot e^{-\mathrm{i}\boldsymbol{q}\cdot\boldsymbol{R}}\\ &= \frac{2}{N}\sum_{\boldsymbol{R},\boldsymbol{R}'}\sum_{\boldsymbol{q}'} J(\boldsymbol{R}')\left(e^{\mathrm{i}\boldsymbol{q}'\cdot\boldsymbol{R}} - e^{\mathrm{i}\boldsymbol{q}'\cdot(\boldsymbol{R}+\boldsymbol{R}')}\right)\delta\boldsymbol{S}(\boldsymbol{q}')\times\boldsymbol{S}_0\,e^{-\mathrm{i}\boldsymbol{q}\cdot\boldsymbol{R}}\\ &= \frac{2}{N}\sum_{\boldsymbol{R}'}\sum_{\boldsymbol{q}'} J(\boldsymbol{R}')\left(1-e^{\mathrm{i}\boldsymbol{q}'\cdot\boldsymbol{R}'}\right)\delta\boldsymbol{S}(\boldsymbol{q}')\times\boldsymbol{S}_0\cdot\sum_{\boldsymbol{R}} e^{\mathrm{i}(\boldsymbol{q}'-\boldsymbol{q})\cdot\boldsymbol{R}}\\ &= 2\sum_{\boldsymbol{R}'} J(\boldsymbol{R}')\left(1-e^{\mathrm{i}\boldsymbol{q}\cdot\boldsymbol{R}'}\right)\delta\boldsymbol{S}(\boldsymbol{q})\times\boldsymbol{S}_0\end{aligned}$$

$$= 2\bigl(J(\boldsymbol{q}=0) - J(\boldsymbol{q})\bigr)\delta\boldsymbol{S}(\boldsymbol{q}) \times \boldsymbol{S}_0 \tag{6.6}$$

$J(\boldsymbol{q})$ は式 (5.24) で定義した．式 (6.6) は $\delta\boldsymbol{S}(\boldsymbol{q})$ だけについての方程式で，孤立モーメントの場合 (4.1 節) と同様に解ける．

$$\left.\begin{array}{l} S_x(\boldsymbol{q}) = S_\perp \cos(\omega(\boldsymbol{q})t), \quad S_y(\boldsymbol{q}) = S_\perp \sin(\omega(\boldsymbol{q})t) \\ \hbar\omega(\boldsymbol{q}) = 2\bigl(J(\boldsymbol{q}=0) - J(\boldsymbol{q})\bigr)S \end{array}\right\} \tag{6.7}$$

スピン系の固有振動は波として結晶中に拡がっており，波数 $\boldsymbol{q}$ の波の振動数は $J(\boldsymbol{q})$ と基底状態のエネルギー ($J(\boldsymbol{q}=0)$) との差に比例する．概念図を図 6-1 に示した．

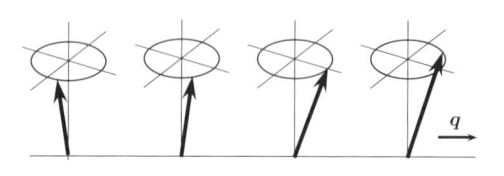

図 6-1 強磁性結晶中のスピンの振動の伝播

この図によってスピンの振動を具体的に考察しよう．図 6-2 で，xz 面内のスピン ($\boldsymbol{S}^0$) を考える．$\boldsymbol{S}^0$ から $\boldsymbol{R}$ だけ離れた位置にスピン $\boldsymbol{S}^1$ があれば，z 軸のまわりの回転の位相差は $\boldsymbol{S}^0$ と $\boldsymbol{S}^1$ の間で $\boldsymbol{q}\cdot\boldsymbol{R}$ である．このとき，並進対称性によって $\boldsymbol{S}^0$ から $-\boldsymbol{R}$ 離れた位置にもスピン ($\boldsymbol{S}^{-1}$) があり，その回転の位相差は $\boldsymbol{S}^0$ に対して $-\boldsymbol{q}\cdot\boldsymbol{R}$ である．この様子を，スピンベクトルを 1 ヶ所に集めて示したのが図 6-2 である．もちろん，$\boldsymbol{S}^0$ と $\boldsymbol{S}^1$，$\boldsymbol{S}^0$ と $\boldsymbol{S}^{-1}$ の交換相互作用定数は等しい．したがって，$\boldsymbol{S}^1$ と $\boldsymbol{S}^{-1}$ を固定して $\boldsymbol{S}^0$ を動かしたときのエネルギー変化 (式 (6.2)) は xz 面に関して対称で，その実効磁場 (式 (4.11)) は xz 面内，$\boldsymbol{S}^0$ から見て z 軸側にある (図中の破線)．これは他の対についても成立するから，それらを加え合わせた全実効磁場も xz 面内，z 軸側にあり，この瞬間の $\boldsymbol{S}^0$ は xz 面に垂直に動く．明らか

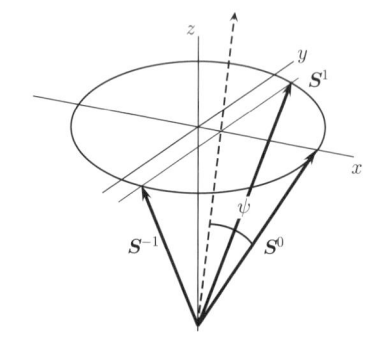

図 6-2 スピン波をつくるスピンの振動

にこれはどのスピンについても成立し，回転速度も並進対称性によってスピンによらないから，各スピンは同じ速度で一斉に z 軸のまわりを回転することになる．それにともなって各スピンのエネルギー最低位置も同じ速度で回転し，z 軸のまわりの回転は安定に継続する．逆にいえば，このような安定な回転が生じるように波が立った状態 (図 6-1) が，固有状態なのである．式 (6.7) によれば，q が小さいとき $\omega(\boldsymbol{q}) \propto q^2$ である．

問題 6.1 極座標を用いて，$\boldsymbol{S}^0$ の方向を $(\theta, 0)$ と書こう．$\boldsymbol{S}^1$ は $(\theta, \boldsymbol{q}\cdot\boldsymbol{R})$，$\boldsymbol{S}^{-1}$ は $(\theta, -\boldsymbol{q}\cdot\boldsymbol{R})$ である．$\boldsymbol{S}^1$ と $\boldsymbol{S}^{-1}$ による $\boldsymbol{S}^0$ に対する実効磁場 ($\boldsymbol{S}^1 + \boldsymbol{S}^{-1}$ に平行) の方向を求め，q が小さいという条件で図 6-2 の ψ が q^2 に比例し，したがってトルクが q^2 に比例することを示せ．

量子力学的描像

この問題を量子力学的に扱うために，式 (5.23) に対応する

$$\mathcal{H} = -\frac{1}{N}\sum_{\boldsymbol{q}} J(\boldsymbol{q})\, \boldsymbol{S}(\boldsymbol{q}) \cdot \boldsymbol{S}(-\boldsymbol{q}) \tag{6.8}$$

から出発しよう．基底状態を Ψ_0 と書けば，これはすべてのスピンが $+z$ 方向に揃っているから，$S_+(\boldsymbol{q})$ や $S_z(\boldsymbol{q} \neq 0)$ を作用させると 0 になるはずである．

$$\left.\begin{array}{l} S_z(\boldsymbol{q}=0)\Psi_0 = NS\Psi_0, \quad S_z(\boldsymbol{q}\neq 0)\Psi_0 = 0, \quad S_+(\boldsymbol{q})\Psi_0 = 0 \\ \mathcal{H}\Psi_0 = -\dfrac{1}{N} J(\boldsymbol{q}=0)(NS)^2 \Psi_0 = -NS^2 J(\boldsymbol{q}=0)\Psi_0 \end{array}\right\} \tag{6.9}$$

第 1 励起状態は Ψ_0 からスピンを 1 つ傾けた状態だが，基底状態の並進対称性によって，上で述べたように波の形で結晶中に拡がっているはずである．

$$\Psi_1(\boldsymbol{Q}) \equiv \frac{1}{\sqrt{2NS}} S_-(\boldsymbol{Q})\Psi_0 \tag{6.10}$$

と定義する．因子 $1/\sqrt{2NS}$ は波動関数の規格化条件から出てくる．式 (6.10)

が式 (6.8) のハミルトニアンの固有関数であることは，以下のように確かめることができる．

$S(q)$ の各成分の交換関係は，$S(R)$ の各成分の交換関係 (式 (0.21)) から，

$$
\left.\begin{aligned}
[S_+(q), S_z(q')] &= \sum_{R,R'} e^{-iq\cdot R} e^{-iq'\cdot R'} [S_+(R), S_z(R')] \\
&= \sum_{R} e^{-i(q+q')\cdot R} \left(-S_+(R)\right) \\
&= -S_+(q+q') \\
[S_-(q), S_z(q')] &= S_-(q+q'), \qquad [S_+(q), S_-(q')] = 2S_z(q+q')
\end{aligned}\right\}
\tag{6.11}
$$

である．したがって，

$$
\begin{aligned}
[\mathcal{H}, S_-(Q)] &= -\frac{1}{N}\sum_q J(q)[S(q)\cdot S(-q), S_-(Q)] \\
&= -\frac{1}{N}\sum_q J(q)\big([S_z(q)S_z(-q), S_-(Q)] \\
&\quad + \frac{1}{2}[S_+(q)S_-(-q), S_-(Q)] + \frac{1}{2}[S_-(q)S_+(-q), S_-(Q)]\big) \\
&= \frac{1}{N}\sum_q J(q)\big(S_-(Q-q)S_z(q) + S_-(Q+q)S_z(-q) \\
&\quad - S_-(-q)S_z(Q+q) - S_-(q)S_z(Q-q)\big)
\end{aligned}
$$

$$
\begin{aligned}
[\mathcal{H}, S_-(Q)]\Psi_0 &= S\big(2J(q=0)S_-(Q) - J(-Q)S_-(Q) - J(Q)S_-(Q)\big)\Psi_0 \\
&= 2S\big(J(q=0) - J(Q)\big) S_-(Q)\Psi_0 \tag{6.12}
\end{aligned}
$$

だから，式 (6.10) のように定義しておけば，

$$
\begin{aligned}
\mathcal{H}\Psi_1(Q) &= \frac{1}{\sqrt{2NS}}\mathcal{H}S_-(Q)\Psi_0 \\
&= \frac{1}{\sqrt{2NS}}\big\{S_-(Q)\mathcal{H} + [\mathcal{H}, S_-(Q)]\big\}\Psi_0 \\
&= \big\{-NS^2 J(q=0) + 2S\big(J(q=0) - J(Q)\big)\big\}\Psi_1 \tag{6.13}
\end{aligned}
$$

である．

式 (6.13) は，Ψ_1 が式 (6.8) のハミルトニアンの固有状態で，エネルギーは

基底状態より $2S\bigl(J(\bm{q}=0)-J(\bm{Q})\bigr)$ 高いことを示している．スピン波の量子を**マグノン**という．$\Psi_1(\bm{Q})$ は波数 $\bm{Q}$ のマグノンが 1 つ発生した励起状態で，励起エネルギーは古典的に求めた固有振動のエネルギー，式 (6.7) の最後の式に他ならない．固有状態 $\Psi_1(\bm{q})$ では，全スピンの量子化軸成分が $\bm{q}$ によらず $NS-1$ である．つまり，マグノンが 1 つ励起されると磁化の量子化軸成分が $g\mu_{\mathrm{B}}$ だけ小さくなる．ハミルトニアン (式 (6.8)) が等方的で全スピンを保存しているから，他に相互作用を考えなければ，量子化軸方向の成分が良い量子数になるのである．

マグノンの相互作用

この議論を拡張して，マグノンを 2 つ励起した状態を厳密に書くのは難しい．基底状態 Ψ_0 はすべてのスピンが揃っていて同等だから並進対称性があり，どの位置のスピンを傾けるのも同等で，ここまで述べたように第 1 励起状態 Ψ_1 は単純に平面波として表現することができた．そこからスピンをもう 1 つ傾けて第 2 励起状態をつくろうとすると，すでにマグノンが存在しているために並進対称性は失われている．実際，すでに傾いているスピンと強磁性的に結合しているスピンを傾けるのに必要なエネルギーは，最初に傾けるときよりその対の交換エネルギー分だけ低い．さらに，式 (0.20) を見れば明らかなように，演算子 S_- の効果は S_z の値によって変わる．極端な場合，$S=1/2$ であれば S_z は $1/2$ か $-1/2$ しかないから，1 つのスピンは一度しか励起できない．

別のいい方をすると，スピン波の間には相互作用があって，互いに独立ではない．スピン波の相互作用の取扱いは本書の程度を超えるので，次章で平均場近似を述べるにとどめる[1, 2]．しかし，マグノンが 1 つあるときの 1 つのスピンの傾きは平均的には $1/N$ だから，励起されているマグノンの数が N に比べて少ないときにマグノン間の相互作用を無視するのは，悪い近似ではない．

マグノンの数が N に比べて格段に少ない状態 Ψ については，

$$S_z(\boldsymbol{q}=0)\Psi = NS\Psi, \qquad S_z(\boldsymbol{q}\neq 0)\Psi = 0 \qquad (6.14)$$

と近似することができる．そのときは式 (6.11) の最後の式から，

$$[S_+(\boldsymbol{q}), S_-(\boldsymbol{q}')] = \begin{cases} 2NS & (\boldsymbol{q}+\boldsymbol{q}'=0) \\ 0 & (\boldsymbol{q}+\boldsymbol{q}'\neq 0) \end{cases} \qquad (6.15)$$

で，これはボース粒子の生成・消滅演算子の交換関係[1] $[\alpha_i, \alpha_j^\dagger] = \delta_{ij}$ と同じ形である．したがって，

$$\alpha^\dagger(\boldsymbol{q}) \equiv \frac{1}{\sqrt{2NS}} S_-(\boldsymbol{q}), \qquad \alpha(\boldsymbol{q}) \equiv \frac{1}{\sqrt{2NS}} S_+(-\boldsymbol{q}) \qquad (6.16)$$

と定義すれば[2]，基底状態と第 1 励起状態についてハミルトニアンは，零点エネルギーを除いて次のように書ける．

$$\mathcal{H} = -NS^2 J(\boldsymbol{q}=0) + \sum_{\boldsymbol{q}} 2S\bigl(J(\boldsymbol{q}=0) - J(\boldsymbol{q})\bigr)\alpha^\dagger(\boldsymbol{q})\alpha(\boldsymbol{q})$$
$$(6.17)$$

第 2 量子化によるこの形の表現は，後で利用する．この表現では，式 (6.14) より一段近似を上げて，磁化は $M = g\mu_\mathrm{B} S_z(\boldsymbol{q}=0) = g\mu_\mathrm{B}\bigl(NS - \sum_{\boldsymbol{q}}\alpha^\dagger(\boldsymbol{q})\alpha(\boldsymbol{q})\bigr)$ と書ける．スピン波の相互作用は生成・消滅演算子が 4 つ以上ある項で表される．

問題 6.2 式 (6.8) に式 (6.14), (6.16) を代入して，生成・消滅演算子の 2 次までの近似で式 (6.17) を導け．

$J(\boldsymbol{q})$ の決定

式 (6.7), (6.13) を見ると，強磁性体のスピン波の波数とエネルギーの関係 (分散関係) を実験的に決定すれば $J(\boldsymbol{q}=0) - J(\boldsymbol{q})$，したがって $J(\boldsymbol{R})$

---

[1] 小出昭一郎：「量子力学 (II) (改訂版)」§11.4 (第 0 章の文献 [1])
[2] $\boldsymbol{q}$ の前の符号に注意．生成演算子と消滅演算子とは複素共役でなければならない．

がわかる[3]. その例として, EuS の測定を図 6-3 に示した. これは格子定数 0.604 nm の NaCl 型の結晶で, 16.5 K 以下で強磁性を示す. Eu は 2+ の陽イオン, すなわち $(4f)^7: {}^8S$ 状態と考えられ, 実際低温の飽和磁化は 7 μ_B/Eu である. 電気的にはバンドギャップが 1.5 eV 程度の絶縁体である. ボーンら[3] は $\langle 100 \rangle, \langle 110 \rangle, \langle 111 \rangle$ 方向のスピン波のエネルギーを中性子の非弾性散乱によって決定し, 磁気 2 重極相互作用を考慮に入れて, なるべく少数の近接 Eu イオン対の間の等方的交換相互作用で説明することを試みた.

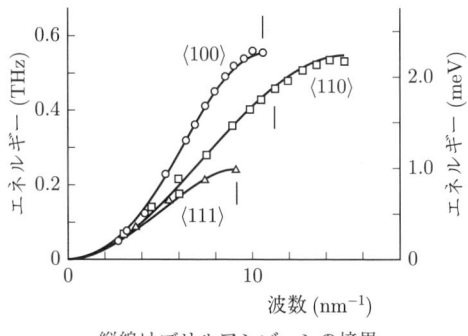

図 6-3 EuS のスピン波の分散関係
縦線はブリルアンゾーンの境界
(H. G. Bohn, *et al.*: Phys. Rev. **B22** (1980) 5447)

実験的に決定したスピン波の分散関係を図 6-3 に, それによって決定した交換相互作用定数を表 6-1 に示す. 第 1 近接対の相互作用は強磁性的, S を挟んだ第 2 近接対は反強磁性的で, 第 3 近接対以下は格段に弱くなるが, 実験誤差の範囲でスピン波の分散関係を説明するためには, 第 5 近接対まで考える必要がある. それより遠いスピン対間の相互作用を無視することができれば, これで任意の q について $J(q)$ を推定

表 6-1 EuS の交換相互作用定数

J_1	$\langle \frac{1}{2} \frac{1}{2} 0 \rangle$	$+0.221 \pm .003$ K
J_2	$\langle 100 \rangle$	$-0.100 \pm .004$
J_3	$\langle 1 \frac{1}{2} \frac{1}{2} \rangle$	$+0.006 \pm .002$
J_4	$\langle 110 \rangle$	$-0.007 \pm .002$
J_5	$\langle 111 \rangle$	$-0.004 \pm .002$

括弧内は, スピン対の相対位置を表すベクトルの x-y-z 成分.
(H. G. Bohn, *et al.*: Phys. Rev. **B22** (1980) 5447)

---

[3] ただし, $J(q=0)$ はすべての q について測定ができなければわからないので, いわば原点不明である. しかし $J(q=0)$ は, 次章で述べるように漸近キュリー温度から容易に決めることができる.

することができる．

　この化合物のSを同じ酸素族のO, Se, Te でおき換えても結晶型は変わらないが，原子番号の小さい EuO が 69 K 以下で強磁性であるのに対して EuTe は 10 K 以下で反強磁性であり，EuSe は 5 K 以下で外部磁場によって磁気構造の変わる複雑な磁性を示す．これは，陰イオンの原子番号が大きくなるに従ってイオン半径が大きくなって，原子間距離が拡がるために第1近接対の相互作用が弱くなり，第2近接対以遠の相互作用が相対的に重要になるため，と考えられている．このように，伝導電子がなくとも交換相互作用はかなり遠くまで届く，と考えなければならない．それは，希土類化合物より遷移金属化合物ではもっと著しいはずである．6.5 節の $ZnCr_2Se_4$，6.6 節の $CoCr_2O_4$ の記述などを参照されたい．

6.2　遍歴電子強磁性体のスピン波

　前節で考えた局在スピン系では，第1励起状態を厳密に表現することができた．磁気モーメントを担っている電子が遍歴的であるときには，この取り扱いをそのまま適用することはできない．それは，1.2 節で述べた $\chi(\boldsymbol{q})$ の計算を思い出せば理解できるだろう．スピンの揺らぎは，電子状態の変化(励起) によって起こる．しかしその場合も，波の形でスピンが揺らぐ励起状態が存在して，その励起エネルギーは $q \to 0$ のとき 0 になるということは，物理的に考えてもっともらしい[4]．

相関効果

　式 (6.8) ではなく，ハバードハミルトニアン (式 (0.41)) から出発する．前章で遍歴電子間の交換相互作用を扱ったが，通常の金属では相関効果の方が重要である．2.3 節で，波動関数の反対称化によってスピンの同じ電子同士が避け合うのが，ポテンシャル交換相互作用の原因であると述べた．ハバードハミルトニアンは，1つのワニエ状態に逆向きスピンの電子が存在すると

6.2 遍歴電子強磁性体のスピン波

エネルギーが高くなることを，あからさまに表現している．したがって，これで強磁性が出現しうる．

式 (0.41) をフーリエ変換すると，系のハミルトニアン $\mathcal{H}$ は，

$$\mathcal{H} = \mathcal{H}_0 + \mathcal{H}_{\mathrm{cr}}$$

$$\mathcal{H}_0 = \sum_{\boldsymbol{k},\boldsymbol{\sigma}} \varepsilon(\boldsymbol{k})\, c^\dagger(\boldsymbol{k},\boldsymbol{\sigma})\, c(\boldsymbol{k},\boldsymbol{\sigma})$$

$$\mathcal{H}_{\mathrm{cr}} = \frac{U}{N^2} \sum_{\boldsymbol{R}} \sum_{\boldsymbol{k}_1,\boldsymbol{k}_2,\boldsymbol{k}_3,\boldsymbol{k}_4} c^\dagger(\boldsymbol{k}_1,\uparrow)\, c(\boldsymbol{k}_2,\uparrow)\, c^\dagger(\boldsymbol{k}_3,\downarrow)\, c(\boldsymbol{k}_4,\downarrow)\, e^{i(\boldsymbol{k}_1-\boldsymbol{k}_2+\boldsymbol{k}_3-\boldsymbol{k}_4)\cdot\boldsymbol{R}}$$

$$= \frac{U}{N} \sum_{\boldsymbol{k}_1} \sum_{\boldsymbol{k}_2} \sum_{\boldsymbol{q}} c^\dagger(\boldsymbol{k}_1+\boldsymbol{q},\uparrow)\, c(\boldsymbol{k}_1,\uparrow)\, c^\dagger(\boldsymbol{k}_2-\boldsymbol{q},\downarrow)\, c(\boldsymbol{k}_2,\downarrow) \quad (6.18)$$

となる．$c^\dagger, c$ はフェルミ粒子である電子にかかわる生成・消滅演算子だから，交換関係は

$$\left.\begin{aligned}
c^\dagger(\boldsymbol{k},\sigma)\, c(\boldsymbol{k}',\sigma') + c(\boldsymbol{k}',\sigma')\, c^\dagger(\boldsymbol{k},\sigma) &= \delta(\boldsymbol{k}-\boldsymbol{k}')\,\delta(\sigma,\sigma') \\
c^\dagger(\boldsymbol{k},\sigma)\, c^\dagger(\boldsymbol{k}',\sigma') + c^\dagger(\boldsymbol{k}',\sigma')\, c^\dagger(\boldsymbol{k},\sigma) &= 0 \\
c(\boldsymbol{k},\sigma)\, c(\boldsymbol{k}',\sigma') + c(\boldsymbol{k}',\sigma')\, c(\boldsymbol{k},\sigma) &= 0
\end{aligned}\right\} \quad (6.19)$$

である[4]．次頁の図 6-4 に，式 (6.18) の励起の例を太い矢印の対で示した．

簡単のために，軌道縮退のない場合を考えよう．$\mathcal{H}_0$ の基底状態 Ψ_0 はブロッホ電子の集合で，↑, ↓ 電子のエネルギーは等しく，フェルミ準位 ε_F まで詰まっている．

基底状態が相関効果 $\mathcal{H}_{\mathrm{cr}}$ によってどう変化するかを厳密に表現することは難しいので，ランダム位相近似 (random phase approximation：RPA) をする．これは，$c^\dagger(\boldsymbol{k})\, c(\boldsymbol{k}')$ の対について和をとるときに $\boldsymbol{k} = \boldsymbol{k}'$ だけを残して他の項を省略するというもので，平均場近似の一種である．残った対は，その状態の粒子数 $n(\boldsymbol{k}) = c^\dagger(\boldsymbol{k})c(\boldsymbol{k})$ でおき換えられる．

---

[4] 小出昭一郎：「量子力学 (II) (改訂版)」§11.2 (第 0 章の文献 [1])

$$\left.\mathcal{H}_{\mathrm{cr}}\right|_{\mathrm{RPA}} = \frac{U}{N}\sum_{\boldsymbol{k}_1}\sum_{\boldsymbol{k}_2}\sum_{\boldsymbol{q}} c^\dagger(\boldsymbol{k}_1+\boldsymbol{q},\uparrow)\,c(\boldsymbol{k}_1,\uparrow)\,c^\dagger(\boldsymbol{k}_2-\boldsymbol{q},\downarrow)\,c(\boldsymbol{k}_2,\downarrow)\Big|_{\mathrm{RPA}}$$

$$= \frac{U}{N}\sum_{\boldsymbol{k}_1}\sum_{\boldsymbol{k}_2} c^\dagger(\boldsymbol{k}_1,\uparrow)\,c(\boldsymbol{k}_1,\uparrow)\,c^\dagger(\boldsymbol{k}_2,\downarrow)\,c(\boldsymbol{k}_2,\downarrow)$$

$$= \frac{U}{N}\sum_{\boldsymbol{k}_1} n(\boldsymbol{k}_1,\uparrow)\sum_{\boldsymbol{k}_2} n(\boldsymbol{k}_2,\downarrow)$$

$$= \frac{U}{N} N_\uparrow N_\downarrow \tag{6.20}$$

ただし, $N_\uparrow, N_\downarrow$ はそれぞれ基底状態における $\uparrow,\downarrow$ 電子の数である. 全電子数を $N_\mathrm{e} \equiv N_\uparrow + N_\downarrow$ と書けば, 式 (6.20) は

$$\left.\mathcal{H}_{\mathrm{cr}}\right|_{\mathrm{RPA}} = \frac{U}{N} N_\uparrow (N_\mathrm{e} - N_\uparrow) \tag{6.21}$$

だから, このエネルギーは $N_\uparrow = N_\downarrow = N_\mathrm{e}/2$ で最大であり, 電子のスピン偏極にともなって減少する.

このスピン偏極は, 電子の運動エネルギー ($\mathcal{H}_0$) の増加をともなう. もし仮に, 相関効果によるエネルギーの変化が全ての軌道について一定だと仮定すれば[5], それは外部からかけた磁場と同様に扱うことができる. エネルギー変化 $\Delta\varepsilon$ がそう大きくないときには, 1.2 節を参照して, 相関エネルギーの利得は $U D(\varepsilon_\mathrm{F})^2 \Delta\varepsilon^2/4N$, 運動エネルギーの増加は $D(\varepsilon_\mathrm{F})\Delta\varepsilon^2/2$ である. したがって,

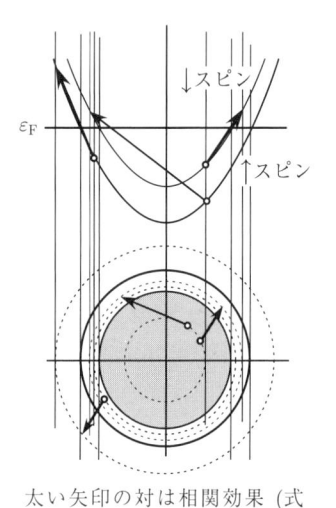

$$\frac{U D(\varepsilon_\mathrm{F})}{N} > 2 \tag{6.22}$$

太い矢印の対は相関効果 (式 (6.18)), 細い矢印はストーナー励起 (式 (6.23)) を示す. 下図は波数空間 (円は等エネルギー面), 上図は $\varepsilon - k$ 表示.

図 6-4 自由電子系の相関効果とストーナー励起

---

[5] これはストーナーが金属強磁性の理論で仮定したことである. 7.4 節を参照.

6.2 遍歴電子強磁性体のスピン波

であればスピン偏極した状態が基底状態になる．この状態を Ψ_g と書こう．以下，スピン偏極があるときには↑電子の数が多い，と仮定する．全電子数が有限だから，式 (6.22) が満たされてもスピン偏極は有限の大きさで止まる．そのときの↑電子と↓電子のエネルギー差を**交換分裂**という．交換分裂が十分大きければ↓電子はなくなってしまうが，そうなるとは限らない．

ストーナー励起

スピンの揃った Ψ_g から波数 $\boldsymbol{Q}$ のスピンの揺らぎをつくるために，

$$s_-(\boldsymbol{K},\boldsymbol{Q}) \equiv c^\dagger(\boldsymbol{K}+\boldsymbol{Q},\downarrow)c(\boldsymbol{K},\uparrow) \tag{6.23}$$

という演算子を定義する (図 6-4)．これは波数 $\boldsymbol{K}$ の↑電子を波数 $\boldsymbol{K}+\boldsymbol{Q}$ の↓状態に励起する演算子で，**ストーナー励起**とよばれる．基底状態にこの演算子を作用すると，スピンに波数 $\boldsymbol{Q}$ の揺らぎが現れる．1.2 節を参照．

$\mathcal{H}_0$ については，式 (6.19) を使えば，

$[\mathcal{H}_0, s_-(\boldsymbol{K},\boldsymbol{Q})]$

$$\begin{aligned}
&= \sum_{\boldsymbol{k},\sigma} \varepsilon(\boldsymbol{k}) \big(c^\dagger(\boldsymbol{k},\sigma)c(\boldsymbol{k},\sigma)\, c^\dagger(\boldsymbol{K}+\boldsymbol{Q},\downarrow)c(\boldsymbol{K},\uparrow) \\
&\quad - c^\dagger(\boldsymbol{K}+\boldsymbol{Q},\downarrow)c(\boldsymbol{K},\uparrow)\, c^\dagger(\boldsymbol{k},\sigma)c(\boldsymbol{k},\sigma) \big) \\
&= \varepsilon(\boldsymbol{K}+\boldsymbol{Q})c^\dagger(\boldsymbol{K}+\boldsymbol{Q},\downarrow)c(\boldsymbol{K},\uparrow) - \varepsilon(\boldsymbol{K})c^\dagger(\boldsymbol{K}+\boldsymbol{Q},\downarrow)c(\boldsymbol{K},\uparrow) \\
&\quad - \sum_{\boldsymbol{k},\sigma} \varepsilon(\boldsymbol{k}) \big(c^\dagger(\boldsymbol{k},\sigma)c^\dagger(\boldsymbol{K}+\boldsymbol{Q},\downarrow)c(\boldsymbol{k},\sigma)\, c(\boldsymbol{K},\uparrow) \\
&\quad - c^\dagger(\boldsymbol{K}+\boldsymbol{Q},\downarrow)c^\dagger(\boldsymbol{k},\sigma)c(\boldsymbol{K},\uparrow)\, c(\boldsymbol{k},\sigma) \big) \\
&= \big(\varepsilon(\boldsymbol{K}+\boldsymbol{Q}) - \varepsilon(\boldsymbol{K})\big) s_-(\boldsymbol{K},\boldsymbol{Q})
\end{aligned} \tag{6.24}$$

だから，励起エネルギーは $\varepsilon(\boldsymbol{K}+\boldsymbol{Q}) - \varepsilon(\boldsymbol{K})$ である．

相関エネルギーについては，$\mathcal{H}_{\mathrm{cr}} s_-(\boldsymbol{K},\boldsymbol{Q})$ を計算しよう．式 (6.19) を用いて↓電子と生成演算子を左に寄せる整理をすると，

$\dfrac{N}{U}\mathcal{H}_{\mathrm{cr}} s_-(\boldsymbol{K},\boldsymbol{Q})$

$= \displaystyle\sum_{\boldsymbol{k}_1,\boldsymbol{k}_2,\boldsymbol{q}} c^\dagger(\boldsymbol{k}_1+\boldsymbol{q},\uparrow)c(\boldsymbol{k}_1,\uparrow)c^\dagger(\boldsymbol{k}_2-\boldsymbol{q},\downarrow)c(\boldsymbol{k}_2,\downarrow)\, c^\dagger(\boldsymbol{K}+\boldsymbol{Q},\downarrow)c(\boldsymbol{K},\uparrow)$

$$
\begin{aligned}
&= \sum_{\bm{k}_1,\bm{k}_2,\bm{q}} c^\dagger(\bm{k}_2-\bm{q},\downarrow)c(\bm{k}_2,\downarrow)\,c^\dagger(\bm{K}+\bm{Q},\downarrow)c^\dagger(\bm{k}_1+\bm{q},\uparrow)c(\bm{k}_1,\uparrow)c(\bm{K},\uparrow) \\
&= \sum_{\bm{k},\bm{q}} c^\dagger(\bm{K}+\bm{Q}-\bm{q},\downarrow)c^\dagger(\bm{k}+\bm{q},\uparrow)c(\bm{k},\uparrow)c(\bm{K},\uparrow) \\
&\quad - \sum_{\bm{k}_1,\bm{k}_2,\bm{q}} c^\dagger(\bm{k}_2-\bm{q},\downarrow)c^\dagger(\bm{K}+\bm{Q},\downarrow)c(\bm{k}_2,\downarrow)\,c^\dagger(\bm{k}_1+\bm{q},\uparrow)c(\bm{k}_1,\uparrow)c(\bm{K},\uparrow)
\end{aligned}
\tag{6.25}
$$

さらに,ランダム位相近似をする.

$$
\begin{aligned}
&\left.\frac{N}{U}\mathcal{H}_{\mathrm{cr}}s_-(\bm{K},\bm{Q})\right|_{\mathrm{RPA}} \\
&= \sum_{\bm{k}} c^\dagger(\bm{K}+\bm{Q},\downarrow)n(\bm{k}\uparrow)c(\bm{K},\uparrow) - \sum_{\bm{k}} c^\dagger(\bm{k}+\bm{Q},\downarrow)n(\bm{K},\uparrow)c(\bm{k},\uparrow) \\
&\quad + \sum_{\bm{k}_1,\bm{k}_2} c^\dagger(\bm{K}+\bm{Q},\downarrow)n(\bm{k}_2,\downarrow)\,n(\bm{k}_1,\uparrow)c(\bm{K},\uparrow) \\
&\quad - \sum_{\bm{k}} c^\dagger(\bm{K}+\bm{Q},\downarrow)n(\bm{K}+\bm{Q},\downarrow)n(\bm{k},\uparrow)c(\bm{K},\uparrow) \\
&\quad + \sum_{\bm{q}} c^\dagger(\bm{K}+\bm{Q}-\bm{q},\downarrow)n(\bm{K}+\bm{Q},\downarrow)n(\bm{K},\uparrow)c(\bm{K}-\bm{q},\uparrow) \\
&\quad - \sum_{\bm{k}} c^\dagger(\bm{K}+\bm{Q},\downarrow)n(\bm{k},\downarrow)\,n(\bm{K},\uparrow)c(\bm{K},\uparrow)
\end{aligned}
\tag{6.26}
$$

この演算子を基底状態 Ψ_g に作用させると,式 (6.26) の最後の $n(\bm{K},\uparrow)c(\bm{K},\uparrow)$ という項は,Ψ_g に $(\bm{K},\uparrow)$ という状態が含まれていなければ $c(\bm{K},\uparrow)$ で消え,含まれていれば消滅演算子の後の $n(\bm{K},\uparrow)$ で消える.同様に,第 4 項の $c^\dagger(\bm{K}+\bm{Q},\downarrow)n(\bm{K}+\bm{Q},\downarrow)$ も消える.

$$
\begin{aligned}
&\left.\frac{N}{U}\mathcal{H}_{\mathrm{cr}}s_-(\bm{K},\bm{Q})\right|_{\mathrm{RPA}} \\
&= (N_\uparrow-1)s_-(\bm{K},\bm{Q}) - n(\bm{K},\uparrow)\sum_{\bm{k}} s_-(\bm{k},\bm{Q}) \\
&\quad + N_\downarrow(N_\uparrow-1)s_-(\bm{K},\bm{Q}) + n(\bm{K},\uparrow)n(\bm{K}+\bm{Q},\downarrow)\sum_{\bm{k}} s_-(\bm{k},\bm{Q}) \\
&= (N_\uparrow-1)(N_\downarrow+1)s_-(\bm{K},\bm{Q}) - n(\bm{K},\uparrow)(1-n(\bm{K}+\bm{Q},\downarrow))\sum_{\bm{k}} s_-(\bm{k},\bm{Q})
\end{aligned}
\tag{6.27}
$$

この第 1 項は式 (6.20) と同様で,スピン偏極に対応する.励起エネルギーとしては $N_\uparrow N_\downarrow$ は基底状態との差し引きで消え,1 を $N_\uparrow$ などに対して省略す

れば，残る部分は交換場の一様な効果を表す．第2項は，波数 K の↑電子が存在してかつ，波数 $K+Q$ の↓電子が存在しないときだけ効果がある．

スピン波：ストーナー励起の合成

波数 Q でスピンの揺らぐ励起状態 $\Psi_e(Q)$ は，波数 Q のストーナー励起の1次結合で表される．

$$\Psi_e(Q) = \sum_k f(k,Q) s_-(k,Q) \Psi_g \tag{6.28}$$

ただし，規格化条件

$$\sum_k |f(k,Q)|^2 = 1 \tag{6.29}$$

が満たされなければならない．

基底状態のエネルギーを ε_g，励起エネルギーを $\hbar\omega(Q)$ と書く．

$$\mathcal{H}\Psi_e(Q) = \sum_k f(k,Q)(\mathcal{H}_0 + \mathcal{H}_{\mathrm{cr}}) s_-(k,Q)\Psi_g = (\varepsilon_g + \hbar\omega(Q))\Psi_e(Q) \tag{6.30}$$

ランダム位相近似をすれば，式 (6.24), (6.27) により，

$$\sum_k f(k,Q)\bigl(\varepsilon(k+Q) - \varepsilon(k) - \hbar\omega(Q)\bigr) s_-(k,Q)\Psi_g$$
$$= -\frac{U}{N}\sum_k f(k,Q)\Bigl[\bigl(N_\uparrow - N_\downarrow\bigr) s_-(k,Q)$$
$$\qquad - n(k,\uparrow)\bigl(1 - n(k+Q,\downarrow)\bigr)\sum_{k'} s_-(k',Q)\Bigr]\Psi_g \tag{6.31}$$

右辺第1項を移項して $s_-(K,Q)\Psi_g$ との内積をとれば，

$$f(K,Q)\Bigl\{\varepsilon(K+Q) - \varepsilon(K) + \frac{U}{N}\bigl(N_\uparrow - N_\downarrow\bigr) - \hbar\omega(Q)\Bigr\}$$
$$= \frac{U}{N}\sum_k f(k,Q) n(k,\uparrow)\bigl(1 - n(k+Q,\downarrow)\bigr)$$

$$f(K,Q) = \frac{U}{N}\frac{\sum_k f(k,Q) n(k,\uparrow)\bigl(1 - n(k+Q,\downarrow)\bigr)}{\varepsilon(K+Q) - \varepsilon(K) + U\bigl(N_\uparrow - N_\downarrow\bigr)/N - \hbar\omega(Q)} \tag{6.32}$$

両辺に $n(\boldsymbol{K},\uparrow)\bigl(1-n(\boldsymbol{K}+\boldsymbol{Q},\downarrow)\bigr)$ を掛けて $\boldsymbol{K}$ について加えれば，分子が消えて，

$$1 = \frac{U}{N}\sum_{\boldsymbol{K}} \frac{n(\boldsymbol{K},\uparrow)\bigl(1-n(\boldsymbol{K}+\boldsymbol{Q},\downarrow)\bigr)}{\varepsilon(\boldsymbol{K}+\boldsymbol{Q}) - \varepsilon(\boldsymbol{K}) + U(N_\uparrow - N_\downarrow)/N - \hbar\omega(\boldsymbol{Q})} \quad (6.33)$$

となる．これが励起エネルギー $\omega(\boldsymbol{Q})$ を与える方程式である．

$\boldsymbol{Q}=0$ のときには式 (6.33) の分母は $\boldsymbol{K}$ によらず一定で，分子 $\sum_{\boldsymbol{K}} n(\boldsymbol{K},\uparrow)$ $\times \bigl(1-n(\boldsymbol{K}+\boldsymbol{Q},\downarrow)\bigr)$ は↑電子と↓電子の数の差，すなわち $N_\uparrow - N_\downarrow$ になる．したがって，確かに

$$\hbar\omega(\boldsymbol{Q}=0) = 0 \quad (6.34)$$

このとき $f(\boldsymbol{k})$ は一定で，スピンの振動は一様な回転である．

$|\boldsymbol{Q}|$ が小さいときには，式 (6.33) の右辺を $\hbar\omega(\boldsymbol{Q}) - \varepsilon(\boldsymbol{k}+\boldsymbol{Q}) + \varepsilon(\boldsymbol{k})$ で展開すれば，

$$\frac{N}{U} = \sum_{\boldsymbol{k}} \frac{n(\boldsymbol{k},\uparrow)\bigl(1-n(\boldsymbol{k}+\boldsymbol{Q},\downarrow)\bigr)}{U(N_\uparrow - N_\downarrow)/N}$$
$$+ \sum_{\boldsymbol{k}} \frac{n(\boldsymbol{k},\uparrow)\bigl(1-n(\boldsymbol{k}+\boldsymbol{Q},\downarrow)\bigr)}{\{U(N_\uparrow - N_\downarrow)/N\}^2}\bigl(\hbar\omega(\boldsymbol{Q}) - \varepsilon(\boldsymbol{k}+\boldsymbol{Q}) + \varepsilon(\boldsymbol{k})\bigr)$$
$$\hbar\omega(\boldsymbol{Q}) = \frac{1}{N_\uparrow - N_\downarrow} \sum_{\boldsymbol{k}} n(\boldsymbol{k},\uparrow)\bigl(1-n(\boldsymbol{k}+\boldsymbol{Q},\downarrow)\bigr)\bigl(\varepsilon(\boldsymbol{k}+\boldsymbol{Q}) - \varepsilon(\boldsymbol{k})\bigr) \quad (6.35)$$

さらに $\varepsilon(\boldsymbol{k}+\boldsymbol{Q}) - \varepsilon(\boldsymbol{k})$ を $\boldsymbol{Q}$ で展開すれば，$\varepsilon(\boldsymbol{k})$ は $\boldsymbol{k}$ 空間で反転対称操作で変化しない ($\varepsilon(-\boldsymbol{k}) = \varepsilon(\boldsymbol{k})$) から，$\boldsymbol{Q}$ の1次の項は $\boldsymbol{k}$ について加え合わせると消える．遍歴電子強磁性体の場合も，スピン波のエネルギーは波数 $\boldsymbol{Q}$ の小さいところで Q^2 に比例する．図6-5にストーナー励起とスピン波の概

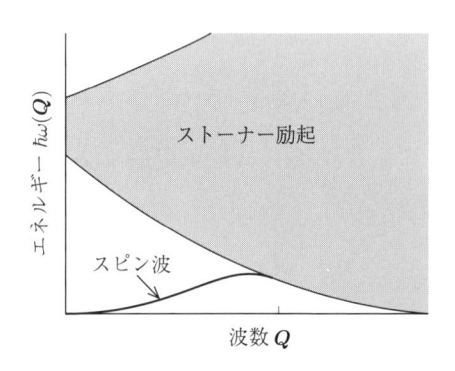

図 6-5　ストーナー励起の模式図

念的な様子を示した．

　ストーナー励起は，波数空間とエネルギー空間の両方で拡がっているので，実験的に検出しにくい．しかしスピン波は，波数を決めればエネルギーが1通りに決まっている．実際それは，ニッケルや鉄について観測されている．図6-6に，ニッケルで測定されたスピン波の分散関係を示した[5]．ここで特に顕著なこ

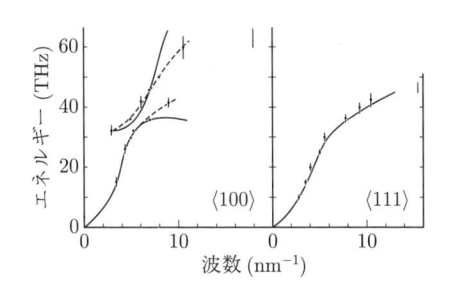

図 6-6　Niのスピン波の分散関係
右上の垂直な線はブリルアンゾーンの境界を示す．(H. A. Mook, and D. McK. Paul：Phys. Rev. Lett. **54** (1985) 227 による)

とは，〈100〉方向ではモードが2つ存在することである．ニッケルは面心立方格子でブラヴェ格子だから，局在スピンの強磁性体としてスピン波を考えれば，モードは1つしか存在し得ない．ここで複数のモードが現れたのは，強磁性磁気モーメントにかかわる3d軌道が複数あるためである．図6-6に実線で示したのが計算結果で，波数の大きいところを除いて，おおむね実測を再現している[6]．

　図6-3, 6-6で各曲線の右上にある縦の線分はブリルアンゾーンの境界だが，図6-3と違って，図6-6では測定点がそこまで届いていない．波数が大きくなると，あるところから散乱ピークの幅が急激に広くなって，観測できなくなるためである．これは，ストーナー励起との相互作用のためと考えられている．とはいっても，ストーナー励起の範囲と考えられるところに入ってもスピン波がすぐに見えなくなるわけではない．

6.3　強磁性共鳴

　強磁性体のスピン波の中でも$q=0$すなわちスピンの一様な振動は，磁気共鳴で観測できるので重要である．スピン系が電磁波を吸収するときには，

エネルギーだけでなく運動量が吸収の前後で保存しなければならない．スピンが並進対称性をもって整列していて励起状態が波である (運動量が良い量子数である) いまの場合，この条件は波数ベクトルの保存として表現される．ところが同じ周波数で比較すると，電磁波の方が速度がずっと大きいので波長が長く，波数ベクトルは遥かに短い．したがって，電磁波とスピン波の波数ベクトルが等しいという条件は実際上 $q=0$ でしか満たされず，磁気共鳴では $q=0$ のスピン波が励起される．

スピン波共鳴

この条件は，ある方向で試料の寸法が短くて界面が無視できないときには成立しない．例えば強磁性薄膜を考えると，膜厚方向には並進対称性がない．表面は，相互作用の相手が内側にしかないから，磁気的に内部とは異なる状態である．また金属ならば表面が酸化されている可能性が高く，その点からも系は一様でない．そのため，磁化の一様な振動の他に，両端が固定された弦の振動と同様な定在波が，一様な電磁波で励起され得る．これを**スピン波共鳴**という．ただし，腹の数が偶数の場合は磁化の振動成分が打ち消し合うので電磁波との結合が弱くなり，定在波がきれいに立っているときには観測できないはずである．波長が短い方が振動数が高く，周波数一定で観測すれば共鳴磁場が低くなる．

図 6-7 にその例を示した[7]．これは膜厚 390 nm($\equiv D$) の $Ni_{0.8}Fe_{0.2}$ パーマロイ薄膜についての実験で，膜に垂直に静磁場をかけ，膜の面内にマイクロ波の磁場をかけている．共鳴磁場の高い方では何本かの吸収線が重なっているが，低磁場側では定在波が分離して観測されている[6]．定在波の波長が短くなると，振動する磁化の中で打ち消し合う部分が多くなるから，吸収強度がだんだん小さくなる．

膜厚から，観測された定在波の波数ベクトルの大きさ q は $\pi/D = 8.06\,\mu m^{-1}$

---

[6] 図の上に記した数字は，そのモードの定在波の腹の数 n である．ただし，原論文の値を式 (6.36) によって修正してある．

6.3 強磁性共鳴

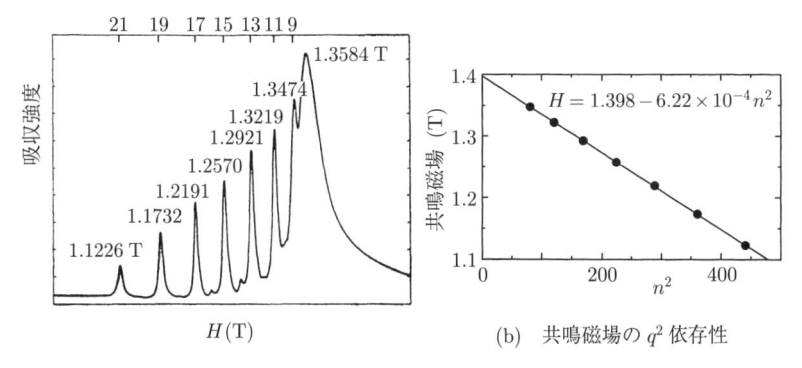

図 6-7 (a) パーマロイのスピン波共鳴
(W. A. Seavey and P. E. Tannenwald: J. Appl. Phys. **30** (1959) S227 による)

の奇数(定在波の腹の数 $\equiv n$)倍であり,各定在波について共鳴磁場は図 6-7(b)に示したように,

$$H = 1.398 - 9.63\ q^2 = 1.398 - 6.22 \times 10^{-4}\ n^2 \text{ (T)} \quad (6.36)$$

と表される.ここで q の単位は nm^{-1} である.この共鳴磁場の変化は,各定在波のエネルギーの変化を示している.g を 2 とすれば,

$$\omega(q) - \omega(q=0) = 2\pi \cdot 270 \times 10^9\ q^2 \text{ (Hz)} \quad (6.37)$$

となる.

交換相互作用を考えると,q の小さいところで強磁性体のスピン波のエネルギーが q^2 に比例することは前節・前々節で示した.q^2 の係数は,スピン方向が(長波長で)変動しているときのエネルギーの増加量を与えるので,8.3 節で磁壁の構造を論じるときに出てくる交換スティフネス定数と関係する.

q が小さいスピン波では,交換相互作用以外のエネルギーが重要になる.それは,(1) ゼーマンエネルギー,(2) 異方性エネルギーおよび,(3) スピン同士の磁気双極子相互作用,である.以下 (1) と (2) を述べ,(3) についてはホルシュタインとプリマコフの論文[8]に譲って,本書では $q = 0$ の場合の反磁場の効果だけを述べる.

ゼーマンエネルギー

まず，ゼーマンエネルギーを取り上げる．6.1節で述べたように，基底状態と第1励起状態とでは全スピンの磁場方向成分が$\hbar$だけ違う．だから外から磁場をかけると，すべてのスピン波の励起エネルギーは波数$\boldsymbol{q}$によらず$g\mu_\mathrm{B}H$だけ一様に上がる．

$$\hbar\omega(\boldsymbol{q}) = 2(J(\boldsymbol{q}=0) - J(\boldsymbol{q}))S + g\mu_\mathrm{B}H \tag{6.38}$$

特に$\boldsymbol{q}=0$の場合は第1項が消えて$\hbar\omega(\boldsymbol{q}=0) = g\mu_\mathrm{B}H$となり，第4章の議論がそのまま通用する．ただし，ここで現れるHを外からかけた磁場といきなり考えてはならない．式(6.1)の最後の項，スピン成分に関するエネルギーの微分をするときに，反磁場のエネルギーを考慮する必要がある．これは磁気2重極相互作用に由来するが，形式的には異方性エネルギーと同様に表せるので，以下で一緒に議論する．

磁気異方性エネルギー

2番目は磁気異方性エネルギーである．整列したスピン系の一様な運動を論じるときには量子化の効果を考える必要がないので，4.1節で述べた磁気モーメントの運動の古典物理学的描像がそのまま使える．角運動量が非常に大きいので，方向量子化にかかわらず，磁気モーメントの方向が連続的に変化していると考えることができるからである．基底状態に近い励起状態では，磁気モーメントの固有振動は安定位置の近傍で起こる．エネルギーを安定位置からの微小変位で展開すれば，安定という条件から1次の項は消え，2次の項を考えればよい．

式(5.7)のように$J(\boldsymbol{q})$を2次のテンソルと考えて表現できる異方性の効果を考えると，主軸をx, y, zとし，基底状態でスピンがz方向を向いていれば，スピン波のエネルギーは次式で与えられる．

$$\hbar\omega(\boldsymbol{q}) = 2S\sqrt{\big(J_z(\boldsymbol{q}=0) - J_x(\boldsymbol{q})\big)\big(J_z(\boldsymbol{q}=0) - J_y(\boldsymbol{q})\big)} \tag{6.39}$$

式(4.23)を参照．通常異方性エネルギーは交換エネルギーよりずっと小さい

ので，

$$\left.\begin{array}{l}K_x(\boldsymbol{q}) \equiv J_z(\boldsymbol{q}) - J_x(\boldsymbol{q}) \ll J_z(\boldsymbol{q}=0) - J_z(\boldsymbol{q}) \\ K_y(\boldsymbol{q}) \equiv J_z(\boldsymbol{q}) - J_y(\boldsymbol{q}) \ll J_z(\boldsymbol{q}=0) - J_z(\boldsymbol{q})\end{array}\right\} \quad (6.40)$$

としてテイラー展開をすれば，$\boldsymbol{q}$ が 0 でないときは

$$\hbar\omega(\boldsymbol{q}) = 2S\bigl(J_z(\boldsymbol{q}=0) - J_z(\boldsymbol{q})\bigr) + S\bigl(K_x(\boldsymbol{q}) + K_y(\boldsymbol{q})\bigr) \quad (6.41)$$

である．

磁気共鳴については，この展開はできない．式 (6.39) に戻って $\boldsymbol{q}=0$ とおいて，ゼーマンエネルギーを考慮すれば，

$$\hbar\omega = 2S\sqrt{K_x(\boldsymbol{q}=0)\, K_y(\boldsymbol{q}=0)} + g\mu_{\mathrm{B}} H \quad (6.42)$$

となる．3.4 節で述べたように，強磁性体の結晶磁気異方性は磁化の方向余弦を使って，例えば $-K_1 \alpha_z^2$ と表現される．式 (6.40) と比較すれば，1 軸異方性の場合

$$NS^2 K(\boldsymbol{q}=0) = K_1 \quad (6.43)$$

であり，$g\mu_{\mathrm{B}} NS = M$ であることを考えれば，磁化が容易軸方向にあれば

$$\hbar\omega = g\mu_{\mathrm{B}} \left(H + \frac{2K_1}{M}\right) \quad (6.44)$$

となる．第 2 項が式 (4.13) の異方性磁場に他ならない．

有限温度では，ここまでの議論でエネルギーを自由エネルギーでおき換え，磁化 M と磁気異方性定数 K_1 が温度変化するものとして式 (6.44) をそのまま用いればよい．

軸対称性のない場合

1 軸異方性の強磁性体で一般の方向に磁場をかけたときの共鳴周波数を求めてみよう．基本方針は，式 (4.23) を導いたときと同じである．磁化容易軸から θ_H 傾いた方向に磁場をかける．磁化の安定位置は磁場と容易軸で決まる平面 (xz 面とする) 内にある．それを磁化容易軸から θ_M だけ傾いた方向としよう．次頁の図 6-8 を参照．安定位置を極軸として極座標をとる．磁場の方向

は $(\theta_H - \theta_M, 0)$, 容易軸の方向は (θ_M, π) である. 磁化の方向が (θ, ϕ) のとき, 磁化と容易軸, 磁化と磁場との方向余弦を考えれば, エネルギーは,

$$\begin{aligned}E = &-K_1\bigl(-\sin\theta_M\,\sin\theta\,\cos\phi \\ &\qquad +\cos\theta_M\,\cos\theta\bigr)^2 \\ &-MH\bigl\{\sin(\theta_H-\theta_M)\,\sin\theta\,\cos\phi \\ &\qquad +\cos(\theta_H-\theta_M)\,\cos\theta\bigr\}\end{aligned} \tag{6.45}$$

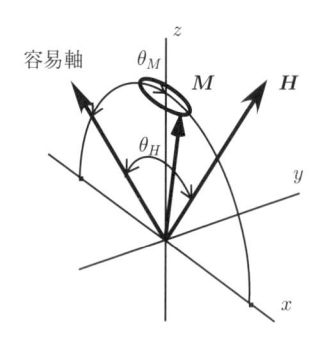

図 6-8 軸対称でないときのスピンの運動

である. 磁化容易軸も磁場も xz 面内にあるから, $\phi = 0$ として θ で微分して,

$$\left.\frac{\partial E}{\partial \theta}\right|_{\phi=0} = 2K_1\cos\theta_M\,\sin\theta_M + MH\sin(\theta_M-\theta_H) = 0 \tag{6.46}$$

で磁化の安定位置 (θ_M) が求められる. 安定位置のまわりでエネルギーを展開したときの主軸は, 対称性から, 容易軸と磁場を含む xz 面内 $(\phi=0)$ と y 軸方向 $(\phi=\pi/2)$ にある.

磁気モーメントの傾きによるエネルギーの変化を調べるために, 2 階微分を計算しよう. 式 (6.45) を θ で微分して $\theta = 0$ とおけば, xz 面内では $2K_1\cos 2\theta_M + MH\cos(\theta_H - \theta_M)$, 面に垂直には $2K_1\cos^2\theta_M + MH\cos(\theta_H - \theta_M)$ であり, 共鳴周波数は

$$\omega = \gamma\sqrt{\left(\frac{2K_1}{M}\cos 2\theta_M + H\cos(\theta_H-\theta_M)\right)\left(\frac{2K_1}{M}\cos^2\theta_M + H\cos(\theta_H-\theta_M)\right)} \tag{6.47}$$

と与えられる. このように, 外部磁場をかけて磁化の方向を変えて強磁性共鳴を観測すると, g 因子と $\boldsymbol{q}=0$ での異方性エネルギーを決めることができる.

安定位置のまわりで軸対称性が欠けるときには, 磁気モーメントは傾き一定

でなくエネルギー一定の条件を満たして運動する (図 6-8 上部の M の先端の軌道は，横幅が狭い). それは，磁気モーメントの運動方程式でトルクの方向がいつも等エネルギー面に平行だからである. これもサイクロトロン振動 (1.3 節) の場合と同じである. このような場合には, 磁気モーメントの安定位置方向の成分 (縦成分) も固有運動にともなって振動する. その振動数は, xy 面内の振動数 ω の 2 倍である.

式 (6.44) はまた, 外部磁場をかけなくとも異方性エネルギーによる磁気共鳴が有限の周波数で起きることを示している. これは**自然共鳴**とよばれ, 数十 MHz 以上の周波数領域での応用面で重要である (8.5 節の図 8-18 を参照).

反磁場の効果　形状異方性

ここで述べた異方性エネルギーの扱いは, 結晶異方性に限られない. 一般に反磁場は試料内で一定ではない[7]が, 楕円体の場合は一様になり, 0.2 節で述べたように,

$$H_{\text{demag}} = -\mu_0 \underline{N} M \qquad (6.48)$$

と書ける. $\underline{N}$ は反磁場テンソルである[8] (本書では磁場 H の単位をテスラとしていることに注意). 式 (6.48) で磁化の単位は J/T/m^3 である. この反磁場による静磁エネルギーは

$$E_{\text{demag}} = \frac{\mu_0}{2} M \underline{N} M \qquad (6.49)$$

となるが, これは 2 次の結晶磁気異方性と同じ形をしているので**形状異方性**とよばれ, 実用材料では, 特性の制御にしばしば重要な役割を果たす.

膜厚の十分に薄い薄膜では, 膜面に垂直な方向 (反磁場テンソルの主軸方向である) では反磁場係数が 1, 膜面内では 0 である. 膜面に垂直に強い磁場 H_{ext} をかけて, 磁化をその方向に向けた状態で強磁性共鳴を測れば, 共鳴

---

7) 反磁場が一定でなければ, 試料内の場所によって共鳴周波数が変わることになる. これは強磁性共鳴の緩和過程として重要である[9].

8) 中山正敏:「物質の電磁気学」§5.4 (第 0 章の文献 [9])

周波数は式 (6.47) で $\theta_H = \theta_M = 0$ とおき，$2K_1/M$ を $-\mu_0 N_\perp M = -\mu_0 M$ でおき換えて，

$$\omega_\perp = \gamma(H_{\text{ext}} - \mu_0 M) \tag{6.50}$$

となる[9]．また，磁場を膜面内にかけたときは同じく $\theta_H = \theta_M = \pi/2$ で，

$$\omega_{/\!/} = \gamma\sqrt{H_{\text{ext}}(H_{\text{ext}} + \mu_0 M)} \tag{6.51}$$

である．式 (6.50), (6.51) を見れば，薄膜の強磁性共鳴によって γ のみならず磁化を測定することができる．通常の磁化測定が試料の磁気モーメントを測るのに対し，この場合は体積当たりの量である磁化を直接測定するので，試料の量に関わらず精度の良い測定ができる．ただし，結晶異方性がわかっていることが条件である．

6.4　反強磁性体のスピン波

副格子のある場合

6.1 節の議論をブラヴェ格子でない場合に拡張することは，形としては容易である．以下，スピン構造の単位胞を考えて，その中に 2 つ (以上) のスピン副格子があるものとする．そうすると，基底状態は $q = 0$ のあるモードである．そのモードで古典スピンが整列している状態から出発する．単位胞内のスピンを m で区別し，その位置を $\boldsymbol{\rho}_m$ と書く．系のエネルギーは式 (5.41) で与えられているから，式 (6.1), (6.2) と同様に，

$$\left.\begin{aligned}\frac{d}{dt}(\hbar \boldsymbol{S}(\boldsymbol{R}, m_1)) &= -\boldsymbol{S}(\boldsymbol{R}, m_1) \times \frac{\partial E}{\partial \boldsymbol{S}(\boldsymbol{R}, m_1)} \\ \frac{\partial E}{\partial \boldsymbol{S}(\boldsymbol{R}, m_1)} &= -2 \sum_{\boldsymbol{R}', m_2} J(\boldsymbol{R}'; m_1, m_2)\, \boldsymbol{S}(\boldsymbol{R}+\boldsymbol{R}', m_2)\end{aligned}\right\} \tag{6.52}$$

---

[9]　$H_{\text{ext}} < \mu_0 M$ のときは磁化は膜面に垂直にならないので，この式は使えない．一般に整列したスピン系の共鳴条件を議論するときには，磁化が安定位置にいることを確認する必要がある．

ただし，$J(\boldsymbol{R}'=0;m,m)=0$ である．

振動部分の運動方程式は，基底状態での $\boldsymbol{S}(m)$ を $\boldsymbol{S}_0(m)$ と書いて式 (6.5) と同様に，

$$\hbar\frac{d}{dt}\delta\boldsymbol{S}(\boldsymbol{R},m_1) = 2\sum_{\boldsymbol{R}',m_2} J(\boldsymbol{R}';m_1,m_2)\left(\delta\boldsymbol{S}(\boldsymbol{R},m_1)\times\boldsymbol{S}_0(m_2)\right.$$
$$\left.+\boldsymbol{S}_0(m_1)\times\delta\boldsymbol{S}(\boldsymbol{R}+\boldsymbol{R}',m_2)\right) \tag{6.53}$$

式 (5.42) に従ってフーリエ変換をすれば，式 (5.44) を参照して，

$$\hbar\frac{d}{dt}\delta\boldsymbol{S}(\boldsymbol{q},m_1)$$
$$=\hbar\frac{d}{dt}\sum_{\boldsymbol{R}}\delta\boldsymbol{S}(\boldsymbol{R},m_1)\cdot\exp[-\mathrm{i}\boldsymbol{q}\cdot(\boldsymbol{R}+\boldsymbol{\rho}_{m_1})]$$
$$=\frac{2}{N}\sum_{\boldsymbol{R}}\sum_{\boldsymbol{R}',m_2}\sum_{\boldsymbol{q}'} J(\boldsymbol{R}';m_1,m_2)\{\delta\boldsymbol{S}(\boldsymbol{q}',m_1)\times\boldsymbol{S}_0(m_2)\exp[\mathrm{i}\boldsymbol{q}'\cdot(\boldsymbol{R}+\boldsymbol{\rho}_{m_1})]$$
$$-\delta\boldsymbol{S}(\boldsymbol{q}',m_2)\times\boldsymbol{S}_0(m_1)\exp[\mathrm{i}\boldsymbol{q}'\cdot(\boldsymbol{R}+\boldsymbol{R}'+\boldsymbol{\rho}_{m_2})]\}\exp[-\mathrm{i}\boldsymbol{q}\cdot(\boldsymbol{R}+\boldsymbol{\rho}_{m_1})]$$
$$=2\sum_{\boldsymbol{R}',m_2} J(\boldsymbol{R}';m_1,m_2)\{\delta\boldsymbol{S}(\boldsymbol{q},m_1)\times\boldsymbol{S}_0(m_2)$$
$$-\delta\boldsymbol{S}(\boldsymbol{q},m_2)\times\boldsymbol{S}_0(m_1)\exp[\mathrm{i}\boldsymbol{q}\cdot(\boldsymbol{R}'+\boldsymbol{\rho}_{m_2}-\boldsymbol{\rho}_{m_1})]\}$$
$$=2\sum_{m_2}\{J(\boldsymbol{q}=0;m_2,m_1)\delta\boldsymbol{S}(\boldsymbol{q},m_1)\times\boldsymbol{S}_0(m_2)-J(\boldsymbol{q};m_2,m_1)\delta\boldsymbol{S}(\boldsymbol{q},m_2)\times\boldsymbol{S}_0(m_1)\} \tag{6.54}$$

この連立微分方程式を解けば，スピン波のモードとその周波数が決まる．

2 副格子反強磁性体

一番簡単な例として，副格子 2 つの反強磁性体を考えよう[10]．副格子の番号をそれぞれ 1, 2 とし，基底状態でスピンは z 軸方向を向いていて $\boldsymbol{S}_0(1)=(0,0,S)$, $\boldsymbol{S}_0(2)=(0,0,-S)$ とする．$J(\boldsymbol{q};1,2)$ を $J_{12}(\boldsymbol{q})$ などと，また $\delta\boldsymbol{S}(\boldsymbol{q},1)$ を $\delta\boldsymbol{S}_1(\boldsymbol{q})$ などと書くことにすれば，スピンの運動方程式は，

---

[10] スピン構造が一方向性でない場合は，$\delta\boldsymbol{S}(\boldsymbol{R})$ が $\boldsymbol{S}(\boldsymbol{R})$ と直交するという条件を表現するために，座標軸をスピンの位置によって変えることが行なわれる．例えば，文献 [10] を参照．

$$\left.\begin{aligned}\hbar\frac{d}{dt}\delta\boldsymbol{S}_1(\boldsymbol{q}) &= 2(J_{11}(\boldsymbol{q}=0)-J_{11}(\boldsymbol{q}))\,\delta\boldsymbol{S}_1(\boldsymbol{q})\times\boldsymbol{S}_0(1)\\&\quad+2J_{21}(\boldsymbol{q}=0)\,\delta\boldsymbol{S}_1(\boldsymbol{q})\times\boldsymbol{S}_0(2)-2J_{21}(\boldsymbol{q})\,\delta\boldsymbol{S}_2(\boldsymbol{q})\times\boldsymbol{S}_0(1)\\ \hbar\frac{d}{dt}\delta\boldsymbol{S}_2(\boldsymbol{q}) &= 2J_{12}(\boldsymbol{q}=0)\,\delta\boldsymbol{S}_2(\boldsymbol{q})\times\boldsymbol{S}_0(1)-2J_{12}(\boldsymbol{q})\,\delta\boldsymbol{S}_1(\boldsymbol{q})\times\boldsymbol{S}_0(2)\\&\quad+2(J_{22}(\boldsymbol{q}=0)-J_{22}(\boldsymbol{q}))\,\delta\boldsymbol{S}_2(\boldsymbol{q})\times\boldsymbol{S}_0(2)\end{aligned}\right\} \quad (6.55)$$

2つの副格子は等価だから，$J_{11}=J_{22}$ である．$\boldsymbol{S}_0\equiv\boldsymbol{S}_0(1)=-\boldsymbol{S}_0(2)$ とし，

$$J_{11}(\boldsymbol{q}=0)-J_{12}(\boldsymbol{q}=0)-J_{11}(\boldsymbol{q})\equiv\tilde{J}(\boldsymbol{q}) \quad (6.56)$$

とおけば，$J_{12}(\boldsymbol{q}=0)=J_{21}(\boldsymbol{q}=0)$ だから，

$$\left.\begin{aligned}\hbar\frac{d}{dt}\delta\boldsymbol{S}_1(\boldsymbol{q}) &= 2\bigl(\tilde{J}(\boldsymbol{q})\,\delta\boldsymbol{S}_1(\boldsymbol{q})-J_{21}(\boldsymbol{q})\,\delta\boldsymbol{S}_2(\boldsymbol{q})\bigr)\times\boldsymbol{S}_0\\ \hbar\frac{d}{dt}\delta\boldsymbol{S}_2(\boldsymbol{q}) &= 2\bigl(J_{12}(\boldsymbol{q})\,\delta\boldsymbol{S}_1(\boldsymbol{q})-\tilde{J}(\boldsymbol{q})\,\delta\boldsymbol{S}_2(\boldsymbol{q})\bigr)\times\boldsymbol{S}_0\end{aligned}\right\} \quad (6.57)$$

となる．振動は $\boldsymbol{S}_0$ のまわりの回転である．安定状態が一方向性で，振動が微小であると仮定したからである．成分ごとに $\delta S_\pm\equiv\delta S_x\pm\mathrm{i}S_y$ の方程式をつくれば，

$$\left.\begin{aligned}\hbar\frac{d}{dt}\delta S_{1\pm}(\boldsymbol{q}) &= \mp 2\,\mathrm{i}S\bigl(\tilde{J}(\boldsymbol{q})\,\delta S_{1\pm}(\boldsymbol{q})-J_{21}(\boldsymbol{q})\,\delta S_{2\pm}(\boldsymbol{q})\bigr)\\ \hbar\frac{d}{dt}\delta S_{2\pm}(\boldsymbol{q}) &= \mp 2\,\mathrm{i}S\bigl(J_{12}(\boldsymbol{q})\,\delta S_{1\pm}(\boldsymbol{q})-\tilde{J}(\boldsymbol{q})\,\delta S_{2\pm}(\boldsymbol{q})\bigr)\end{aligned}\right\} \quad (6.58)$$

である．

$\delta S_\pm$ の時間依存性を $\exp(\mathrm{i}\omega_\pm t)$ とおけば，スピンの振動成分について次の斉次方程式が得られる．以下，複号同順である．

$$\left.\begin{aligned}\bigl(2S\tilde{J}(\boldsymbol{q})\pm\hbar\omega_\pm(\boldsymbol{q})\bigr)\delta S_{1\pm}(\boldsymbol{q})-2SJ_{21}(\boldsymbol{q})\,\delta S_{2\pm}(\boldsymbol{q})=0\\ 2SJ_{12}(\boldsymbol{q})\,\delta S_{1\pm}(\boldsymbol{q})-\bigl(2S\tilde{J}(\boldsymbol{q})\mp\hbar\omega_\pm(\boldsymbol{q})\bigr)\delta S_{2\pm}(\boldsymbol{q})=0\end{aligned}\right\} \quad (6.59)$$

この斉次方程式の解が存在する条件から，$\omega_\pm(\boldsymbol{q})$ は固有方程式を解いて，

$$\hbar\omega_\pm(\boldsymbol{q})=2S\sqrt{\tilde{J}(\boldsymbol{q})^2-|J_{12}(\boldsymbol{q})|^2} \quad (6.60)$$

となる．逆方向を向いた2つの副格子が等価なので，右回りと左回りの振動

6.4 反強磁性体のスピン波

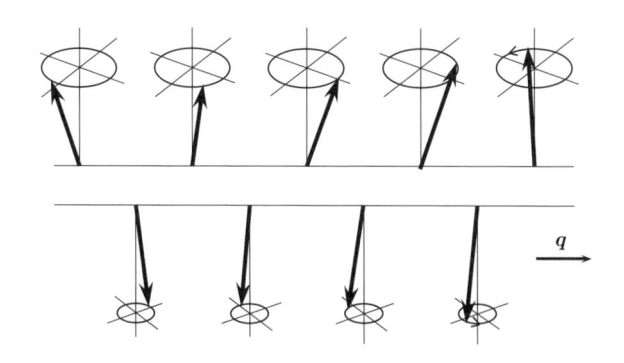

図 6‑9 反強磁性体のスピン波 (+ モード)

数 $\omega_\pm(\boldsymbol{q})$ が縮退している.2 つの副格子のスピンの振幅の比は,

$$\frac{\delta S_{1\pm}(\boldsymbol{q})}{\delta S_{2\pm}(\boldsymbol{q})} = \frac{2S\tilde{J}(\boldsymbol{q}) \mp \hbar\omega_\pm(\boldsymbol{q})}{2S|J_{12}(\boldsymbol{q})|} = \frac{1}{|J_{12}(\boldsymbol{q})|}\left(\tilde{J}(\boldsymbol{q}) \mp \sqrt{\tilde{J}(\boldsymbol{q})^2 - |J_{12}(\boldsymbol{q})|^2}\right) \tag{6.61}$$

である.z 軸を向いた右ねじの回転方向 (孤立スピンの運動と同じ向き) である + モードの振動では z 方向を向いた S_1 格子の振幅が大きく,− モードでは $-z$ 方向を向いた S_2 格子の振幅が大きい.$\boldsymbol{q}$ が磁気モーメントの方向と直交しているときの概念図を図 6‑9 に示した.

問題 6.3 図 6‑2 (208 頁) の議論を各磁性原子の位置に反転対称がある反強磁性体に応用して,両副格子の振幅と回転方向についての上記の関係を説明せよ.

問題 6.4 +,− 両モードで,2 つの副格子の振幅の比が互いに逆数になっていること,その意味で 2 つのモードが完全に対称であることを確かめよ.

$\boldsymbol{q}$ が 0 に近づくと $J_{ij}(\boldsymbol{q}) - J_{ij}(\boldsymbol{q}=0)$ は q^2 に比例して 0 に近づくが,その係数が J_{11} と J_{12} で異なれば,$\omega(\boldsymbol{q})$ は q に比例して 0 になる.0 への近づき方は強磁性のときと異なるが,q が小さくなると異方性エネルギーやゼーマンエネルギーなど,交換相互作用より小さいそれ以外のエネルギーが

重要になることは変わらない．それについては次節で議論しよう．

量子力学的取扱い　反強磁性基底状態

励起状態を量子力学的に扱うと，5.6 節で注意した古典的な反平行整列状態からのずれを評価することができる．そのために，式 (6.16) にならって副格子 1 について，

$$\alpha_1^\dagger(\boldsymbol{q}) \equiv \frac{1}{\sqrt{2NS}} S_{1-}(\boldsymbol{q}), \qquad \alpha_1(\boldsymbol{q}) \equiv \frac{1}{\sqrt{2NS}} S_{1+}(-\boldsymbol{q}) \quad (6.62)$$

と定義する．副格子 2 については，安定位置の向きが逆だから生成・消滅演算子も逆に，

$$\alpha_2^\dagger(\boldsymbol{q}) \equiv \frac{1}{\sqrt{2NS}} S_{2+}(-\boldsymbol{q}), \qquad \alpha_2(\boldsymbol{q}) \equiv \frac{1}{\sqrt{2NS}} S_{2-}(\boldsymbol{q}) \quad (6.63)$$

とおこう．強磁性のときと同じく z 成分は，$S_{1z}(\boldsymbol{q} \neq 0) = S_{2z}(\boldsymbol{q} \neq 0) = 0$ で，

$$S_{1z}(\boldsymbol{q}=0) = NS - \sum_{\boldsymbol{q}} \alpha_1^\dagger(\boldsymbol{q})\alpha_1(\boldsymbol{q}), \quad S_{2z}(\boldsymbol{q}=0) = -NS + \sum_{\boldsymbol{q}} \alpha_2^\dagger(\boldsymbol{q})\alpha_2(\boldsymbol{q}) \quad (6.64)$$

と近似できる．ただし N は，全スピン数ではなく全単位胞の数 (副格子のスピン数) である．

式 (6.62)〜(6.64) を式 (5.43) のハミルトニアン，

$$\mathcal{H} = -\frac{1}{N} \sum_{\boldsymbol{q}} \sum_{i,j=1}^{2} J_{ij}(\boldsymbol{q}) \, \boldsymbol{S}_i(\boldsymbol{q}) \cdot \boldsymbol{S}_j(-\boldsymbol{q}) \quad (6.65)$$

に代入する．生成・消滅演算子の 2 次までとり，$J_{ij}(-\boldsymbol{q}) = J_{ij}^*(\boldsymbol{q}) = J_{ji}(\boldsymbol{q})$，式 (6.11) の交換関係 (最後の式)，異なる副格子のスピン演算子は可換であること，式 (5.25) $\left(\sum_{\boldsymbol{q}} J(\boldsymbol{q}) = 0\right)$ および式 (6.56) の定義を使うと，

$$\mathcal{H} = -\frac{1}{N} \sum_{\boldsymbol{q}} \Big[J_{11}(\boldsymbol{q}) \Big\{ S_{1z}(\boldsymbol{q}) S_{1z}(-\boldsymbol{q})$$
$$+ \frac{1}{2} \big(S_{1+}(\boldsymbol{q}) S_{1-}(-\boldsymbol{q}) + S_{1-}(\boldsymbol{q}) S_{1+}(-\boldsymbol{q}) \big)$$

6.4 反強磁性体のスピン波

$$\begin{aligned}
&+ S_{2z}(\boldsymbol{q})S_{2z}(-\boldsymbol{q}) + \frac{1}{2}\big(S_{2+}(\boldsymbol{q})S_{2-}(-\boldsymbol{q}) + S_{2-}(\boldsymbol{q})S_{2+}(-\boldsymbol{q})\big)\Big\} \\
&+ J_{12}(\boldsymbol{q})\Big\{S_{1z}(\boldsymbol{q})S_{2z}(-\boldsymbol{q}) + \frac{1}{2}\big(S_{1+}(\boldsymbol{q})S_{2-}(-\boldsymbol{q}) + S_{1-}(\boldsymbol{q})S_{2+}(-\boldsymbol{q})\big)\Big\} \\
&+ J_{21}(\boldsymbol{q})\Big\{S_{2z}(\boldsymbol{q})S_{1z}(-\boldsymbol{q}) + \frac{1}{2}\big(S_{2+}(\boldsymbol{q})S_{1-}(-\boldsymbol{q}) + S_{2-}(\boldsymbol{q})S_{1+}(-\boldsymbol{q})\big)\Big\}\bigg] \\
={}& -2\big(J_{11}(\boldsymbol{q}=0) - J_{12}(\boldsymbol{q}=0)\big)NS^2 \\
&+ \frac{2NS}{N}\big(J_{11}(\boldsymbol{q}=0) - J_{12}(\boldsymbol{q}=0)\big)\sum_{\boldsymbol{q}}\big(\alpha_1^\dagger(\boldsymbol{q})\alpha_1(\boldsymbol{q}) + \alpha_2^\dagger(\boldsymbol{q})\alpha_2(\boldsymbol{q})\big) \\
&- \frac{2NS}{2N}\sum_{\boldsymbol{q}}\Big[J_{11}(\boldsymbol{q})\big(\alpha_1(-\boldsymbol{q})\alpha_1^\dagger(-\boldsymbol{q}) + \alpha_1^\dagger(\boldsymbol{q})\alpha_1(\boldsymbol{q}) + \alpha_2^\dagger(-\boldsymbol{q})\alpha_2(-\boldsymbol{q}) \\
&\qquad\qquad\qquad + \alpha_2(\boldsymbol{q})\alpha_2^\dagger(\boldsymbol{q})\big) \\
&\qquad\qquad + J_{12}(\boldsymbol{q})\big(\alpha_1(-\boldsymbol{q})\alpha_2(-\boldsymbol{q}) + \alpha_1^\dagger(\boldsymbol{q})\alpha_2^\dagger(\boldsymbol{q})\big) \\
&\qquad\qquad + J_{21}(\boldsymbol{q})\big(\alpha_2^\dagger(-\boldsymbol{q})\alpha_1^\dagger(-\boldsymbol{q}) + \alpha_2(\boldsymbol{q})\alpha_1(\boldsymbol{q})\big)\Big] \\
={}& -2\big(J_{11}(\boldsymbol{q}=0) - J_{12}(\boldsymbol{q}=0)\big)NS^2 \\
&+ 2S\sum_{\boldsymbol{q}}\Big[\tilde{J}(\boldsymbol{q})\big(\alpha_1^\dagger(\boldsymbol{q})\alpha_1(\boldsymbol{q}) + \alpha_2^\dagger(\boldsymbol{q})\alpha_2(\boldsymbol{q})\big) \\
&\qquad\qquad - J_{12}(\boldsymbol{q})\alpha_1^\dagger(\boldsymbol{q})\alpha_2^\dagger(\boldsymbol{q}) - J_{21}(\boldsymbol{q})\alpha_1(\boldsymbol{q})\alpha_2(\boldsymbol{q})\Big]
\end{aligned}$$

(6.66)

反平行整列状態から出発すれば,このハミルトニアンは両方の副格子に同じ波数のマグノンを1つずつ生成し,またその状態からさらにどこまでも,2つずつマグノンを励起する.基底状態 Ψ_0 とマグノンが1つある第1励起状態 $\Psi_1(\boldsymbol{Q})$ については,このような摂動に対しては標準的な処方がある.

まず,単位胞内の位置 $\boldsymbol{\rho}_i$ に従って

$$\tilde{\alpha}_1(\boldsymbol{q}) \equiv \alpha_1(\boldsymbol{q})\exp(\mathrm{i}\,\boldsymbol{q}\cdot\boldsymbol{\rho}_1), \qquad \tilde{\alpha}_2(\boldsymbol{q}) \equiv \alpha_2(\boldsymbol{q})\exp(-\mathrm{i}\,\boldsymbol{q}\cdot\boldsymbol{\rho}_2)$$

(6.67)

とおくと,

$$\mathcal{H} = -2\big(J_{11}(\boldsymbol{q}=0) - J_{12}(\boldsymbol{q}=0)\big)NS^2$$

$$+2S\sum_{\bm q}\Bigl[\tilde{J}(\bm q)\bigl(\tilde{\alpha}_1^\dagger(\bm q)\tilde{\alpha}_1(\bm q)+\tilde{\alpha}_2^\dagger(\bm q)\tilde{\alpha}_2(\bm q)\bigr)$$
$$-|J_{12}(\bm q)|\bigl(\tilde{\alpha}_1^\dagger(\bm q)\tilde{\alpha}_2^\dagger(\bm q)+\tilde{\alpha}_1(\bm q)\tilde{\alpha}_2(\bm q)\bigr)\Bigr] \quad (6.68)$$

となる．ここで，

$$\tilde{\alpha}_1(\bm q)=a(\bm q)\beta_1(\bm q)+b(\bm q)\beta_2^\dagger(\bm q),\qquad \tilde{\alpha}_2(\bm q)=a(\bm q)\beta_2(\bm q)+b(\bm q)\beta_1^\dagger(\bm q) \quad (6.69)$$

という変換をする．a, b は実数で，$\beta^\dagger(\bm q)$ がボース粒子の生成演算子であるために，

$$a^2(\bm q)-b^2(\bm q)=1 \quad (6.70)$$

という条件を付ける．α_1 と α_2 が可換だから，β_1 と β_2 も可換である．

式 (6.69) を式 (6.68) に代入する．簡単のために $\bm q$ を省略して書くことにして，

$$\begin{aligned}
\tilde{\alpha}_1^\dagger\tilde{\alpha}_1 &= (a\beta_1^\dagger+b\beta_2)(a\beta_1+b\beta_2^\dagger)\\
&= a^2\beta_1^\dagger\beta_1+b^2\beta_2\beta_2^\dagger+ab(\beta_1^\dagger\beta_2^\dagger+\beta_2\beta_1)\\
&= b^2+a^2\beta_1^\dagger\beta_1+b^2\beta_2^\dagger\beta_2+ab(\beta_1^\dagger\beta_2^\dagger+\beta_1\beta_2)\\
\tilde{\alpha}_1\tilde{\alpha}_2 &= (a\beta_1+b\beta_2^\dagger)(a\beta_2+b\beta_1^\dagger)\\
&= a^2\beta_1\beta_2+b^2\beta_2^\dagger\beta_1^\dagger+ab(\beta_1\beta_1^\dagger+\beta_2^\dagger\beta_2)\\
&= ab+ab(\beta_1^\dagger\beta_1+\beta_2^\dagger\beta_2)+a^2\beta_1\beta_2+b^2\beta_1^\dagger\beta_2^\dagger
\end{aligned}$$
$$(6.71)$$

などを用いれば，

$$\begin{aligned}
\mathcal{H} =\ & -2(J_{11}(\bm q=0)-J_{12}(\bm q=0))NS^2\\
& +2S\sum_{\bm q}\Bigl(\tilde{J}(\bm q)\bigl(2b(\bm q)^2+(a(\bm q)^2+b(\bm q)^2)(\beta_1^\dagger(\bm q)\beta_1(\bm q)+\beta_2^\dagger(\bm q)\beta_2(\bm q))\\
& \qquad +2a(\bm q)b(\bm q)(\beta_1^\dagger(\bm q)\beta_2^\dagger(\bm q)+\beta_1(\bm q)\beta_2(\bm q))\bigr)\\
& -|J_{12}(\bm q)|\bigl(2a(\bm q)b(\bm q)+2a(\bm q)b(\bm q)(\beta_1^\dagger(\bm q)\beta_1(\bm q)+\beta_2^\dagger(\bm q)\beta_2(\bm q))
\end{aligned}$$

6.4 反強磁性体のスピン波

$$+\left(a(\boldsymbol{q})^2 + b(\boldsymbol{q})^2\right)\left(\beta_1^\dagger(\boldsymbol{q})\beta_2^\dagger(\boldsymbol{q}) + \beta_1(\boldsymbol{q})\beta_2(\boldsymbol{q})\right)\Big) \tag{6.72}$$

したがって,

$$2a(\boldsymbol{q})b(\boldsymbol{q})\tilde{J}(\boldsymbol{q}) - \left(a(\boldsymbol{q})^2 + b(\boldsymbol{q})^2\right)|J_{12}(\boldsymbol{q})| = 0 \tag{6.73}$$

であれば, ハミルトニアンは対角化される. つまり, 反平行整列状態ではなく, スピンの振動を含んだ状態が真の基底状態である.

式 (6.70) と式 (6.73) を連立させて解けば,

$$\begin{aligned}
&4(\tilde{J}^2 - |J_{12}|^2)a^4 - 4(\tilde{J}^2 - |J_{12}|^2)a^2 - |J_{12}|^2 = 0 \\
&a^2 = \frac{1 + \sqrt{D}}{2}, \qquad b^2 = \frac{-1 + \sqrt{D}}{2} \\
&D = 1 + \frac{|J_{12}|^2}{\tilde{J}^2 - |J_{12}|^2} = \frac{\tilde{J}^2}{\tilde{J}^2 - |J_{12}|^2}
\end{aligned} \tag{6.74}$$

ただし, $a^2, b^2 > 0$ を考慮した.

2つの副格子でのマグノンの振幅の比は, $|b/a|$ で与えられる.

$$\begin{aligned}
\left|\frac{b}{a}\right| &= \sqrt{\frac{\sqrt{D}-1}{\sqrt{D}+1}} = \frac{\sqrt{D}-1}{\sqrt{D}+1} = \frac{|J_{12}|}{\tilde{J} + \sqrt{\tilde{J}^2 - |J_{12}|^2}} \\
&= \frac{1}{|J_{12}|}\left(\tilde{J} - \sqrt{\tilde{J}^2 - |J_{12}|^2}\right)
\end{aligned} \tag{6.75}$$

これは式 (6.61) である.

マグノンのエネルギーは, 式 (6.73) を見れば $ab > 0$ だから,

$$\begin{aligned}
\hbar\omega(\boldsymbol{q}) &= 2S\left\{\tilde{J}(\boldsymbol{q})(a(\boldsymbol{q})^2 + b(\boldsymbol{q})^2) - 2|J_{12}|a(\boldsymbol{q})b(\boldsymbol{q})\right\} \\
&= 2S\left(\tilde{J}(\boldsymbol{q})\sqrt{D(\boldsymbol{q})} - |J_{12}|\sqrt{D(\boldsymbol{q})-1}\right) \\
&= 2S\sqrt{\tilde{J}(\boldsymbol{q})^2 - |J_{12}(\boldsymbol{q})|^2}
\end{aligned} \tag{6.76}$$

となる. これは式 (6.60) と一致する.

また基底状態のエネルギーは, 古典的な反平行整列状態から,

$$\Delta\varepsilon_g = 2S \sum_{\boldsymbol{q}} \bigl(2\tilde{J}(\boldsymbol{q})b(\boldsymbol{q})^2 - 2|J_{12}|a(\boldsymbol{q})b(\boldsymbol{q})\bigr)$$
$$= 2S \sum_{\boldsymbol{q}} \bigl(\tilde{J}(\boldsymbol{q})(\sqrt{D}-1) - |J_{12}|\sqrt{D-1}\bigr)$$
$$= -2S \sum_{\boldsymbol{q}} \Bigl(\tilde{J}(\boldsymbol{q}) - \sqrt{\tilde{J}^2(\boldsymbol{q}) - |J_{12}(\boldsymbol{q})|^2}\Bigr) \quad (6.77)$$

だけ低下する.これは,モードが2つあることを考えると,マグノンの零点振動によるエネルギー上昇に等しい.

零点振動によって,副格子の磁化は NS よりも小さくなる.絶対零度での副格子磁化の縮みの大きさは,$g\mu_B$ 単位で,

$$|\delta M| = \frac{1}{2} \sum_{\boldsymbol{q}} \left(\frac{\tilde{J}(\boldsymbol{q})}{\sqrt{\tilde{J}^2(\boldsymbol{q}) - |J_{12}(\boldsymbol{q})|^2}} - 1\right) \quad (6.78)$$

この式の波数ベクトルについての和の第1項には分母にマグノンのエネルギー(式 (6.76)) が入っているから,マグノンのエネルギー分布関数が低エネルギー領域で大きい場合に,この縮みが大きいことが期待される.

実際の計算は,$J(\boldsymbol{q})$,したがってすべての $J(\boldsymbol{R})$ がわからなければ行なえない.簡単な格子について,最近接スピン間だけに交換相互作用を仮定した場合の計算が与えられている[1].通常の3次元格子ではこの効果は小さい.しかし,その結果を実験と直接に比較することはできない.ここまでの議論は,スピンが完全に局在しているという仮定の上で行なわれた.最初に 0.4 節で述べたように,固体ではこの仮定は完全には満たされない.電子が完全には局在しないことの効果は,その物質によって大きさは違うけれども,反平行整列状態が量子力学的な基底状態でないことの効果よりもずっと大きい.168 頁の脚注を参照.

6.5 磁場と磁気異方性の効果　反強磁性共鳴

すでに述べたように，波数 q が小さくなると交換相互作用定数 $J(q)$ は波数の 2 乗に比例して小さくなり，交換相互作用だけを考えれば，反強磁性体のスピン波のエネルギーは波数に比例して 0 になる．したがって，強磁性のときと同様に，磁気共鳴で観測される $q=0$ のスピン波を考えるときには，交換相互作用以外のゼーマンエネルギーや磁気異方性エネルギーが重要になる．

磁場の効果

2 副格子の反強磁性体の場合，副格子の磁化方向に磁場をかけると 2 つの副格子の等価性が破れるので，＋モードと－モードのマグノンのエネルギーが式 (6.60) からずれて，等しくなくなる．スピン系のゼーマンエネルギーは，

$$E_\mathrm{z} = -\boldsymbol{H}\cdot\boldsymbol{M}_1 - \boldsymbol{H}\cdot\boldsymbol{M}_2 = \boldsymbol{H}\cdot\gamma\hbar\sum_{\boldsymbol{R}}\bigl(\boldsymbol{S}(\boldsymbol{R},m_1)+\boldsymbol{S}(\boldsymbol{R},m_2)\bigr) \tag{6.79}$$

と書ける．$\gamma\hbar = g\mu_\mathrm{B}$ であるから，磁場を z 方向にかけてそのゼーマンエネルギーを式 (6.52) に加え，前節の計算を見直せば，式 (6.59) は，

$$\left.\begin{array}{l}\bigl(2S_0\tilde{J}(\boldsymbol{q}) - g\mu_\mathrm{B}H \pm \hbar\omega_\pm(\boldsymbol{q})\bigr)\delta S_{1\pm}(\boldsymbol{q}) - 2S_0 J_{21}(\boldsymbol{q})\,\delta S_{2\pm}(\boldsymbol{q}) = 0 \\ 2S_0 J_{12}(\boldsymbol{q})\,\delta S_{1\pm}(\boldsymbol{q}) - \bigl(2S_0\tilde{J}(\boldsymbol{q}) + g\mu_\mathrm{B}H \mp \hbar\omega_\pm(\boldsymbol{q})\bigr)\delta S_{2\pm}(\boldsymbol{q}) = 0\end{array}\right\} \tag{6.80}$$

となり，励起エネルギーが，

$$\hbar\omega_\pm(\boldsymbol{q}) = \pm g\mu_\mathrm{B}H + 2S_0\sqrt{\tilde{J}(\boldsymbol{q})^2 - |J_{12}(\boldsymbol{q})|^2} \tag{6.81}$$

となる．これは，スピン波が 1 つ励起された状態では全スピンの量子化軸成分が $\pm\hbar$ であることを示している．

しかし実は，式 (6.81) はそのままでは意味がない．式 (6.81) で $\boldsymbol{q}$ を 0 とすると $\tilde{J}$ は $-J_{12}(\boldsymbol{q}=0)$ になるから，平方根の中が 0 になって，

$$\hbar\omega_\pm(\boldsymbol{q}=0) = \pm g\mu_\mathrm{B}H \tag{6.82}$$

である．エネルギーが負の励起状態の存在は，この基底状態が不安定である

ことを示している．すぐ下で示すように，磁気異方性のない2副格子反強磁性体に磁場をかけると，そのスピンは磁場に対して垂直になるように回転する．励起状態を考えるときは，想定している基底状態が確かにエネルギー最低かどうか，いつも注意しなければならない．以下，その点を吟味しよう．

スピン方向が磁場の方向と平行であればスピン系の状態は変化せず[11]，反強磁性体の磁化は0なのでゼーマンエネルギーは0である．一方，磁場方向とスピン方向が垂直であれば，副格子のスピンが完全に反平行でなく磁場方向に傾いて磁化を生じて，エネルギーを下げることができる．反平行整列状態からの副格子磁化の傾きの角度をθとすれば(図6-10を参照)基底状態は，

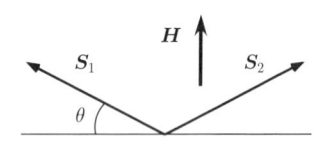

図6-10 磁場中の2副格子反強磁性体

$$E = E_{\mathrm{ex}} + E_{\mathrm{z}} = -2NJ_{12}(\boldsymbol{q}=0)S^2\cos(\pi-2\theta) - 2Ng\mu_{\mathrm{B}}SH\sin\theta \tag{6.83}$$

が最低になる状態である．副格子磁化が互いに傾くことによる交換エネルギーの増加が$1-\cos 2\theta \approx 2\theta^2$に比例するのに対し，磁場方向に磁化が現れることによるゼーマンエネルギーの低下は$\sin\theta \approx \theta$に比例する．エネルギーを$\theta$で微分して極値を求めれば，

$$\sin\theta = -\frac{g\mu_{\mathrm{B}}H}{4SJ_{12}(\boldsymbol{q}=0)} \tag{6.84}$$

となる．磁化率にすると，

$$\chi_\perp = 2NSg\mu_{\mathrm{B}}\sin\theta = \frac{g^2\mu_{\mathrm{B}}^2 N}{2|J_{12}(\boldsymbol{q}=0)|} \tag{6.85}$$

である．ここでχに$\perp$を付けたのは，磁場をスピン軸に垂直にかけたことを示すためである．この磁化率が交換相互作用定数だけで表されてSによら

---

[11] これは0 Kのときのことで，熱励起があれば有限の磁化が現れる．それは次章で扱う．

ないことは，この式が温度によらず成立することを示唆している (7.2 節を参照)．この式は $J_{12}(\boldsymbol{q}=0)$ を推定するのに用いられる．

磁気異方性の効果

実際の結晶中では磁気異方性があるので，反強磁性体のスピンがすぐに磁場によってそれに垂直に回転するわけではない．式 (5.7) のように表される磁気異方性があって，主軸が x, y, z 方向で z 軸方向が磁化容易軸だとしよう．スピン系のエネルギーは，式 (5.43) を拡張して，

$$E = -\frac{1}{N}\sum_{\boldsymbol{q}} \sum_{m_1,m_2=1}^{n} \sum_{i=x,y,z} J^i(\boldsymbol{q}; m_1, m_2) S_i(\boldsymbol{q}, m_1) S_i(-\boldsymbol{q}, m_2) \tag{6.86}$$

と書ける．式 (5.7) から式 (6.39) が導かれたのと同じく，この式は1つのイオンに起因する異方性の効果も含んでいる．2副格子反強磁性体に適用して前節の過程をなぞり，スピン系の運動方程式を成分ごとに書けば，

$$\left.\begin{aligned}
\hbar \frac{d}{dt} \delta S_{1x}(\boldsymbol{q}) &= 2S\big(\tilde{J}^y(\boldsymbol{q}) \delta S_{1y}(\boldsymbol{q}) - J_{21}^y(\boldsymbol{q}) \delta S_{2y}(\boldsymbol{q})\big) \\
\hbar \frac{d}{dt} \delta S_{2x}(\boldsymbol{q}) &= 2S\big(J_{12}^y(\boldsymbol{q}) \delta S_{1y}(\boldsymbol{q}) - \tilde{J}^y(\boldsymbol{q}) \delta S_{2y}(\boldsymbol{q})\big) \\
\hbar \frac{d}{dt} \delta S_{1y}(\boldsymbol{q}) &= -2S\big(\tilde{J}^x(\boldsymbol{q}) \delta S_{1x}(\boldsymbol{q}) - J_{21}^x(\boldsymbol{q}) \delta S_{2x}(\boldsymbol{q})\big) \\
\hbar \frac{d}{dt} \delta S_{2y}(\boldsymbol{q}) &= -2S\big(J_{12}^x(\boldsymbol{q}) \delta S_{1x}(\boldsymbol{q}) - \tilde{J}^x(\boldsymbol{q}) \delta S_{2x}(\boldsymbol{q})\big)
\end{aligned}\right\} \tag{6.87}$$

となる．ただし，

$$\tilde{J}^i(\boldsymbol{q}) \equiv J_{11}^z(\boldsymbol{q}=0) - J_{12}^z(\boldsymbol{q}=0) - J_{11}^i(\boldsymbol{q}) \tag{6.88}$$

である．運動方程式の中の $J(\boldsymbol{q}=0)$ の部分は基底状態の (z 方向を向いた) スピンに由来し，$J(\boldsymbol{q})$ の部分は振動しているスピン成分に由来することを考えれば，この式は理解しやすい．

式 (6.87) の最初の2式をもう一度時間で微分して後の2式を代入すれば，

$$
\left.\begin{aligned}
\hbar^2 \frac{d^2}{dt^2}\delta S_{1x}(\boldsymbol{q}) &= 2S\bigl(\tilde{J}^y(\boldsymbol{q})\,\hbar\frac{d}{dt}\delta S_{1y}(\boldsymbol{q}) - J_{21}^y(\boldsymbol{q})\,\hbar\frac{d}{dt}\delta S_{2y}(\boldsymbol{q})\bigr) \\
&= -4S^2\Bigl[\tilde{J}^y(\boldsymbol{q})\bigl(\tilde{J}^x(\boldsymbol{q})\,\delta S_{1x}(\boldsymbol{q}) - J_{21}^x(\boldsymbol{q})\,\delta S_{2x}(\boldsymbol{q})\bigr) \\
&\qquad - J_{21}^y(\boldsymbol{q})\bigl(J_{12}^x(\boldsymbol{q})\,\delta S_{1x}(\boldsymbol{q}) - \tilde{J}^x(\boldsymbol{q})\delta S_{2x}(\boldsymbol{q})\bigr)\Bigr] \\
&= -4S^2\Bigl[\bigl(\tilde{J}^x(\boldsymbol{q})\tilde{J}^y(\boldsymbol{q}) - J_{12}^x(\boldsymbol{q})J_{21}^y(\boldsymbol{q})\bigr)\delta S_{1x}(\boldsymbol{q}) \\
&\qquad + \bigl(\tilde{J}^x(\boldsymbol{q})J_{21}^y(\boldsymbol{q}) - \tilde{J}^y(\boldsymbol{q})J_{21}^x(\boldsymbol{q})\bigr)\delta S_{2x}(\boldsymbol{q})\Bigr] \\
\hbar^2\frac{d^2}{dt^2}\delta S_{2x}(\boldsymbol{q}) &= -4S^2\Bigl[\bigl(\tilde{J}^x(\boldsymbol{q})J_{12}^y(\boldsymbol{q}) - \tilde{J}^y(\boldsymbol{q})J_{12}^x(\boldsymbol{q})\bigr)\delta S_{1x}(\boldsymbol{q}) \\
&\qquad + \bigl(\tilde{J}^x(\boldsymbol{q})\tilde{J}^y(\boldsymbol{q}) - J_{12}^x(\boldsymbol{q})J_{21}^y(\boldsymbol{q})\bigr)\delta S_{2x}(\boldsymbol{q})\Bigr]
\end{aligned}\right\}
$$
(6.89)

各成分が単振動をするとして $e^{i\omega t}$ の形の時間依存性を考えれば,
$$
\begin{aligned}
\hbar^2\omega^2 = 4S^2\Bigl[&\bigl(\tilde{J}^x(\boldsymbol{q})\tilde{J}^y(\boldsymbol{q}) - J_{12}^x(\boldsymbol{q})J_{21}^y(\boldsymbol{q})\bigr) \\
&\pm \bigl(\tilde{J}^x(\boldsymbol{q})J_{12}^y(\boldsymbol{q}) - \tilde{J}^y(\boldsymbol{q})J_{12}^x(\boldsymbol{q})\bigr)\Bigr]
\end{aligned} \quad (6.90)
$$

$K^i(\boldsymbol{q}) \equiv J^z(\boldsymbol{q}) - J^i(\boldsymbol{q})$ とおけば, $\tilde{J}^i(\boldsymbol{q}=0) = K_{11}^i(\boldsymbol{q}=0) - J_{12}^z(\boldsymbol{q}=0)$ である. 以下 $(\boldsymbol{q}=0)$ を略して記せば,
$$
\begin{aligned}
\hbar^2\omega^2 = 4S^2\Bigl[&\bigl\{(K_{11}^x - J_{12}^z)(K_{11}^y - J_{12}^z) - (J_{12}^z - K_{12}^x)(J_{12}^z - K_{12}^y)\bigr\} \\
&\pm \bigl\{(K_{11}^x - J_{12}^z)(J_{12}^z - K_{12}^y) - (K_{11}^y - J_{12}^z)(J_{12}^z - K_{12}^x)\bigr\}\Bigr] \\
= 4S^2\Bigl[&\bigl\{-J_{12}^z(K_{11}^x + K_{11}^y - K_{12}^x - K_{12}^y) + (K_{11}^x K_{11}^y - K_{12}^x K_{12}^y)\bigr\} \\
&\pm \bigl\{J_{12}^z(K_{11}^x - K_{11}^y - K_{12}^x + K_{12}^y) - (K_{11}^x K_{12}^y - K_{11}^y K_{12}^x)\bigr\}\Bigr]
\end{aligned}
$$
(6.91)

となる.

モードと共鳴周波数

軸対称で x と y が等価であれば, $K^x = K^y \equiv K$ とおいて,

6.5 磁場と磁気異方性の効果 反強磁性共鳴

$$\hbar\omega = 2S\sqrt{-2J_{12}^z(K_{11}-K_{12})+(K_{11})^2-(K_{12})^2} \quad (6.92)$$

である. 反強磁性であるからには J_{12}^z は負である. この場合の振動モードは前節で述べた通り対称軸のまわりの右・左回りの回転で, 2つのモードは縮退している. 軸方向に磁場をかければ回転方向によって $\pm g\mu_B H$ だけエネルギーが変わり, 縮退がとれる.

$$\hbar\omega_{\pm} = 2S\sqrt{-2J_{12}^z(K_{11}-K_{12})+(K_{11})^2-(K_{12})^2} \pm g\mu_B H \quad (6.93)$$

したがって,

$$H = \frac{2S}{g\mu_B}\sqrt{-2J_{12}^z(K_{11}-K_{12})+(K_{11})^2-(K_{12})^2} \quad (6.94)$$

で ω_- が 0 になり, そこでスピンは z 軸方向から z 面内に反転する.

式 (6.91) から明らかに, 式 (6.92) の縮退は軸対称性が破れてもとれる. 軸対称でなくなると z 軸のまわりの右・左回転は固有運動ではなくなって, 混じり合う. その極限で, x 軸と z 軸が等価の容易面磁気異方性の場合は $K^x = 0$ で,

$$\hbar\omega = 2S\sqrt{-J_{12}^z(K_{11}^y-K_{12}^y) \mp J_{12}^z(K_{11}^y-K_{12}^y)} \quad (6.95)$$

となるから, 低い方の共鳴周波数は 0 である. そのモードでは 2 つの副格子のスピンが逆を向いたまま xz 面内で回転するので, そのときには復元トルクがはたらかないからである. 周波数の高い方のモードでは, スピンは yz 面内で反平行のまま回転し (このときは異方性エネルギーによる復元力がはたらく), xz 面内では互いに傾いて (このときは交換エネルギーの復元力がはたらく) 振動している. 図 6-11 を参照.

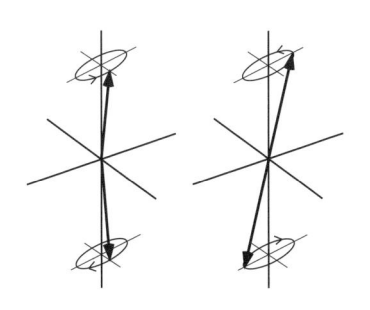

図 6-11 軸対称でない反強磁性体の共鳴モード

式 (6.95) では，反強磁性共鳴周波数は交換相互作用定数と異方性定数の相乗平均の形である．これは，式 (4.23) を参照して図 6 - 11 を見れば，納得できるだろう．式 (6.92) でも，第 2, 3 項の異方性エネルギーを第 1 項の交換エネルギーに比べて無視すれば，そうなっている．これは反強磁性共鳴で広く成立する．

前節で強磁性体の自然共鳴，すなわち異方性エネルギーのために $q=0$ のスピン波の周波数が有限になることを述べた．反強磁性体でも同様に，磁気異方性によって $q=0$ のマグノン周波数は有限になるが，今度はその周波数が交換相互作用定数との相乗平均になるので，一般にそのエネルギーギャップは強磁性体の場合よりずっと大きい．これは磁気共鳴のみならず，低温での副格子磁化の温度変化にも反映して，実測されている[11]．

スクリュー磁性体の磁気共鳴

その他の，磁場などによって一方向性でないときの反強磁性共鳴などについては成書[12]に譲って，スクリュー構造磁性体の場合の共鳴モードを図 6 - 12 に示すにとどめる．± モードの共鳴周波数は，スピンの回転面に垂直に z 軸を取り直して，

$$\hbar\omega_\pm = 2\sqrt{2(2J_x(\bm{q}_0) - J_x(\bm{q}=0) - J_x(2\bm{q}_0)) \cdot K_z(\bm{q}_0)} \quad (6.96)$$

と与えられる[10, 13, 14]．この式は，スピンの振動モードから容易に導出できる[13]．

スクリュー構造の波数を $\bm{q}_0$ としたとき，スピン回転面 (図 6 - 12 の xy 面)

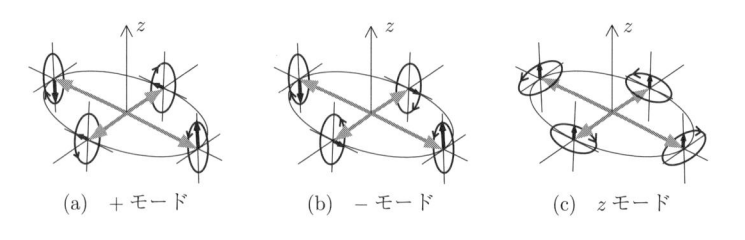

(a) ＋モード　　(b) －モード　　(c) z モード

図 6 - 12　スクリュー構造磁性体の磁気共鳴モード

内に磁気モーメントを発生させるようなスピンの変位は，(a) $q=0$ と (b) $q=2q_0$ の波の合成であって，式 (6.96) 右辺の前半は，その変位による交換エネルギーの増加である．各スピンはそれぞれの安定点のまわりで回転するから，xy 面内の変位は 1/4 周期後には z 方向を向くが，それは全体として q_0 の波であって，安定状態と比べると異方性エネルギーが増加している．振動数はその 2 つのエネルギー増の相乗平均で与えられる．これが z 面内の振動磁場と相互作用する ± モードである．これに対して，z 軸方向の振動磁場と相互作用する z モード (c) では，モーメントが揃って z 軸に平行に傾く．この変位は 1/4 周期後には xy 面内の一様な (波数 q_0 の) 回転になる．ところが，格子不整合なスクリュー構造の場合，回転面内の一様な回転ではエネルギーが変化しない．それで，上で述べた磁化容易面をもった 2 副格子反強磁性体の場合と同じく，このモードの共鳴周波数は 0 になる．

スピン回転面に垂直に磁場をかけるとスピンは磁場方向に傾いて円錐構造をつくる[12]が，その場合も振動モードは容易に類推できるだろう．回転面に垂直にかけた磁場を強くしていって，スピンが全て同方向になったときには，図の + モードは強磁性共鳴モード ($q=0$ のスピン波) になり，− モードは $q=2q_0$ のスピン波に移行するが，z モードは振動の自由度がなくなって消える．

問題 6.5 2 副格子の反強磁性体では，単位胞の取り方が違うが，$J(2q_0)=J(q=0)$ であることを考えて，式 (6.95) と式 (6.96) とを比較せよ．違う点があれば，その理由を考えよ．また，スクリュー構造の場合に共鳴モードが 3 つ出て 3 つしか出ないのはなぜか．

---

[12] 2 副格子の反強磁性体と同様に，スクリュー構造磁性体の磁化率はスピン回転面に垂直方向が大きいので，異方性がなければスピンの回転面は外からかけた磁場に垂直になろうとする．

このようにスピンの回転が一様でなくてその方向の相対的な関係が変化するモードの共鳴では，共鳴周波数は交換相互作用定数に依存する．したがって，磁気共鳴の観測によって $J(q)$ についての情報を得ることができる．$ZnCr_2Se_4$ はスピネル型の化合物で，20 K 以下で q_0 が $\langle 100 \rangle$ に平行な平面スクリュー構造をとる．この物質については，磁気共鳴と磁化の測定によって $J(q)$ に関する 4 つの関係式[13)]が定量的に求められた．しかし，その 4 つの関係式を満たすように第 4 近接スピン対までの交換相互作用定数を決めると，エネルギー最低の構造は実測と全く違ってしまう．これは，この物質では第 5 近接以上の遠方のスピン対間の相互作用が無視できないことを示している[14]．

6.6 フェリ磁性体の磁気共鳴

スピン系の運動方程式とその解

前節では全磁化の存在しない反強磁性体を議論したが，この節では式 (6.54) に戻って，全磁化の存在するフェリ磁性体の磁気共鳴を議論しよう．q を表示からはずし，z 軸方向の磁場によるゼーマンエネルギーを加えて書き直せば，

$$\hbar \frac{d}{dt} \delta \boldsymbol{S}(m_1) = 2 \sum_{m_2 \neq m_1} \big(J(m_2, m_1) \delta \boldsymbol{S}(m_1) \times \boldsymbol{S}_0(m_2) \\ - J(m_2, m_1) \delta \boldsymbol{S}(m_2) \times \boldsymbol{S}_0(m_1) \big) - g(m_1) \mu_B \delta \boldsymbol{S}(m_1) \times \boldsymbol{H}$$
(6.97)

$g(m_1)$ は m_1 番目の副格子のスピンの g 因子である．式 (6.97) を m_1 について加え合わせれば，右辺の最初の 2 項は打ち消し合って消えて，

$$\hbar \frac{d}{dt} \sum_m \delta \boldsymbol{S}(m) = - \sum_m g(m) \mu_B \delta \boldsymbol{S}(m) \times \boldsymbol{H} \qquad (6.98)$$

となる．$\sum_m \boldsymbol{S}(m)$ が全スピンであり $\sum_m g \mu_B \boldsymbol{S}(m)$ が全磁気モーメントであることを考えれば，等方的な交換相互作用が他の相互作用に優越して全スピン

[13)] $J(q=0)$, $J(q_0)$, $J(2q_0)$ およびスピン構造の安定条件：$dJ/dq|_{q=q_0} = 0$.

6.6 フェリ磁性体の磁気共鳴

が揃って運動するときには,この式は式 (4.4) と等しい.反強磁性体では全スピンも全磁気モーメントも 0 になるので,この式は使えない.

次章で述べるように,フェリ磁性体では副格子の磁化の温度変化が一般に異なるために,ある温度でたまたま副格子磁化が打ち消し合って,磁化が 0 になることがある.この温度を**相殺温度**という[14].フェリ磁性体の副格子の g 因子は通常等しくないので,全角運動量は少し違う温度で 0 になる.磁気共鳴を観測していると,g 因子が 0 になる点と無限大になる点とが近接して現れる[15], [15].図 6-13 を参照.

全スピンが一緒に振動して式 (6.98) が意味をもつのは,交換エネルギーが優越する極限である.交換相互作用のない場合には,各スピンはそれぞれ独立に磁場のまわりを回転するのだから,それぞれの g 因子に対応する周波数で共鳴し,共鳴点は分散する.試料内の磁気 2 重極相互作用などによって各スピンの位置の磁場が異なる場合も同様である.逆にいえば,交換相互作用

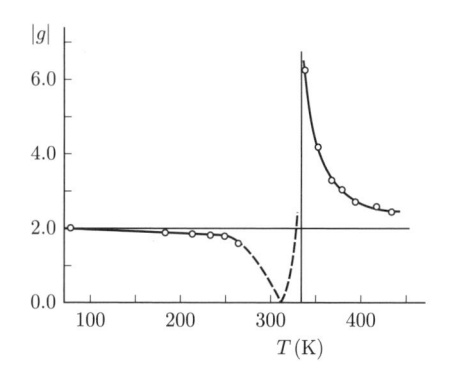

図 6-13 $Li_{0.5}Cr_{1.25}Fe_{1.25}O_4$ 多結晶の g 因子
(J. S. van Wieringen: Phys. Rev. **90** (1953) 488 による)

があれば分散していた共鳴が 1 ヶ所にまとまって,観測する共鳴吸収の幅が狭くなる.これを**交換相互作用による尖鋭化** (exchange narrowing) とよぶ.

すべてのスピンが揃ったまま安定位置のまわりを回転するモードは,単位胞に 2 つ以上の原子が存在するときの格子振動の音響モードに対応する.当然,

---

[14] compensation point. 補償温度という訳語が用いられるが,良い術語とは思われない.

[15] たまたま片方だけが現れることもある.247 頁で述べる $CoCr_2O_4$ はその例である[16].なお,偶然的な相殺は希土類化合物で軌道角運動量とスピン角運動量との間でも起きることがある[17].

光学モードに対応するモードも存在する．簡単のために等方的な交換相互作用をしている 2 副格子のフェリ磁性体を考えれば，スピン系は一方向性で，スピンの $\bm{q}=0$ の運動方程式は式 (6.97) から，

$$\left.\begin{aligned}\hbar\frac{d}{dt}\delta\bm{S}_1 &= 2J_{12}\,\delta\bm{S}_1\times\bm{S}_0(2) - 2J_{12}\,\delta\bm{S}_2\times\bm{S}_0(1) - g_1\mu_\mathrm{B}\,\delta\bm{S}_1\times\bm{H}\\ \hbar\frac{d}{dt}\delta\bm{S}_2 &= 2J_{12}\,\delta\bm{S}_2\times\bm{S}_0(1) - 2J_{12}\,\delta\bm{S}_1\times\bm{S}_0(2) - g_2\mu_\mathrm{B}\,\delta\bm{S}_2\times\bm{H}\end{aligned}\right\} \tag{6.99}$$

と与えられる．共鳴周波数は斉次方程式

$$\left.\begin{aligned}(2J_{12}S_2 + g_1\mu_\mathrm{B}H \mp \hbar\omega_\pm)\,\delta S_{1\pm} + 2J_{12}S_1\,\delta S_{2\pm} &= 0\\ 2J_{12}S_2\,\delta S_{1\pm} + (2J_{12}S_1 - g_2\mu_\mathrm{B}H \pm \hbar\omega_\pm)\,\delta S_{2\pm} &= 0\end{aligned}\right\} \tag{6.100}$$

が解ける条件,

$$(2J_{12}S_2 + g_1\mu_\mathrm{B}H \mp \hbar\omega_\pm)(2J_{12}S_1 - g_2\mu_\mathrm{B}H \pm \hbar\omega_\pm) - 4J_{12}^2 S_1 S_2 = 0 \tag{6.101}$$

によって求められる．ただし，副格子 1 の磁化の方が副格子 2 の磁化よりも大きいと仮定した．これを整理して得られる $\hbar\omega_\pm$ の 2 次方程式

$$\begin{aligned}-\hbar^2\omega_\pm^2 &\mp \bigl(2J_{12}(S_1-S_2) - (g_1+g_2)\mu_\mathrm{B}H\bigr)\hbar\omega_\pm\\ &+ 2J_{12}(g_1 S_1 - g_2 S_2)\mu_\mathrm{B}H - g_1 g_2 \mu_\mathrm{B}^2 H^2 = 0\end{aligned} \tag{6.102}$$

を解いて正の解をとれば，

$$\begin{aligned}\hbar\omega_\pm &= \frac{1}{2}\Bigl\{\mp\bigl(2J_{12}(S_1-S_2) - (g_1+g_2)\mu_\mathrm{B}H\bigr) + \sqrt{D}\Bigr\}\\ D &= \bigl\{2J_{12}(S_1-S_2) - (g_1+g_2)\mu_\mathrm{B}H\bigr\}^2\\ &\quad + 4\bigl\{2J_{12}(g_1 S_1 - g_2 S_2)\mu_\mathrm{B}H - g_1 g_2 \mu_\mathrm{B}^2 H^2\bigr\}\\ &= 4J_{12}^2(S_1-S_2)^2 - 4J_{12}(S_1-S_2)(g_1+g_2)\mu_\mathrm{B}H + (g_1+g_2)^2\mu_\mathrm{B}^2 H^2\\ &\quad + 8J_{12}(g_1 S_1 - g_2 S_2)\mu_\mathrm{B}H - 4g_1 g_2 \mu_\mathrm{B}^2 H^2\end{aligned}$$

6.6 フェリ磁性体の磁気共鳴

$$= 4J_{12}^2(S_1 - S_2)^2 + 4J_{12}(g_1 - g_2)(S_1 + S_2)\mu_B H + (g_1 - g_2)^2 \mu_B^2 H^2 \tag{6.103}$$

ゼーマンエネルギーが交換エネルギーに比べて小さいときは, $\mu_B H/J_{12}$ で展開して 1 次までとる近似が成立し, 共鳴周波数は磁場の 1 次関数になる.

$$\hbar\omega_\pm = \frac{1}{2}\Big[\mp\big\{2J_{12}(S_1-S_2)-(g_1+g_2)\mu_B H\big\}$$
$$+ 2J_{12}(S_1-S_2)\Big\{1 + \frac{(g_1-g_2)(S_1+S_2)}{2J_{12}(S_1-S_2)^2}\mu_B H\Big\}\Big]$$

$$= \begin{cases} \dfrac{1}{2}\Big\{(g_1+g_2) + \dfrac{(g_1-g_2)(S_1+S_2)}{S_1-S_2}\Big\}\mu_B H \\ \qquad\qquad = \dfrac{g_1 S_1 - g_2 S_2}{S_1 - S_2}\mu_B H \\ 2J_{12}(S_1-S_2) - \dfrac{1}{2}\Big\{(g_1+g_2) - \dfrac{(g_1-g_2)(S_1+S_2)}{S_1-S_2}\Big\}\mu_B H \\ \qquad\qquad = 2J_{12}(S_1-S_2) + \dfrac{g_1 S_2 - g_2 S_1}{S_1 - S_2}\mu_B H \end{cases} \tag{6.104}$$

上の式に対応する音響モードについてはすでに述べた. 下が光学モードに対応する. これは周波数が交換相互作用定数 $J_{12}(\boldsymbol{q}=0)$ に直接対応するので, **交換共鳴**とよばれる. 交換共鳴が観測できれば, 副格子間の交換相互作用定数の情報が直接得られる.

問題 6.6 式 (6.103) で $J_{12} = 0$ の場合を吟味して, それぞれの副格子の g 因子で決まる 2 つの共鳴の存在を示せ. ω の符号はどうなっているか.

$CoCr_2O_4$ の場合

式 (6.103) を見れば, 相殺点の近くやゼーマンエネルギーが交換エネルギーに比べて小さくないときには, 共鳴点を示す周波数 - 磁場のグラフは直線で

なくなる．図 6-14 に CoCr$_2$O$_4$ の例を示す．この曲線[16]は交換相互作用についての情報を含んでいる．

CoCr$_2$O$_4$ はスピネル型の酸化物で，5.6 節で述べたように，低温では3つの円錐が組み合わさったスピン構造をとる．しかし

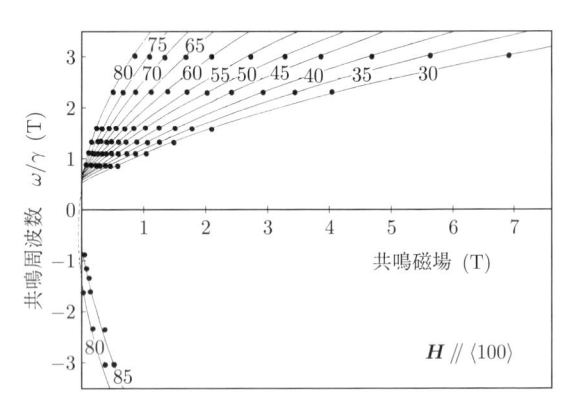

図 6-14 CoCr$_2$O$_4$ の磁気共鳴 (図中の数字は温度 (K)) (S. Funahashi, *et al.*：J. Phys. Soc. Jpn. **29** (1970) 1179)

その縦成分が約 100 K で秩序化するのに対し，横成分 (回転成分) は約 30 K まで長距離秩序をもたないので，30〜100 K の温度範囲では一方向性のフェリ磁性体と見なすことができる．また，約 80 K に全角運動量の相殺点がある．そのため，共鳴周波数は共鳴磁場の1次関数にならない．いくつかの仮定を置いた上で実験データを2副格子系として解析することにより，Co (スピネルの A 位置にある) と Cr (B 位置) の間の交換相互作用定数が定量的に推定されている[16]．しかしその大きさは，5.6 節で触れたライオンズらの理論の結果と必ずしも一致しない．それは，ライオンズらの理論が A-B，B-B それぞれの最近接イオン間にだけ交換相互作用を仮定したためと考えられる．3d 遷移金属酸化物でも，磁性を定量的に解析するためには，交換相互作用を最近接イオン間に限るのは現実的ではない．

図 6-14 のデータを解析して得られた全角運動量の温度変化を図 6-15 に示しておく．

最後に，$q = 0$ の場合についてのこの節の取り扱いが，結合している

---

16) 式 (6.98) が ω と H の2次式であるのは，2副格子系を扱ったからである．一般には副格子の数だけの次数の方程式になる．

スピン系一般に通用することを注意しておく．例えば，非磁性膜を間に挟んで強磁性薄膜を積層したとき，強磁性薄膜間の交換相互作用の強さは交換共鳴を観測することによって推定することができる．その例として文献を1つだけ挙げておく[18]．この場合，それぞれの強磁性膜が一体となって振動していることが，この取り扱いの妥当性の根拠である．

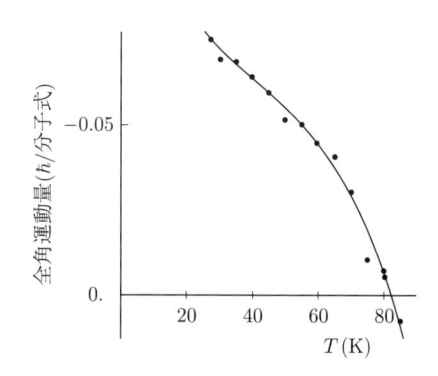

図 6-15 $CoCr_2O_4$ の全角運動量 (S. Funahashi, *et al*.：J. Phys. Soc. Jpn. **29** (1970) 1179 による)

文　献

[1]　小口武彦：「磁性体の統計理論」(物理学選書，裳華房，1970 年)
[2]　F. J. Dyson：Phys. Rev. **102** (1956) 1217, 1230.
[3]　H. G. Bohn, W. Zinn, B. Dorner and A. Kollmar：Phys. Rev. **B22** (1980) 5447.
[4]　例えば，
　　　芳田　圭：「磁性」(岩波書店，1991 年)
[5]　H. A. Mook and D. McK. Paul：Phys. Rev. Lett. **54** (1985) 227.
[6]　J. F. Cook, J. A. Blackman and T. Morgan：Phys. Rev. Let. **54** (1985) 718.
[7]　W. A. Seavey and P. E. Tannenwald：J. Appl. Phys. **30** (1959) 227S.
[8]　T. Holstein and H. Primakoff：Phys. Rev. **58** (1940) 1098.
[9]　A. M. Clogston, H. Suhl, I. R. Walker and P. W. Anderson：J. Phys. Chem. Solids **1** (1956) 129.
[10]　A. Yoshimori：J. Phys. Soc. Jpn. **14** (1959) 807.
[11]　V. Jaccarino：Nuclear Resonance in Antiferromagnet, G. T. Rado, H. Suhl 編："Magnetism" ⅡA, Chap. 6, 307 - 355 頁，1963.
[12]　伊達宗行：「磁気共鳴」(培風館，1978 年)

[13]　K. Siratori and K. Kohn：J. Phys. Soc. Jpn. **19** (1964) 1565.
[14]　K. Siratori：J. Phys. Soc. Jpn. **30** (1971) 709.
[15]　J. S. van Wieringen：Phys. Rev. **90** (1953) 488.
[16]　S. Funahashi, K. Siratori and Y. Tomono：J. Phys. Soc. Jpn. **29** (1970) 1179.
[17]　H. Adachi and H. Ino：Nature **401** (1999) 148.
[18]　J. Lindner and K. Baberschke：J. Phys. Condens. Matter **15** (2003) S465.

第 7 章

スピン系の統計力学

前2章では,スピンの整列した基底状態と励起状態について勉強した.それは温度という因子を含まない,力学的な議論であった.しかし,スピンの秩序化は有限の温度で起きる.この温度がキュリー点 T_C である.スピンの秩序状態と常磁性の無秩序状態とは熱力学的に異なる相であって,スピンが整列していない常磁性の方がエントロピー S が大きく,高温では自由エネルギー $F = U - TS$ が小さくなるから相転移が起きるのである.この章では,この2つの相の間の転移を中心に,物理量の温度変化から何がわかるかを調べよう.

スピン系の秩序状態の出現は,相互作用によって新しい相の現れるいわゆる協力現象の最もよく調べられた例の1つである.理論的にも多くの手法が研究されているが,本書では平均場近似に話を限る.より近似を進めた磁性体の統計理論については,他の成書[1]を参照されたい.

7.1 局在スピン系の分子場近似 I ― 常磁性状態 ―

分子場近似

最初に,ブラヴェ格子の局在スピン系を,**分子場近似**で扱おう.これは平均場近似の一種で,最も粗い近似であるが現象の本質を簡明によく表現しており,また扱いやすく,広く応用されている.

磁気異方性を無視して,等方的な交換相互作用とゼーマンエネルギーを考

える．スピンの角運動量と磁気モーメントが逆向きであることを考えると，全系のエネルギーは，

$$E = -\sum_{R, R'} J(R') S(R) \cdot S(R+R') + \sum_{R} g\mu_B S(R) \cdot H(R) \tag{7.1}$$

で与えられる．H には反磁場の補正をしてあるものとする．$H = H_{\text{ext}} - \mu_0 N M$．

1つのスピンを取り出し，そのスピンに対する他のスピンの効果を熱平均で扱うのが分子場近似である．式 (7.1) でスピン $S(R)$ に関わる部分は，

$$E(R) = -\sum_{R'} 2J(R') S(R) \cdot S(R+R') + g\mu_B S(R) \cdot H(R) \tag{7.2}$$

である．右辺第 1 項の因子 2 は，式 (7.1) の第 1 項の和が R と R' の両方について行なわれているからである．熱平均値を $\langle \ \rangle$ で囲んで表すことにし，$S(R+R')$ を $\langle S(R+R') \rangle$ でおき換えれば，これはその状態について決まった量で，その意味で第 1 項も第 2 項のゼーマンエネルギーと同じ形になる．磁場に対応してここに現れる量が**分子場**である．外部からかけた磁場と分子場の両方を併せて**実効磁場** H_{eff} と書けば，

$$\left. \begin{aligned} E(R) &= g\mu_B S(R) \cdot H_{\text{eff}}(R) \\ H_{\text{eff}}(R) &= \frac{2}{g\mu_B} \sum_{R'} J(R') \langle S(R+R') \rangle + H(R) \end{aligned} \right\} \tag{7.3}$$

H_{eff} に対して $\langle S(R) \rangle$ を求める問題は，すでに第 1 章で扱った．$\langle S(R) \rangle$ は $H_{\text{eff}}(R)$ に (反) 平行で，その大きさは

$$|\langle S(R) \rangle| = S B_S \left(\frac{g\mu_B S H_{\text{eff}}(R)}{k_B T} \right) \tag{7.4}$$

と与えられる．ここで $B_S(X)$ はブリルアン関数 (式 (1.15)) である．$J(R)$ と $H(R)$ が与えられたとき，式 (7.3) と (7.4) が $\langle S(R) \rangle$ を決める方程式である．

7.1 局在スピン系の分子場近似 I ― 常磁性状態 ―

表面部分を考えなければ，スピン系は一様である．一方，外部から実際にかける磁場は，原子のスケールでは変動しない．したがってその場合は，式(7.4) の $\langle S(R)\rangle$ と式 (7.3) の $\langle S(R+R')\rangle$ は等しい．これを $\langle S\rangle$ と書けば，この 2 つの方程式の未知量は H_{eff} と $\langle S\rangle$ の 2 つであるから，解ける．

スピン数を N とすれば，$|\langle S\rangle|$ は磁化 M と

$$M = g\mu_{\text{B}}\sum_{R}\langle S(R)\rangle = g\mu_{\text{B}}N\langle S\rangle \tag{7.5}$$

で結ばれている．したがって式 (7.3)〜(7.5) は，H と M と T の関係を与える磁気状態方程式である．しばしば式 (7.3) の第 2 式を，**分子場係数** λ を用いて

$$H_{\text{eff}} = \lambda M + H \tag{7.6}$$

と書く．そうすると，

$$\lambda = \frac{2}{(g\mu_{\text{B}})^2 N}\sum_{R} J(R) \tag{7.7}$$

$$M = g\mu_{\text{B}}SN\, B_S\left(\frac{g\mu_{\text{B}}SH_{\text{eff}}}{k_{\text{B}}T}\right) \tag{7.8}$$

となって，式 (7.6), (7.8) が解くべき方程式系となる．

磁気状態方程式

式 (7.8) が温度の高いときによく成立することは，局在スピン強磁性体 EuS について実験的に確かめられている．それを次頁の図 7 - 1 に示す[2]．この図は EuS 多結晶の磁化 M の $(H+\lambda M)/T$ に対するプロットである．H は反磁場を補正した．測定範囲は，温度は 4.3 K から 70 K まで (EuS の T_{C} は 16.55 K)，外からかけた磁場は 15 T までである．$\lambda = 0.050$ T/(J/T·kg) とすると，実測値はほぼ $S = 7/2$ のブリルアン関数 (図中の実線) に乗る．状態量の間に関係 (状態方程式) があるので，2 つの変数 H と T についての測定値 M が 1 つの式で表される．図で右上の離れた点は 4.3 K の，$M = 150$ J/T kg の辺りの下にずれた点は 14.2 K の測定値である．常磁性領域でも，T_{C} に

近づくと実測点はブリルアン関数よりも下にずれる傾向を示す. これは, 低温では分子場近似が良くないことを示している.

式 (7.8) の変数, すなわち実効磁場によるゼーマンエネルギーと $k_\mathrm{B}T$ との比が小さいときには, ブリルアン関数に対する近似式

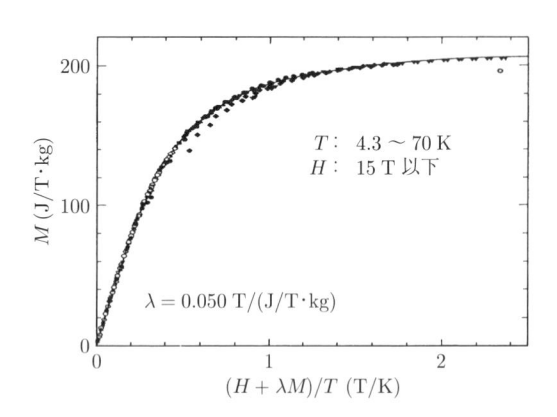

図 7-1 EuS の磁気状態方程式
実線は分子場理論 (式 (7.8)) (K. Siratori, *et al.* : J. Phys. Soc. Jpn. **64** (1995) 4101)

$$M = N\chi_0 H_\mathrm{eff}, \qquad \chi_0 = \frac{g^2\mu_\mathrm{B}^2 S(S+1)}{3k_\mathrm{B}T} \qquad (7.9)$$

が使える. χ_0 は相互作用のないときの 1 スピン当たりの磁化率 (式 (1.16)) である. H_eff に式 (7.6) を代入すれば,

$$M = N\chi_0(\lambda M + H)$$

$$(1 - N\chi_0\lambda)M = N\chi_0 H$$

$$\chi = \frac{M}{H} = \frac{N\chi_0}{1 - N\chi_0\lambda} = \frac{C}{T - C\lambda} = \frac{C}{T - \Theta} \qquad (7.10)$$

式 (7.10) をキュリー - ワイスの法則という. $C = g^2\mu_\mathrm{B}^2 S(S+1)N/3k_\mathrm{B}$ は, この系のキュリー定数 (式 (1.17)) である.

$$\Theta \equiv C\lambda = \frac{2S(S+1)}{3k_\mathrm{B}} \sum_{\boldsymbol{R}} J(\boldsymbol{R}) \qquad (7.11)$$

を漸近キュリー温度という. 式 (7.10) の計算をみれば, キュリーの法則 (式 (1.1)) と比較して $1/\chi$ が一様に λ だけ小さくなっている.

波数に依存する磁化率

式 (7.9) の近似が使える範囲では, この議論を有限の波数で空間的に変化

7.1 局在スピン系の分子場近似 I ― 常磁性状態 ―

する磁場の場合に拡張するのは容易である.フーリエ変換によって,

$$\begin{aligned}
\boldsymbol{M}(\boldsymbol{q}) &= -g\mu_\mathrm{B}\langle \boldsymbol{S}(\boldsymbol{q})\rangle = -\sum_{\boldsymbol{R}} g\mu_\mathrm{B}\langle \boldsymbol{S}(\boldsymbol{R})\rangle e^{-\mathrm{i}\,\boldsymbol{q}\cdot\boldsymbol{R}} \\
&= \sum_{\boldsymbol{R}} \chi_0 \boldsymbol{H}_\mathrm{eff}(\boldsymbol{R}) e^{-\mathrm{i}\,\boldsymbol{q}\cdot\boldsymbol{R}} \\
&= \chi_0 \sum_{\boldsymbol{R}} \left(\frac{1}{g\mu_\mathrm{B}} \sum_{\boldsymbol{R}'} 2J(\boldsymbol{R}')\langle \boldsymbol{S}(\boldsymbol{R}-\boldsymbol{R}')\rangle + \boldsymbol{H}(\boldsymbol{R}) \right) e^{-\mathrm{i}\,\boldsymbol{q}\cdot\boldsymbol{R}} \\
&= \chi_0 \left(\frac{2J(\boldsymbol{q})\langle \boldsymbol{S}(\boldsymbol{q})\rangle}{g\mu_\mathrm{B}} + N\boldsymbol{H}(\boldsymbol{q}) \right) \\
&= N\chi_0 \left(\frac{2J(\boldsymbol{q})}{(g\mu_\mathrm{B})^2 N} \boldsymbol{M}(\boldsymbol{q}) + \boldsymbol{H}(\boldsymbol{q}) \right) \\
&= N\chi_0 \bigl(\lambda(\boldsymbol{q}) \boldsymbol{M}(\boldsymbol{q}) + \boldsymbol{H}(\boldsymbol{q}) \bigr) \quad (7.12)
\end{aligned}$$

であるから,キュリー定数 C を用いて,

$$\left.\begin{aligned}
\chi(\boldsymbol{q}) &= \frac{M(\boldsymbol{q})}{H(\boldsymbol{q})} = \frac{N\chi_0}{1-N\chi_0\lambda(\boldsymbol{q})} = \frac{C}{T-\Theta(\boldsymbol{q})} \\
\Theta(\boldsymbol{q}) &= \frac{2S(S+1)}{3k_\mathrm{B}} J(\boldsymbol{q}) = C\lambda(\boldsymbol{q}), \qquad \lambda(\boldsymbol{q}) \equiv \frac{2}{g^2\mu_\mathrm{B}^2 N} J(\boldsymbol{q})
\end{aligned}\right\} \quad (7.13)$$

ただしここで,

$$H(\boldsymbol{q}) = \frac{1}{N} \sum_{\boldsymbol{R}} H(\boldsymbol{R}) e^{-\mathrm{i}\,\boldsymbol{q}\cdot\boldsymbol{R}} \quad (7.14)$$

である.

$1/\chi(\boldsymbol{q})$ を T に対してプロットすると,図 7-2 に模式的に示したように,平行な直線群が現れる.それぞれの位置は $\Theta(\boldsymbol{q})$,すなわち $J(\boldsymbol{q})$ で決まる.$\sum_{\boldsymbol{q}} J(\boldsymbol{q}) = 0$ (式 (5.25)) であることを考えれば,それぞれの $\boldsymbol{q}$ に対する漸近キュリー温度 $\Theta(\boldsymbol{q})$ は正負にわたって

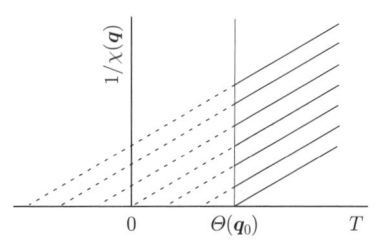

図 7-2 $1/\chi(\boldsymbol{q})$ の温度変化 (分子場近似)

分布していて、その平均値は 0 である．$J(q)$ を最大にする q を q_0 と書くことにすれば，温度を下げていくとある温度で $\chi(q_0)$ が最初に発散する．この温度が分子場近似での相転移温度 T_C であり，この温度以下では q_0 で表されるスピンの秩序構造が現れる．秩序状態になるとここでの取り扱いは適用できない．それは次節で考えよう．

こうして見れば，式 (7.10) は式 (7.13) で $q = 0$ とした場合に過ぎない．しかし，磁気測定によって精度良く容易に測定できるのは $q = 0$ の一様な磁場に対する磁化率だけである．それ以外の q についての磁化率を求めるには中性子散乱を用いなければならず，精度も下がる．その意味で，$\Theta(q=0)$ は重要である．その値は，系が低温でどのような構造をとるかに関わらず，式 (7.10), (7.11) によって $J(q=0)$ を与える．

キュリー‒ワイスの法則の実例

キュリー‒ワイスの法則は，局在スピン系に限らず，多くの場合に観測される．そのいくつかの例を図 7‒3 に示す．

(a) 強磁性体 EuS

EuS は，典型的な局在スピン強磁性体である．図 7‒1 で磁化の実測点が低温でブリルアン関数よりも下にずれたのに対応して，T_C に近づくと $1/\chi$‒T プロットは直線より上にずれ，その結果キュリー点は漸近キュリー温度より低くなる．これは強磁性体でいつも観測されることで，他のスピンの挙動を平均してしまった分子場近似の限界を示している．原理的にいえば，相転移は系の自由エネルギーに対するエントロピーの効果とエネルギーの効果のせめぎ合いで起きる[1]．だから，様々な波長のスピン相関が効くはずである．q_0 の性質 ($J(q_0)$) だけで転移点が決まるはずはない．にもかかわらず，多くの強磁性体で漸近キュリー温度 (分子場近似の転移点) が実際の転移点を良く近似するのは，むしろ驚くべきことである．

---

[1] 久保亮五 編：「熱学・統計力学 (修訂版)」第 9 章 (第 0 章の文献 [2])

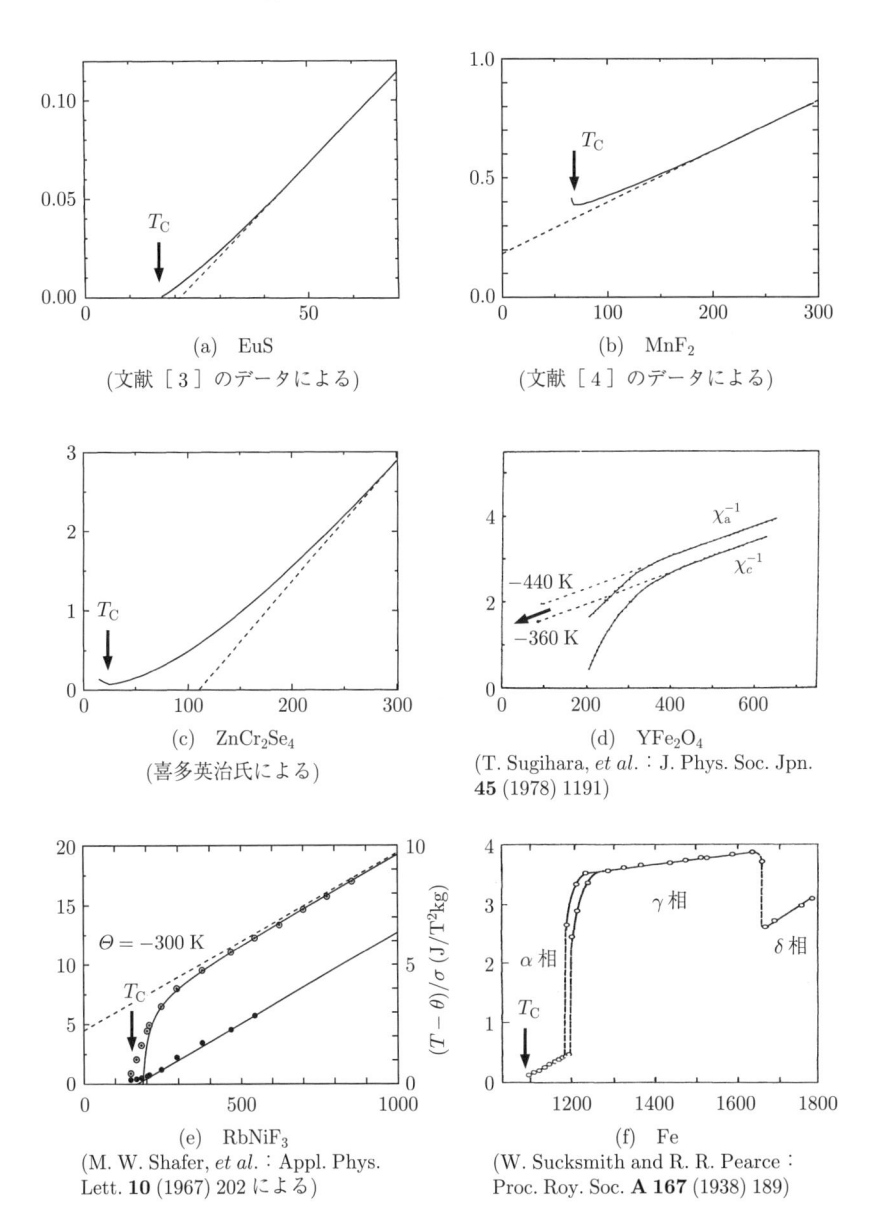

7.1 局在スピン系の分子場近似 I — 常磁性状態 —

(a) EuS
(文献 [3] のデータによる)

(b) MnF_2
(文献 [4] のデータによる)

(c) $ZnCr_2Se_4$
(喜多英治氏による)

(d) YFe_2O_4
(T. Sugihara, et al. : J. Phys. Soc. Jpn. **45** (1978) 1191)

(e) $RbNiF_3$
(M. W. Shafer, et al. : Appl. Phys. Lett. **10** (1967) 202 による)

(f) Fe
(W. Sucksmith and R. R. Pearce : Proc. Roy. Soc. **A 167** (1938) 189)

図 **7-3** キュリー-ワイスの法則の実測例 (縦軸は $1/\chi$ (T^2kg/J), 横軸は温度 (K))

転移点の付近では，エネルギーの低い(いろいろな波数の)スピン相関が発達する．それは全体として，実空間で近くにあるスピン間の相関を示すはずである．その意味で，転移点付近でのキュリー–ワイスの法則からのずれは**短距離相関**(**短距離秩序**)の効果だ，といわれる．それに対して分子場近似で扱われるスピン相関は，**長距離相関**(**長距離秩序**)とよばれる．7.3節を参照．

(b) 反強磁性体 MnF_2

図7-3(b) に反強磁性体の例として MnF_2 を示した．これは第4章(図4-7)で述べたルチル型の結晶で，体心と頂点の Mn イオン間の反強磁性相互作用が強く，そのために $J(q=0)$ は負で，漸近キュリー温度は -97 K である．67.3 K 以下で体心と頂点の Mn スピンが互いに逆を向き，一方向性の反強磁性体となる．この場合も，転移点に近くなると短距離秩序の効果が現れて，実験データはキュリー–ワイスの法則からずれている．また，MnF_2 は正方晶なので磁気異方性があり，反強磁性状態ではスピンは c 軸方向を向いている[2])．それについては次節で述べる．しかし，常磁性状態では異方性はあまり強くない．

2副格子反強磁性体では，副格子内の交換相互作用が無視できるときには $J(q=0)$ と $J(q_0)$ の絶対値が等しくなるので，漸近キュリー温度の絶対値と分子場近似で計算した相転移温度とが等しくなる．しかし，この仮定は一般に成り立たない．

(c) 強磁性に近いスクリュー磁性体 $ZnCr_2Se_4$

図7-3(c) の $ZnCr_2Se_4$ は立方晶で，20 K 以下でスクリュー構造の反強磁性になる(6.5節を参照)が，漸近キュリー温度はそれより遙かに高い正の値を示す．これは，最大の J を与える $q(=q_0)$ は反強磁性状態だけれども，強磁性状態の交換エネルギーもそれに近いことを示している．このように q_0 の近くで $J(q)$ があまり変化しない場合は，高温から短距離秩序が発達して

---

2) この異方性は，軌道角運動量ではなく，Mn スピン間の磁気2重極相互作用によって説明される[5]．

分子場近似が使い難くなる．図には室温以下のデータだけを示したが，キュリー‐ワイスの法則はまだはっきりとは現れていない．このようなデータから C や Θ を求めるのは危険であるが，実際にはしばしば行なわれている．

$J(\boldsymbol{q}_0)$ と $J(\boldsymbol{q}=0)$ とが近いと，スピンの整列した反強磁性状態でも比較的弱い磁場で強磁性的にスピンが平行になる．その境界を**臨界磁場**というが，$ZnCr_2Se_4$ では 4.2 K で約 6 T である．

(d) 異方性の強い反強磁性体 YFe_2O_4

ここまで異方性エネルギーを無視してきたが，式 (5.7) のように J をテンソルと考えて表現できる部分の効果は，式 (7.11) の $\sum_{\boldsymbol{R}} J(\boldsymbol{R})$ の J をテンソルと考えればよいから，漸近キュリー温度が異方的になる．図 7‐3(d) がその例である．YFe_2O_4 は図 5‐11 (190 頁) に中性子回折の結果を示した $LuFe_2O_4$ と同じ菱面体型の結晶で，各 Fe イオンの配位は三方両錐型 (図 2‐4 (c)) である．そのために，Fe^{2+} では c 軸方向の軌道角運動量が消失せず ($l_z = \pm 1$)，磁気異方性が極めて大きい．漸近キュリー温度の異方性は，約 80 K に及ぶ．これは $J(\boldsymbol{q}=0)$ の異方性として Fe イオン当たり約 16 K に対応する[6]．

磁気的にはこの物質は Fe の平面三角格子からできており，5.5 節で述べたように $\boldsymbol{q}_0/b$ は (1/3, 1/3) で，磁気構造は 3 枚周期である．しかし価数の違う Fe イオンの存在と強い磁気異方性のために，フェリ磁性的な振舞をする．図 7‐3(d) のデータが上に凸になっているのはそのためである．この点については次の $RbNiF_3$ (図 7‐3(e)) で詳しく述べる．電子状態は複雑で，磁性キュリー点は約 200 K だが，あまり正確には決められていない[7]．

(e) フェリ磁性体 $RbNiF_3$

図 7‐3(e) は，ブラヴェ格子でない $RbNiF_3$ 多結晶体のデータである[8]．測定した磁化率から，$1.8 \times 10^{-3} J/T^2/kg$ と推定されるバン・ブレックの常磁性を差し引いてある．この結晶は図 7‐4 に示したように六方晶で，単位胞には 8 面体位置の Ni が 6 個あり，それぞれ 2 個と 4 個の 2 種類の位置がある．

低温では，このそれぞれが強磁性的に揃っ
て副格子をつくり，それが逆を向くフェリ
磁性になる．キュリー点は139Kである．
常磁性領域の $1/\chi$-T 曲線は，T_C の直上
を除いて上に凸の特徴的な形をしている．
これは分子場近似で次のように説明する
ことができる．

2つの副格子を添字 A, B で区別しよう．
温度の高い領域を問題にするので式 (7.9)
の近似を用い，副格子ごとの分子場係数を
導入して次の方程式系から出発する．

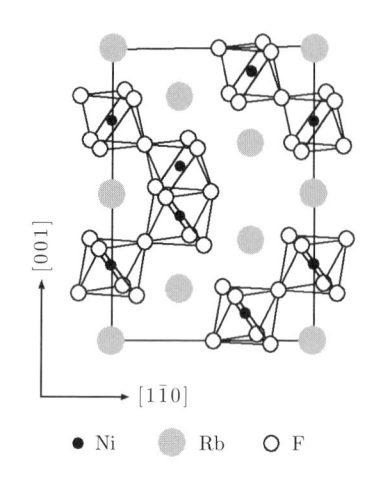

図 7-4 RbNiF$_3$ の結晶構造

$$M_\mathrm{A} = \frac{C_\mathrm{A}}{T}(\lambda_\mathrm{AA} M_\mathrm{A} + \lambda_\mathrm{AB} M_\mathrm{B} + H) \\ M_\mathrm{B} = \frac{C_\mathrm{B}}{T}(\lambda_\mathrm{AB} M_\mathrm{A} + \lambda_\mathrm{BB} M_\mathrm{B} + H) \Bigg\} \quad (7.15)$$

行列を使えばこの方程式系は，

$$T\begin{pmatrix} M_\mathrm{A} \\ M_\mathrm{B} \end{pmatrix} = \begin{pmatrix} C_\mathrm{A}\lambda_\mathrm{AA} & C_\mathrm{A}\lambda_\mathrm{AB} \\ C_\mathrm{B}\lambda_\mathrm{AB} & C_\mathrm{B}\lambda_\mathrm{BB} \end{pmatrix} \begin{pmatrix} M_\mathrm{A} \\ M_\mathrm{B} \end{pmatrix} + \begin{pmatrix} C_\mathrm{A} \\ C_\mathrm{B} \end{pmatrix} H \quad (7.16)$$

と書ける．右辺第 1 項の行列を $\underline{\Gamma}$ と書こう．$\underline{\Gamma}$ の転置行列 $\underline{\Gamma}^*$ の固有値
を $\theta_i\,(i=1,\,2)$ とし，それぞれに対応する規格化した固有ベクトルを $U_i =$
$(u_{ij}),\,(j=1,\,2)$ とする．

$$(u_{i1},\,u_{i2})\,\underline{\Gamma} = \theta_i(u_{i1},\,u_{i2})$$
$$\theta_i = \frac{1}{2}\left\{(C_\mathrm{A}\lambda_\mathrm{AA} + C_\mathrm{B}\lambda_\mathrm{BB}) \pm \sqrt{D}\right\}$$
$$D = (C_\mathrm{A}\lambda_\mathrm{AA} + C_\mathrm{B}\lambda_\mathrm{BB})^2 - 4C_\mathrm{A}C_\mathrm{B}(\lambda_\mathrm{AA}\lambda_\mathrm{BB} - \lambda_\mathrm{AB}^2)$$
$$= (C_\mathrm{A}\lambda_\mathrm{AA} - C_\mathrm{B}\lambda_\mathrm{BB})^2 + 4C_\mathrm{A}C_\mathrm{B}\lambda_\mathrm{AB}^2$$

7.1 局在スピン系の分子場近似 I — 常磁性状態 —

$$U_i = \frac{1}{D_i} \begin{pmatrix} C_A \lambda_{AA} - C_B \lambda_{BB} \pm \sqrt{D} \\ 2 C_A \lambda_{AB} \end{pmatrix}$$

$$D_i^2 = 2\Big\{(C_A \lambda_{AA} - C_B \lambda_{BB})^2 + 2 C_A (C_A + C_B) \lambda_{AB}^2 \\ \pm (C_A \lambda_{AA} - C_B \lambda_{BB})\sqrt{D}\Big\} \tag{7.17}$$

ここで

$$M_i \equiv u_{i1} M_A + u_{i2} M_B \tag{7.18}$$

と定義して式 (7.16) と式 (7.17) の最初の式を用いれば,

$$\left. \begin{aligned} T M_i &= \theta_i M_i + \widetilde{C}_i H \\ \widetilde{C}_i &\equiv u_{i1} C_A + u_{i2} C_B \end{aligned} \right\} \tag{7.19}$$

となる. 式 (7.19) の第 1 式から,

$$M_i = \frac{\widetilde{C}_i}{T - \theta_i} H \tag{7.20}$$

式 (7.18) を M_A, M_B について解く. 行列 $\underline{U}$ の転置行列 $\underline{U}^*$ の逆行列を $\underline{V}$ と書けば,

$$\left. \begin{aligned} \chi &= \frac{M}{H} = \frac{M_A + M_B}{H} = \frac{\sum\limits_{i,j=1}^{n} V_{ij} M_j}{H} = \sum_{i,j=1}^{n} \frac{V_{ij} \widetilde{C}_j}{T - \theta_j} = \sum_{j=1}^{n} \frac{C_j}{T - \theta_j} \\ C_j &\equiv \widetilde{C}_j \cdot \sum_{i=1}^{n} V_{ij} \end{aligned} \right\} \tag{7.21}$$

となる. 以上では 2 副格子系を扱ってきたが, 式 (7.21) は副格子の数 n によらない.

式 (7.21) の χ は, 高温 ($T \to \infty$) ではキュリー‐ワイスの法則に漸近する.

$$\left.\begin{aligned}
\frac{1}{\chi} &= \frac{\prod_{i=1}^{n}(T-\theta_i)}{\sum_{i=1}^{n} C_i \prod_{j\neq i}^{n}(T-\theta_j)} \\
&= \frac{T^n - T^{n-1}\sum_{i=1}^{n}\theta_i + \cdots}{T^{n-1}\sum_{i=1}^{n} C_i - T^{n-2}\sum_{i=1}^{n} C_i \sum_{j\neq i}\theta_j + \cdots} \quad \to \quad \frac{T-\Theta}{C} \\
C &= \sum_{i=1}^{n} C_i = \sum_{i,j}^{n} V_{ji}\widetilde{C}_i \;(=C_{\mathrm{A}}+C_{\mathrm{B}}) \\
\Theta &= \sum_{i=1}^{n}\theta_i - \frac{\sum_{i=1}^{n} C_i \sum_{j\neq i}^{n}\theta_j}{\sum_{i=1}^{n} C_i} = \frac{\sum_{i=1}^{n} C_i \theta_i}{\sum_{i=1}^{n} C_i}
\end{aligned}\right\} \tag{7.22}$$

一方,固有値 θ_i の中で θ_1 が一番大きいとき,C_1 が 0 でなければ $T=\theta_1$ で χ が発散する.その近傍では他の項は無視できて,

$$\chi = \frac{C_1}{T-\theta_1} \tag{7.23}$$

と近似できる.式 (7.21) から C_1 は C より大きくないから,$1/\chi$‑T 曲線の傾斜は θ_1 の近傍では高温側より大きくなり,図 7‑3(e) のように全体として上に凸になる.

式 (7.21) によれば,$1/\chi$‑T 曲線は一般に「副格子の数」次の曲線になる.2 副格子フェリ磁性の系では 2 次曲線 (双曲線) で,ネールによって,

$$\left.\begin{aligned}
\frac{1}{\chi} &= \frac{T-\Theta}{C} - \frac{\sigma}{T-\theta} \\
\theta &= \frac{C_{\mathrm{A}} C_{\mathrm{B}}(\lambda_{\mathrm{AA}}+\lambda_{\mathrm{BB}}-2\lambda_{\mathrm{AB}})}{C} \\
\sigma &= \frac{C_{\mathrm{A}} C_{\mathrm{B}}\{C_{\mathrm{A}}(\lambda_{\mathrm{AA}}-\lambda_{\mathrm{AB}})-C_{\mathrm{B}}(\lambda_{\mathrm{BB}}-\lambda_{\mathrm{AB}})\}^2}{C^3}
\end{aligned}\right\} \tag{7.24}$$

という表現が与えられている.図 7‑3(e) には,図の下部に $(T-\theta)/\sigma$ も

示した. 200 K 以上ではこれは直線に乗り, $\theta = 170$ K, $\sigma = 131$ である[3]). 図中の実線は, これらの値による $1/\chi$ の計算値であるが, 200 K 程度より高温で実測値をよく再現している. T_C に近くなると実測点が上にずれるのは, 強磁性の場合と同じく短距離秩序による.

式 (7.24) によって実験的に決められる量は, C, Θ, σ, θ の 4 つである. それに対して, 式 (7.15) のパラメータは C_A, C_B, λ_{AA}, λ_{AB}, λ_{BB} と 5 つで, このままでは決められない. しかし, RbNiF$_3$ では両副格子とも八面体配位の Ni^{2+} で構成されているから g 因子が等しいと仮定すれば, C の測定値から $g = 2.31$ となって, C_A と C_B が決まり, パラメータが 1 つ減って 3 つの λ が決定できる[4]). 2 次方程式だから解は 2 通りある. それを表 7-1 に示した.

一方, この物質については中性子非弾性散乱の測定[9]があり, $q = 0$ では 24 meV に光学モードのマグノンが観測されている. これが A, B 格子の交換共鳴であれば, λ_{AB} は -82 T^{2}kg/J となる. 解 2 が正しい答を与えている.

表 7-1 RbNiF$_3$ の分子場係数 (単位は T^{2}kg/J)

	λ_{AA}	λ_{BB}	λ_{AB}
解 1	+46	-52	-61
解 2	-33	-12	-80

式 (7.20) の導出は波数ベクトル q によらない. この式によれば, ブラヴェ格子でない場合も図 7-2 と同じく, 各モード・各 q について独立にキュリー-ワイスの法則が成立している. ただし, C_i はモードによって違うから, 直線の傾斜は全部等しいわけではない. 一般にある q について測定される磁化率は, 各モードの磁化率に重み C_i を掛けた和になる.

---

[3]) シェーファーらは $\theta = 100$ K, $\sigma = 260$ という値を与えているが, 彼らの解析は分子場近似で計算した χ がキュリー点で発散するとしていて, 適切ではない.

[4]) 低温の飽和磁化を精度良く測定すれば, 局在スピン系では実測量が 1 つ増え, 全パラメータを決定できるはずである.

問題 7.1 一方向性の反強磁性体では 2 つの副格子が等価であることに注意して，磁気測定で決定される $\chi(\boldsymbol{q}=0)$ の温度依存性を分子場近似で求めよ．キュリー点で発散する磁化率は，どうしたら観測できるか．

(f) 金属強磁性体 Fe

キュリー‐ワイスの法則は，金属強磁性体でもよく成り立つことが実験的に知られている．その例として，図 7‐3(f) に金属鉄のデータを示した[10]．単体の鉄を熱していくと，1043 K で強磁性から常磁性になった後，1185 K で体心立方 (これを α 相という) から面心立方 (γ 相) に結晶構造が変化し，さらに 1667 K でもう一度体心立方 (δ 相) に戻る．この相変化に従って磁化率も変化するが，2 つの体心立方相では共通に 1 つのキュリー‐ワイスの法則が成り立っている．これに対して結晶構造の違う γ 相では，磁化率もその温度変化も遙かに小さい．これは明らかに電子構造の違いを反映している[5]．

金属強磁性体でなぜ局在スピン系と同様にキュリー‐ワイスの法則が成立するか，という点の議論は本書の範囲を超えるから成書[11]に譲るが，第 0 章 (0.4 節) と前章のスピン波の議論を思い出せば，次のように考えることができよう．

平均的には上向き下向き両方のスピンが打ち消し合っている常磁性状態の金属でも，相関効果によって，局所的には時間的・空間的に揺らぐスピンが出現する．そのスピンは互いに相互作用をし，その強さによっては低温でスピンが整列した状態が出現しうる．高温の常磁性状態でも磁場をかけるとその方向に平均的な磁化を生じるが，そのときの磁化率の大きさは相互作用に依存し，強磁性転移点で発散するだろう．したがって，見かけ上キュリー‐

---

5) γ 相の金属鉄を低温まで保持することはできないが，同じ構造の銅の中に析出させた微粒子についての実験などから，構造的にも磁気的にも大変複雑であることが知られている．いずれにしても，α-Fe と比べて磁気転移点はずっと低く，秩序状態のモーメントもずっと小さいと推定されている．

7.1 局在スピン系の分子場近似 I ― 常磁性状態 ―

ワイスの法則が現れる.

しかし常磁性状態で揺らいでいるスピンの大きさは,局在電子の場合と違って,低温でスピンが揃ったときの偏極の大きさと等しいとは限らない. 実際この揺らぐスピンの大きさについてローズとウォールファースは,現象的に図7-5のような顕著な事実を示した[12]. これは,g因子を2と仮定して,実測のキュリー定数から求めた常磁性状態のスピンの大きさ μ_p と強磁性飽和磁化から求めたスピン偏極 μ_f の比を,その強磁性体のキュリー点に対してプロットしたグラフである. 局在スピン系では,この比は当然1になる. しかし金属強磁性体ではこの比は一定ではなくて,キュリー点が高くなると1に漸近し,低くなると急激に大きくなる1本の曲線に乗るように見える.

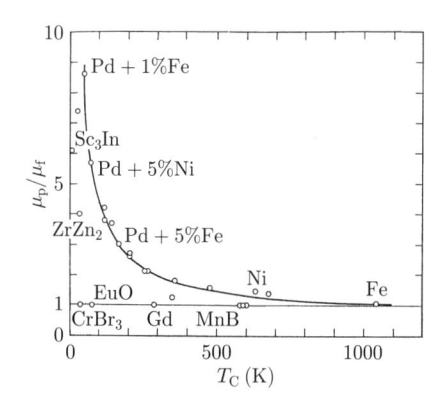

図7-5 金属強磁性体のキュリー点とスピンの揺らぎの大きさ
(P. Rhodes and E. P. Wohlfarth : Proc. Roy. Soc. **229** (1962) 247)

極端な場合としてパウリの常磁性をキュリー-ワイスの法則によって解析すれば,温度変化がないのでキュリー定数,したがって μ_p は無限大になってしまう. その一方,磁気転移はないから T_C は0である. それを考えれば,図7-5はある意味で当然である. 顕著なのは広い範囲の物質について1本の曲線が得られることで,これは統一的な機構の存在を強く示唆している[11].

同じくキュリー-ワイスの法則が成立しても,局在電子系と遍歴電子系とではかなり意味が違う. しかし,相互作用の強い極限(図の右端)では,両者は同じように振る舞う.

7.2 局在スピン系の分子場近似 II — 整列状態 —

磁化の温度変化

前節で述べたように，分子場近似によれば $1/\chi(\boldsymbol{q})$ は温度 T の 1 次関数であって，常磁性状態で温度を下げてくると，ある温度で最大の $\chi(\boldsymbol{q}=\boldsymbol{q}_0)$ が発散する．この温度以下では，スピンは波数 $\boldsymbol{q}_0$ で整列している．その状態も，分子場近似で扱うことができる．前節の式 (7.6), (7.8) を解けばよい．これは解析的には難しいが，以下のようにグラフで考えれば明快である．

最初に外部磁場のない場合を考える．式 (7.6), (7.8) から，

$$H_{\text{eff}} = \lambda M \tag{7.25}$$

$$M = g\mu_{\text{B}} S N B_S\left(\frac{g\mu_{\text{B}} S H_{\text{eff}}}{k_{\text{B}} T}\right) \tag{7.26}$$

式 (7.26) はブリルアン関数で，$Y \equiv M/g\mu_{\text{B}} SN$ を $X \equiv g\mu_{\text{B}} S H_{\text{eff}}/k_{\text{B}} T$ の関数として図 7-6 の曲線のように描ける．それに対して式 (7.25) は，変数と関数を式 (7.26) と同じにして，

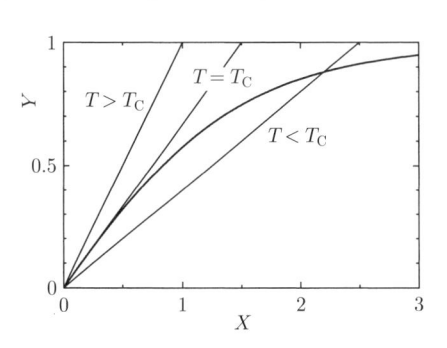

図 7-6 方程式 (7.25), (7.26) のグラフ解法

$$Y = \frac{M}{g\mu_{\text{B}} SN} = \frac{k_{\text{B}} T}{g^2 \mu_{\text{B}}^2 S^2 N\lambda} \cdot \frac{g\mu_{\text{B}} S H_{\text{eff}}}{k_{\text{B}} T} = \frac{k_{\text{B}} T}{g^2 \mu_{\text{B}}^2 S^2 N\lambda} \cdot X \tag{7.27}$$

となるから，これも図 7-6 に描き込んだように直線になる．ただしこの直線の勾配は温度に比例するから，高温ではブリルアン曲線との交点は原点しかない．つまり，磁化は (磁場をかけなければ) 0 である．しかし低温になると，原点以外にも解がある．こちらの方が自由エネルギーが低く，安定である．安定な解が $M=0$ ではなくなる境目が**キュリー点**で，ブリルアン曲線の原点での接線と式 (7.27) の直線が一致するときである．

$$T_{\rm C} = C\lambda(\bm{q}_0) = \frac{g^2\mu_{\rm B}^2 S(S+1)N\lambda(\bm{q}_0)}{3k_{\rm B}}(=\Theta(\bm{q}_0)) \quad (7.28)$$

これは前節の式 (7.13) で与えた磁化率が発散する点で，強磁性体 ($\bm{q}_0 = 0$) では分子場近似で求めたキュリー点は漸近キュリー温度と一致する．なお反強磁性体では，キュリー点を**ネール点**ということがある．

図 7-7 に，分子場近似で計算した整列相の磁化 ($M(\bm{q}_0)$) の大きさの温度変化を，スピンの大きさをパラメータとして示した．この磁化の大きさはスピンの整列の度合を表すので，しばしば**秩序度 (オーダーパラメータ)** とよばれる．上に凸の特徴的な形は，定性的ないし半定量的に磁化の温度変化の特徴を良く捉えている．しかし，常磁性状態でもキュリー点に近づくと磁化率の温度変化が分子場近似では説明できないことからわかるように，分子場近似で計算したこの曲線は実験と厳密に比較できるようなものではない．例えば，ブリルアン関数は変数が大きくなると指数関数的に 1 に近づくから，分子場近似で計算した磁化は低温では温度の指数関数になるが，それは実験と合わない．次節を参照されたい．

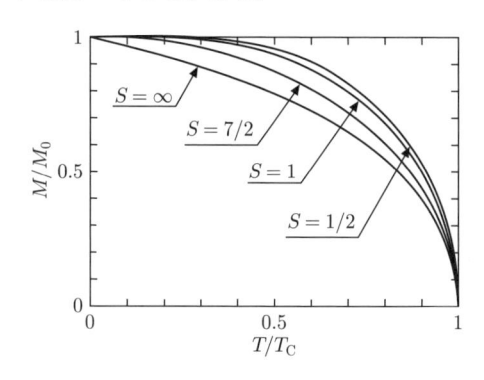

図 7-7　磁化の温度変化 (分子場近似)

副格子磁化と臨界磁場

強磁性体の磁化は通常の方法で測定できる．反強磁性体の副格子磁化は一般的には中性子回折によらなければならないが，磁場によってスピンを揃えることができる場合は直接測ることができる．一方向性反強磁性体でスピンに垂直に磁場をかけたとき，副格子磁化が平行になる臨界磁場は副格子磁化に比例する．次頁の図 7-8 (左) に EuTe の例を示す．比較のために，分子場近似 ($S = 7/2$) で計算した副格子磁化の温度変化曲線も示してある．0 K

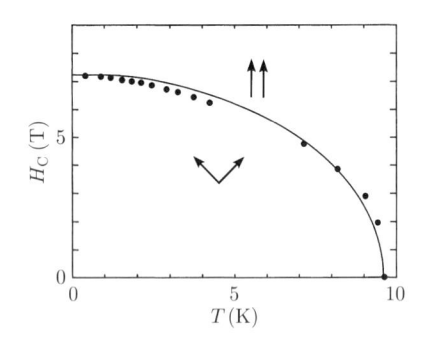

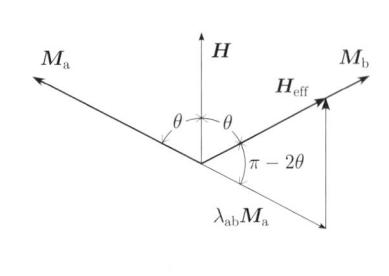

図 7-8 EuTe の臨界磁場の温度変化の実測 (黒丸) と分子場近似による計算 (実線)
(N. F. Oriveira, *et al.*：Phys. Rev. **B5** (1972) 2634 による)

でスピン軸に垂直に磁場をかけたときの磁化については前章で述べたが，分子場近似を用いれば有限温度でも全く同様に考えることができる．

副格子磁化 M_i ($i = a, b$) の方向は，異方性を無視すれば (EuTe は NaCl 型の立方晶で，Eu^{2+} は S 状態のイオンであり，異方性を無視する近似は悪くない)，反磁場の補正をした磁場 H と，異なる副格子からの分子場 λM の和で決まる．同じ副格子からの分子場はいつも磁化に平行だから，その副格子磁化の方向には影響しない．図 7-8 (右) を参照．したがって，図のように副格子磁化と外部磁場 H の角度を θ とすれば，θ が 0 でなければ $H = 2|\lambda_{ab}|M_a \sin(\pi/2 - \theta) = 2|\lambda_{ab}|M_a \cos\theta$ である．2 つの副格子は等価だから，副格子 a にはたらく実効磁場の大きさ H_{eff} は，

$$H_{\text{eff}} = \lambda_{aa} M_a + \sqrt{\left(\frac{H}{2}\right)^2 + (\lambda_{ab} M_b \sin\theta)^2} = \lambda_{aa} M_a + |\lambda_{ab}| M_b$$

となって角度 θ によらず，したがって磁場が臨界磁場よりも小さいとき，副格子磁化の大きさは有限温度でも磁場によらず一定である．磁場によって誘起される全磁化は，θ が 0 でなければ

$$M = 2M_a \cos\theta = \frac{H}{|\lambda_{ab}|} \tag{7.29}$$

となって磁場に比例する．磁化率が温度によらず，直接分子場係数 λ_{ab} を与

えることに注意しよう．0 K の場合の等価な式は，すでに式 (6.85) で導いた．ちょうど $\theta = 0$ になったときが臨界磁場で，それを H_C と書けば，

$$M_a = \frac{H_C}{2|\lambda_{ab}|} \qquad (7.30)$$

となる．

問題 7.2 上の取り扱いを 1 軸磁気異方性のある場合に拡張せよ．ただし，磁場は容易軸に垂直にかけたとし，各副格子の磁気異方性を $-K\sin^2\theta$ とする．

整列状態の磁化率が交換相互作用定数についての情報を与えるのは，2 副格子の場合に限られない．z 面内の平面スクリュー構造磁性体の z 軸方向の磁化率は，

$$\chi_\perp = \frac{1}{\lambda_x(\boldsymbol{q}_0) - \lambda_z(\boldsymbol{q} = 0)} \qquad (7.31)$$

で与えられる．

問題 7.3 式 (7.31) を 2 副格子反強磁性体に適用してみよ．

反強磁性体で $H > H_C$ のときはスピンは平行に揃っているが，それは外からかけた磁場によるので，相としては高温側の常磁性相の続きである．図 7-8 の臨界磁場の温度変化の曲線は，常磁性と反強磁性の相境界を示している．強磁性の場合は臨界磁場が存在せず，相互作用によって生じた磁化と外部磁場によって生じた磁化の区別がつかない．その意味で，厳密にいえば，相としての強磁性は (反磁場を差し引いて) 外部磁場が存在しないときに限られる．これは実際的にはあまり意味がないが，相転移を厳密に論じるときには重要な点である．

微分磁化率

磁化と平行に磁場があるときには，強磁性体では式 (7.25) が

$$H_{\text{eff}} = \lambda M + H \tag{7.32}$$

となる．したがって図 7-6 の直線は右にずれるから，交点も右にずれて磁化が大きくなる．式 (7.27) によって図でのずれの量は温度に逆比例して大きくなるが，ブリルアン曲線の勾配が小さくなる効果の方が効くので，低温では磁化率は 0 に近づく．これは強磁性体に限られない．一方向性の反強磁性体の単結晶の磁化率を磁場方向を変えて測定して，低温で 0 に近づく方向を知ることができれば，それによってスピンの方向を推定することが可能である．スピン軸に垂直に磁場をかけたときには，磁化率は式 (7.29) によって温度によらないからである．この事情は

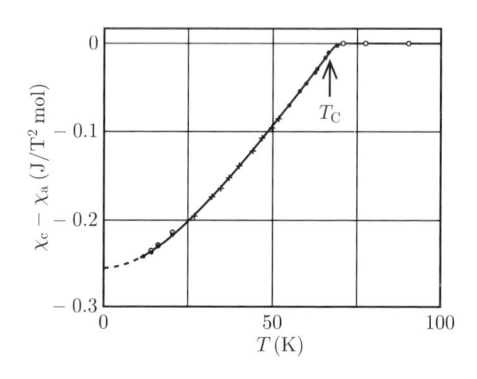

図 7-9 MnF_2 の磁化率の異方性
(M. Griffel and J. W. Stout: J. Chem. Phys. **18** (1950) 1455)

分子場近似にはよらないので，広く応用できる．図 7-9 に，図 7-3(b) で挙げた 1 軸性反強磁性体 MnF_2 の磁化率の異方性の測定例を示した[13]．図中の矢印は，比熱の測定によって決定した T_C である．

副格子が打ち消し合わない強磁性体の場合は，温度を上げて低温側から T_C に近づくと，磁化率は $T_C - T$ に逆比例して発散することが式 (7.25), (7.26) から導かれる．ただし，その係数は高温側の半分で，$C/2$ となる．

問題 7.4 強磁性状態の磁化率を分子場近似で計算し，T が 0 K に近づくときと (低温側から) T_C に近づくときとの温度依存性を調べよ．

フェリ磁性体の磁化

ここで述べた取り扱いをブラヴェ格子でない場合に拡張することは，計算は面倒だが，原理的な困難はない．ネールは2副格子のフェリ磁性体について，副格子間と副格子内の分子場係数を変えて計算を行ない，図7-10に示したような様々なタイプの磁化の温度変化曲線が現れうることを予言した[14]．特に顕著なことに，逆を向いた2つの副格子磁化がある温度で相殺し，全磁化の向きが逆転することがある．この現象はフェライトをベースとした酸化物系で実際に発見されている．図7-11にその実験例 ($NiFe_2O_4 - NiV_2O_4$ 混晶系)[15]を示した．

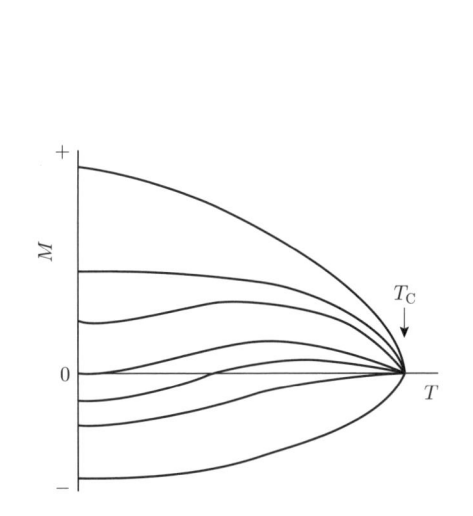

図 7-10 フェリ磁性体の磁化の様々な温度変化 (分子場近似)
(E. W. Gorter: Proc. IRE **43** (1955) 1945)

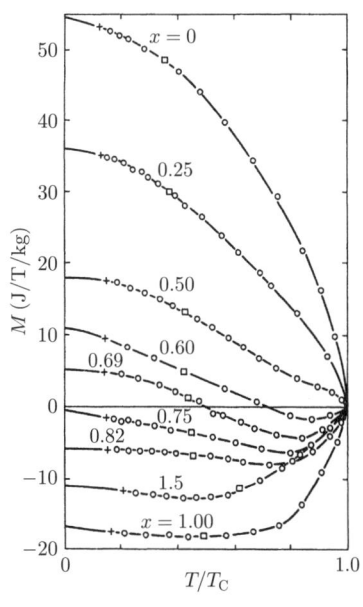

図 7-11 $NiFe_{2-x}V_xO_4$ 系の磁化 (図中の数字は組成 x)
(G. Blasse, et al.: J. Phys. Soc. Jpn. **17** (1962) Suupl B-I 176)

自由エネルギーの磁化による展開

揺らぎを無視して平均値である磁化で状態を表すならば，磁化の関数として自由エネルギーを表現し，それが最低である状態として熱平衡状態を求める，という考え方が可能である[16]．これは，自由エネルギーが連続的に変化する2次(以上)の相転移について有効である．磁化を指定したときの自由エネルギーの大きさが磁化のどんな関数になるかはわからないが，T_C 近傍の磁化の小さいときには磁化 M のベキ級数で展開可能，と仮に考えてみることができよう．立方対称ならば，M^2 の項では磁化の大きさだけを考えればよい．時間反転についての対称性 (0.3 節) を考えれば M の奇数次の項はないから，ゼーマンエネルギーを加えて，自由エネルギーは，

$$F = F_0 + \frac{1}{2}AM^2 + \frac{1}{4}BM^4 + \cdots - MH \tag{7.33}$$

と書ける．第1項は磁化によらない部分で，いまは無視して差し支えない．第3項は，F 最小の状態が $M=0$ の近傍にあることを保証するために付け加えたので，B は正である．磁場がないとき，$A>0$ であれば F は $M=0$ で最小になる．これは常磁性状態を表す．A が負になると，M が有限のときに F が最小になる．これはスピンの秩序状態である．こう考えると，式 (7.33) の係数 A が温度によって変化して符号を変えるところが転移点だ，ということになる．図 7-12 を参照．

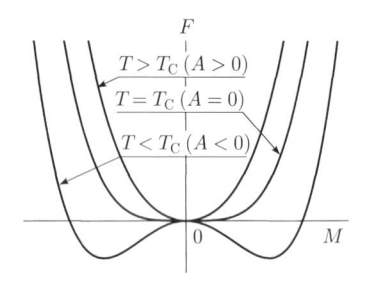

図 **7-12** F の M 依存性 (分子場近似)

式 (7.33) を M で微分して $\partial F/\partial M = 0$ の条件から M を決めると，

$$H = AM + BM^3 + \cdots \tag{7.34}$$

だから，T_C 近傍で温度と磁場を変えて磁化を測定し，T をパラメータとして M^2 に対する H/M のグラフを描くと，M の小さいところでは直線になり，その傾斜が B を，切片が A を与える．A が 0 になって直線が原点を切

7.2 局在スピン系の分子場近似 II — 整列状態 —

る温度がキュリー点である．このデータ整理法を，最初に行なった人の名前をとってアロット・プロットという．

このような現象論的な考察は，スピンが局在しているかどうかに関係なく使える．残念なことに，T_C 近傍では平均量だけを考えるのは近似が悪いので，このプロットの直線性は必ずしも良くない．数学的にいえば，相転移点は特異点であって，その近傍では自由エネルギーは微分可能な普通の関数では表現できないのである．

式 (7.33) で係数 A, B は温度 T の関数だが，これも T_C 近傍で $T - T_C$ のベキ級数の形に書けるとすれば，A の初項は 1 次，B の初項は 0 次である．微分磁化率は，$T > T_C$ のときは $1/A$，$T < T_C$ のときは $-1/2A$ だから，T_C 近傍ではどちらも $|T - T_C|^{-1}$ で発散する．T_C 以下で磁場がないときの磁化は $\sqrt{-A/B}$ だから $(T_C - T)^{1/2}$ に比例する．これは，分子場近似で直接計算した結果と一致している．

臨界指数

相転移点の近傍で，その転移にかかわる物理量の発散や消滅が $|T - T_C|$ の (必ずしも整数ではない) ベキ乗で表現できるという事実は，磁気転移に限らず広く認められている[18]．ベキ乗の指数を**臨界指数**という．物理量に応じて様々な臨界指数がある．上の例でいえば，磁化の消滅の指数 (これを β と書くのが慣わしである．分子場近似では $1/2$) や磁化率の発散の指数 ($-\gamma$ と書く．同じく -1) がそれである．分子場近似は T_C 付近では良い近似ではないので，上記の指数の値は実験とあまりよく合わない．より進んだ近似では，通常の磁性結晶の β は $1/3$ に近く，γ は $4/3$ に近いとされ，実測値もおおむねその周辺にある．しかし，物質による違いや理論値との食い違いはしばしば実験誤差を超えていて，その違いについての具体的な理論はまだない[1, 17, 18]．

臨界指数は独立ではなく，その間の関係式が提案されている．強磁性体の場合，キュリー点では磁化 M と磁場 H の間に $H \propto M^\delta$ という指数法則があるが，β, γ, δ の間には

$$\beta\delta = \beta + \gamma \tag{7.35}$$

という関係式が現象論的に提案され，実験的にも確認されている．分子場近似では，式 (7.34) で $A=0$ とおけば直ちにわかるように，$\delta=3$ である．すでに述べたようにこの近似では $\beta=1/2$，$\gamma=1$ だから，関係式 (7.35) は成立している．首尾一貫した近似理論では，臨界指数の数値自体はともかく，現象論的に求められた臨界指数の関係式は成立しているようである．

7.3　スピン波の平均場近似

磁化の温度変化

前章で，スピンが整列したときの励起状態がスピン波であることを述べた．有限温度ではスピン波は熱的に励起され，それにともなって磁化が減少する．簡単のために，等方的な交換相互作用による強磁性体を考える．磁化はマグノン 1 つ当たり $g\mu_B$ 減少するから，低温でマグノンの数が少なくてその間の相互作用を考えなくともよければ，温度 T での磁化 M は，

$$M = M_0 - g\mu_B \int_0^{\varepsilon_{\max}} \frac{D(\varepsilon)}{e^{\varepsilon/k_B T}-1} d\varepsilon \tag{7.36}$$

と書ける．ここで，0 K ですべてのスピンが揃った状態の磁化を M_0 とした．また，ε は式 (6.7) で与えられるマグノンのエネルギー，$D(\varepsilon)$ はその状態密度で，$\varepsilon_{\max}$ はマグノンの最大エネルギーである．

式 (7.36) の積分で寄与の大きいのは，ε の下限の近くである．強磁性体では，異方性を無視すれば $\boldsymbol{q}=0$ がエネルギーの原点に対応し，6.1, 6.2 節で述べたように，その近傍で ε は q^2 に比例する．マグノンは $\boldsymbol{q}$ 空間に一様に分布しているから，相互作用するスピンが 3 次元的に並んでいる系では，エネルギーがある ε より小さい状態の数は $\boldsymbol{q}$ 空間の原点を中心とする楕円体の体積に比例し，したがって q^3 に比例する．だからマグノンエネルギーの下限の近くでは，状態密度 $D(\varepsilon)$ は，$q^3 \propto \varepsilon^{3/2}$ を ε で微分して，$\varepsilon^{1/2}$ に比例

する．式 (7.36) の積分変数を $\sqrt{\varepsilon/k_\mathrm{B}T} \equiv u$ でおき換えれば，$\varepsilon = k_\mathrm{B}T\,u^2$，$d\varepsilon = k_\mathrm{B}T\,2u\,du$ で，

$$M_0 - M \propto \int_0^\infty \frac{u\sqrt{k_\mathrm{B}T}}{\exp[u^2]-1} k_\mathrm{B}T\,2u\,du = (k_\mathrm{B}T)^{3/2}\int_0^\infty \frac{2u^2\,du}{\exp[u^2]-1} \tag{7.37}$$

となって，温度の上昇による磁化の減少は低温では $T^{3/2}$ に比例することがわかる．式 (7.37) の積分の上限を ∞ にしたのは，低温では無理のない近似である．この結果は指数関数的な減少を与えた分子場近似よりも現実的で，実験的にも確かめられている．分子場近似との違いは，固体の低温比熱についてのアインシュタインの近似とデバイの近似との関係と同様である．磁場をかけると，各マグノンのエネルギーは $g\mu_\mathrm{B}H$ ずつ高くなり，それに応じて数が減って磁化が大きくなる．最終的には指数関数的に M_0 に接近する．

問題 7.5 6.5 節で示したように，2 副格子反強磁性体では，異方性エネルギーの効果を無視すれば，$q=0$ の付近でマグノンエネルギーは q に比例する．上の議論を反強磁性体に適用し，低温での副格子磁化の減少が T^2 に比例することを示せ．

式 (7.36) で，磁化の減少がマグノンの状態密度に依存することは重要である．もしマグノン間の相互作用を無視する仮定が成り立つならば，第 2 項の積分が M_0 になる温度で磁化は 0 になる．その温度がキュリー点であるから，T_C は様々な励起状態の分布で決まるわけである．これは，系全体の自由エネルギー最小の状態が実現することを考えれば，原理的に当然である．分子場近似では T_C は $J(\boldsymbol{q}_0)$ だけで決まったが，明らかにそれは正しくない．

低次元結晶の特異性

この事情を明確に示すために，第 5 章 (177 頁) で述べた K_2CuF_4 のケースを極端にして，同じ c 面内のスピン間にしか交換相互作用がはたらかない場合を考えよう．この場合はエネルギーがある ε より小さい状態の数は q^2，

したがって ε に比例するから，状態密度は下端で定数になる．そうすると式 (7.37) に対応して，

$$M_0 - M \propto \int_0^\infty \frac{d\varepsilon}{e^{\varepsilon/k_\mathrm{B}T} - 1} \tag{7.38}$$

となるが，この積分は $T=0$ でなければ発散する．すなわち，T_C は 0 K になってしまう．この結論はスピン波間の相互作用を無視した近似には関係がなくて，厳密に成り立つことがわかっている[19]．$\mathrm{K_2CuF_4}$ のような現実の結晶では，c 軸方向の相互作用が全く存在しないということはないから有限温度で相転移が起きるけれども，その T_C は漸近キュリー温度 $\varTheta$ よりずっと低くなる．図 7-3(c) に示した $\mathrm{ZnCr_2Se_4}$ は強磁性ではないが，事情は同じである．キュリー-ワイスの法則が成立しない温度範囲が広くなる．

上の例では，基底状態 (スピンが全部揃った強磁性状態) は 1 つだが，その近傍の励起状態がたくさんあるために T_C が 0 K になった．第 5 章で述べたフラストレーションのある系は，基底状態自体が 1 つに決まらずたくさんあるために相転移が起きにくい場合である．例えば，最近接原子対にだけ反強磁性相互作用がはたらく面心立方格子やスピネル型結晶の B 位置がそうである[20]．この場合も相転移は現れないはずだけれども，実際にはより遠方の弱い相互作用や，あるいはスピンの相関が格子の歪みや電子状態の変化 (電荷密度波など) と結合して基底状態の縮退をといて相転移が起きる，と考えられる．当然，現象は複雑になり，それだけ興味深い[21]．

平均場近似

さて，式 (7.36) に戻ろう．前章で述べたようにスピン波間には相互作用があるから，式 (7.36) はかなり低温でしか使えない．この議論をもっと高温まで使えるようにするために，スピン波間の相互作用を平均場近似で取り込むことを考えよう．

一番簡明な方法は，マグノンのエネルギー (式 (6.7)) の中の S を熱平均値 $\langle S \rangle$ でおき換えることであろう．実際これはグリーン関数を用いる理論[22]

の中で最も簡単な，**チャブリコフ近似**による結果である．これは考え方としてはわかりやすく，もっともらしいけれども，すべてのスピン波のエネルギーがわかっていなければ利用できない[6]．

T_C 以上の常磁性領域では，$\langle S \rangle$ が 0 になるから上の近似は使えないように見える．しかしいまは局在スピン系を考えているから，揺らいでいても，スピンもその相関もなくなるわけではない．実際，グリーン関数の方法によって，常磁性状態についてもチャブリコフ近似を適用することができる[1]．物理的には次のように考えればよい．

式 (5.28), (5.29) を少し変形して，相互作用するスピン系のエネルギーを，

$$\left. \begin{array}{l} E = -\dfrac{1}{N} \sum_{\boldsymbol{q}} J(\boldsymbol{q})\, n(\boldsymbol{q}) = \sum_{\boldsymbol{q}} \varepsilon(\boldsymbol{q})\, n(\boldsymbol{q}) \\ \varepsilon(\boldsymbol{q}) \equiv -\dfrac{1}{N} J(\boldsymbol{q}), \qquad n(\boldsymbol{q}) \equiv \dfrac{2}{3} \boldsymbol{S}(\boldsymbol{q})\, \boldsymbol{S}(-\boldsymbol{q}) \end{array} \right\} \quad (7.39)$$

と書こう．ここで $n(\boldsymbol{q})$ に因子 2/3 が付いているのは，スピンの揺らぎはその時刻のそのスピンの主軸に垂直にしか起きないからである．前と同様にこれをエネルギー $\varepsilon(\boldsymbol{q})$ のボース粒子の集団と考えれば，$n(\boldsymbol{q})$ の熱平均値は，化学ポテンシャルを μ として，

$$\langle n(\boldsymbol{q}) \rangle = \frac{1}{e^{(\varepsilon(\boldsymbol{q})-\mu)/k_{\rm B}T} - 1} \quad (7.40)$$

で与えられる．しかし ε は $-J/N$ であって，その絶対値は熱エネルギー $k_{\rm B}T$ に比べてずっと小さいから，式 (7.40) の指数関数を展開して第 2 項までとる近似が成り立つ．

$$\langle n(\boldsymbol{q}) \rangle = \frac{k_{\rm B}T}{\varepsilon(\boldsymbol{q}) - \mu} \quad (7.41)$$

μ は，全粒子数一定の条件

---

[6] いくつかのスピン対について交換相互作用定数を仮定できれば，$J(\boldsymbol{q})$ の計算自体は簡単である．

$$\sum_{\boldsymbol{q}}\langle n(\boldsymbol{q})\rangle = \sum_{\boldsymbol{q}}\frac{k_\text{B}T}{\varepsilon(\boldsymbol{q})-\mu} = \sum_{\boldsymbol{q}}\frac{2}{3}\langle \boldsymbol{S}(\boldsymbol{q})\boldsymbol{S}(-\boldsymbol{q})\rangle = \frac{2N^2S(S+1)}{3} \tag{7.42}$$

によって定まる．この μ が最低エネルギー $\varepsilon(\boldsymbol{q}_0) = -J(\boldsymbol{q}_0)/N$ と一致する温度がキュリー点である．

$$k_\text{B}T_\text{C}\sum_{\boldsymbol{q}}\frac{1}{\varepsilon(\boldsymbol{q})-\varepsilon(\boldsymbol{q}_0)} = \frac{2N^2S(S+1)}{3},\ \frac{3k_\text{B}T_\text{C}}{2S(S+1)} = \frac{N}{\sum_{\boldsymbol{q}}(J(\boldsymbol{q}_0)-J(\boldsymbol{q}))^{-1}} \tag{7.43}$$

常磁性領域の磁化率 $\chi(\boldsymbol{q})$ を求めるには，$\langle n(\boldsymbol{q})\rangle$ 個の粒子がキュリーの法則に従うと考えればよい．式 (7.39) の因子 2/3 (ここで考えているスピンの揺らぎが主軸に垂直な平面に拘束されている) を考えて，

$$\chi(\boldsymbol{q}) = \frac{g^2\mu_\text{B}^2}{2k_\text{B}T}\langle n(\boldsymbol{q})\rangle = \frac{g^2\mu_\text{B}^2}{2(\varepsilon(\boldsymbol{q})-\mu)} = \frac{g^2\mu_\text{B}^2}{2(-\mu N - J(\boldsymbol{q}))}N \tag{7.44}$$

あるいは，

$$\frac{1}{\chi(\boldsymbol{q})} = \frac{2}{g^2\mu_\text{B}^2 N}(-\mu N - J(\boldsymbol{q})) \tag{7.45}$$

温度依存性はすべて化学ポテンシャル μ の温度依存性を通じて現れる．

$1/\chi$ の $\boldsymbol{q}$ 依存性は温度に依らず $J(\boldsymbol{q})$ で決まるから，$1/\chi(\boldsymbol{q})$-T 曲線を描くとここでも縦軸方向に平行移動した曲線群が現れる．図 7-13 を参照．図 7-2 と違って，今度は直線ではない．しかし温度の高い極限では μ の絶対値が大きくなり，それに比べて $\varepsilon(\boldsymbol{q})$ の $\boldsymbol{q}$ 依存性は無視できる．そのときは，$\sum_{\boldsymbol{q}}\varepsilon(\boldsymbol{q}) = \sum_{\boldsymbol{q}}J(\boldsymbol{q})/N = 0$ だから，式 (7.42) から $-\mu N = 3k_\text{B}T/2S(S+1)$ となる．

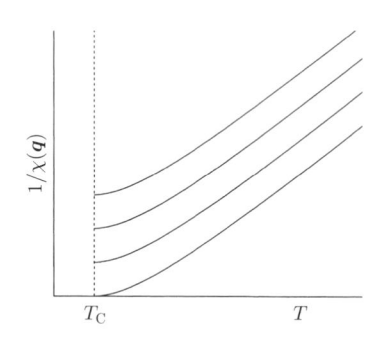

図 7-13 $1/\chi(\boldsymbol{q})$ の温度変化 (チャブリコフ近似)

7.3 スピン波の平均場近似

$$\left.\begin{array}{l}\dfrac{1}{\chi(\boldsymbol{q})} = \dfrac{2}{g^2\mu_B^2 N}\left(\dfrac{3k_B T}{2S(S+1)} - J(\boldsymbol{q})\right) = \dfrac{T - \Theta(\boldsymbol{q})}{C} \\ C = \dfrac{g^2\mu_B^2 S(S+1)N}{3k_B}, \qquad \Theta(\boldsymbol{q}) = \dfrac{2J(\boldsymbol{q})S(S+1)}{3k_B}\end{array}\right\} \quad (7.46)$$

となって，キュリー-ワイスの法則 (式 (7.13)) が得られる．

一般に温度が上がると μ は単調に小さく (負で絶対値が大きく) なるから，この近似で求めた磁化率はいつも，温度が上がると単調に小さくなる．これはこの平均場近似の限界である．例えば 1 次元のスピンの鎖で，隣接しているスピン間にだけ反強磁性的な相互作用があるときには，揺らぎが大きいために平均場近似が悪い．$S = 1/2$ の鎖では，温度を下げたときに $\boldsymbol{q} = 0$ の磁化率が極大を通って減少することが理論的[23]に知られており，実験的[24]にも KCuF$_3$ について実証されている．図 7-14 を参照．

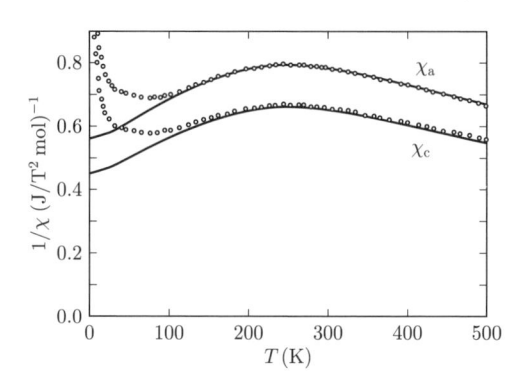

図 7-14 1 次元反強磁性鎖 KCuF$_3$ の磁化率
(S. Kadota, et al.: J. Phys. Soc. Jpn. **23** (1967) 751)[7]

同じく次頁の図 7-15 に，EuS について表 6-1 の交換相互作用の値を用いてチャブリコフ近似で計算した常磁性状態の磁化率の温度変化を，実測値および分子場近似と比較して示した．チャブリコフ近似で計算したキュリー点は 13.9 K で実測値 (16.5 K) より低く，磁化率は温度によらず実測値より

---

7) 図 7-14 で 100K 以下で実測点が上昇するのは，式 (7.38) の下で述べたように 1 次元磁性体では相転移が起きないためである．スピンの相関距離が有限で止まってしまい，整列の狂い目では両側からの相互作用が打ち消し合って「自由」なスピンが生じる．そのスピンはキュリーの法則に従うので，低温で磁化率が大きくなる．図 7-14 の場合，そのような「自由」な Cu イオンは 5%程度と見積もられている．

小さい．磁化率もキュリー点も，実測値は分子場近似とチャブリコフ近似の中間にある．全体的な形はチャブリコフ近似の方が実測をよく説明するが，キュリー点から高温側に離れると分子場近似の方が実測点と合っている．これはそれぞれの近似の性質を考えると，もっともらしい．分子場近似と違い，磁化率の測定だけからはチャブリコフ近似の計算はできないことを再度注意しておく．

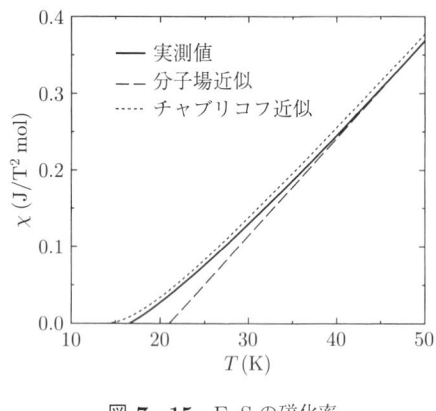

図 7‐15 EuS の磁化率

7.4　ストーナーの金属強磁性理論とスレーター‐ポーリング曲線

この節では，遍歴電子系の強磁性をストーナーに従って考えよう．対象は 3d 遷移金属後半の金属 Fe, Co, Ni とその合金である．これらよりも原子番号の小さい Mn, Cr は反強磁性を示し，ここで述べるような簡単な取り扱いはできない．また希土類金属は，磁性を担う 4f 状態は局在していて，その間には 5.4 節で述べた伝導電子の媒介する RKKY 相互作用がはたらいている，と考えるのが実情に近い．

変形しないバンドの近似

ストーナーの理論では，遍歴電子のスピン間相互作用を

$$H_{\text{eff}} = \lambda M \tag{7.47}$$

という一様な実効磁場によって表現する．一見 7.1 節で述べた局在スピン系についての分子場近似に似ているが，はるかに粗い近似である．局在スピン系では，それぞれのスピンは実空間の位置で識別される．表面が無視できる範囲で，並進対称性によって系の一様性が保証されている．したがって，磁化

7.4 ストーナーの金属強磁性理論とスレーター-ポーリング曲線

に比例する一様な実効磁場,という仮定はその限りで成立しうる.一方,遍歴電子系では電子は波数ベクトルで指定されるが,フェルミ縮退しているから分極するのはフェルミ面の近くの電子だけで,その意味ではもともと系は一様でない.

しかし式 (7.47) を仮定すると,第1章で一様な磁場によるパウリの常磁性を論じたときと同様に,問題を扱うことができる.スピンの向きに対して縮退していた各電子状態は変化せず,ただそのエネルギーがスピンの向きによって一様に上下する,という仮定である.バンド構造は変化しない.このようにバンド構造の変化を無視する近似を,**変形しないバンドのモデル** (rigid band model) という.これは,合金で組成によって電子数が変化する場合についても,しばしば用いられる.ストーナーの理論の有効性は結局,この「変形しないバンドのモデル」の有効性にかかっている.6.2節で,ハバードモデルから $N_\uparrow N_\downarrow$ に比例するエネルギーを導き,これが強磁性状態の実現につながることを述べた.しかし,変形しないバンドのモデルはそれとは少し異なる仮説である.

図7-16に示したのは,スピン偏極を考えたニッケルのバンド構造の計算

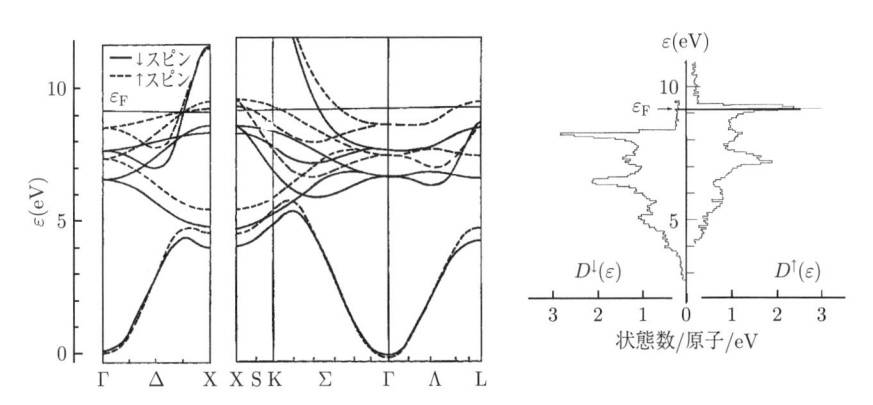

図 7-16 Ni のバンド構造 (左) と 3d 領域の状態密度 (右)
(J. W. Connolly:Phys. Rev. **159** (1967) 415)

結果[25]である．↑スピンのバンドと↓スピンのバンドとは似ているけれども，単純な平行移動で一致はしない．つまりストーナーの理論は，電子状態からいえばハートレー-フォックの近似の範囲でも正しくない．しかしその↑スピンと↓スピンで，バンドの形の違いがそう大きくなければ，第1近似としては無視してもよかろう，という立場である．

式 (7.47) の実効磁場によるゼーマンエネルギーを考えると，常磁性状態の磁化率は，キュリーの磁化率をパウリ常磁性の磁化率 χ_P (式 (1.31)) におき換える以外は，局在スピン系の場合と全く同様に扱うことができる．↑スピン，↓スピンそれぞれの状態密度を $D_0(\varepsilon)$ と書いて，

$$M = \chi_P(\lambda M + H) = \frac{\chi_P}{1 - \chi_P \lambda} H, \quad \chi_P = 2\mu_B^2 D_0(\varepsilon_F) + \cdots$$

したがって，

$$\frac{1}{\chi} = \frac{H}{M} = \frac{1 - \chi_P \lambda}{\chi_P} = \frac{1}{\chi_P} - \lambda \tag{7.48}$$

7.1, 7.3 節の議論と同様に，磁化率の逆数は温度によらず λ だけ下がる．もしそれがある温度で 0 になれば，そこで磁化率が発散して，相転移が起きるだろう．温度と共に磁化率が小さくなるなら，キュリー-ワイスの法則も (定性的には) 説明できよう．

しかしこれは，強磁性発生の機構としてもっともらしくない．もしもキュリー点より上で高温の磁化率が 1 電子状態のエネルギーの状態密度で決まるのならば，温度と共に磁化率が上昇する場合 (例えば，図 1-6 の W) には，高温側が強磁性になるような転移も考え得ることになる．原理的にいって，キュリー-ワイスの法則がバンドの形だけで出てくるというのは，ありそうもない．最初から述べているように，ここでは相関エネルギーによって相殺しないスピンが現れることが基本的に重要で，一様な実効磁場を感じる単純なブロッホ電子，という仮定が現実から遠いのである．

しかし金属強磁性体の性質には，ストーナーの理論 (変形しないバンドの

7.4 ストーナーの金属強磁性理論とスレーター‐ポーリング曲線

仮定) によって自然に理解できる部分もある.

磁化率が発散して強磁性が発生する条件は,式 (7.48) から,

$$\chi_{\mathrm{P}} = \frac{1}{\lambda} \tag{7.49}$$

である.局在スピン系では,キュリーの法則によって,相互作用がなくとも温度が下がれば磁化率はいくらでも大きくなる.したがって,いくら小さくとも相互作用があれば,スピン系は必ず秩序状態に転移する.しかし,遍歴電子系ではそうではない.ブロッホ電子の磁化率はいつも有限だから,式 (7.49) が成立するとは限らない.分子場係数 λ が $1/\chi$ (の最小値) より小さければ,温度を下げても磁気転移は起きない.磁気的な秩序状態をもつ金属がむしろ例外的である (もう一度表 0‐1 を見よう) ことは,こうしてみれば当然である.

フェルミ準位での電子の状態密度 $D(\varepsilon_{\mathrm{F}})$ が大きいと χ_{P} が大きくなるから,式 (7.49) によればスピン秩序が起きやすい.フェルミ縮退している電子系でスピン秩序が生ずるときには,交換エネルギーを下げるために運動エネルギーの高い状態に電子が入る.状態密度が大きければ,運動エネルギーをあまり上げずにスピンを揃えることができるから,これは物理的に当然である.

0.4 節の議論を思い出せば,これはまた相関エネルギーが相対的に重要になる条件でもある.図 7‐16 に示した d バンドの上端にある状態密度のピークは,Fe, Co, Ni などで強磁性が発生するために重要と考えられている.

0 K の磁化は,↓(↑) スピンの電子の状態密度 $D_0(\varepsilon)$ によって,

$$\frac{M}{\mu_{\mathrm{B}}} = \int^{\varepsilon_{\mathrm{F}\downarrow}} D_0(\varepsilon)\,d\varepsilon - \int^{\varepsilon_{\mathrm{F}\uparrow}} D_0(\varepsilon)\,d\varepsilon = \int_{\varepsilon_{\mathrm{F}\uparrow}}^{\varepsilon_{\mathrm{F}\downarrow}} D_0(\varepsilon)\,d\varepsilon \tag{7.50}$$

と与えられる.ただし,$\varepsilon_{\mathrm{F}\downarrow(\uparrow)}$ は ↓(↑) バンドの底から測ったフェルミエネルギーである.フェルミ準位自体はもちろん共通だが,交換エネルギーによる両方のバンドのずれに従って違う値をとるのである.式 (7.47) により,

$$\varepsilon_{\mathrm{F}\downarrow} - \varepsilon_{\mathrm{F}\uparrow} = 2\mu_{\mathrm{B}}\lambda M \tag{7.51}$$

係数 λ が十分大きいとバンドのずれが大きくなって,↓スピンのバンドはフェ

ルミ準位の下に沈んでしまい，正孔はすべて↑スピンのバンドにだけ存在することになる．実際，図 7 - 16 に示したように，Ni ではそうなっている．Ni の原子番号は 28 で 1s から 3d までの電子状態の数に等しいが，幅の広い 4s バンドが 3d バンドに重なっていて，1 原子当たり 0.6 個の電子が 4s バンドに存在する．3d バンドにはそれだけ正孔ができて，Ni の飽和磁化は 1 原子当たり $0.6\mu_B$ である．4s 電子のスピン偏極は，磁化率が小さいためにそう大きくはない．このように単体元素の磁化が μ_B 単位で整数にならないのは，単純な局在スピン系では説明できないことである．

正孔 (あるいは電子) が↑スピンのバンドだけにあるときには，合金をつくって 1 原子当たりの電子数を変えると，飽和磁化もそれに従って変わるはずである．実際 Ni - Cu 合金では，Cu の量に比例して飽和磁化が小さくなり，60％ Cu で強磁性が消滅する．

スレーター‐ポーリング曲線

3d 金属の様々な合金について，1 原子当たりの飽和磁化を電子数の関数として描いたグラフ (図 7 - 17) を**スレーター‐ポーリング曲線**という．飽和磁化

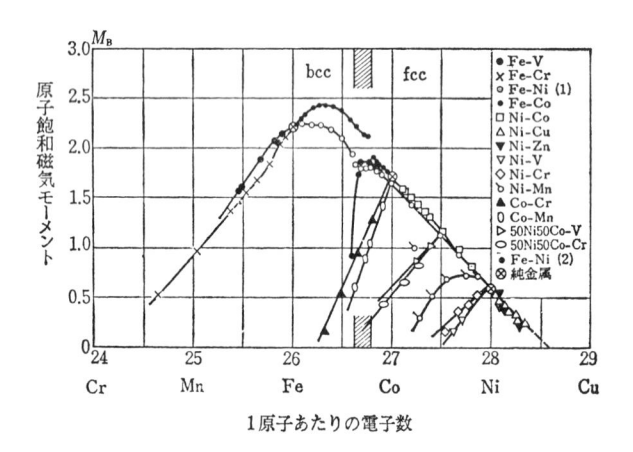

図 7 - 17　スレーター‐ポーリング曲線 (近角聰信：「強磁性体の物理 (上)」(物理学選書，裳華房，1978 年))

は Fe_3Co の付近にピーク (1 原子当たり約 $2.5\mu_B$) をもち,左右にほぼ $1\mu_B$/電子の勾配で小さくなる主曲線と,そこから枝分かれして急激に下がるいくつもの副曲線からなっている.図からわかるように,原子番号の離れた元素の合金では主曲線から離れて磁化が下がることが多い.この場合は,変形しないバンドの近似が使えないのである.

例えば Ni 中に Cr や Mn を入れると,そこに局在したスピンが現れ,それが Ni のスピンに対して反強磁性的に整列するために,磁化が急激に小さくなる.これに対して主曲線上の合金については,変形しないバンドのモデルで説明ができる.Fe と Co の中間の組成で磁化が最大になることは,局在スピンを考えたのでは説明できない.しかし遍歴電子系ならば,この点より右側では正孔がすべて↓バンドに入り,左側では交換相互作用がそれには足りなくなって,両方のバンドに正孔が入っているものとして自然に説明できる.

インバー効果

スレーター‐ポーリング曲線でもう1つ顕著なことは,Fe‐Ni 合金で電子数 26.6 付近に現れる急激な磁化の減少である.これは面心立方 (fcc)‐体心立方 (bcc) の結晶構造の変化と関係している.この点より左側で bcc の合金は安定した強磁性を示して主曲線に乗るが,fcc 合金の磁気モーメントは急激に小さくなる.Fe‐Ni 合金では fcc 相は高温側で安定で,低温側では bcc 相が安定になるが,転移は1次である.自由エネルギーの差には磁性も寄与していて,磁場をかけることによって fcc → bcc の相転移が引き起こされる場合がある.0.4 節で述べたように,磁気モーメントの発生は電子の局在性の増加,すなわち1原子当たりの体積の増加と結び付いており,かなり広い温度範囲で熱膨張の非常に小さい合金が得られる.これを**インバー効果**という.インバー効果を示す合金系は Fe‐Ni に限らず,多くの系が知られている[26].

文　献

[1] 例えば，
小口武彦：「磁性体の統計理論」(物理学選書，裳華房，1968 年)
[2] K. Siratori, H. Kato, Y. Nakagawa, K. Kohn and E. Kita：J. Phys. Soc. Jpn. **64** (1995) 4101.
[3] K. Siratori, et al.：J. Phys. Soc. Jpn. **51** (1982) 2746.
[4] S. Foner："Antiferromagnetic and Ferromagnetic Resonance", G. T. Rado, H. Suhl 編：Magnetism, vol. I, chap. 9, 383 - 447 頁, 1963 年.
[5] F. Keffer：Phys. Rev. **87** (1952) 608.
[6] T. Sugihara, et al.：J. Phys. Soc. Jpn. **45** (1978) 1191.
[7] Y. Yamada, S. Nohdo and N. Ikeda：J. Phys. Soc. Jpn. **66** (1997) 3733.
[8] M. W. Shafer, T. R. McGuire, B. E. Argyle and G. J. Fan：Appl. Phys. Lett. **10** (1967) 202.
[9] J. Als-Nielsen, R. J. Birgeneau and H. J. Guggenheim：Phys. Rev. **B6** (1972) 2030.
[10] W. Sucksmith, R. R. Pearce：Proc. Roy. Soc. **A167** (1938) 189.
[11] 守谷 亨：「磁性物理学」(朝倉書店，2006 年)
[12] P. Rhodes and E. P. Wohlfarth：Proc. Roy. Soc. **229** (1962) 247.
[13] N. F. Oriveira, Jr, et al.：Phys. Rev. **B5** (1972) 2634.
[14] L. Néel：Ann. de Phys. (Série 12) **3** (1948) 10.
[15] G. Blasse and E. W. Gorter：J. Phys. Soc. Jpn. **17** (1962) Suppl B-I 176.
[16] L. Landau & E. Lifshitz 著，小林秋男・小川岩雄・富永五郎・浜田達二・横田伊佐秋 訳：「統計物理学 (第 3 版)」第 14 章 (岩波書店，1980 年)
[17] L. P. Kadanoff, et al.：Rev. Mod. Phys. **39** (1967) 395.
[18] H. E. Stanley 著，松野孝一郎 訳：「相転移と臨界現象」(東京図書，1974 年)
[19] N. D. Mermin and H. Wagner：Phys. Rev. Lett. **17** (1966) 1133.
[20] P. W. Anderson：Phys. Rev. **102** (1956) 1008.
[21] 目片 守：日本物理学会誌 **41** (1986) 968, 固体物理 **22** (1987) 640. など.
[22] 小口武彦：「磁性体の統計理論」第 7 章 (物理学選書，裳華房，1968 年)
[23] J. C. Bonner and M. E. Fisher：Phys. Rev. **135** (1964) A640.

[24] S. Kadota, I. Yamada, S. Yoneyama and K. Hirakawa : J. Phys. Soc. Jpn. **23** (1967) 751.
[25] J. W. Connolly : Phys. Rev. **159** (1967) 415.
[26] M. Shiga : *Materials Science and Technology*, eds. R. W. Cahn, P. Haasen and E. J. Kramer, vol. 3B, pp.159 - 210, Weinheim, 1993.

第 8 章

応用磁気学(マグネティクス)の基礎

　磁性材料が我々の生活の中で広く利用されていることは，いまさらいうまでもない．その領域は 3 つに大別できる．永久磁石材料(硬磁性材料)・磁気記録材料・高透磁率材料 (軟磁性材料) である．硬磁性材料では磁化が外部の影響を受けず一定であることが，逆に軟磁性材料では外部磁場によって磁化・磁束密度が大きく変化することが，要求される．磁気記録材料はその中間で，弱い磁場の影響は受けず，しかしある程度以上の磁場がかかったときには磁化が変化しなければならない．これらいずれの場合も，強磁性体 (以下この章では，常にフェリ磁性体を含める) における磁区の発生とその構造が基本的に重要である．これは，ここまで述べてきた原子レベルの問題ではなく，もっと大きな，しかし人間のスケールからいえばずっと小さな，2 次的な構造の問題で，したがって，これまでとはかなり違った種類の考察を必要とする[1]．

　なお反強磁性体については，強磁性体とは違った領域での応用がいくつか提案されている．しかし産業規模ではいままで，強磁性体以外の応用例はない．

8.1　磁区の発生と技術磁化過程

　図 0-3 に戻って，強磁性体の薄板を板面に垂直に磁化した場合を考えよう．表面に磁極が現れて，強磁性体内部に**反磁場**をつくる．板の大きさに比べて厚さが十分に薄いときは，反磁場は磁性体内で一様で，外からかけた磁

場がこの反磁場より強ければ磁性体は一様に磁化される．しかし一様な磁化に対応する反磁場よりも外部磁場が弱ければ，磁場方向に一様に磁化した状態はゼーマンエネルギーが正になるので，不安定になる．その場合，結晶磁気異方性が小さければ磁化は回転して板に平行になり，反磁場を小さくしようとする．しかし，結晶磁気異方性が大きくて磁化の方向が面に垂直に固定されているときには，どうなるだろうか．

磁区　セミミクロな構造

交換エネルギーはスピンが平行に揃ったときに最低になる．それは原子のスケールの問題である．それに対して反磁場の原因である磁気2重極相互作用は，もっと遠くまで届く．したがって，原子的なスケールでは揃っている磁気モーメントが，原子よりはずっと大きいけれども試料全体よりはずっと小さいスケールではところどころで逆転することによって，交換エネルギーをそれほど上げずに磁気2重極相互作用のエネルギーを下げることが可能である．磁化が逆転する境界部分では交換エネルギーと磁気異方性エネルギーが高くなるが，静磁エネルギーが低くなる効果で全体としてはエネルギーが下がり，安定化する．

このようなマクロなスケールとミクロなスケールの中間の領域を，セミミクロなスケールとよぶことにする．ごく大雑把にいって，その大きさは $1\,\mu\text{m}$ 程度と考えてよい．

磁化が揃っている部分を**磁区**というが，通常セミミクロなスケールで，大きな結晶粒子の中でははっきりした形を保っている．磁化方向の異なる隣の磁区との境界の部分を**磁壁**という．外部から磁場をかけると，それによってゼーマンエネルギーが下がる磁区が大きくなり，エネルギーが上がる磁区が小さくなるように磁壁が移動して，試料全体の磁気モーメントが大きくなる．

結晶粒子が小さくかつ孤立していると，磁区構造ができる余地がなくなる．反磁場は単位体積当たりの磁化で決まるから，磁気モーメントが揃っているとき，その粒子の静磁エネルギーは全磁気モーメント，したがって粒子の体

積に比例する．それに対して磁壁は 2 次元的だから，粒子内の磁壁のエネルギーは大雑把にいって粒子の大きさの 2 乗，したがって体積の 2/3 乗に比例すると考えられる．だから，粒子がある程度以上小さくなると，磁壁をつくるエネルギーの方が大きくなってしまうのである．全体が 1 つの磁区である粒子を**単磁区粒子**という．この場合については，次節で触れる．

磁区は原子的なスケールでは十分大きいので，その中の磁化の大きさは熱平衡にあるという条件から決まり，すべての磁区で等しい．5.1 節で述べたように，これを**自発磁化** (spontaneous magnetization) という．前章まで「磁化」と書いてきたのは，この量である．これは，反磁場より強い磁場の中で，したがって磁区が存在しないときに，試料の磁化を測定して得られる．その意味で，**飽和磁化**ともいう．これに対して，磁区が存在するときの試料の全磁気モーメントは，各磁区の磁気モーメントをすべて (ベクトルとして) 加え合わせて得られる．この磁気モーメントを試料の体積または質量で割った量をこの章では「磁化」といい，M と書く．特に断る必要があるときには，**技術磁化** (technical magnetization) という．その大きさは定義からいって飽和磁化よりも小さくて，前章までのようにミクロな磁気モーメントとその間の相互作用だけからでは議論することができない．

試料の外形が楕円体で近似できるときは，試料内の反磁場はほぼ，技術磁化に反磁場係数を掛けて推定することができる．外部磁場と反磁場を合わせた試料内の実効磁場が 0 になる，という条件が満たされると静磁エネルギーは最低になるが，そうなるとは限らない．磁区の大きさがミクロでないために，その並び方 (**磁区構造**) は一般に磁区や磁壁の間の様々な力のつり合いで力学的に決まるからである．前章まで頼った熱平衡の概念は使えない[1]．熱平衡

---

[1] 0.1 節で述べたように，ミクロな構成要素が相互作用によって状態を変え，可能な全範囲をくまなく通る (エルゴードの定理が成立する) というのが熱平衡状態の要件である．ここで「力学的」というのは，そのような内部の相互作用を考える必要のない (考えられない) 状態を意味する．

状態は初期条件によらず1通りに定まるが，力学的な状態は出発点により，また結晶のセミミクロな不完全性に影響される．

静磁エネルギーの極小 (最小ではない) に対応して，多くの異なった磁区構造が存在しうる．さらに，磁化の変化する過程がエネルギーの散逸をともなうことが多いので，その状態に至るまでの歴史に依存し，外部磁場や温度を決めても1通りには決まらない．これを**ヒステリシス** (履歴) 現象という．298頁の図8-6を参照．しかし結晶の不完全性の影響が小さいときには，実際に現れた磁区構造[2]を理解することが可能である．

バブル磁区

図8-1(a) は，強い異方性をもった磁性体の磁化容易軸に垂直な薄板に，飽和磁化に対応する反磁場より少し弱い磁場を板面に垂直 (容易軸方向) にかけたときに現れる磁区で，この節の最初で考えた場合である．N極 (図の黒い部分) の海の中に丸くS極 (白い部分) が現れている．これは，その様子を水の中の泡にたとえて，**バブル磁区**とよばれる．この場合磁区が丸く (3次元的には円筒に) なるのは，磁壁がエネルギーの高い部分であることを考えればごく自然である．外部磁場と反磁場を等しくするようにある量のS極をつく

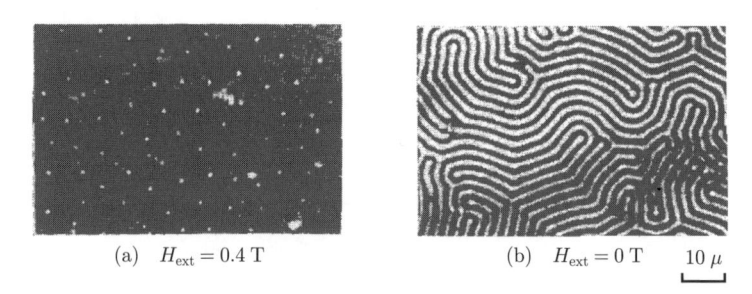

(a) $H_\text{ext} = 0.4\,\text{T}$　　　(b) $H_\text{ext} = 0\,\text{T}$　　10 μ

図 8-1　1軸性強磁性体 $\text{BaFe}_{12}\text{O}_{19}$ 薄板に現れるバブル磁区 (a) と迷図磁区 (b)
(H. Kojima, et al.：J. Appl. Phys. **36** (1965) 538)

---

[2] 磁区構造を観察する方法については，成書[2]を参照されたい．図8-1では，磁束が上向きか下向きかを，偏光顕微鏡で光学的に検出している (図中のスケールを参照のこと)．

るとき，その形が円であれば磁壁部分の体積が最小になる．だから，結晶がセミミクロに一様で磁区の間の相互作用が無視できれば，逆向きの磁区は円筒形になる．

静磁エネルギーを小さくするためには，円筒は細くて数が多く，一様に分布している方がよい．いろいろなパターンについての計算から，この場合の静磁エネルギーはパターンの1次元的な大きさに比例することがわかっている[3]．しかしあまり細くなると，磁壁の部分が多くなって，その分だけエネルギーが高くなってしまう．きれいな結晶では，バブル磁区の大きさは静磁エネルギーと磁壁のエネルギーを合わせた全エネルギー最小の条件で決まる．この議論は，バブル磁区が多くなって，その間の相互作用が無視できなくなると使えない．実際，同じ結晶でも外部磁場をかけないときの磁区構造は，図8-1(b) のように迷路をつくってしまって，解析が難しい．このような構造は，**迷図構造** (maze pattern) とよばれる．

還流磁区

理解しやすい磁区構造のもう1つの例は，図8-2に示した環流磁区である．反磁場は，磁化によって誘起された磁極 ($\rho_M = -\mu_0 \, \mathrm{div} \boldsymbol{M}$, 式 (0.15)) がつくる．自発磁化が一定であることを考えれば，一般に磁区の界面 (磁壁や結晶の表面) が磁化に平行でないと，そこに磁極が現れる．しかし界面が磁化に平行でなくとも，磁極が現れないこともある．ある磁壁で，一方の磁区の誘起する磁極と他方の磁区の誘起する磁極とが打ち消し合えば，

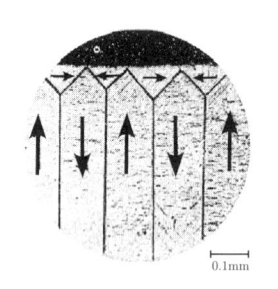

図 8-2 ケイ素鉄単結晶の (001) 面の環流磁区 (近角聰信：「強磁性体の物理 (下)」(物理学選書，裳華房，1984年) による)

---

[3] この計算のときは，もう1つの面に現れる磁極は平均値だけが効くとして，片方の面だけを考える近似が有効である．板が厚くなるとバブル磁区は円筒ではなく楔形になって，対面まで届かずに消えることがある．それは，円筒形のときより磁壁の体積が小さくなって，そのエネルギーが下がるからである．

8.1 磁区の発生と技術磁化過程

結果として磁極は現れない．

図 8-2 は，Fe-4% Si 単結晶の (001) 面に現れた磁区構造である．この結晶は立方対称で，磁化容易軸は〈100〉であるから，自発磁化は表面に磁極をつくらないように ±[100] 方向と ±[010] 方向をとるが，それが図のように組み合わされてどこにも磁極が現れない構造になっている．このような構造を**還流磁区**という．図 8-2 で ±[100] 方向と ±[010] 方向の磁区の境界では両側の磁化は直交し，それ以外では逆向きである．そこでこれらの磁壁をそれぞれ，**90° 磁壁**，**180° 磁壁**という．図で上向きの磁場をかければ，180° 磁壁が移動して上向きの磁化の磁区の幅が広くなり，差し引きして技術磁化が現れる．磁化容易軸が1つである図 8-1 のような1軸性の結晶でも，異方性エネルギーがそれほど大きくないときには，還流磁区が現れうる．異方性エネルギーが高くなっても静磁エネルギーが小さくなるからである．

欠陥の効果

ここで挙げた2つの例は，きれいな単結晶で表面は平面であり，磁化容易軸が表面に垂直または平行な場合であった．容易軸が表面に対して傾いている場合の実験と理論は省略して，結晶がセミミクロなスケールできれいでない場合を考えよう．

例えば，表面に小さな穴や非磁性不純物の固まりがあって磁性体の表面が平らでなければ，界面が磁化に平行でなくなって，磁極が現れる．この場合には，この穴を通る 180° 磁壁があれば，磁極のつくる反磁場が打ち消されてエネルギーが下がる．つまり，磁壁の位置によってエネルギーが変わる．外から磁場をかけてその磁壁を動かすと，穴から斜めに楔形の磁壁ができる．磁化に対して磁壁が垂直でなく斜めになると，磁極の密度が下がって反磁場のエネルギーが下がるからである．しかし，磁場を増加させると磁壁が長くなるためにそのエネルギーが上がり，引き伸ばされた楔形の磁区はあるところで突然消える．このような磁壁の変形はウィリアムスによって見事に実証されており[3]，また文献 [1] で詳しく論じられている．

上で述べた磁壁エネルギーの位置依存性は，模式的に図 8-3 のように描くことができよう．エネルギー曲線に凹凸をつくるのは，一般にセミミクロな結晶の不完全性 (不純物や空孔，不均一な内部歪みあるいは結晶粒界など) である．磁壁はエネルギー極小の位置 (例えば図の "1") にいることになるが，その位置は必ずしもエネルギー最小ではな

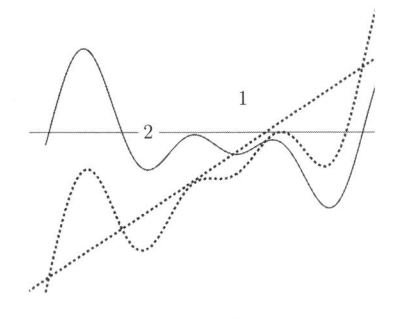

図 8-3 磁壁の位置によるエネルギー変化 (模式図)

い．外から磁場をかけると，磁壁は動こうとするから，図の基線が傾いて点線のようになると考えてよい．

磁場が弱い間は，磁壁は最初の極小点からずれるだけで，エネルギー曲線の同じ凹部の中にいる．この範囲では磁壁の移動，したがって磁化過程は可逆である．しかし，磁場がある程度以上に強くなると，図に示したようにエネルギーの極大点が消えて，磁壁は次の極小点 (図中の "2") に跳ぶ．この不可逆的な磁壁の移動は急激に起きるので，磁場をゆっくりと増加させながら磁化を精密に測定すると，跳びが現れる．これを**バルクハウゼン効果**という．この過程は不可逆で，エネルギーが散逸する．

磁化過程

結晶が完全に一様であれば，磁壁移動に対する抗力がなくなり，磁化は外部磁場と反磁場で決まる静磁エネルギー最小の条件で決まる．したがって，針状の試料を長さの方向に磁化するときのように反磁場係数を 0 と考えてよい場合には，透磁率は極限的には無限大になる．実際スーパーマロイ[4]では，(比) 透磁率は 10^6 のオーダーになる．

---

[4] Ni 79%，Fe 15%，Mo 5% を主成分とする合金に適当な熱処理を加えた材料．

8.1 磁区の発生と技術磁化過程

　磁場を強くしていくと，あるところで逆向きの磁区が消滅して，180°磁壁はなくなる．しかし，そこで飽和磁化が得られるわけではない．結晶磁気異方性を考えなければならない．磁化容易軸と磁場の方向が違っていれば，磁化は磁気異方性エネルギーと静磁エネルギーとの和が最小になる方向を向く．180°磁壁がちょうどなくなったときは外部磁場と反磁場が打ち消し合っていて静磁エネルギーは0であり，磁化は磁場方向に最も近い容易軸方向を向いている．さらに磁場が強くなると，磁化は徐々に磁場方向を向く．これを**回転磁化過程**という．それに対して磁壁の移動による過程は**磁壁移動磁化過程**という．

　回転磁化過程をきれいに示したのが，茅による有名な実験である．鉄単結晶の磁化曲線の一部を図8-4に示した[4]．磁化曲線は，結晶軸に対する磁場の方向に依存する．高磁場側から磁場を0に外挿したときの磁化の値は，磁場が$\langle 100 \rangle$方向のときを1とすると$\langle 110 \rangle$方向のときは$1/\sqrt{2}$，$\langle 111 \rangle$方向のときは$1/\sqrt{3}$になっている．これはそれぞれ[110], [111]方向と[100]方向との角度の余弦であって，金属鉄の磁化容易軸が$\langle 100 \rangle$であることをはっきりと示している．

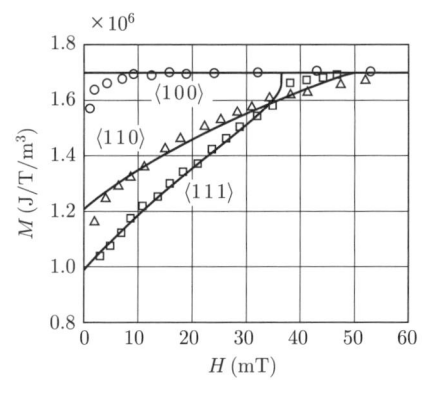

図8-4 金属鉄単結晶の磁化曲線の磁場方向依存性 (K. Honda and S. Kaya : Sci. Repts. Tōhoku Imp. Univ. **15** (1926) 721 による)

　回転磁化過程は，静磁エネルギーと磁気異方性エネルギーで解析することができる．第6章では安定位置近傍のエネルギーの2階微分の議論をしたが，今度は安定位置が磁場によってどう動くかが問題である．簡単のために，磁化はいつも容易軸と磁場方向で決まる平面内にあるとしよう．図8-4の3本の磁化曲線の場合はそうなっている．容易軸方向を基準として，磁化方向の角度をθ，磁場

方向の角度を θ_H とする．図 8-5 を参照．磁気異方性エネルギーを $K(\theta)$ と書けば，飽和磁化を M としてエネルギー E は，

$$E = K(\theta) - MH\cos(\theta_H - \theta) \quad (8.1)$$

磁化の方向は式 (8.1) を微分して，

$$\frac{dE}{d\theta} = K'(\theta) - MH\sin(\theta_H - \theta) = 0 \quad (8.2)$$

を解いて定まる．図 8-4 の実線は，磁化を 1.7×10^6 J/T/m^3，立方対称の結晶磁気異方性 (式 (3.39)) を $K_1 = 4.2 \times 10^4$ J/m^3 とした計算値である．金属鉄の K_2 は K_1 より 1 桁以上小さいので，考慮していない．

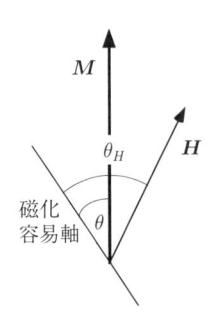

図 8-5 容易軸と磁場と磁化の方向

θ が変化したとき，磁場方向の磁化成分 M_H の増加は $dM_H = M\sin(\theta_H - \theta)\,d\theta$ だから，回転磁化過程で飽和するまでに磁場のする仕事は，

$$\int_{\text{磁化の回転}} H\,dM = \int_0^{\theta_H} HM\sin(\theta_H - \theta)\,d\theta = \int_0^{\theta_H} K'(\theta)\,d\theta = K(\theta_H) - K(0) \quad (8.3)$$

であって，異方性エネルギーの差分に等しい．例えば，[110] 方向と [100] 方向の磁化曲線に挟まれた部分の面積が両方向の異方性エネルギーの差を表す．これは，磁気異方性定数を実験的に決める 1 つの方法である．飽和磁化が一定であれば，異方性が大きいほどこの部分が横に伸びて，磁化曲線の勾配 (微分磁化率) が小さくなるのは当然である．

8.3 節で述べるように，異方性が小さいと磁壁が厚くなって，磁壁移動による磁化過程でも磁化率が大きくなる．$K(\theta)$ には磁歪に起因する部分も含まれるから，軟磁性材料では磁気異方性と磁歪の両方の小さいことが要求される．一方，飽和磁化 M_s が大きいほど，磁場による磁壁の移動あるいは磁化の回転の程度が大きく，その結果生じる技術磁化の変化も大きい．一般に，軟磁性材料の性能を特徴づける量は M_s^2/K で与えられる．例えば，式 (8.6)

を参照.ここで K は異方性の大きさを表す量で,前にも注意したように磁歪や形状異方性,誘導異方性の効果を含む.

図8-4を見ると,単結晶で磁性材料をつくったとすれば,磁壁移動磁化過程が主要なとき[5]には,磁化容易軸方向に磁場をかけると特性が良い.電力用のトランスにはケイ素鋼板が用いられるが,材料の鋼板を圧延して焼鈍することによって内部の結晶粒の方向を揃え,多結晶でも単結晶に近い特性を得ている[1].

これに対して回転磁化過程では,同じく図8-4から,磁場が磁化困難方向にかかった方が微分磁化率が大きいことがわかる.式 (8.2) から,

$$\frac{d\theta}{dH} = \frac{M\sin(\theta_H - \theta)}{K''(\theta) + MH\cos(\theta_H - \theta)} \tag{8.4}$$

であり,M の H 方向成分は $M\cos(\theta_H - \theta)$ だから,微分磁化率は,

$$\begin{aligned}\chi &= \frac{dM\cos(\theta_H - \theta)}{d\theta} \cdot \frac{d\theta}{dH} \\ &= \frac{M^2\sin^2(\theta_H - \theta)}{K''(\theta) + MH\cos(\theta_H - \theta)}\end{aligned} \tag{8.5}$$

となる.磁場が小さいときには分母の第2項は省略できる.また $\theta \approx 0$ と考えてよい.1軸異方性のときは $K(\theta) = -K\cos^2\theta$,$K''(\theta = 0) = 2K$ であり,多結晶体では $\sin^2\theta_H$ の空間平均は $2/3$ であるから,

$$\chi_{\text{poly}} = \frac{M^2}{3K} \tag{8.6}$$

である.立方対称の場合も,数係数は約半分になるが,同様の式が得られる.回転磁化過程の磁化率は,磁気異方性定数に逆比例する.

---

5) 磁壁移動のときには,運動エネルギーに相当して移動速度の2乗に比例するエネルギーがあるので,一般に高周波数領域では磁壁移動過程は有効ではない.それについては本書では触れない.文献 [1],341頁を参照.

8.2 磁気ヒステリシス曲線

ヒステリシス曲線

前節に述べたことから，磁化の変化の速度がそう大きくないときには，通常の試料の磁化曲線は磁場を横軸にとって模式的に図8-6のようになる．$H = M = 0$ の状態 (これを**消磁状態**という．消磁状態のつくり方はすぐ後で述べる．) から出発すると，勾配の比較的小さな可逆過程に続いて磁壁の不可逆な移動による大きな微分磁化率が現れ，その後はゆっくりと飽和に向かう．最後の部分では各磁区

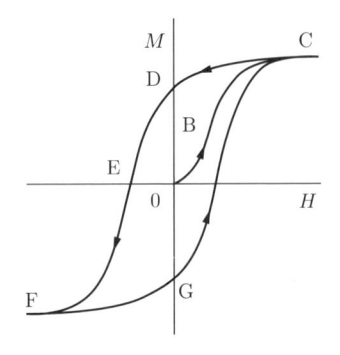

図 8-6 磁気ヒステリシス曲線 (模式図)

の磁化は容易軸から磁場方向に回転している．しかし単結晶の場合と異なり，磁化の回転がいつも磁壁移動の完了後に起こる，と決まっているわけではない．両方の過程を区別できないこともあり，磁化過程は状況によって様々である．それに従って磁化曲線にも様々な形が現れる．

すでに述べたように，技術磁化領域の磁化は初期状態と磁場の変化の経路に依存する．しかし強い外部磁場で磁区がなくなった状態は，熱平衡という条件で1通りに定まっている．だから，一度飽和した後で磁場を下げながら測定した磁化は，磁場に対して1通りに定まる．＋側の自発磁化状態から磁場を下げたときと－側から上げたときとで，曲線は原点に関して対称になるが一般に一致しない．＋側の飽和状態から磁場を下げて－側の飽和状態にし，そこから磁場を上げて＋側の飽和状態まで変化させたとき，磁化曲線はループを描く．これを**ヒステリシス曲線**(履歴曲線ともいう)の**主ループ**という．このループは1通りに決まっている．磁場を0にしたときの主ループ上の磁化の大きさ (点DとG) を**残留磁化** (residual magnetization) といい，M_r と書く．また，一度飽和させた後で磁化を0にするのに必要な逆向きの磁

場の強さ (点 E の磁場の絶対値) を**保磁力**[6] (coercive force) といって, H_c と書く.

完全に飽和させないで磁場変化の向きを逆転すると, 磁化の測定点は主ループの内部に現れる. その場合も変化が小さい間は可逆だが, その範囲を超えると不可逆になり, 主ループの中に小さなヒステリシスループを描く. これを**小ループ**という. これを利用して適当な点で磁場を逆転することによって, 主ループ内の任意の点に到達することができる. 特に, はじめに主ループを描くのに十分な振幅で交流磁場をかけ, その振幅を徐々に小さくしていくと消磁状態が得られる. これを**交流消磁**という. この際小さな直流磁場を重畳しておくと, 交流磁場の振幅が 0 になったときの磁化の大きさは直流磁場の強さに比例する. これがアナログ方式の磁気記録の基本である. 交流磁場による消磁過程がないと, 直流磁場の強さ (これが記録したい量) と記録として後に残る磁化の強さとの関係が一定しない. そのために, オーディオ記録なら再生したときに音が歪む.

消磁状態をつくるもう 1 つの方法は, キュリー点以上の温度から磁場 0 の状態で試料を冷却することである. これを**熱消磁**という[7]. この場合も, 直流磁場があるとそれに応じた残留磁化が生じる. これを**熱残留磁化**という. 熱残留磁化は, その試料がキュリー点を通って冷却されたときの磁場の記録である.

岩石の磁気記録

岩石の熱残留磁化は地球磁場の記録を残すので, 地球物理学で重要な意味をもっている. 火成岩がマグネタイトなど強磁性物質を含んでいると, 地下から上昇して地表で冷却されるときにキュリー点を通過するので, そのとき

---

[6] この言葉は, 磁場の強さを磁化力 (magnetizing force) とよんだ旧い用語のなごりである.

[7] この方法で完全な消磁状態が得られるのは, 磁区の大きさが十分に小さくて試料内の磁区が多く, 統計的な揺らぎが無視できるときに限られる. 通常は, この条件は満たされている.

の地球磁場に対応する熱残留磁化を生じる．この熱残留磁化は岩石について直接測定することもできるが，周囲に磁場をつくるので，地磁気を精密に測定すればその異常として検出することができる．いわゆるプレートテクトニクスは，広い範囲で地磁気の異常を観測することによって実証された．

図8-7はアイスランド南西の大西洋海底の地磁気異常で，縦軸の数字は北緯，横軸の数字は西経である．黒い部分と白い部分は，それぞれ地磁気の大きさが平均値よりも大きいところと小さいところを示している．ここは大西洋海嶺で，マントルが上昇してきて地殻にぶつかり，左右に分かれて水平に移動していることが，対称な縞模様で示されている．この図はマントル対流と，地球磁場が時間的に一定ではなくて百万年のオーダーで向きが反転することを，同時に立証している．水平方向の移動の速さは年間数 cm と見積もられている．

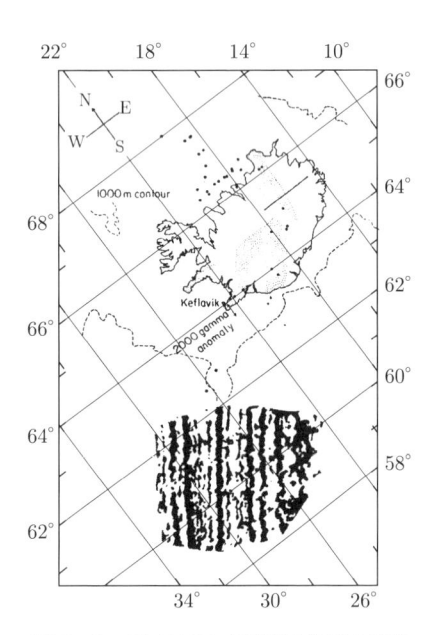

図 8-7 アイスランド南西沖海底の地磁気異常 (J.R Heirtzler, *et al.*：Deep-Sea Research **13** (1966) 427)

消磁状態というのは技術磁化が0である状態だから，内部の磁区の分布を考慮すれば1通りではないことを注意しておく．実際，金属鉄のように磁化容易軸が1つでないときには，熱消磁した試料では各磁区の磁化はすべての容易軸方向に分布しているが，交流消磁では磁場方向に最も近い容易軸方向にだけ存在している．

ヒステリシス損失と最大エネルギー積

第0章で述べたように，磁場 H の中で磁場に平行な磁化が dM だけ増えれ

ば，磁気的エネルギーは $H\,dM$ だけ下がり，そのエネルギーは格子系[8]に流れて熱になる．磁化の増大と減少のときの磁化曲線が重なっていれば，$H\,dM$ は磁場の上昇と下降の際で絶対値が等しく符号は逆で，積分すれば 0 となる．したがってエネルギーは格子系と磁化の間で往復するだけで，散逸しない．一方，強磁性体で一般にそうであるように磁化曲線がループをつくっていると，$H\,dM$ を 1 周期積分すると相殺せず，ループの面積だけの有限の値が残る．その分のエネルギーは，熱になって失われる．これを**ヒステリシス損失**という．

熱力学第 2 法則によれば，他に何の変化も残さずに熱エネルギーが他のエネルギーに変換されることはない．したがって，磁気ヒステリシス曲線を 1 周することによるエネルギーの変化は，常に熱が発生する方向に起きる．すなわち，磁気ヒステリシス曲線の周回は必ず反時計回りに起きる．これは，反磁性である超伝導体の磁化のヒステリシス曲線でも同様である．

磁束の交流変化を利用する軟磁性材料では，ヒステリシス曲線の幅が狭く，損失が小さいことが望まれる．この場合発生する起電力は dB/dt に比例するので，磁化 M よりも磁束密度 B が重要である．そのために，図 8-6 の縦軸に磁化でなく磁束密度をとって，ヒステリシス曲線を描くことが行なわれる．このときは，主ループ上で磁場 0 のときの磁束密度の値を**残留磁束密度**といい，B_r と書く．また，磁束密度が 0 となる逆向き磁場の絶対値は図 8-6 と同じく保磁力といい，H_c と書く．同じ名前でも，磁化のヒステリシス曲線とは値が違う[9]．しかし，その付近の曲線の傾斜が大きいときや保磁力自体が小さいときは，その差は小さいので無視できる．

磁束の変化の大きさは，最初に 0.2 節で述べた透磁率 μ で表される．第 4 章で述べたように，μ を複素数で表せば交流過程での損失を含めて表現できる．強磁性体では H と磁化 M，したがって H と B は比例しないし，ヒス

---

[8] 4.2 節を参照．
[9] 区別するときはそれぞれ，$_BH_c$, $_MH_c$ と書く．

テリシスがあるから，μ の値は磁性体の状態と加える磁場の大きさに依存する．本書では磁場の強さの単位は T (テスラ) なので，真空の透磁率が 1 になる．通常の電磁気学の教科書では比透磁率と呼んで μ_r と書く量である．SI 系では，$\mu_r = \mu/\mu_0$，$\mu_0 = 4\pi \times 10^{-7}$ H/m．

一方，硬磁性材料 (永久磁石材料) では，大きい磁束を発生し，たとえ外部磁場が逆向きにかかっても磁化が変化しないことが必要である．つまり，ヒステリシス曲線の幅を大きくするために努力が集中される．M - H ヒステリシス曲線の第 2・第 4 象限では，磁場と磁化の向きが逆になっている．したがってゼーマンエネルギーは正で，その正のエネルギーを図 8 - 3 に示したようなエネルギー曲線の壁あるいは磁気異方性が支えている．永久磁石の性能は，この壁や異方性が支えることのできるエネルギーの大きさで測られる．しかし実用的には，その永久磁石で**磁気回路**[5]をつくったときに磁場を発生する能力 (電気回路における電源の電力容量に相当する) で測るのが適当で，その目安は，磁束密度と磁場の積の絶対値の，主ヒステリシス曲線の第 2 (第 4) 象限における最大値 $(BH)_{\max}$ である．これを**最大エネルギー積**という．この指標では，2010 年の時点で Fe - Nd - B 系が最大で，その値は約 400 kJ/m^3 に及ぶ．

単磁区粒子のヒステリシス

この節の最後に，ストーナーとウォールファースによる磁気ヒステリシス曲線の理論[6]を述べる．これは相互作用しない単磁区の微粒子に限定され，したがって磁壁移動のない場合の理論だが，簡単なモデルでヒステリシス曲線を実際に導出していて，磁気記録材料などの特性解析の基礎である．磁壁移動による磁化の逆転があると H_c は小さくなるから，この理論はその材料でつくった永久磁石の特性の上限を与えるものと考えられる．

1 軸異方性をもった単磁区の微粒子を考える．その磁気モーメントを μ とし，異方性エネルギーを $-K\cos^2\theta$ と書く．K は正で，θ は磁化容易軸と磁気モーメントとの角度である．もう一度，図 8 - 5 を参照．磁場 H を磁化容

8.2 磁気ヒステリシス曲線

易軸から θ_H の方向にかけよう．磁気モーメントは容易軸と磁場とで決まる平面内にあり，エネルギーは，

$$E = -K\cos^2\theta - \mu H \cos(\theta - \theta_H) \tag{8.7}$$

となる．

まず，$\theta_H = 0$，すなわち容易軸方向に磁場 $H(\geqq 0)$ がかかっている場合を考えよう．このときは，

$$\frac{dE}{d\theta} = 2K\cos\theta\sin\theta + \mu H \sin\theta, \quad \frac{d^2E}{d\theta^2} = 2K(\cos^2\theta - \sin^2\theta) + \mu H \cos\theta \tag{8.8}$$

だから，エネルギーが極値をとるのは，

$$\sin\theta = 0, \quad \text{すなわち} \quad \theta = 0 \quad \text{または} \quad \pi \tag{8.9}$$

または，

$$\cos\theta = -\frac{\mu H}{2K} \tag{8.10}$$

である．しかし式 (8.10) の解は，

$$\frac{d^2E}{d\theta^2} = -2K + \frac{\mu^2 H^2}{2K} \tag{8.11}$$

であるから，$2K > \mu H$ のときにエネルギーは極大で，不安定である ($2K < \mu H$ のときは，式 (8.10) は解を与えない)．式 (8.9) の解のうち，$\theta = 0$ の状態はいつも安定である．しかし $\theta = \pi$ の，磁気モーメントが磁場と逆を向いている状態はどうか．この状態のエネルギーは，$\theta = 0$ の状態よりも高いけれども $2K > \mu H$ である間は極小点で，安定である．しかし，$H > 2K/\mu$ になると不安定になる．したがって，最初に磁場と逆向きだった磁気モーメントは，$H = 0$ ではなく $H = 2K/\mu$ で逆転する．つまり $H_C = 2K/\mu$ で，履歴曲線は完全な角型になる．

今度は，$\theta_H = \pi/2$ の場合を考えよう．このときは $E = -K\cos^2\theta - \mu H \sin\theta$ で，

$$\frac{dE}{d\theta} = 2K\cos\theta\sin\theta - \mu H\cos\theta, \qquad \frac{d^2E}{d\theta^2} = 2K\cos 2\theta + \mu H\sin\theta$$
(8.12)

である．エネルギーが極値をとるのは，

$$\cos\theta = 0 \quad \text{または} \quad \sin\theta = \frac{\mu H}{2K} \tag{8.13}$$

だが，今度は $H < 2K/\mu$ のときは後者が，磁場がそれよりも強いときは前者が安定な解である．$\theta_H = 0$ の場合の H_c に等しい磁場で飽和するまでは，磁化率は一定 ($\mu^2/2K$) である．磁化曲線は履歴を示さない．

このような計算を任意の θ_H について行なうのは難しいことではない．ストーナーとウォールファースによる結果を図 8-8 に示した．磁場 H の単位は K/μ である．θ_H が 0 でも $\pi/2$ でもないときには，磁化は $H = 2K/\mu$ で飽和しない．図 8-8(b) には，容易軸がランダムに分布している多結晶試料の場合についての結果を示してある．

ストーナーとウォールファースの理論は，熱運動の効果を無視して，孤立した 1 つの磁気モーメントを完全に力学的に扱っている．したがってこれが通用するためには，第一に，セミミクロな磁区構造が内部に存在しないことが条件である．単磁区になるだけ粒子は小さくなければならない．同時に，磁気モーメントが式 (8.7) の与えるエネルギー曲線の谷の中にとどまっているためには，モーメントの熱揺らぎのエネルギーよりも谷が相対的に深い必要がある[10]．谷の深さを決める異方性エネルギーは粒子の体積に比例するから，この理論が使える粒子の大きさには下限がある．実用材料の製造には，粒子の大きさをこの上下の限界内に揃えることが要求される．磁気記録材料では通常形状異方性が利用されるので，粒子の形と大きさを制御しなければならない．

---

[10] 熱揺らぎの方が大きくなれば，モーメントの方向は力学的には決まらず，温度に従って熱平衡分布をする．超常磁性に他ならない．第 1 章 34 頁の脚注 5) を参照．

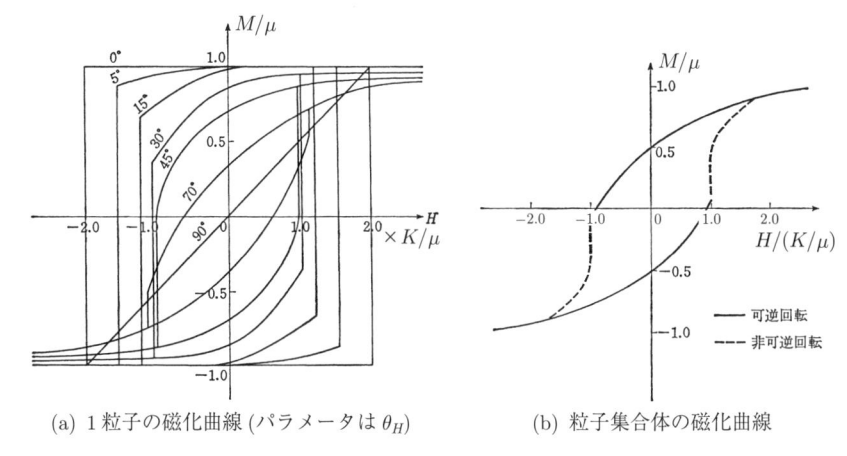

(a) 1粒子の磁化曲線 (パラメータは θ_H)

(b) 粒子集合体の磁化曲線

図 8-8 単磁区粒子のヒステリシス曲線 (近角聰信:「強磁性体の物理 (下)」(物理学選書, 裳華房, 1984 年) による)

8.3 磁壁の構造

180° 磁壁の理論

静磁エネルギーを下げるために現れる磁区について述べてきたが,この節では磁区の境界である磁壁の構造とエネルギーを考えよう.簡単のために 180° 磁壁を取り上げる.磁壁内では,磁壁面に対する磁化の法線成分が一定でないと磁極が発生するので,静磁エネルギーが高くなる.それを避けて磁化が磁壁面内で回転すれば,静磁エネルギーは表立って考える必要がない[11].磁壁の構造を決めるのは,異方性エネルギーと交換エネルギーである.磁歪のエネルギーは,磁気異方性の中に含めて考える.これらのエネルギーが全体として最低になるように,磁壁の構造が決まる.

---

[11] この仮定は,結晶が十分厚い場合の 180° 磁壁ではいつも成立する.これは**ブロッホ磁壁**とよばれる.しかし薄膜試料では,磁壁の中央では磁化が面に垂直となり,その静磁エネルギーが大きくなるので,磁化はむしろ,磁壁に垂直になっても,膜の面内で回転しようとする.これをネール磁壁という (文献 [1] (第 6 章) を参照).また,90° 磁壁でも内部に磁極が発生する.

磁壁は x 軸に垂直な平面とし，その中心に座標の原点をとる．磁気モーメントはどの位置でも磁壁面 (yz 面) 内にある．z 軸を磁化容易軸 (の 1 つ) としよう．磁壁から十分遠くでは磁化が z 方向 ($x \to -\infty$ で $-z$ 方向，$x \to +\infty$ で z 方向とする) を向いているとする．x 面内の磁気モーメントの向きを，y 方向から測って θ としよう．もちろんこれは x の関数で，

$$\theta(x) = \begin{cases} -\dfrac{\pi}{2} & (x \to -\infty \text{ のとき}) \\ \dfrac{\pi}{2} & (x \to \infty \quad \text{のとき}) \end{cases} \tag{8.14}$$

である．磁壁内の磁気モーメントの様子を概念的に図 8-9 に示しておく．

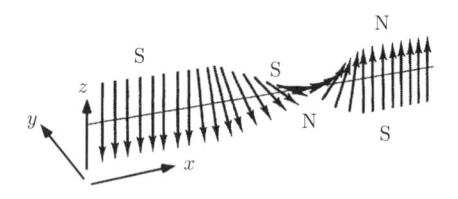

図 8-9 磁壁面内の磁気モーメントの回転

磁気モーメントが z 軸からずれると異方性エネルギーが上がる．その上昇分を単位体積当たり $K(\theta)$ と書こう．ここには本来の磁気異方性 (鉄などの立方晶なら方向余弦の 4 次式) だけでなく，磁歪に由来する異方性も含まれる．格子のマクロな歪みは通常の磁壁の厚み程度では変化しないから，両側の磁区で磁化が z 軸に平行ないまの場合は，その歪みがそのまま磁壁内に及ぶと考えられる．この歪みによる異方性は，第 3 章で述べたように，方向余弦の 2 次関数になる．一方，θ が x によって変化すると交換エネルギーが高くなる．それはスピン間の角度の余弦に比例するから，変化分 $\delta\theta$ が小さければ $(\delta\theta)^2$ に比例すると近似できる．その比例定数を A とする．第 6 章で $J(\boldsymbol{q})$ が最高点 (秩序状態) のまわりで $\boldsymbol{q}^2$ に比例して下がることを述べたが，A はその

8.3 磁壁の構造

係数 (交換スティフネス係数) に他ならない[12]．

両方を合わせて，磁壁内の厚さ dx の部分のエネルギーは単位面積当たり $\{K(\theta) + A(d\theta/dx)^2\}\,dx$ である．磁壁の全エネルギーは，

$$E_{\rm DW} = \int_{-\infty}^{\infty} \left(K(\theta) + A\left(\frac{d\theta}{dx}\right)^2 \right) dx \tag{8.15}$$

となる．式 (8.14) の境界条件で，式 (8.15) の最小値を与える $\theta(x)$ を求める．

式 (8.15) のような未知関数を含む積分の最大・最小問題を解くのには，標準的な手法がある．それは，関数の極値を求めるときと同様に，$\theta(x)$ が式 (8.15) の極値を与えるならば，それを微小量 $\delta\theta(x)$ だけ変化させても $E_{\rm DW}$ の変化は $\int |\delta\theta|\,dx$ の 2 次以上の微小量になる，ということを利用する．1 次の量を考えれば，

$$\delta E_{\rm DW} = \int_{-\infty}^{\infty} \left(K'(\theta) \cdot \delta\theta(x) + 2A \frac{d\theta}{dx} \frac{d}{dx} \delta\theta(x) \right) dx = 0 \tag{8.16}$$

この第 2 項は部分積分で，

$$2A \int_{-\infty}^{\infty} \frac{d\theta}{dx} \frac{d}{dx} \delta\theta(x)\,dx = 2A \frac{d\theta}{dx} \cdot \delta\theta(x) \Big|_{-\infty}^{\infty} - 2A \int_{-\infty}^{\infty} \frac{d^2\theta}{dx^2} \cdot \delta\theta(x)\,dx \tag{8.17}$$

となるが，式 (8.14) によって $x \to \pm\infty$ では θ は決まっているから $\delta\theta \to 0$ であり，この第 1 項は消える．したがって，

$$\delta E_{\rm DW} = \int_{-\infty}^{\infty} \left(K'(\theta) - 2A \frac{d^2\theta(x)}{dx^2} \right) \cdot \delta\theta(x)\,dx = 0 \tag{8.18}$$

$\delta\theta(x)$ がどうであってもこの積分が 0 であるためには，$\delta\theta$ に掛かっている

---

[12] この後述べるように，スピンの回転はそう急激には起きないので，連続体近似が可能である．原点のまわりで位置についてテイラー展開すれば，

$$\boldsymbol{M}(\boldsymbol{r}) = \boldsymbol{M}(\boldsymbol{r}=0) + \nabla\boldsymbol{M} \cdot \boldsymbol{r} + \frac{1}{2}\boldsymbol{r} \cdot \nabla^2 \boldsymbol{M} \cdot \boldsymbol{r} + \cdots$$

原点のモーメントとの内積をとれば，初項は基準のエネルギーであり，第 2 項は消える．第 3 項をフーリエ変換すれば y, z 微分は消えるので，エネルギーは $\boldsymbol{q}^2 = (d\theta/dx)^2$ に比例することとなる．

因子が x によらず 0 でなければならない．すなわち，

$$K'(\theta) - 2A\frac{d^2\theta(x)}{dx^2} = 0 \tag{8.19}$$

これを，式 (8.15) の最小問題に対するオイラーの微分方程式という．式 (8.19) の両辺に $d\theta/dx$ を掛けて $-\infty$ から x まで積分すれば，

$$\int_{-\infty}^{x} K'(\theta)\frac{d\theta}{dx}\,dx - 2A\int_{-\infty}^{x}\frac{d^2\theta}{dx^2}\frac{d\theta}{dx}\,dx = K(\theta) - A\left(\frac{d\theta}{dx}\right)^2 = \text{一定} \tag{8.20}$$

この最右辺の"一定"は x によらない定数を表すが，$x \to -\infty$ では $d\theta/dx$ も異方性エネルギーの上昇分も 0 だから，これは 0 である．したがって，

$$K(\theta) = A\left(\frac{d\theta}{dx}\right)^2 \tag{8.21}$$

式 (8.15) を参照すれば，交換エネルギーと磁気異方性エネルギーの上昇分とは x によらずいつも等しい．

式 (8.21) から $d\theta/dx$ を求めるとき，θ が x の増加関数であるとすると[13]，

$$\frac{d\theta}{dx} = \sqrt{\frac{K(\theta)}{A}}, \qquad x = \int_{-\pi/2}^{\theta}\sqrt{\frac{A}{K(\theta)}}\,d\theta \tag{8.22}$$

と $\theta(x)$ (の逆関数表示) が与えられる．例えば $K(\theta)$ が 2 次の異方性 $K_\text{u}\cos^2\theta$ であれば，

$$\begin{aligned}x &= \sqrt{\frac{A}{K_\text{u}}}\int^{\theta}\frac{d\theta}{\cos\theta} = \sqrt{\frac{A}{K_\text{u}}}\int^{\theta}\frac{d(\sin\theta)}{1-\sin^2\theta}\\ &= \frac{1}{2}\sqrt{\frac{A}{K_\text{u}}}\log\left(\frac{1+\sin\theta}{1-\sin\theta}\right) = \sqrt{\frac{A}{K_\text{u}}}\log\left(\tan\left|\frac{\theta}{2}-\frac{\pi}{4}\right|\right)\end{aligned} \tag{8.23}$$

となる．最後の変形には半角公式を用いた．

図 8-10 に，このグラフを示した．磁壁中央の (最大の) $d\theta/dx$ を用いて**磁壁の厚さ** w_DW を定義することにすれば，

---

[13] 磁壁内でスピンが右に回っても左に回っても同等だから，θ は x の増加関数でも減少関数でもよい．

$$w_{\mathrm{DW}} = \frac{\pi}{d\theta/dx\big|_{\theta=0}} = \frac{\pi}{\sqrt{K(\theta=0)/A}} \tag{8.24}$$

である．異方性が2次なら，これは $\pi \cdot \sqrt{A/K_{\mathrm{u}}}$ となる．当然ながら，交換相互作用が強ければ磁壁は厚く，異方性エネルギーが大きければ薄い．どちらについてもその平方根に比例，または反比例する．前節で挙げた Nd-Fe-B 系材料では，5 nm 程度になる．

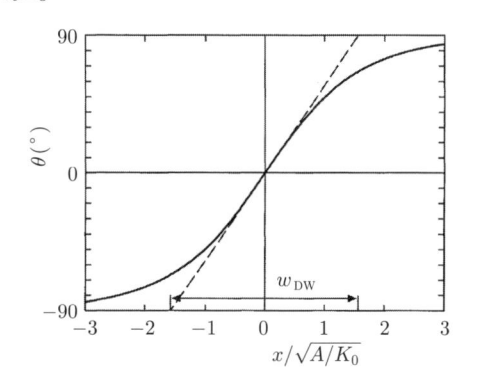

図 8-10　1軸異方性強磁性体の 180° 磁壁内の磁気モーメントの回転

磁壁のエネルギーは，式 (8.21) を式 (8.15) に代入して式 (8.22) を使えば，

$$E_{\mathrm{DW}} = 2\int_{-\pi/2}^{\pi/2} K(\theta) \cdot \frac{d\theta}{d\theta/dx} = 2\sqrt{A}\int_{-\pi/2}^{\pi/2} \sqrt{K(\theta)}\, d\theta \tag{8.25}$$

であり，異方性が2次なら，

$$E_{\mathrm{DW}} = 2\sqrt{AK_{\mathrm{u}}}\int_{-\pi/2}^{\pi/2} |\sin\theta|\, d\theta = 4\sqrt{AK_{\mathrm{u}}} \tag{8.26}$$

となる．交換相互作用が強ければ，また異方性エネルギーが大きければ，磁壁のエネルギーは大きくなる．これは物理的に当然である．

磁壁面

磁化容易軸をもった軸対称性の結晶では，容易軸を含むどの面も同等で，磁壁面は決まらない．立方対称の結晶では，⟨100⟩ が容易軸である金属鉄のような場合には (100) 面，⟨111⟩ が容易軸である金属ニッケルのような場合には (110) 面が磁壁面であるときに，磁壁のエネルギーが最小であることが式 (8.25) を計算すればわかる．これらの面は鏡映面なので，磁壁内のどのスピンのエネルギーもこれらの面内にあるときに極値をとり，したがって，

これらの面からはずれることはない．スピンが磁壁面内で回転する，というこの節の最初で述べた仮定は満たされている．ただ，いずれの場合も磁壁面内に磁化容易軸が2本あり，式 (8.22) の $d\theta/dx$ はそこで 0 になる．この困難は，磁歪に由来する2次の異方性を考えれば解消する．

実用特性

実用材料は発生する磁束を利用するから，飽和磁化が大きいことが基本的に望ましい．また，特性が室温で十分安定していなければ使えない．キュリー点の近くでは磁化をはじめとして磁気特性は温度に強く依存するが，それは実用上好ましくない．実用材料のキュリー点は，少なくとも 400 K 以上である必要がある．一方，1200 K を超える強磁性キュリー点は報告されていないから，$T_{\rm C}$ から推定して A はたかだか3倍程度しか変化しない．それに対して，異方性エネルギーの変化する範囲ははるかに広い．Nd-Fe-B 系の永久磁石材料では，数百 kJ/m^3 に上るのに対して，例えば Mn フェライト系の軟磁性材料では数 kJ/m^3 程度である．磁壁のエネルギーはそれぞれ，10, 1 mJ/m^2 と推定される．

図 8-3 のように位置による磁壁のエネルギー変化を考えるときには，不純物などの局所的な影響を磁壁の厚さにわたって積分すべきである．磁壁が厚いほど磁壁の移動を妨げる局所的なエネルギーは平均されて小さくなり，磁壁は移動しやすく，したがって透磁率は大きくなる．この面からも，硬磁性材料では大きな，軟磁性材料には小さな異方性エネルギーが要求される．また硬磁性材料では結晶磁気異方性の他，いろいろな処理によって形状異方性，磁歪による異方性，誘導異方性を付与する．

8.4 磁化の時間変化にともなう損失

軟磁性材料の主な応用は，トランスなど電磁誘導によるインダクタンス素子の作成である．だから前節までの時間変化をともなわない静的な議論では

不十分で，消磁状態(図8-6の原点)を中心として比較的小さい振幅の交流磁場に対する透磁率が問題になる．この節と次の節で，この場合を考察する．

時間変化する磁場に対する応答は，エネルギーの散逸をともなう．利用する立場からは，損失の少ない，高透磁率の材料が要求される．さらに，特性が温度変化や時間経過に対して安定であることが必要である．

渦電流損失

最初に利用された磁性材料は金属合金だったから，まず**渦電流**による損失が問題になった．電磁誘導による起電力は材料内部にも生じるから，電気伝導率が0でなければ電流が流れ，ジュール熱による損失が生じる．また，この誘導電流(これを渦電流という)によって遮蔽されて，電磁場は表面から内部に向かって指数関数的に小さくなる．その結果，利用の目的である磁束の変化が小さくなる．これは一般に時間的に変化する電磁場が導体に加えられたときに生じる現象で，**表皮効果**とよばれる[14]．

順序としてまず一様な系を考え，$x \geq 0$ に磁性材料があるとしよう．境界は x 軸に垂直な平面である．磁場は z 軸に平行とする．図8-11を参照．この仮定から，場は x だけの関数である[15]．マクスウェルの方程式[16]のうち必要な部分は，

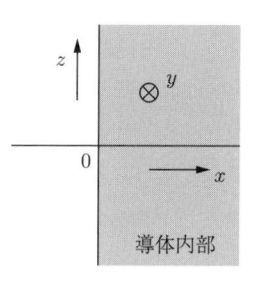

図8-11 平面導体内の座標系

$$\operatorname{rot} \boldsymbol{E} = -\frac{\partial \boldsymbol{B}}{\partial t}, \quad \operatorname{rot} \boldsymbol{H} = \frac{\partial \boldsymbol{D}}{\partial t} + \boldsymbol{i} \quad (8.27)$$

である．さらに，次の3つの比例関係を仮定する．

$$\boldsymbol{D} = \varepsilon \boldsymbol{E}, \quad \boldsymbol{B} = \mu \boldsymbol{H}, \quad \boldsymbol{i} = \sigma \boldsymbol{E} \quad (8.28)$$

---

14) 中山正敏：「物質の電磁気学」§8.4 (第0章の文献 [9])
15) 境界の形に合わせて座標系を取り直して変数の数を減らすのは，このような問題を考えるときの定法である．例えば磁性材料が円柱形であれば，円柱座標をとればよい．
16) 中山正敏：「物質の電磁気学」第7章 (第0章の文献 [9])

式 (8.27), (8.28) を各成分について書けば，系についての上記の条件から $\boldsymbol{E}$ は y 軸方向に平行であり，

$$\frac{\partial E_y}{\partial x} = -\mu\frac{\partial H_z}{\partial t}, \qquad -\frac{\partial H_z}{\partial x} = \varepsilon\frac{\partial E_y}{\partial t} + \sigma E_y \qquad (8.29)$$

この 2 つの方程式から E_y を消去すれば，H_z について次の方程式が得られる.

$$\frac{\partial^2 H_z}{\partial x^2} = \varepsilon\mu\frac{\partial^2 H_z}{\partial t^2} + \sigma\mu\frac{\partial H_z}{\partial t} \qquad (8.30)$$

角周波数 ω の振動を考えて $H_z = \widetilde{H}(x)e^{\mathrm{i}\omega t}$ とおけば，

$$\frac{d^2}{dx^2}\widetilde{H}(x) = -(\varepsilon\mu\omega^2 - \mathrm{i}\sigma\mu\omega)\widetilde{H}(x) \qquad (8.31)$$

だから，

$$\widetilde{H}(x) = \widetilde{H}(x=0)e^{\pm\mathrm{i}x/\lambda} \qquad (8.32)$$

となる．ここで，

$$\lambda = \frac{1}{\sqrt{\varepsilon\mu\omega^2 - \mathrm{i}\sigma\mu\omega}} = \sqrt{\frac{\varepsilon\mu\omega^2 + \mathrm{i}\sigma\mu\omega}{(\varepsilon\mu\omega^2)^2 + (\sigma\mu\omega)^2}} \qquad (8.33)$$

である．λ の実数部分は振動を，虚数部分は振幅の変化を表すが，後者は当然減衰でなければならない．電場については，式 (8.32) を式 (8.29) の第 1 式に代入して積分すれば，

$$E_y = \mu\omega\lambda\widetilde{H}(x)e^{\mathrm{i}\omega t} \qquad (8.34)$$

となる．

周波数が σ/ε に比べて小さいときには，式 (8.33) の最後の式の分母と分子の第 1 項は第 2 項に比べてそれぞれ省略でき，H_z も E_y も振幅は $e^{-x/\delta}$ の形で減衰する．この

$$\delta = \sqrt{\frac{1}{2\sigma\mu\omega}} \qquad (8.35)$$

を**表皮の深さ** (skin depth) という．例えば，σ を $10^6(\Omega\mathrm{m})^{-1}$, μ/μ_0 を 1000, 周波数を 50 Hz とすれば，δ は約 1 mm となる．

8.4 磁化の時間変化にともなう損失

境界が平面でなくとも電磁場が導体内で指数関数的に減衰するのは同様であり，その目安は式 (8.35) で与えられる．磁束密度の減衰の目安が δ だから，δ より厚い材料は意味がない．トランスの鉄心を薄板を重ねてつくるのはそのためである．式 (8.35) から明らかに，周波数 ω が高いほど伝導率 σ が低いことが望まれる．高周波材料には，フェライトなど絶縁体が用いられる．

ところで，x 面内で場が一様というここまでの取り扱いの仮定は，実際に用いられる技術磁化範囲では成り立たない．そこでは磁区が存在し，磁化，したがって磁束密度の変化には磁壁の移動が大きな役割を果たしている．そのため dB/dt は場所的に一様ではなくて，磁壁の移動範囲で大きくなり，当然，誘導電流もそこで大きくなる．誘導電流によるジュール熱は σE^2 に比例するから，全磁束の変化が等しければ，磁束変化が局所的である方が損失が大きい．それは実験的に確認されていて，**異常表皮効果**とよばれる．これは磁区構造の詳細に依存するので一般的な議論はしにくいが，理論的にもほぼ説明できている．ケイ素鋼の場合，異常表皮効果による損失の増大は数倍に及ぶ．

レイリー過程

もう1つ，磁性材料の場合，透磁率について式 (8.28) の比例関係が成立するのは，可逆磁化過程に限られることに注意する必要がある．磁場の振幅が大きいと，$\boldsymbol{M}$ と $\boldsymbol{H}$，したがって $\boldsymbol{B}$ と $\boldsymbol{H}$ は比例しなくなり，dB/dt には高調波成分が現れて波形が歪む．これは普通好ましくない．さらに，可逆過程を超えると磁化過程に履歴が現れる．これは，すでに述べたように損失をともなう．8.2 節で述べたように，これを一般的に定量的に扱うことはできないが，可逆過程を少し超えた範囲については磁化曲線に 2 次の項を加えて，

$$M = \chi H + \frac{1}{2}\eta H^2 \tag{8.36}$$

と書くことがある．η を**レイリー定数**という．履歴を 2 次の項で表すのだから，磁場の上昇時と下降時とでは η の符号が逆になるとしなければならない．

簡単な計算により，レイリー過程でのヒステリシス損失は，振幅を h として，ηh^3 に比例することがわかる．振幅が大きくなると，ヒステリシス損失は急激に大きくなる．逆に，振幅が小さいときにはヒステリシス損失はあまり考慮する必要がない．レイリー過程は実体的には，図8-3に示したような磁壁の位置によるエネルギー曲線の谷がランダムである，という仮定から説明することができる[1]．

8.5 磁気スペクトル

前節で述べた他にも，運動する磁気モーメントの磁気的エネルギーは様々な過程を通して散逸し，それに応じて様々な損失が生ずる．損失は過程に応じて特徴的な周波数帯で起こるので，周波数特性を調べることによって，その散逸過程についての情報を得ることができる．透磁率の周波数特性を**磁気スペクトル**という．

緩和時間

第4章で述べたように，磁気エネルギーの散逸過程はしばしば，**緩和時間**で表現することができる．ただしいまの場合は，磁場方向の磁化の大きさだけが問題なので，横緩和を考える必要はない．静的な磁化率を χ_s とする．磁化はいつもそのときの熱平衡値 $\chi_s H(t)$ に向かって緩和時間 τ で緩和するとしよう．

$$\frac{dM}{dt} = -\frac{M(t) - \chi_s H(t)}{\tau} \tag{8.37}$$

この微分方程式は簡単に解ける．磁場 H_0 で熱平衡にしておいて時刻 $t=0$ に磁場を0にすると，$t>0$ では，

$$M = \chi_s H_0 e^{-t/\tau} \tag{8.38}$$

で，磁化は指数関数的に平衡値0に接近する．このように磁化の変化が磁場の変化に遅れることを**磁気余効** (magnetic aftereffect) という．図8-12(a)

8.5 磁気スペクトル

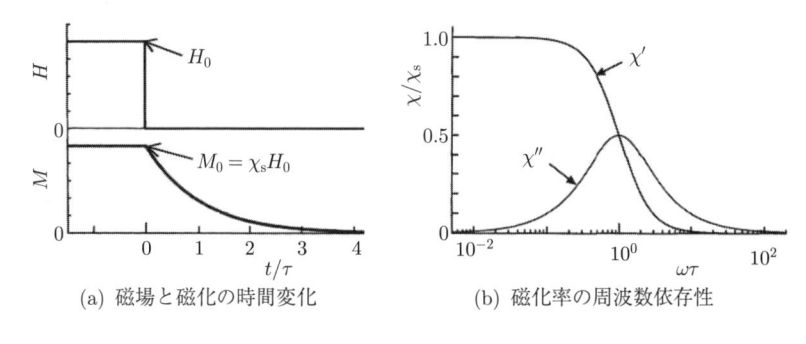

図 8-12 リヒター型の緩和

(a) 磁場と磁化の時間変化
(b) 磁化率の周波数依存性

参照．フーリエ変換して，周波数 ω で振動している磁場を考えて $H = \widetilde{H} e^{\mathrm{i}\omega t}$ とすれば，M も $e^{\mathrm{i}\omega t}$ に比例するから，

$$M(t) = \widetilde{M} e^{\mathrm{i}\omega t}$$
$$\frac{dM}{dt} = \mathrm{i}\omega M = -\frac{M - \chi_{\mathrm{s}} H}{\tau} \tag{8.39}$$
$$M = \frac{\chi_{\mathrm{s}} H}{1 + \mathrm{i}\tau\omega} = \frac{1 - \mathrm{i}\tau\omega}{1 + (\tau\omega)^2} \chi_{\mathrm{s}} H \equiv \chi(\omega) H$$

$$\chi(\omega) = \chi'(\omega) - \mathrm{i}\chi''(\omega) = \frac{1 - \mathrm{i}\tau\omega}{1 + (\tau\omega)^2} \chi_{\mathrm{s}} \tag{8.40}$$

4.2 節で述べたように，**複素磁化率** χ の実数部分 χ' は磁場 H と同位相の磁化の振動の大きさを，虚数部分 χ'' は $90°$ ずれた位相の振動の大きさを表す．したがって，磁場と磁化の振動の位相の差を δ と書くと，$\tan\delta = \chi''/\chi'$ である．これを**損失係数**あるいは**タンデルタ**と呼んで，その材料の特性の指標とする．それは，実数部分 χ' が磁化の変化の大きさを表すのに対して，虚数部分 χ'' がエネルギー散逸の大きさを表すからである．

変動する磁場から磁性体に流れ込むエネルギーは，$H\,dM$ で与えられる．これは 2 次の式だから，計算するときに複素数表示を用いてはいけない．それぞれ実数部分を用いて 1 周期について積分すれば，

$$W = \int_0^{2\pi/\omega} \widetilde{H}\cos\omega t \cdot (\chi'\widetilde{H}\sin\omega t + \chi''\widetilde{H}\cos\omega t)\omega\, dt = \frac{1}{2}\chi''\widetilde{H}^2 \tag{8.41}$$

式 (8.40) の形の周波数依存性を示す緩和過程を，**リヒター型緩和**という[17]．χ' は ω と共に単調に減少し，$\omega = 1/\tau$ で $\chi_s/2$ になる．χ'' はそこでピークをもつ．両者の周波数依存性を図 8-12(b) に示した．

リヒター型の場合，χ' と χ'' には次の関係式が成立する．

$$\begin{aligned}
\left(\chi' - \frac{\chi_s}{2}\right)^2 + {\chi''}^2 &= \left\{\left(\frac{1}{1+\tau^2\omega^2} - \frac{1}{2}\right)^2 + \left(\frac{\tau\omega}{1+\tau^2\omega^2}\right)^2\right\}\chi_s^2 \\
&= \frac{\{2-(1+\tau^2\omega^2)\}^2 + 4\tau^2\omega^2}{4(1+\tau^2\omega^2)^2}\chi_s^2 \\
&= \frac{\chi_s^2}{4}
\end{aligned} \tag{8.42}$$

すなわち，ω をパラメータとして複素平面に $\chi(\omega) = \chi'(\omega) + \mathrm{i}\chi''(\omega)$ をプロットすると，図 8-13 に示したように実軸上の点 $(\chi_s/2,\ 0)$ を中心とする半径 $\chi_s/2$ の円の上半部になる．周波数の低い極限では $\chi = \chi_s$ であり，高くなるに従って磁化率は円周上を左に動いて 0 に至る．このような χ'-χ'' のプロットを**コール-コールプロット**という．

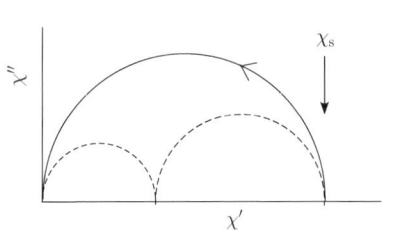

図 8-13 リヒター型緩和のコール-コールプロット．ω の増加と共に $\chi(\omega)$ は矢印の向きに移動する．点線は過程が 2 つある場合．

磁化の緩和過程は一般に 1 種類ではない．それに応じて，緩和時間も 1 つではない．もしも緩和時間の大きさが桁違いならば，緩和過程は単純にリヒター型の緩和の重ね合わせで，コール-コールプロットには半円の連鎖が現れる．それは図 8-13 に点線で示した．この場合に磁化の時間変化を追うと，

[17) これは現象論だから，磁気緩和に限られない．誘電体の緩和過程にも適用できる．ただし，誘電緩和では歴史的にデバイ型緩和とよばれている．

何段階かの磁気余効が現れる．

試料が一様でないとき，式 (8.40) の τ がほとんど連続的に分布することがある．そうするとコール-コールプロットは半円でなく横に広がり，場合によっては中心が χ' 軸より下にずれた円周に近くなることがある．その場合，ずれの大きさが緩和時間の分布の広さを示す．

分布が広くなった極限では，横軸に経過時間の対数，縦軸に磁化をとって磁気余効の図を描くと，直線が現れる．これは**ジョルダン型緩和**とよばれる．どこまでも直線であれば磁化は発散するから，原理的にいってこの直線関係はどこかで破れるが，実験でジョルダン型緩和が観測されることは，緩和時間が分布していて，その上限が観測時間よりも長いことを示している．

原子拡散による緩和

磁気スペクトルに現れる緩和過程は，スピン系自体の緩和ではないことが多い．特に低周波数領域では，原子の移動による緩和がしばしば観測される．図 8-14 に示したのは，微量の炭素を含む金属鉄についての古典的な例である[7]．(a) はそれぞれの温度での磁化の時間変化 (磁気余効．このプロットが直線であることは，損失がリヒター型で機構が 1 種類であり，試料が一様で

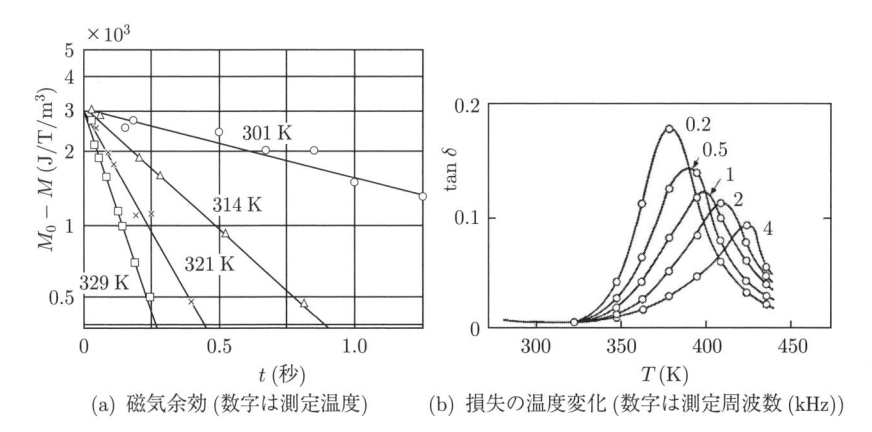

図 8-14 金属鉄のリヒター型磁気緩和 (Y. Tomono：J. Phys. Soc. Jpn. **7** (1952) 174, 180 による)
(a) 磁気余効 (数字は測定温度)　(b) 損失の温度変化 (数字は測定周波数 (kHz))

あることを示している), (b) は一定の周波数での磁気損失の温度変化である. 一般に温度が下がると緩和時間が長くなるので, 一定の周波数で温度を変えて測定すると, τ が $1/\omega$ に等しくなる温度付近で損失がピークになる[18]. 図 8-14 の損失は次のように説明された.

金属鉄の結晶構造は体心立方格子で, C 原子は $\langle 100 \rangle$ 方向に並んだ 2 つの Fe 原子の中央に入る. 図 8-15 参照. 磁性を考えなければこの位置はすべて等価だが, Fe 原子の並んだ方向によって 3 種類ある. その方向によって x, y, z と区別し, それぞれの位置に入っている炭素原子の数を N_x などと書こう. 総数を N とする.

$$N_x + N_y + N_z = N \quad (8.43)$$

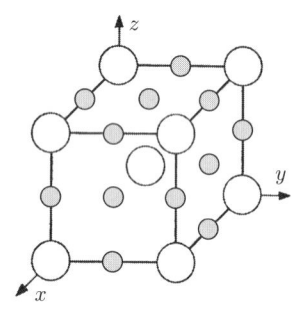

大きな丸：Fe, 小さな丸：C

図 8-15 鉄中の炭素原子の位置

磁化の方向余弦を $(\alpha_x, \alpha_y, \alpha_z)$ とする. i ($i = x, y, z$) 位置に炭素原子が入るとき, その近傍の磁歪を通じて磁気異方性エネルギーが変化するために $D(\alpha_i^2 - 1/3)$ だけエネルギーが変わると考える. 磁化の方向が変わるとこのエネルギーが変わるので, それに応じて炭素原子の分布が変わり, それによってエネルギーの散逸が起こる.

炭素原子はそれぞれの位置で安定なのだから, そこで位置のエネルギーは極小で, 隣の位置に動くためには位置のエネルギーの山を越えなければなら

---

[18] 既にアインシュタインの関係式 (式 (4.54)) で示し, また下の式 (8.47) に関連して述べるように, このような損失過程に対する温度の寄与には, 緩和時間の他に $1/T$ に比例する部分がある. したがって図 (b) のような測定で損失が最大になるのは, $\tau = 1/\omega$ の温度ではなくて少し低温にずれる. 損失の温度変化がそう急激でない時には, この差はしばしば無視されるけれども, 定量的な議論には考慮しなければならない. われわれは, ここで考える機構の活性化エネルギーを 0.92 eV と推定したが, 伴野[7] は 0.99 eV としている. 最近の超音波吸収などによる実験によれば, 活性化エネルギーはわれわれの推定値に近い.

なお, 図 (b) のピーク値が周波数と共に下がるのは, より高温で有効な別の損失機構の存在を示すものと考えられており, 伴野は今問題にしている機構の相対的な強度を推定している.

ないはずである．模式的には図8-16のようになるだろう．この山の高さ U が**活性化エネルギー** (159頁参照) である．i 位置の炭素原子は，そのエネルギー差 $U-\varepsilon_i$ を熱揺らぎで得たときにだけ，隣の位置に動くことができる．その確率は $e^{-(U-\varepsilon_i)/k_BT}$ に比例する．比例定数を A としよう．炭素原子が最近接位置に飛び移ることだけを考えれば，流入と流出を考えて図8-16から，

$$\frac{dN_z}{dt} = A\left(\frac{N_x}{2}e^{-(U-\varepsilon_x)/k_BT} + \frac{N_y}{2}e^{-(U-\varepsilon_y)/k_BT} - N_z e^{-(U-\varepsilon_z)/k_BT}\right) \tag{8.44}$$

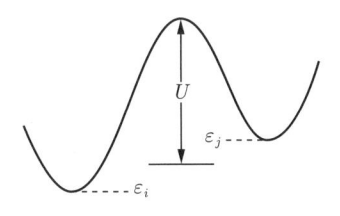

図 8-16 炭素原子の位置のエネルギー (模式図)

などの関係式が得られる．前2項の分母の2は，x 位置から跳び出した原子のうちで z 位置に行くのは半分だからである．D，したがって ε_i が室温程度の温度に比べて小さいと仮定できれば，ε_i/k_BT で展開して1次までとる近似が成立する．

$$\frac{dN_z}{dt} = Ae^{-U/k_BT}\left\{\frac{N_x}{2}\left(1+\frac{\varepsilon_x}{k_BT}\right) + \frac{N_y}{2}\left(1+\frac{\varepsilon_y}{k_BT}\right)\right.$$
$$\left. -N_z\left(1+\frac{\varepsilon_z}{k_BT}\right)\right\} \tag{8.45}$$

など．式 (8.43) によって N_z を消去すれば，

$$\frac{dN_x}{dt} = Ae^{-U/k_BT}\left\{-\frac{N_x}{2}\left(3+\frac{2\varepsilon_x+\varepsilon_z}{k_BT}\right) + \frac{N_y}{2}\frac{\varepsilon_y-\varepsilon_z}{k_BT}\right.$$
$$\left. +\frac{N}{2}\left(1+\frac{\varepsilon_z}{k_BT}\right)\right\}$$

$$\frac{dN_y}{dt} = Ae^{-U/k_BT}\left\{\frac{N_x}{2}\frac{\varepsilon_x-\varepsilon_z}{k_BT} - \frac{N_y}{2}\left(3+\frac{2\varepsilon_y+\varepsilon_z}{k_BT}\right)\right.$$
$$\left. +\frac{N}{2}\left(1+\frac{\varepsilon_z}{k_BT}\right)\right\} \tag{8.46}$$

となる．

熱平衡状態では $dN_x/dt = dN_y/dt = dN_z/dt = 0$ だから，式 (8.46) の右辺を 0 とおき，$\varepsilon_x + \varepsilon_y + \varepsilon_z = 0$ を考えれば，$\varepsilon_i/k_\mathrm{B}T$ の 1 次までとって，

$$N_i(t=\infty) = \frac{N}{3}\left(1 - \frac{\varepsilon_i}{k_\mathrm{B}T}\right) \tag{8.47}$$

となる．もちろんこれは，通常の統計力学で得られる結果である．$N/3$ からのずれが温度に逆比例するのは，キュリーの法則に他ならない．

式 (8.47) を式 (8.46) に代入し，N_i の $N/3$ からのずれが $\varepsilon/k_\mathrm{B}T$ のオーダーであることを考えて，それも含めて 1 次までとれば，

$$\frac{dN_i}{dt} = -Ae^{-U/k_\mathrm{B}T}\bigl(N_i - N_i(t=\infty)\bigr) \tag{8.48}$$

となる．これは式 (8.37) と同型であって，$\tau = e^{U/k_\mathrm{B}T}/A$ に当たる．したがって，磁化の時間変化を温度を変えて測定し，あるいは ω を変えて損失の温度変化を測定してピーク温度の τ を決め，$\log \tau$ を $1/T$ に対してプロットすると直線が現れて，その勾配から U を求めることができる．これが 158 頁で述べたアーレニウス過程に他ならない．実際，

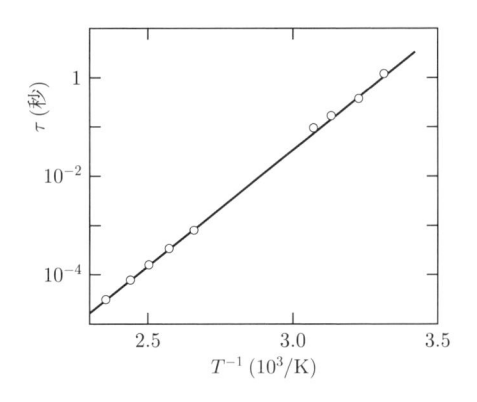

図 8-17 図 8-14 のデータのアーレニウスプロット (Y. Tomono: J. Phys. Soc. Jpn. **7** (1952) 174 による)

図 8-14 のデータをプロットすると図 8-17 のようになり，$U = 0.92$ eV である．アーレニウス プロットの切片は式 (8.48) の係数 A を与えるが，この量は議論が難しい．

磁性からこの過程を考えると，原子の位置によって軸方向が異なる磁気異方性が発生し，その原子の分布の仕方によって全体としての磁気異方性が変化している．これはすでに第 3 章で述べた誘導磁気異方性そのものである．

8.5 磁気スペクトル

ここでは時間的な変化を述べた.

実用材料としては,誘導磁気異方性の緩和時間が数年のオーダーでも問題になりうる.それは,誘導された磁気異方性が磁壁をその位置で安定化するために,透磁率が下がるからである.この減少は消磁して磁壁の位置をずらせば元に戻るが,そこからまた下がり始める.このような長時間にわたる透磁率の減少をディスアコモデーションという.これを避けるためには,熱処理や微量元素の添加によって材料中の原子空孔や格子間原子をなくすことが有効である[8].これらの欠陥は磁気異方性の原因になるばかりでなく,原子の移動を媒介して緩和時間を短くするからである.

共鳴過程

磁気スペクトルに現れるのは,緩和過程だけではない.図8-18には,組成の異なるNiZnフェライトの磁気スペクトルをまとめて示した[9].両対

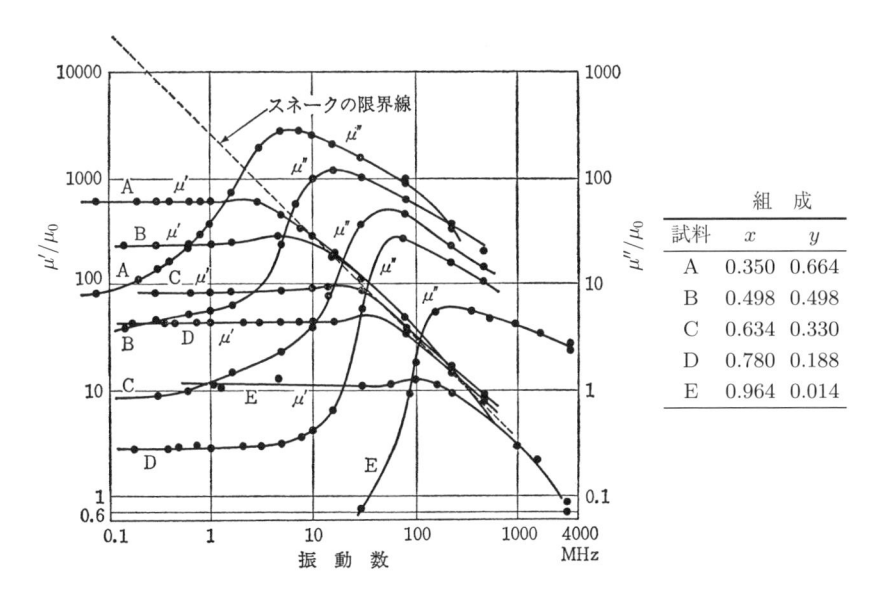

試料	組成	
	x	y
A	0.350	0.664
B	0.498	0.498
C	0.634	0.330
D	0.780	0.188
E	0.964	0.014

図 8-18 $Ni_xZn_yFe_{3-x-y}O_4$ の磁気スペクトル (近角聰信:「強磁性体の物理 (下)」(物理学選書, 裳華房, 1984年))

数でプロットすると，低周波数領域で一定だった μ' がある周波数から低下する．その境界を中心に μ'' がピークをつくる．高周波数側で μ' がすべて1本の直線に乗るのが顕著である．この直線を**スネークの限界**という．この直線より右上には実測点が現れないからである．したがって，高い透磁率の材料は使用できる周波数範囲が狭く，広い周波数範囲で使える材料の透磁率は低い．スネークは，この挙動を磁気異方性によって次のように説明している[9]．

第4章で述べたように，容易磁化方向を向いた磁気モーメントの固有運動(自然共鳴)は磁気異方性エネルギーで定まる．その共鳴周波数では吸収が大きくなり，周波数がそれより高くなると，スピン系は振動磁場に追従できなくなるので透磁率が下がる．実際 Ni フェライトの立方対称異方性定数 K_1 は室温で -0.5 kJ/m^3 程度であり，磁化は 2.5×10^5 J/T/m^3($=250$ G) 程度であるから，共鳴周波数は 100MHz 程度になる．これは図8-18の試料 E のデータに適合している．一方，前に述べた(式(8.5))ように，低周波数領域の透磁率は，回転磁化過程では磁気異方性に逆比例する．磁化に対する依存性は透磁率と自然共鳴周波数で異なるが，磁化がそれほど変化しない範囲では，図8-18に示したように，$\mu \cdot \omega_r$ はほぼ一定になることが期待される．ここに ω_r は共鳴周波数，すなわち透磁率が落ち始める周波数である．

文　　献

[1] この問題については，次の書が詳しい．
近角聰信:「強磁性体の物理(下)」(物理学選書，裳華房，1984 年)
[2] 近 桂一郎・安岡弘志 編:「磁気測定I」第8章 (実験物理学講座6，丸善，2000)
[3] H. J. Williams による．C. Kittel and J. K. Galt: "*Ferromagnetic Domain Theory*", F. Seitz, D. Turnbull 編: Solid State Physics vol. 3, 437 - 564 頁, 図 5-4, 1956 年.
[4] K. Honda and S. Kaya: Sci. Repts. Tōhoku Imp. Univ. **15** (1926) 721.

[5] 文献 [1] (上) 20 頁．なお，永久磁石による磁場の発生の際には磁気回路による解析が便利に用いられる．それについては，
　太田恵造：「磁気工学の基礎Ⅱ」386 頁 (共立全書，共立出版，1973)
　川西健次・近角聰信・桜井良文 編：「磁気工学ハンドブック」(朝倉書店，1998) などを参照．
[6]　K. Stoner and S. Wohlfarth：Phil. Trans. Roy. Soc. **A240** (1948) 599.
[7]　Y. Tomono：J. Phys. Soc. Jpn. **7** (1952) 174, 180.
[8]　太田恵造：「磁気工学の基礎Ⅱ」329 頁 (共立全書，共立出版，1973)
[9]　J. L. Snoek：Physica **14** (1948) 267.

付録　フーリエ解析

物理量 $Y(\boldsymbol{R})$(スピン，変位，… など) が有限な数の格子点

$$\boldsymbol{R} = \sum_{i=1}^{3} n_i \boldsymbol{a}_i \tag{A.1}$$

の各点で決まっているとき，それを有限な数の正弦波の重ね合わせ (1 次結合) で表現するのがフーリエ解析である．1 次結合なので，線形代数の結果がほぼそのまま使える．

式 (A.1) で $\boldsymbol{a}_i$ は単位胞を形成する 3 つのベクトルを表す．その逆格子の基底ベクトルを $\{\boldsymbol{b}_i\}$ と書こう．

$$\boldsymbol{b}_i \equiv 2\pi \frac{\boldsymbol{a}_j \times \boldsymbol{a}_k}{\boldsymbol{a}_1 \cdot (\boldsymbol{a}_2 \times \boldsymbol{a}_3)} \quad (i, j, k \text{ は } 1, 2, 3 \text{ の順に循環}) \tag{A.2}$$

この格子の上を走る波の波数ベクトルは，

$$\boldsymbol{q} = \sum_{i=1}^{3} l_i \boldsymbol{b}_i \tag{A.3}$$

と書ける．式 (A.1) で与えられる格子点 $\boldsymbol{R}$ と式 (A.2) の逆格子ベクトルの内積は係数にかかわらず常に 2π の整数倍だから，波数ベクトルが $\boldsymbol{b}_i$ だけ違う波は格子点での振幅が常に等しい，という意味で等価である．この等価性を

$$\boldsymbol{q} + \boldsymbol{b}_i \equiv \boldsymbol{q} \tag{A.4}$$

と書いておく．式 (A.4) の条件により，式 (A.3) の係数には

$$-\frac{1}{2} < l_i \leq \frac{1}{2} \tag{A.5}$$

という条件を付ける．第 0 章の文献 [17] 参照．

有限個の格子点は，

$$0 \leq n_i \leq N_i \quad (i = 1, 2, 3) \tag{A.6}$$

の N_i+1 の範囲にあるとする．本文中で何度も述べたように，結晶中では原子の励起状態は局在せず，波となって伝播する．しかし，その波の状態は決して孤立してはいない．互いに，あるいは他の励起状態と相互作用して，散乱される．また実際の結晶には，程度こそ違えど必ず欠陥があって，波はそこで散乱される．その意味で，一般にコヒーレントな波の範囲は結晶全体の大きさに比べてずっと小さい．だから，考える範囲を上記のように直方体と考えることは，一見して感じられるほど無理な(人工的な)仮定ではない．N_i には十分大きな数という以上の意味はない，と考えるべきである．同じ理由で，格子表面の境界条件には周期的境界条件

$$Y(\boldsymbol{R}) = Y(\boldsymbol{R}+N_i\boldsymbol{a}_i), \qquad \frac{d}{dt}Y(\boldsymbol{R}) = \frac{d}{dt}Y(\boldsymbol{R}+N_i\boldsymbol{a}_i) \qquad (A.7)$$

をとろう．こうとると向かい合った両面が等価になるので，独立な格子点の数は $N_1N_2N_3 \equiv N$ になる．

条件式 (A.7) によって，考える波の波長は i 方向で N_ia_i 以下，波数ベクトルの i 成分の大きさの最小単位は b_i/N_i になる．

波は $\boldsymbol{q}\cdot\boldsymbol{R}$ の三角関数で表される．しかし数式表現の上では，オイラーの公式

$$\left.\begin{array}{l} e^{iz} = \cos z + i\sin z \\ \cos z = \dfrac{e^{iz}+e^{-iz}}{2}, \qquad \sin z = \dfrac{e^{iz}-e^{-iz}}{2i} \end{array}\right\} \qquad (A.8)$$

によって $e^{i\boldsymbol{q}\cdot\boldsymbol{R}}$ を用いるのが便利なことが多い．重要なことは，

$$\sum_{n=1}^{N_1} \exp(iq_1 na_1) = N_1\,\delta(q_1), \qquad \delta(x) = \left\{\begin{array}{ll} 0 & (x\neq 0) \\ 1 & (x=0) \end{array}\right. \qquad (A.9)$$

といった恒等式が成り立つことである．この式は，$\exp(iq_1na_1)$ が複素平面上で単位円の円周上にあること，その位相が n の変化によって(とびとびに)一定量だけ変化すること，したがって，$q_1\neq 0$ のとき総和が 0 になることを見れば明らかであろう．次頁の図 A-1 を参照．

この結果，

$$\sum_{\boldsymbol{R}} \exp[i(\boldsymbol{q}-\boldsymbol{q}')\cdot\boldsymbol{R}] = N\,\delta(\boldsymbol{q}-\boldsymbol{q}') \qquad (A.10)$$

という式が得られる．これを，2 つの波動状態 $e^{i\boldsymbol{q}\cdot\boldsymbol{R}}$ と $e^{i\boldsymbol{q}'\cdot\boldsymbol{R}}$ が $\boldsymbol{q}\neq\boldsymbol{q}'$ のとき

直交している，という．これは，通常のベクトルの直交関係の自然な拡張である．

この取り扱いで R と q が対称であることに注意すれば，

$$\sum_q \exp[\mathrm{i}(R-R')\cdot q] = N\delta(R-R') \quad (\text{A.11})$$

という関係もあることは自明であろう．三角関数では係数が変わって，$q \neq 0$ のとき，

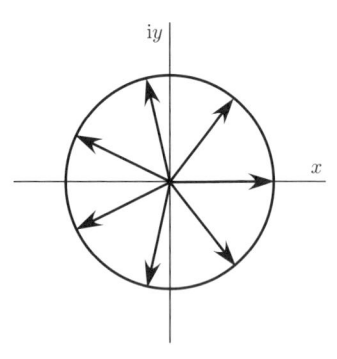

$$\left.\begin{array}{l} \displaystyle\sum_R \sin(q\cdot R)\sin(q'\cdot R) = \dfrac{N}{2}\delta(q-q') \\[1ex] \displaystyle\sum_R \cos(q\cdot R)\cos(q'\cdot R) = \dfrac{N}{2}\delta(q-q') \\[1ex] \displaystyle\sum_R \sin(q\cdot R)\cos(q'\cdot R) = 0 \end{array}\right\} \quad (\text{A.12})$$

図 A-1 式 (A.9), $N=7$

であり，$q=0$ のときは

$$\sum_R \cos(q\cdot R)\cos(q\cdot R) = N \quad (\text{A.13})$$

である．$q=0$ の正弦曲線は常に 0 で，考える必要がない．

原子位置の関数として与えられた物理量 $Y(R)$ を波の振幅で表すのには，直交関係を用いる．波数ベクトル q の波の振幅を $y(q)$ とすれば，それらの波を重ね合わせて，

$$Y(R) = \sum_q y(q)e^{\mathrm{i}q\cdot R} \quad (\text{A.14})$$

となるはずである．この両辺に $e^{-\mathrm{i}Q\cdot R}$ を掛けて R について加え合わせれば，直交関係：式 (A.10) により，

$$\sum_R Y(R)e^{-\mathrm{i}Q\cdot R} = Ny(Q), \qquad y(Q) = \frac{1}{N}\sum_R Y(R)e^{-\mathrm{i}Q\cdot R} \quad (\text{A.15})$$

となる．ただし，因子 $1/N$ には $y(Q)$ の定義 (物理的な意味) による任意性が残る．本文 28 頁の式 (1.21) では，示強変数 H については式 (A.15) を採用して大きさ

のオーダーを一致させ，逆に示量変数 M についてはこの因子をとって単純な和にした．

この任意性には，式 (A.11) による逆変換をしたときに元に戻らなければならない，という条件がある．式 (A.15) の因子を仮に A と書けば，逆変換は，

$$Y(\boldsymbol{R}) = \frac{1}{AN} \sum_{\boldsymbol{q}} y(\boldsymbol{q}) e^{i\boldsymbol{q}\cdot\boldsymbol{R}} \tag{A.16}$$

となる．$A = 1/\sqrt{N}$ として変換・逆変換を対称な形にすることも多い．

三角関数で表現するなら，正弦・余弦関数についてそれぞれ，

$$y_c(\boldsymbol{q}) = y(\boldsymbol{q}) + y(-\boldsymbol{q}) = y_c(-\boldsymbol{q}), \qquad y_s(\boldsymbol{q}) = i\bigl(y(\boldsymbol{q}) - y(-\boldsymbol{q})\bigr) = -y_s(-\boldsymbol{q}) \tag{A.17}$$

である．

1次元格子についての計算例を図 A-2 に示しておく．

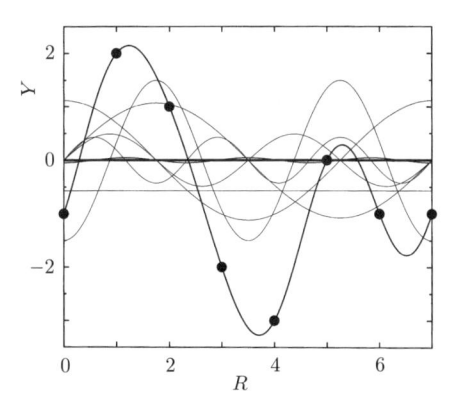

R/a	0	1	2	3	4	5	6
$Y(R)$	-1	2	1	-2	-3	0	-1
q/q_0	0		1		2		3
$y_s(q)$	—		1.073		0.488		0.427
$y_c(q)$	-0.571		1.116		-1.497		-0.043

$(q_0 = 2\pi/7a)$

図 **A-2** フーリエ解析の例

問 題 略 解

第 0 章

問題 0.1 面心立方・体心立方格子では体心を通る $\langle 111 \rangle$ 軸, すなわち図 0‑1 (a), (b) の立方体の体対角線. 六方最密格子では原子位置を通る c 軸, すなわち図 0‑1 (c) の 6 角柱の中心軸.

問題 0.2 下図を参照.

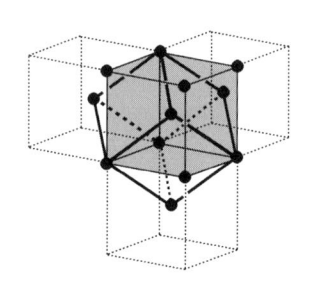

体心立方ブラヴェ格子

問題 0.3 薄板の反磁場係数は, 面内で 0, 面に垂直方向に 1 である. μ_0 を掛けて,

$$H_{\mathrm{demag}} = 4\pi \times 10^{-7} \cdot 1.714 \times 10^{6} = 2.15\,\mathrm{T}$$

これは地球磁場より 5 桁大きい.

問題 0.4

$$\boldsymbol{M} = -\frac{\partial F}{\partial \boldsymbol{H}}, \qquad \boldsymbol{P} = -\frac{\partial F}{\partial \boldsymbol{E}}$$

を計算せよ. 例えば,

$$M_x = \alpha_{xx} E_x + \alpha_{yx} E_y + \alpha_{zx} E_z, \qquad P_x = \alpha_{xx} H_x + \alpha_{xy} H_y + \alpha_{xz} H_z$$

など. テンソル $\underline{\alpha}$ の形は, 結晶の対称性で規定される.

第 2 章

第 1 章

問題 1.1 どちらも，状態数が 2 である．

問題 1.2 キュリーの法則を考えるので，$\mu H/k_\mathrm{B}T \ll 1$ としてボルツマン因子を展開し，$1+(\boldsymbol{\mu}\cdot\boldsymbol{H})/k_\mathrm{B}T$ とする．磁気モーメントと磁場の角度を θ として，

$$M = \frac{\mu}{2\pi}\int_0^{2\pi}\cos\theta\left(1+\frac{\mu H\cos\theta}{k_\mathrm{B}T}\right)d\theta = \frac{\mu^2}{2k_\mathrm{B}T}H$$

問題 1.3 フェルミ分布関数 $f(\varepsilon)$ をエネルギー ε で微分すれば $f'(\varepsilon_\mathrm{F}) = -1/4k_\mathrm{B}T$ である．この勾配の直線範囲で状態密度を一定と近似すれば，磁場に反応できる電子数は $2D_0(\varepsilon_\mathrm{F})\,k_\mathrm{B}T$ である．これは本文で述べた階段関数近似の結果と等しい．

問題 1.4 ベンゼン分子を 1 辺 a の平面六角形で近似し，$\langle\mathrm{c.s.}|r^2|\mathrm{c.s.}\rangle$ を計算する．六角形の中心を原点にとれば，平面内では

$$\langle r^2\rangle = \frac{6}{6a}\int_{-a/2}^{a/2}\left(x^2+\frac{3a^2}{4}\right)dx = 2a^2\left(\frac{1}{24}+\frac{3}{8}\right) = \frac{5}{6}a^2$$

$a = 1.4\times 10^{-10}$ m，電子の質量 $m_\mathrm{e} = 9.11\times 10^{-31}$ kg，電荷 $e = 1.60\times 10^{-19}$ C を代入し，1 分子当たり 6 つの電子がこの環を動くことを考えれば，式 (1.54) を参照して 1 モル当たりの磁化率は

$$\chi = -\frac{1.6^2\times 10^{-38}}{4\cdot 9.11\times 10^{-31}}\cdot\frac{5\cdot 1.4^2\times 10^{-20}}{6}\cdot 6\cdot 6.02\times 10^{23} = -4.1\times 10^{-4}$$

ポーリングは半径 a の円で近似して，-4.92×10^{-4} という値を出している．

第 2 章

問題 2.1 式 (2.1) 以下の波動関数により，量子化軸を回る電子の流れの密度は，

$$\boldsymbol{S} = \frac{\mathrm{i}\hbar}{2m_\mathrm{e}}\frac{1}{r\sin\theta}\left(\frac{d\psi^*}{d\phi}\psi - \psi^*\frac{d\psi}{d\phi}\right) = \frac{1}{m_\mathrm{e}}\frac{m\hbar}{r\sin\theta}\left|R_{nl}(r)\,Y_l^m(\theta,\phi)\right|^2$$

これに $m_\mathrm{e} r\sin\theta$ を掛けて r と θ について積分すれば，R と Y は規格化されているから，角運動量は $m\hbar$ である．

Z 依存性は動径関数 R に関わる．Z が大きくなれば電子は核に引き寄せられるから平均動径は小さくなり，角運動量が一定であるから回転速度が大きくなるのは当然である．数式的には，$R_{nl}(r)$ は無次元の変数 $\rho = 2Zr/na_0$ (a_0 はボーア半径)

の関数 f_{nl} によって $(Z/a_0)^{3/2} f_{nl}(\rho)$ と表される[1]．$\langle S_\phi \rangle \propto Z/n^2$ である．

問題 2.2 共に，$L=0$, $S=5/2$．これらは典型的な S イオンである．

問題 2.3 この問題は表 2-2 の関数を使って θ, ϕ に関する積分を具体的に行なってもよいが，ここでは対称性による考察を示しておく．

$x^4 + y^4 + z^4 - 3r^4/5 \equiv V_{\mathrm{cf}}$ と書こう．dε については，x, y, z の対称性から

$$\int_{\text{全空間}} \phi_\xi^* V_{\mathrm{cf}} \phi_\xi \, dx\,dy\,dz = \int_{\text{全空間}} \phi_\eta^* V_{\mathrm{cf}} \phi_\eta \, dx\,dy\,dz = \int_{\text{全空間}} \phi_\zeta^* V_{\mathrm{cf}} \phi_\zeta \, dx\,dy\,dz$$

は明らかである．また，異なる dε 関数で挟んだ非対角項は，x, y, z いずれかの奇関数になるので，全空間で積分すれば 0 になる．

dγ ではまず，

$$(\phi_u | V_{\mathrm{cf}} | \phi_v) = \frac{5\sqrt{3}}{16\pi} \int_{\text{全空間}} (3z^2 - r^2)\left(x^4 + y^4 + z^4 - \frac{3}{5}r^4\right)(x^2 - y^2)\frac{R^2(r)}{r^4} \, dx\,dy\,dz$$
$$= 0$$

であることを注意する．これは，3 番目の括弧の第 1 項の積分と第 2 項の積分が絶対値が等しく符号が反対であるから，明らかである．次に，$\phi_x \equiv |3x^2 - r^2\rangle = (-\phi_u + \sqrt{3}\phi_v)/2$ で V_{cf} を挟んだ積分は $(\phi_u | V_{\mathrm{cf}} | \phi_u)$ と等しいから，

$$\frac{1}{4}\{(\phi_u | V_{\mathrm{cf}} | \phi_u) + 3(\phi_v | V_{\mathrm{cf}} | \phi_v)\} = (\phi_u | V_{\mathrm{cf}} | \phi_u), \qquad (\phi_u | V_{\mathrm{cf}} | \phi_u) = (\phi_v | V_{\mathrm{cf}} | \phi_v)$$

問題 2.4 電子状態を，2 つの磁気量子数を並べて $|m, m'\rangle$ と書こう．$\phi_u = |0\rangle$, $\phi_v = (|2\rangle + |-2\rangle)/\sqrt{2}$ だから，

$$\begin{aligned}
(\Psi | L_z | \Psi) &= \frac{1}{4}\big(\langle 0, 2| + \langle 0, -2| - \langle 2, 0| - \langle -2, 0|\big) \\
&\qquad \times \big(l_{1z} + l_{2z}\big)\big(|0, 2\rangle + |0, -2\rangle - |2, 0\rangle - |-2, 0\rangle\big) \\
&= \frac{1}{4}\{(0+2) + (0-2) + (2+0) + (-2+0)\} = 0
\end{aligned}$$

Ψ は立方対称だから，L_x も L_y も 0 である．

次に，

$$(\Psi | L_z^2 | \Psi) = \frac{1}{4}\{(0+2)^2 + (0-2)^2 + (2+0)^2 + (-2+0)^2\} = 4$$

$$\begin{aligned}
(\Psi | L_+ L_- | \Psi) &= \frac{1}{4}\big(\langle 0, 2| + \langle 0, -2| - \langle 2, 0| - \langle -2, 0|\big) \\
&\qquad \times (l_{1+} + l_{2+})(l_{1-} + l_{2-})\big(|0, 2\rangle + |0, -2\rangle - |2, 0\rangle - |-2, 0\rangle\big)
\end{aligned}$$

---

[1] 小出昭一郎：「量子力学 (I) (改訂版)」§4.3 (第 0 章の文献 [1])

第 3 章

$$= \frac{1}{4}(6+6+4+6+6+4) = 8$$
$$\langle\Psi|L_-L_+|\Psi\rangle = 8$$
$$\langle\Psi|\boldsymbol{L}^2|\Psi\rangle = \langle\Psi|L_z^2 + \frac{1}{2}(L_+L_- + L_-L_+)|\Psi\rangle = 12 = 3\cdot(3+1)$$

これは $L=3$ を示すから，この状態はフントの規則を満たしている．

ϕ_ξ と ϕ_η については，$|1\rangle$ と $|-1\rangle$ に変換して計算すればよい．Ψ' を

$$\Psi' \equiv \frac{\phi_\xi(\boldsymbol{r}_1)\,\phi_\eta(\boldsymbol{r}_2) - \phi_\eta(\boldsymbol{r}_1)\,\phi_\xi(\boldsymbol{r}_2)}{\sqrt{2}}$$
$$= \frac{-\mathrm{i}}{2\sqrt{2}}\Big\{\big(|1,\,1\rangle - |1,\,-1\rangle + |-1,\,1\rangle - |-1,\,-1\rangle\big)$$
$$\qquad\qquad -\big(|1,\,1\rangle + |1,\,-1\rangle - |-1,\,1\rangle - |-1,\,-1\rangle\big)\Big\}$$
$$= \frac{\mathrm{i}}{\sqrt{2}}\big(|1,\,-1\rangle - |-1,\,1\rangle\big)$$

と定義すれば，

$$\langle\Psi'|L_z^2|\Psi'\rangle = 0$$
$$\langle\Psi'|L_+L_-|\Psi'\rangle = \langle\Psi'|L_-L_+|\Psi'\rangle = \frac{1}{2}(6+4+6+4) = 10$$
$$\langle\Psi'|\boldsymbol{L}^2|\Psi'\rangle = 10$$

で，これはフントの規則を満たしていない．

問題 2.5 Cr^{3+} では $S=3/2,\ L=3,\ J=3/2,\ g_L=2/5$ である．磁気モーメントは $\mu=|g_L J|=0.6\mu_\mathrm{B}$ で，有効ボーア磁子数は $|g_L|\sqrt{J(J+1)}=0.77$．

これに対して Ni^{2+} では，$S=1,\ L=3,\ J=4,\ g_L=5/4$．磁気モーメントは $\mu=g_L J=5\mu_\mathrm{B}$ で，これはスピンによる $2\mu_\mathrm{B}$ と軌道角運動量による $3\mu_\mathrm{B}$ が平行になっているときと等しい．有効ボーア磁子数は $g_L\sqrt{20}=5.59\mu_\mathrm{B}$．これに対して $5\mu_\mathrm{B}$ がスピンによる場合の有効ボーア磁子数は $2\sqrt{35/4}=5.92\mu_\mathrm{B}$ で，少し異なる．

第 3 章

問題 3.1 式 (3.11) の歪みによるポテンシャルを ϕ_u と ϕ_v で挟めば，

$$\underline{V_d} = K_{ee}D\begin{pmatrix} -\cos\theta_{se}Q_2 & \sin\theta_{se}Q_3 \\ \sin\theta_{se}Q_3 & \cos\theta_{se}Q_2 \end{pmatrix}$$

という行列が得られる．これを対角化すれば，基底状態のエネルギーは $\varepsilon_g = -K_{ee}D$ であり，その固有状態は，

$$\psi_g = \cos\left(\frac{\theta_{se}}{2}\right)\phi_u - \sin\left(\frac{\theta_{se}}{2}\right)\phi_v$$

である．

問題 3.2 式 (3.28) の両辺を 2 乗し，$\cos\theta_f, \cos\theta_s$ で表せば，

$$\cos^2\theta_s = \frac{1 - \cos^2\theta_f}{1 + 3\cos^2\theta_f}$$

これを式 (3.29) に代入すると，

$$\Delta\varepsilon_t = -\frac{K_t^2}{2C_{44}}(1 + 3\cos^2\theta_f)(1 - \cos^2\theta_f)$$
$$= \frac{K_t^2}{6C_{44}}\{(3\cos^2\theta_f - 1)^2 - 4\}$$

問題 3.3 各位置の異方性エネルギーを，磁化の方向余弦を $\{\alpha_i\}$ として，

$$E_1 = K_u\left(\alpha_1^2 - \frac{1}{3}\right)$$

などと書く．原子間の相互作用を無視できれば，磁化が $\{\beta_i\}$ 方向を向いたとき原子が位置 i にいる確率は，温度 T で

$$p_i = \frac{1}{3} - \frac{K_u}{3k_\mathrm{B}T}\left(\beta_i^2 - \frac{1}{3}\right)$$

だから，その原子分布が固定されたときの誘導磁気異方性は式 (3.54) と同様に，定数項を除いて，

$$E_\mathrm{A} = -\sum_{i=1}^{3}\frac{K_u(T_0)}{3k_\mathrm{B}T_0}\left(\beta_i^2 - \frac{1}{3}\right)K_u(T)\left(\alpha_i^2 - \frac{1}{3}\right) = -\frac{K_u(T_0)\,K_u(T)}{3k_\mathrm{B}T_0}\sum_{i=1}^{3}\alpha_i^2\beta_i^2$$

磁化方向に応じて原子分布が変わるならば，磁気異方性は上式で $T_0 = T$, $\{\beta_i\} = \{\alpha_i\}$ として，

$$E_\mathrm{A} = -\frac{K_u(T)^2}{3k_\mathrm{B}T}\sum_{i=1}^{3}\alpha_i^4$$

となって，K_u の符号にかかわらず $\langle 100\rangle$ が磁化容易軸である．原子分布が均等に固定され，磁気モーメントが容易軸方向に固定されているときは，本文と同様な計算では磁化が $\langle 111\rangle$ 方向を向いている方がエネルギーが低い．

第 4 章

問題 4.1　2 次の微小量まで考えれば，J_z の変化分は 2 次だから，J_x, J_y の運動方程式は変わらない．それらがそれぞれ角周波数 ω で振動するので，時間微分がそれらの積で与えられる J_z は 2ω で振動する．ただし，系が軸対称で J_x と J_y の振幅が等しいときは，J_z の振幅は 0 になる．

第 5 章

問題 5.1　核散乱による回折線と同じ位置に出る．キュリー点の上下で回折線の強度が変わる．

問題 5.2　$\boldsymbol{S}_1$, $\boldsymbol{S}_2$ は z 軸上にあるとする．
 1. 例えば 2 回軸があれば，$x \to -x, y \to -y, z \to z$ で系は変化しない．したがって，$J_{xz} = -J_{xz} = 0$. 同じく $J_{yz} = 0$. 3 回軸のときも同様 (式 (5.67) 参照).
 2. 鏡映面を x 面とすれば，$S_x \to S_x, S_y \to -S_y, S_z \to -S_z$ で系は変化しない．
 3. 2 回軸を x 軸とすれば，2 と同じ不変性がある．J は対称だから，スピンについて $1 \to 2 \to 1$ の変化は J の考察に関係しない．

問題 5.3
 1. 問題 5.2 の 1 と同じく，z 成分を含む項は存在しない．
 2. 問題 5.2 の 2 と同じ．
 3. ハミルトニアン式 (5.9) が $\boldsymbol{S}_1$ と $\boldsymbol{S}_2$ の交換に対して反対称であることを考えれば，問題 5.2 の 3 と同じ．
 4. この鏡映操作によって $S_x \to -S_x, S_y \to -S_y$ かつ $\boldsymbol{S}_1 \to \boldsymbol{S}_2 \to \boldsymbol{S}_1$. したがって，鏡映面内のスピン成分に関わる相互作用は存在しない．
 5. $\boldsymbol{S}_1$ と $\boldsymbol{S}_2$ が反転対称操作で入れ替わり，軸性ベクトル $\boldsymbol{D}$ は変化しない．

問題 5.4　第 2 近接スピンは 6 つで，位置は $\pm(\boldsymbol{a}_1 - \boldsymbol{a}_2)$, $\pm(2\boldsymbol{a}_1 + \boldsymbol{a}_2)$, $\pm(\boldsymbol{a}_1 + 2\boldsymbol{a}_2)$. これも三角格子だが，元の格子を 90° 回転して大きさを $\sqrt{3}$ 倍すれば得られる．逆格子の大きさは $1/\sqrt{3}$ 倍になる．図の点線．図に + で示したのが，$J_2 < 0$ のときの最低エネルギーの位置である．交換エネルギーは

$$2J_2\bigl(\cos(q_1 - q_2) + \cos(2q_1 + q_2) + \cos(q_1 + 2q_2)\bigr)$$

と書ける．最近接対による最低エネルギーの点 (図の ○) は第 2 近接対の最低点 (+) のつくるハチノス格子の中心にあるから，対称性から考えてエネルギー最低の点は，第 2 近接対の相互作用を導入してもそれが小さい間は動かない．安定性を $J(\bm{q})$ の 2 階微分で調べると，○点がエネルギー最低でなくなるのは $J_2 = J_1/6$ である．$-J_2 > -J_1/6$ のときは，最低エネルギーの点は図の ○ のまわりでほぼ円を描く．逆に第 2 近接対の相互作用が強いときは，+ 点の周囲の ○ は対称でないので，第 1 近接対の相互作用が導入されると最低エネルギーの点は + 点から動く．

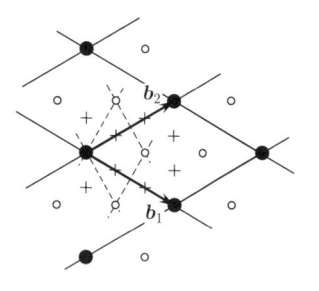

問題 5.5 強磁性基底状態では，

$$\sum_{\bm{q}} \bm{S}(\bm{q}) \cdot \bm{S}(-\bm{q}) = \bm{S}(\bm{q}=0) \cdot \bm{S}(\bm{q}=0) = NS(NS+1)$$

一方，常磁性状態では，

$$\sum_{\bm{q}} \bm{S}(\bm{q}) \cdot \bm{S}(-\bm{q}) = \sum_{\bm{R}} \bm{S}(\bm{R}) \cdot \bm{S}(\bm{R}) = NS(S+1)$$

で，両者は等しくない．

問題 5.6 式 (5.50) から $A(\bm{q}=0) = B(\bm{q}=0) = 3$ だから，式 (5.53) から $E(\bm{q}=0) = -(2J_{11}+|J_{12}|) \cdot 6NS^2$．$|J_{12}| = -6J_{11}$ なら，$E(\bm{q}=0) = 24J_{11} \cdot NS^2$ である．これは式 (5.55) に等しい．

問題 5.7 E と I では，x, y, z も $\bm{m}, \bm{l}$ も変化しない．$C_3 = S_6^2$ であり，C_2' では l_x, m_y は符号を変え，l_y, m_x は符号を変えないので，$l_x m_y - l_y m_x$ は変化しない．

第 6 章

問題 6.1 $\bm{S}^1 + \bm{S}^{-1}$ の x 成分と z 成分を考えれば，q が小さいとき，

$$\tan(\theta - \psi) = \frac{\sin\theta \, \cos(\bm{q} \cdot \bm{R})}{\cos\theta}, \qquad \tan\theta - \frac{\psi}{\cos^2\theta} \approx \tan\theta\Big(1 - \frac{1}{2}(\bm{q} \cdot \bm{R})^2\Big)$$

問題 6.2 $S_z(\bm{q}=0) = NS - \sum_{\bm{q}} \alpha^\dagger(\bm{q})\alpha(\bm{q})$ を用いよ．

問題 6.3 実効磁場がスピンの z 軸側に来るか，外側に来るかを考えよ．

問題 6.4
$$\frac{\delta S_{1+}(\boldsymbol{q})}{\delta S_{2+}(\boldsymbol{q})} \cdot \frac{\delta S_{1-}(\boldsymbol{q})}{\delta S_{2-}(\boldsymbol{q})} = \frac{\tilde{J}(\boldsymbol{q})^2 - \left(\tilde{J}(\boldsymbol{q})^2 - |J_{12}(\boldsymbol{q})|^2\right)}{|J_{12}(\boldsymbol{q})|^2} = 1$$

問題 6.5 式 (6.96) で $J(2\boldsymbol{q}_0) = J(\boldsymbol{q}=0)$ とすれば，
$$\hbar\omega_\pm = 4\sqrt{\left(J_x(\boldsymbol{q}_0) - J_x(\boldsymbol{q}=0)\right)\cdot K_z(\boldsymbol{q}_0)}$$

スクリュー構造は一方向性でないから，安定位置からのスピンの振動方向は 3 つある．またスピンはすべて等価だから，$\boldsymbol{q}=0$ の振動は 1 つの方向で 1 つに限られる．

問題 6.6 式 (6.103) で $J_{12}=0$ とすれば，
$$\hbar\omega_\pm = \frac{1}{2}\{\pm(g_1+g_2)\mu_{\rm B}H + |g_1-g_2|\mu_{\rm B}H\}, \quad \hbar\omega_+ = g_1\mu_{\rm B}H, \quad \hbar\omega_- = -g_2\mu_{\rm B}H$$

$\hbar\omega_-$ が負であることは正の $\hbar\omega_+$ と同じ方向の回転を表すから，2 つの副格子は独立に，それぞれの g 因子によって磁場のまわりを回転している．

第 7 章

問題 7.1 $C_A = C_B, \lambda_{AA} = \lambda_{BB}$ だから，$\theta_i = C_A(\lambda_{AA} \pm \lambda_{AB})$，$U_i = (\pm 1, 1)/\sqrt{2}$ である．したがって，キュリー点で発散する $i=1$ のモードでは $C_1 = 0$ であり，$\chi = C_2/(T-\theta_2)$ である．$1/\chi - T$ をプロットすると直線になり，C_2 はキュリー定数 C，θ_2 が常磁性キュリー温度を与える．キュリー点で発散する反強磁性磁化率 χ_1 は，その磁気構造に対応する逆格子点の中性子回折強度で測定できる．

問題 7.2 通常，異方性エネルギーは交換エネルギーより小さいので，磁化の大きさには影響せず，方向にだけ影響すると考えてよい．その場合は，副格子磁化を M と書けば，
$$E = -\lambda_{ab}M^2\cos(\pi-2\theta) - 2HM\cos\theta - 2K\sin^2\theta$$
$$\frac{dE}{d\theta} = -2\lambda_{ab}M^2\sin 2\theta + 2MH\sin\theta - 4K\sin\theta\cos\theta = 0$$
$$\cos\theta = \frac{MH}{2\lambda_{ab}M^2 + 2K}$$

$$\chi_\perp = \frac{2M\cos\theta}{H} = \frac{1}{\lambda_{ab} + K/M^2}$$

で，異方性エネルギーは副格子間交換相互作用を補強する形になる．K は M と異なる温度変化をするので，K の大きさによっては $\chi_\perp$ に小さな温度変化が現れる．分子場は相互作用の表現なので，第 1 式で因子 2 がないことに注意．

問題 7.3 2 副格子反強磁性体では全スピンの半数の副格子を単位にするので，全スピンを単位にすれば $\lambda(\boldsymbol{q}=0) = (\lambda_{aa} - \lambda_{ab})/2$, $\lambda(\boldsymbol{q}_0) = (\lambda_{aa} - \lambda_{ab})/2$ である．式 (7.31) に代入すれば，

$$\frac{1}{\chi_\perp} = \frac{1}{\lambda_{ab}}$$

これは式 (7.29) である．

問題 7.4 式 (7.26) と式 (1.14) から，

$$\frac{dM}{dH} = g\mu_B SN \frac{dB_S(X)}{dX}\frac{dX}{dH}, \quad X = \frac{g\mu_B S}{k_B T}H_{\rm eff}, \quad H_{\rm eff} = H + \lambda M$$

$X \to \infty$ のとき $\coth X$, したがって $B_S(X)$ は指数関数的に 1 に近づくので，$T \to 0$ のとき $\chi = dM/dH$ は指数関数的に 0 に近づく．

逆に $X \to 0$ のときは，X を決める式

$$B_S(X) = \frac{S+1}{3S}X - \frac{(S+1)(4S^2+1)}{180 S^3}X^3 + \cdots = \frac{k_B T}{g^2\mu_B^2 S^2 N\lambda}X$$

から，$T \lesssim T_{\rm C}$ のとき，式 (7.28) を考えて

$$T_{\rm C} - T = \frac{(S+1)(4S^2+1)g^2\mu_B^2 N\lambda}{180 k_B S}X^2$$

で，$T \to T_{\rm C}$ のときは

$$\frac{dB_S(X)}{dX} = \frac{S+1}{3S} - \frac{(S+1)(4S^2+1)}{60 S^3}X^2 = \frac{S+1}{3S} - \frac{(T_{\rm C}-T)3k_B}{S^2 g^2 \mu_B^2 N\lambda}$$

$$= \frac{S+1}{3S} - \frac{S+1}{S}\frac{T_{\rm C} - T}{T_{\rm C}}$$

$$\frac{dM}{dH} = \frac{g^2\mu_B^2 S^2 N}{k_B T}\frac{dB_S(X)}{dX}\left(1 + \lambda\frac{dM}{dH}\right) = \frac{C\{1 - 3(T_{\rm C}-T)/T_{\rm C}\}}{T - T_{\rm C}\{1 - 3(T_{\rm C}-T)/T_{\rm C}\}}$$

$$\approx \frac{C}{2(T_{\rm C} - T)}$$

問題 7.5 異方性エネルギーの効果を無視すれば，q の小さいときに反強磁性マグノンのエネルギーは q の 1 次関数になるから，状態密度はフォノンと同じく q^2

に比例する.副格子磁化の減少量は,$g\mu_\mathrm{B} \sum_q \tilde{\alpha}_1^\dagger(q)\tilde{\alpha}_1(q)$ である.式 (6.69) の変換により,

$$\sum_q \tilde{\alpha}_1^\dagger(q)\tilde{\alpha}_1(q) = \sum_q \{a(q)\beta_1^\dagger(q) + b(q)\beta_2(q)\}\{a(q)\beta_1(q) + b(q)\beta_2^\dagger(q)\}$$

$$= \sum_q [a^2(q)\beta_1^\dagger(q)\beta_1(q) + b^2(q)\beta_2(q)\beta_2^\dagger(q)$$
$$+ a(q)b(q)\{\beta_1^\dagger(q)\beta_2^\dagger(q) + \beta_2(q)\beta_1(q)\}]$$

固有状態ではマグノン数は一定だから,第 3 項は和をとると消える.第 2 項は生成・消滅演算子の順序を変えると定数項が出るが,それは温度変化には関係しない.

磁場がないときには,$\sum_q \beta_1^\dagger(q)\beta_1(q)$ と $\sum_q \beta_2^\dagger(q)\beta_2(q)$ とは等しいから,励起の大きさとしては $a^2(q) + b^2(q)$ を考えればよい.式 (6.74) から,

$$a^2(q) + b^2(q) = \frac{|\tilde{J}|}{\sqrt{\tilde{J}^2 - |J_{12}|^2}}$$

$q \to 0$ のとき,この分子は定数に,分母は q の 1 次の項になる.結局,状態密度を掛けてエネルギーについて積分するときには,被積分関数はエネルギーの 1 次になり,積分の結果は T の 2 次関数になる.

なお,本文で述べたように,異方性エネルギーによって $q = 0$ の反強磁性スピン波のエネルギーは 0 でなくて (かなり大きい) 有限の値になる.そのため,ここで計算した T^2 に比例する副格子磁化の減少は観測されない.第 6 章の文献 [11] を参照.

事項索引

C
c‐ベクトル　17

D
$d\varepsilon$ 軌道の形　75
$d\gamma$ 軌道の形　75
d 状態/d 電子　61
DM 相互作用 → ジャロシンスキ相互作用

E
E_g 型歪み　97

F
f 軌道の形
　立方対称結晶電場の中の――　79
f 状態/f 電子　61

G
g 因子　33, 128
g' 因子　128
g テンソル　88

I
i‐ベクトル　17

L
LS 結合　82

P
p 状態/p 電子　61

R
RKKY 相互作用　181

S
s 状態/s 電子　61
sd 相互作用　180

T
T_1　137
T_2　137
T_{2g} 型歪み　97

χ
χ‐K プロット　150

ア
アイソマーシフト　159
アインシュタインの関係式　157
アーレニウス過程　159, 320
アロット・プロット　273

イ
イジング模型　36, 93
移動積分　22, 178, 184

異方性磁場　131, 225
インバー効果　285

ウ
渦電流　311
運動による尖鋭化　142, 157

エ
エルゴードの定理　18, 290

オ
オーダーパラメータ　267

カ
回折　6
回転対称性　4, 17, 72
化学シフト　150
殻　62
角運動量　16, 61
　――の昇降演算子　16
　軌道――　16, 61, 109
　合成――　66
　スピン――　16
　全――　66, 83
　全軌道――　17, 66
　全スピン――　66

事項索引

角運動量の運動 131
　磁場中の── 130
核磁気共鳴 143
　MnF_2 中の F の──
　149
核磁子 143
活性化エネルギー 159,
　318

キ

技術磁化 290
寄生強磁性 204
軌道角運動量 16, 61,
　109
　──の生き返り 88
　──の消失 72
軌道整列 103
希土類金属 2, 65
逆格子ベクトル 21,
　323
吸収曲線 139
　ガウス型── 140
　ローレンツ型──
　140
キュリー定数 30, 254
キュリー点 266
キュリーの法則 29
キュリー-ワイスの法則
　254, 279
　金属磁性体の──
　264
　ブラヴェ格子でない場
　　合の── 262
強磁性 15, 162, 168
強磁性共鳴 221

強弾性転移 103
局在電子/局在状態 25
極性ベクトル 19

ク

クーロン相互作用
　殻間── 63
　殻内── 66
クレブシュ-ゴルダン
　係数 74

ケ

結晶 4
結晶構造
　Al_2O_3 型── 77
　K_2CuF_4 型──
　177
　NaCl 型── 71
　$RbNiF_3$ 型── 259
　ZnS (閃亜鉛鉱)
　　型── 71
　スピネル型── 122
　体心立方型── 5
　面心立方型── 5
　ルチル型── 148
　六方最密型── 5
結晶磁気異方性 79,
　115
　──の温度変化 117
　コバルトの── 116
　鉄の── 116
　ニッケルの── 116
結晶磁気異方性定数
　116
結晶電場 72

原子核 1
原子番号 2

コ

交換エネルギー 69
交換関係
　角運動量演算子
　　の── 16, 210
　フェルミ粒子の──
　215
　ボース粒子の──
　212
交換共鳴 247
　$RbNiF_3$ の──
　263
交換スティフネス係数
　223, 306
交換積分 69
交換歪み 118, 172
交換分裂 217
交換相互作用 67
　──の原子位置依存
　　性 171
　異方的── 172
　運動── 179
　重── 184
　自由電子間の──
　170
　超── 175
　反対称── 174
　ポテンシャル──
　169
交換相互作用定数 171
交換相互作用による尖鋭
　化 245

格子定数　4
格子不整合 → スピン構造
高スピン状態　76
交流消磁　299
コランダム構造　77
　→ Al_2O_3 型結晶構造
コリンハの関係　151
コール‐コールプロット　316

サ

サイクロトロン運動　53
サイクロトロン質量　54
歳差運動　129
三角格子　188
最大エネルギー積　302
残留磁化　298
残留磁束密度　301

シ

磁化　7, 290
　── 困難軸　116
　── の単位　10
　── 容易軸　116
　技術 ──　290
　自発 ──　162, 290
　飽和 ──　290
磁化過程
　回転 ──　295
　磁壁移動 ──　289
磁化の温度変化
　スピン波理論　274
　分子場近似　266
磁化の仕事量　30

磁化率　15
　── テンソル表示　38
　── の単位　11
　EuS の常磁性 ──　279
　MnF_2 の ──（異方性）　258, 270
　イジング模型の ──　36
　1次元反強磁性鎖（$KCuF_3$）の ──　279
　キュリーの ──　29
　キュリー‐ワイスの ──　254
　局在電子の ──　36
　元素単体の ──　2
　酸素の ──　30
　遷移金属の ──　42
　チャブリコフ近似　278
　パウリの ──　41
　局在電子の波数依存性 ──　37, 255
　閉殻の反磁性 ──　49
　遍歴電子の波数依存性 ──　47
　バン・ブレックの ──　85
　複素 ──　139, 315
　フェリ磁性体の　262
　遍歴電子の ── → パウリの ──

ランダウの反磁性 ──　57
時間反転対称性　18
磁気異方性
　結晶 ──　79
　誘導 ──　121
　形状 ──　229
磁気角運動量比　128
磁気緩和　135
　ジョルジーの ──　137
　ジョルダン型 ──　317
　スピン格子緩和　135
　スピンスピン緩和　136
　縦緩和 → スピン格子緩和
　横緩和 → スピンスピン緩和
　ランダウ・リフシッツの ──　137
　リヒター型 ──　316
磁気緩和時間　136, 314
磁気緩和率　136
磁気共鳴　133
　核 ──　143
磁気構造　162
　Cr　165
　Dy　164
　MnO　162
　Tm　166
　スピネル型クロマイト　200

事項索引

スピネル型フェライト
　　167
磁気状態方程式　35,
　　253
磁気スペクトル　314
磁気対称性　19
磁気弾性エネルギー
　　117
磁気抵抗デバイス　184
磁気ヒステリシス曲線
　　→ ヒステリシス曲線
磁気モーメント　8
　　── の単位　9
磁気余効　314
磁気履歴曲線 → ヒステ
　　リシス曲線
磁極　8, 13
磁区　289
　　還流 ──　293
　　楔形 ──　293
　　バブル ──　291
　　迷図 ──　292
磁区構造　290
軸性ベクトル　19
自然共鳴（→ スネーク
　　の限界）227
磁束密度　7
磁場　7
　　── の単位　11
自発磁化　162, 290
磁壁　289
　　── の厚さ　308
　　── のエネルギー
　　　309
　　── の構造　305

90° ──　293
180° ──　293, 305
ブロッホ ──　305
ジャロシンスキ相互作用
　　174, 201
シュブニコフ-ド・ハー
　　ス効果　56
自由電子モデル　23
消磁過程/消磁状態
　　298
交流 ──　299
熱 ──　299
常磁性　15
　　キュリーの ──　30
　　パウリの ──　41
　　バン・ブレック
　　　の ──　85
状態密度
　　フェルミ準位の ──
　　　41
　　マグノンの ──　274
磁歪　112
　　体積 ──　118
磁歪定数　120
　　鉄の ──　120
　　ニッケルの ──　120

ス

ストーナー励起　217
ストーナーの理論　280
スネークの限界　321
スピネル型クロマイト
　　200
スピネル型フェライト
　　166

スピン軌道相互作用　81
スピン格子緩和　135
　　核スピンの ──　151
スピン構造（→ 磁気構
　　造）162
　　一方向性 ──　163
　　円錐 ──　198
　　格子不整合な ──
　　　164
　　スクリュー ──　165
　　ヘリカル ── → スク
　　　リュー ──
スピンスピン緩和　136
スピンの揺らぎ　26,
　　264
スピン波　206
　　── の平均場近似
　　　276
　　EuS の ──　213
　　Ni の ──　221
　　局在強磁性体の ──
　　　208
　　反強磁性体の ──
　　　228
　　遍歴強磁性体の ──
　　　220
スピン波共鳴　222
　　パーマロイの ──
　　　222
スピンハミルトニアン
　　87
スピン密度波　166
スレーター-ポーリング
　　曲線　284

事 項 索 引

セ

ゼーマンエネルギー　12
接触相互作用　145
遷移金属　2, 64
漸近キュリー温度　254

ソ

相関効果/相関エネルギー　25, 179, 216
相殺温度　245, 271
損失係数　315

タ

対称性/対称操作　15
　　回転――　4, 72
　　空間反転――　19
　　時間反転――　17
　　磁気――　19
　　並進――　4, 20
体心立方格子　5
体積磁歪 → 交換歪み　118
縦緩和　135
単位格子　4
単位胞　4
短距離相関/短距離秩序　258
単磁区粒子　290
単純立方格子　4
タンデルタ　315

チ

秩序度 → オーダーパラメータ

チャブリコフ近似　277
　　EuSの――　279
　　常磁性状態の――　277
中性子回折/散乱　6
長距離相関/長距離秩序　258
超常磁性　18, 34, 304
超微細相互作用　144
　　スーパー――　147

テ

ディスアコモデーション　320
低スピン状態　76
電気磁気効果　20, 175
電気4重極相互作用　156
電磁気学の単位系　7
電場のポテンシャル
　　歪みによる――　98

ト

透磁率　11, 301
　　比――　11
　　微分――　12
ド・ジャン因子　84
ド・ハース-ファン・アルフェン効果　56

ナ

ナイトシフト　150

ネ

ネール構造　167

ネール点　267
熱残留磁化　299
熱消磁　299

ハ

配位/配位子　71
　　――四面体　71
　　――多面体　71
　　――八面体　71, 95
　　三方両錐型――　71, 114, 157
パイエルス転移　27
パスカルの法則　51
ハチノス格子　194
ハバードハミルトニアン　26, 214
バルクハウゼン効果　294
反強磁性　162
　　――基底状態　232
反強磁性共鳴　237
反磁性　15, 48
　　共有結合の――　51
　　閉殻の――　49
　　遍歴電子の――　57
反磁場　14, ,227, 288
反磁場係数　14
反転/反転操作　19, 96
　　空間――　19
　　時間――　17
バンド構造　23
　　Niの――　281
反平行整列状態　192, 236

事項索引

ヒ

ヒステリシス 291
　——損失 301
ヒステリシス曲線 298
　——の主ループ 298
　——の小ループ 299
歪み 95, 117
歪みの固有モード
　配位八面体の—— 95
表皮効果 311
　異常—— 313
表皮の深さ 312

フ

フェリ磁性 168, 260
フェルミ項 → 接触相互作用
副格子 162
副格子磁化 163
フラストレーション 190, 276
　構造的—— 196
ブラヴェ格子 4
ブリルアン関数 34, 253
ブリルアン・ゾーン 21
ブロッホ状態/ブロッホ電子 22
ブロッホの定理 21
分子場 252
分子場近似 251
　局在スピンの—— 251
　常磁性状態の—— 251
　整列状態の—— 266
分子場係数 253
フントの規則 66
　——第1 66, 67
　——第2 66, 70
　——第3 83

ヘ

閉殻 62
平均場近似
　スピン波の—— 276
並進対称性 4, 20
変形しないバンドの近似 281
遍歴状態/遍歴電子 21, 39, 180, 214

ホ

飽和磁化 290
ボーア磁子 12
ボーア-ファン・リューエンの定理 33
保磁力 299

マ

マグノン → スピン波
　——の相互作用 211

メ

メスバウアー効果 152
面心立方格子 4

モ

モット転移/モット・ハバード転移 27

ヤ

ヤーン-テラー効果
　$d\varepsilon$ 軌道の—— 103
　$d\gamma$ 軌道の—— 99
　E_g 型歪の—— 99, 104
　T_{2g} 型歪の—— 106

ユ

有効ボーア磁子数 35
希土類イオンの—— 85
誘導磁気異方性 121

ヨ

横緩和 136

ラ

ラッセル-ソーンダース結合 → LS結合
ラッティンジャー-ティシャの方法 200
ランジュバン関数 31
ランダウ準位 54
ランダウの反磁性 57
ランダム位相近似 215
ランデの g 因子 84

リ

臨界指数 273

臨界磁場 267
　EuTe の —— 267
　$ZnCr_2Se_4$ の ——
　　259
　反強磁性体の ——
　　267

レ

レイリー過程 313

ロ

六方最密格子 5

ワ

ワニエ状態/ワニエ電子
　21

物質索引

$4f^{3+}$ イオン 85

B

$BaFe_{12}O_{19}$ 115, 291

C

C_6H_6 (ベンゼン) 51
Co 116
Co^{2+}
 Fe_3O_4 中の —— 121
$CoCr_2O_4$ 247
Cr 165
Cr^{3+}
 MgO 中の —— 134
 Al_2O_3 (ルビー) 中の —— 78, 90
$CuCl_2 \cdot 2H_2O$ 204
$CuFe_2O_4$ 102

D

Dy 164

E

EuO 214
EuS 213, 253, 257, 280
EuSe 214
EuTe 184, 214, 267

F

F
 MnF_2 中 (核磁気共鳴) 149
Fe 14, 116, 120, 152, 257, 264, 295
Fe(C) 317
$FeCr_2O_4$ 102
Fe–Ni (インバー) 284
Fe_2O_3 176, 204
Fe_3O_4 7
Fe(Si) 292

K

$KCuF_3$ 103, 279
K_2CuF_4 103, 177

L

(La, Ca)MnO_3 185
$Li_{0.5}Cr_{1.25}Fe_{1.25}O_4$ 245
$LuFe_2O_4$ 157, 190

M

Mn^{2+} イオン
 ZnF_2 中の —— 149
 MgO 中の —— 172
$MnCO_3$ 201
MnF_2 149, 257, 258, 270
MnO 162
Mn_3O_4 102

N

$Nd_2Fe_{14}B$ 309
Ni 116, 120, 281
NiF_2 204
$Ni_{0.8}Fe_{0.2}$ 222
$NiFe_{2-x}V_xO_4$ 271
$Ni_xZn_yFe_{3-x-y}O_4$ 321
$NpRhGa_5$ 56

O

O_2 30

R

$RbNiF_3$ 260

T

Tm 166

V

V_2O_3 151

Y

Y ベース希土類合金 183
YFe_2O_4 257

Z

$ZnCr_2Se_4$ 244, 257

著者略歴

しらとり き いち
白鳥紀一

　1936年 千葉県出身．東京大学理学部物理学科卒．同大学物性研究所助手，大阪大学講師，助教授，九州大学教授を歴任．理博．専攻は磁性物理学．

こん けいいちろう
近 桂一郎

　1936年 東京都出身．東京大学大学院数物系研究科博士課程修了．同大学理学部助手，早稲田大学理工学部助教授，同教授を歴任．現在，早稲田大学名誉教授．理博．専攻は磁性物理学．

磁性学入門　　　2012年 5 月25日　第 1 版 1 刷発行

検印省略	著作者	白鳥紀一　近 桂一郎
定価はカバーに表示してあります．	発行者	吉野和浩
	発行所	〒102-0081東京都千代田区四番町8-1 電話　(03)3262-9166〜9 株式会社　裳華房
	印刷所	中央印刷株式会社
	製本所	牧製本印刷株式会社

社団法人
自然科学書協会会員

JCOPY 〈(社)出版者著作権管理機構 委託出版物〉
本書の無断複写は著作権法上での例外を除き禁じられています．複写される場合は，そのつど事前に，(社)出版者著作権管理機構（電話03-3513-6969，FAX03-3513-6979，e-mail: info@jcopy.or.jp）の許諾を得てください．

ISBN 978-4-7853-2919-8

© 白鳥紀一・近桂一郎，2012　　Printed in Japan

裳華房テキストシリーズ―物理学

物性物理学	永田一清 著	定価 3780 円
電子伝導の物理	田沼静一 著	定価 2835 円
結晶欠陥の物理	前田康二・竹内 伸 共著	定価 3675 円
非線形光学入門	服部利明 著	定価 3990 円
ソフトマターのための 熱力学	田中文彦 著	定価 3675 円

物理学選書

1.	エレクトロニクスの基礎 (新版)	霜田光一・桜井捷海 共著	定価 4935 円
3.	電磁気学	高橋秀俊 著	定価 6195 円
4.	強磁性体の物理 (上) ―物質の磁性―	近角聰信 著	定価 5565 円
14.	流体力学 (前編)	今井 功 著	定価 7140 円
18.	強磁性体の物理 (下) ―磁気特性と応用―	近角聰信 著	定価 6930 円
23.	重い電子系の物理	上田和夫・大貫惇睦 共著	定価 5460 円

物性科学入門シリーズ

物質構造と誘電体入門	高重正明 著	定価 3675 円
液晶・高分子入門	竹添秀男・渡辺順次 共著	定価 3675 円
超伝導入門	青木秀夫 著	定価 3465 円
磁 性 入 門	上田和夫 著	定価 2835 円

物性科学選書

電気伝導性酸化物 (改訂版)	津田・那須・藤森・白鳥 共著	定価 7875 円
強誘電体と構造相転移	中村輝太郎 編著	定価 6300 円
化合物磁性 ―局在スピン系	安達健五 著	定価 5880 円
化合物磁性 ―遍歴電子系	安達健五 著	定価 6825 円
物性科学入門	近角聰信 著	定価 5355 円
低次元導体 (改訂改題)	鹿児島誠一 編著	定価 5670 円
遍歴電子系の核磁気共鳴	朝山邦輔 著	定価 3990 円

裳華房ホームページ http://www.shokabo.co.jp/ 2012 年 5 月現在